プログラミングのための確率統計

平岡 和幸・堀 玄　共著

Probability and Statistics for Computer Science

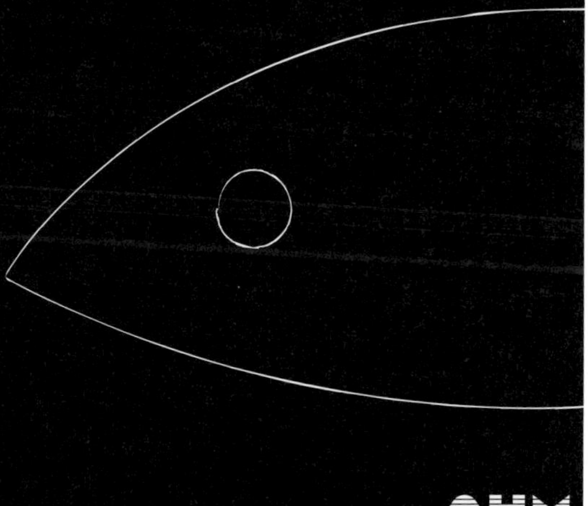

Ohmsha

はじめに

位置づけについて

この本は、「数学そのもののプロをめざしてはいないけれど、自分の興味のある分野で確率・統計を活用してみたい」という方のために書かれました。前著『プログラミングのための線形代数』（参考文献[32]）を踏襲してこういうタイトルになっていますが、実際の中身はもっと一般的な観点で語られています。

確率・統計といえば、めんどうな数えあげから始まって公式だの○○検定の手順だのを習いながらも、結局、実際の仕事に役立つのは表計算ソフトの操作法……といった印象を持たれがちです。使わないと科学的・客観的とは認めてもらえないからしかたなく所定の手続きに従う、という消極的な動機で接している方も多いかもしれません。

でも実は、一歩進んだ賢い情報処理のために確率・統計を積極的に活用しようという話が、このところ盛り上がりを見せています。データマイニング、迷惑メールの自動判定フィルタ、文書の自動分類や類似文書の検索、不正検出（クレジットカードの履歴からいつもと違う購買パターンを見分ける、ネットのトラフィックを監視していつもと違うアクセスパターンを見分けるなど）、音声認識や画像認識、通信工学（たとえば混信せず高音質な携帯電話）、遺伝子解析、ポートフォリオなどの金融工学、生物に学んだ柔軟な情報処理手法（ニューラルネットワーク、遺伝的アルゴリズムなど）、モンテカルロシミュレーションによるエビデンスベーススケジューリング（参考文献[42]）、のように挙げていけば、話題になっているのを耳にしたことがある読者もいるでしょう。

このような技術を語るためには確率・統計の基礎知識が必須となります。ところが、数理系専攻でない方から「何を勉強したらいいですか」と聞かれると、薦める本に意外と不自由してしまいます。

確率のきちんとした本は数学スタイルが容赦ないので、ふつうの方にこれを読めというのはちょっと酷でしょう。しかし一方読みやすい本は、油断すると、体系だっていなかったり説明不足だったりというおそれがあります。応用をめざすならもう少ししっかりした土台がほしくなるかもしれません。たとえば、応用で頻出する「複数の現象のかかわり具合」を、勘やあやふやな言葉に頼らず自信を持って扱えるかどうか。このためには、素朴な算数的説明に留まるのでなく次のような本格的な見方までやっておきたいところです。

- 確率とは面積や体積を一般化したものだ
- 確率変数とは名前は変数でも正体は関数だ

(はじめての方には奇妙な見方だと感じられるでしょうが、実はこんな見方が現代の確率論の土台となっています)

また、統計と名のつく本はどうしても○○分布の○○検定といった方向に走りがちです。これは、上で挙げたような現代的な活用のためには方向がずれています。だからといって、たとえば迷惑メール判定を専門に扱った本をいきなり読めばいいかというとそれも違うでしょう。逆説的ですが、応用だけ学んだのでは応用が効きません。基礎なしで応用にいどむと上面をなぞるだけになってしまうからです。そもそも現在進行形でどんどん発展している技術なのですから、今の瞬間の外見だけを付け焼刃で頭に入れてもむなしくありませんか？ まず求めるべきは、個々の検定法や活用法の解説よりも、広い応用（これから現れるものまで含む）に対応できる基礎を固めることだと思います。

数学スタイル（数式の有無だけでなく抽象性やスマートな記述なども含めて）にほんの少し慣れた人には、良書がすでにいくつもあります。効率よく学べる本、きっちり土台から組みあげられる本、楽しく読み進められる本と、よりどりみどりです。しかしどうも、この数学スタイルというほんの少しの段差のせいで、「おはなしレベルより上の確率・統計が通じる人」がずいぶん減らされているのではないかと筆者は感じています。

そういった事情をふまえて本書では、

- 数学のプロをめざさない場合でもぜひおさえておきたい事項を選びだし、
- それに関して、大学生として胸をはっていいレベル（数学系の学科は除く）の話を、
- くどいほど言葉をつくして説明します。

このため標準的な教科書とは力点の置き方も語り口も違っています。ビギナー向けでありながら上述のように本格的な見方を持ち出したり、でだしから気合を入れて条件つき確率に取り組んだりする一方で、種々の分布のカタログ・技巧を凝らした数えあげ・特性関数などにはあまり触れていません。そういうのよりはこちらがまず先だろうと考えてのことです。また、妙に字が多くてしんどそうに見えるかもしれませんが、説明はある程度冗長なほうが実は楽に読めるのではないでしょうか。

もちろん、○○推定や○○検定といった統計まっしぐらな本道についても、手順だけでなく意味を理解して使いたいと望んでいる方には、基礎的な概念や考え方をおさえるための参考書として本書をお使いいただければと思います。前述の理由から、本書は統計について網羅的に述べることは目標としません（特にデータの集め方や記述統計や区間推定などにはほとんど触れません）。こんな場合はこんな手順で推定・検定せよ、という具体的な手法の紹介は統計の専門書にまかせることにして、本書では、なぜそんなふうにするのかという理論的枠組をかみくだいてご説明します。

? 0.1 この本を読むために数学の予備知識はどれくらい必要ですか？

- 高校理系レベル（ベクトルや微積分などの概念と基本計算）は既知とします。
- 大学生レベル（主に多次元の微積分）も必要に応じて使いますが、習っていない人でも話の筋はつかめるように配慮します。
- 数理系学科レベル（主に測度論）は使いません。必要なときは、いんちきと明示した上で感覚的な説明をします。

なお、5 章 (p.173)「共分散行列と多次元正規分布と楕円」や 8.1 節 (p.271)「回帰分析と多変量解析から」の一部では、大学生レベルの線形代数が話の鍵を握ります（対称行列は直交行列で対角化できる！）。線形代数の理論が何の役に立つのかをいままで実感したことのない方は、その活躍ぶりに驚かれるかもしれません。

総和 $\sum$ や指数・対数といった基礎事項については付録 A (p.319) に簡単なまとめを用意しましたので、適宜参照ください。

? 0.2　なぜ線形代数本の次が確率統計本になったのですか？

どちらも初心者とその上との断絶が大きいと感じたからです。少し慣れた人にはひとめで見えることなのに初心者には複雑な問題になってしまうという事態が、両分野ともしばしば生じます。これは、行列とは何か、確率とは何か、という根本のイメージがレベルによって大きく違うからです。

たとえば、行列が写像を表していることは、線形代数をあるレベルまで学んだ人ならみんな知っています。しかしこれは初心者には難しいだろうということで、入門レベルではもっと素朴で表層的な説明をするのが普通でした。その慣例をやぶり、

行列は写像だ

という本格的な見方をあえて初心者向けに解説したのが、前著『プログラミングのための線形代数』です。

- 丁寧にかみくだいて本気で説明すれば初心者にも本格的な見方を伝えることは可能
- それを身につけることは、数学のプロをめざさない場合でも大きなメリットがある
- というか実は、本格的な見方を前面に押し出すほうがかえって意味がわかりやすい

これらが前著で実証されたと我々は考えています。

本書も狙いは同じです。確率統計をあるレベルまで学んだ人ならみんな知っている

確率は面積だ

をもっと多くの人に伝えることが本書の主眼です[*1]。「確率は面積だ」というスローガンの具体的な意味は本文 9 ページの「神様視点」で説明されています（あなたの想像とは違うかもしれません）。この見方によって確率論のいろいろな話がどれほど一目瞭然になるか、たっぷりお楽しみください。

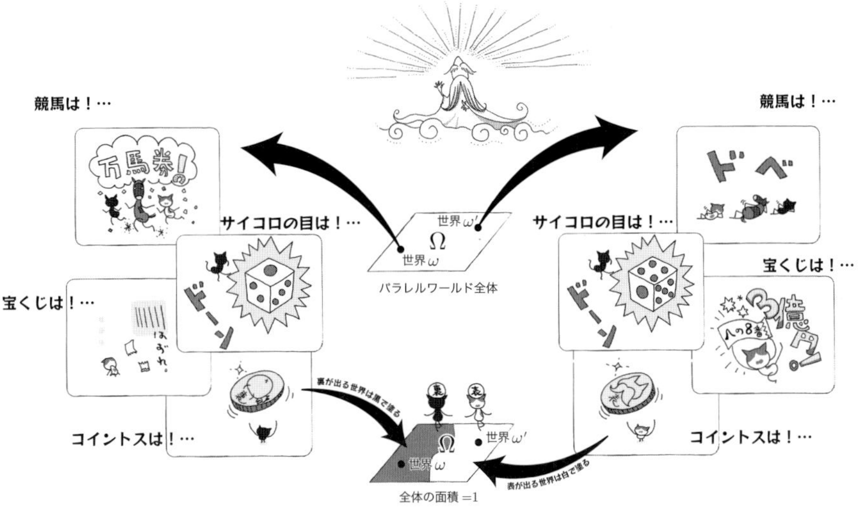

*1　きちんと言うと「確率は測度だ」。測度は面積や体積を一般化したものと思ってもらえば結構です。

構成について

読みやすさと正確さとの折りあいをつけるため、本書では、

- 多少の穴には目をつぶって本筋をまっすぐ突っ切る解説
- 本当はどこに穴があったか、その穴はどう避ければいいのか、本筋以外の脇道にどんな話があるのか、といった補足

を書き分けました。分量の都合から紙の書籍には主に前者が収録されています。後者は意欲のある読者向けに電子ファイルでのみ公開する予定です（vii ページの「オンラインリソース」の項を参照）。

書籍の中身は、

- 第 I 部：確率そのものの話
- 第 II 部：確率を役立てる話

という二つのパートから成ります。第 II 部のほうは各トピックがおおむね独立して読めるので、必要なところ・興味のあるところからお好きな順序で手をつけて結構です。

……というのが、パートを分けることにした表向きの理由です。実はもう一つ裏の理由があって、本音としてはこちらのほうが大きい。それは、観測値と「その観測値が生成される背後のメカニズム」とをごっちゃにしないためです。

非常に単純な例としておみくじを考えてみてください。

- 背後のメカニズム：吉が 7 割、凶が 3 割入っている
- 観測値：5 人が引いてみたら、たまたま 4 人が吉でもう 1 人が凶

どちらも 7/10 や 4/5 のように吉の割合を論じることはできますが、その意味や意義は違います。観測値は直接観測できるのに対して、メカニズムは直接は観測できません。この区別をはっきり意識することが、統計的手法を「わかって」使うためには何より大切です。

第 I 部では、メカニズムが与えられたときに「このメカニズムから生成される観測値はどんな性質を持つだろうか」という向きだけを扱います。これをまずしっかり押さえた上で第 II 部へ進むと、今度は逆向きの話にも興味が移っていきます。「じゃあ逆に、こんな観測値が出るということはメカニズムはこうなんじゃないか」という調子です。前者を順問題、後者を逆問題と仮に呼ぶことにします。裏読みが必要な分だけ逆問題のほうが難しいし、逆問題を論じるためには順問題がしっかり固まっていないといけません。

逆問題のほうが現実の問題としてありがちなので、読者の気を引くためについ逆問題をあちこちへ混入したくなりますが、それは混乱の元でしょう。第 I 部では順問題に専念し、確率を自信を持って扱えるようになってから、より複雑な逆問題をお話することにします。

? 0.3 第 I 部の例にギャンブルやゲームがやけに多いのはなぜ？

いま述べた理由からです。ギャンブルやゲームなら、背後のメカニズムをルールとしてあらかじめ明文化しておくのが自然だから第 I 部には好都合。

オンラインリソース

本書に関連して以下の電子ファイルの提供を予定しています。オーム社の Web サイト[*2]を参照ください。

- 補足編：
  各章への補足
- シミュレーションプログラム：
  各章末のコラムで紹介している実験の Ruby スクリプト

本文中のマーク は、それに関してオンライン配布の電子ファイルに何か補足があることを表します。

謝辞

原啓介様、高橋信様、小山達樹様、堀英彰様には本書の原稿のレビューをお願いし、内容・構成・表現について多くの助言をいただきました[*3]。小柴健史様からは擬似乱数に関して貴重なご指摘をいただきました。本書のベータ版を使った勉強会からも有益なフィードバックをいただきました。さらに、kogai 様、studio-rain 様、mia 様、pige 様、および名無し様からは、Web で公開していた下書きの誤りを匿名でご指摘いただきました。また、オーム社開発部の皆様は、あらゆる面で執筆を支えてくださり[*4]、著者だけでは決して届かないレベルまで原稿を磨いてくださりました。m UDA 様は、本書の鍵となる概念をにぎやかなイラストにして印象づけてくださいました。皆様に心から感謝いたします。本書をいまの形にまとめられたのは、こうした皆様のお力があってこそです。（それでも誤りが残っていたらもちろん著者の責任です）

2009 年 10 月

著者しるす

[*2] http://www.ohmsha.co.jp/data/link/978-4-274-06775-4/

[*3] 煮詰め不足の原稿を読むのはさぞかしご負担だったかと思います。早い段階でレビューしていただいた分、おかげさまで、大きな組みかえも含めた効果的な改良ができました。

[*4] メーリングリスト・バージョン管理システム・バグトラッキングシステムが当然のように用意されて、いつでも make コマンド一発でできあがりを確認できるあたり、さすがです。

目次

第 I 部

確率そのものの話

第 **1** 章

確率とは

A： 私の調査によると、来年の景気が良くなる確率は 71.42857...% です。
B： 何そのやたら細かい数字？
A： 7 通りの設定でシミュレーションしてみたらそのうち 5 通りで景気の向上が観察されました。したがって $5/7 = 0.7142857\ldots$。
B： ええと、つっこみ所がありすぎて困るんだけど。とりあえず確率とは何かから調べ直してくれない？

確率の難しさは直感の効きにくさにあります。具体的なイメージが沸かないものを勘でどうこう言ってもなかなか結着がつきません。

そこで確率というもやもやした概念をはっきりした対象に写しとり、静止画として眺めることが、本章のテーマとなります。キーポイントは「確率とは面積だ」。この視点（神様視点と呼んでいます）を身につければかなりの話があたりまえのことにすぎなくなります。

この本の中での本章の位置づけは土台の構築です。確率論の舞台となる三つ組 $(\Omega, \mathcal{F}, \mathrm{P})$ というものを紹介するのがまず第一段階。そして、その舞台の上に確率変数・確率分布という主役を導入するのが第二段階です。

1.1 数学の立場

確率とは何かという問いはなかなかやっかいです。

- サイコロで 1 が出る確率は 1/6
- トランプでスペードを引く確率は 1/4

こういった確率だけなら素朴に

- 600 回ふったらそのうちだいたい 100 回ぐらい 1 が出る
- 400 回やってみたらそのうちだいたい 100 回ぐらいスペードが出る

と解釈できます。ではこんな確率はありでしょうか？

- 明日ここに雨が降る確率
- 1192 年 6 月 6 日にここが雨だった確率

そもそも「明日雨が降る確率は 30%」というのはどんな意味なのでしょう。一度きりしかないことに確率と言われても、さきほどのように解釈することはできません。ましてや「雨だった確率」なんて過去のことを言われても、それは自分が知らないだけで本来は完全に確定した話のはずです。そんな確定したものに確率とは何事でしょうか？

いまの「どんな意味なのでしょう」みたいな議論は、やりだすときりがなくて話が先へ進まなくなってしまいます。だから数学では、意味の問題は脇へ置いて抽象的に確率というものを定義します。こんな具合です：「次の条件を満たす三つ組 $(\Omega, \mathcal{F}, \mathrm{P})$ を確率空間と呼ぶ。条件は……（うんぬんかんぬん）……」[*1]。とにかくこういうものを定義すれば「確率」に期待される計算をすべて行うことができる。だから文句はなかろうというわけです。しかし数学のプロをめざすならともかく、アマチュアがこんなのを見せられてわかれと言われても途方に暮れてしまいます。そこで、我々がなんとなく持っている確率というもののイメージとこの抽象的な定義とを結びつけることが、本章の目標です。

? 1.1　アマチュア向けの本がなぜそんな抽象的な定義にこだわるの？

$(\Omega, \mathcal{F}, \mathrm{P})$ の話をあえて書く理由は二つあります。

一つは単純におもしろいだろうから。ものの見方を変える話はわくわくしませんか？　自分が今まで持っていたイメージと全然違う考え方を要求されたら、もちろん疲れるしまどろっこしい思いをします。でもそれを乗り越えて新しい景色が見えたときには、足をばたばたさせたくなるほど爽快な気分が味わえるはずです。

もう一つは確率論のいろいろな話が驚くほど一目瞭然になるから。実際、ややこしそうな概念や性質の説明が $(\Omega, \mathcal{F}, \mathrm{P})$ なら絵一枚で済んでしまうこともしばしばです。本書でいえば、2章 (p.27)「複数の確率変数のからみあい」、3.3節 (p.76)「期待値」、3.5節 (p.101)「大数の法則」などです。

1.2　三つの扉（モンティホール問題）——飛行船視点

$(\Omega, \mathcal{F}, \mathrm{P})$ の話をいきなりするのはつらいので、つなぎとして**三つの扉**というゲームを検討します。これは**モンティホール問題**（Monty Hall problem）と名づけられていて、議論が必ず紛糾することで有名な題材です。このネタをはじめて聞く方には本節はちょっとややこしく見えてしまうかもしれません。でもそういうややこしい話をどう扱えば手に負えるようになるのかがここでのテーマですからおつきあいください。一方、このネタをすでに聞いたことのある方もいらっしゃると思います。でもネタそのものよりも「$(\Omega, \mathcal{F}, \mathrm{P})$ を意識した説明」が主眼ですからやはりおつきあい下さい。

1.2.1　モンティホール問題

図1.1のように三つの扉があります。そのうち一つだけが正解で、開けると高級車が置いてあります。残りの二つは不正解で、ヤギがいるだけです。どれが正解なのかは外からではわかりません。挑戦者は三つの扉から一つだけ選ぶことができます。

さて、一つを選べば残りは二つですが、そのうち少なくとも片方は不正解のはずです。そこで司会者（正解を知っている）は、選ばれなかった扉で不正解のものを一つ開き、ヤギを見せた上で言います。「選び直してもいいですよ」

挑戦者は選び直すべきでしょうか？　それとも最初に選んだままにするべきでしょうか？　あるいはどちらでも同じでしょうか？

[*1] Ω はギリシャ文字 ω（オメガ）の大文字、$\mathcal{F}$ は F の別書体です。どちらもいま気にすることはありません。

▶図 1.1　モンティホール問題

これがモンティホール問題です。自分ならどう答えるか少し考えてみてください。確率の問題として話をはっきりさせるために次のような前提としましょう。

- 司会者がどの扉に高級車を置いておくかはサイコロで決める（1 か 2 なら扉ア、3 か 4 なら扉イ、5 か 6 なら扉ウ）。
- 挑戦者がどの扉を選ぶかもサイコロで決める（1 か 2 なら扉ア、3 か 4 なら扉イ、5 か 6 なら扉ウ）。
- 挑戦者が選んだ扉がもし正解だったとき、残りの扉（両方とも不正解）のどちらを司会者が開いて見せるかもまたサイコロで決める（1 か 2 か 3 なら左のほう、4 か 5 か 6 なら右のほう）。

1.2.2　正しい答とよくある勘違い

頭のいい人ならば即座に正しい答を導けるかもしれません。たとえばこんな考察です。

> 挑戦者が最初に選んだままでいくなら、単純に確率 1/3 で正解、確率 2/3 で不正解だ。これは議論の余地がない。では、選び直すことにしたらどうなるか。ルールをよく見ると……
>
> - もし最初の選択が正解だった場合、選び直すと必ず不正解になる
> - もし最初の選択が不正解だった場合、選び直すと必ず正解になる
>
> ということは、「最初の選択が不正解の確率」がそのまま、「選び直すことにしたときの正解の確率」だ。つまり選び直せば確率 2/3 で正解できる。だから選び直すほうが得。

しかしそんな人でも、まちがった主張にとらわれてしまった相手を言葉で説得して誤解を解くのはなかなか手こずるのではないでしょうか。たとえば次のようなあわてものの主張です。

ゲーム開始時点での可能性としては

$$\begin{cases} \text{扉アが正解}\quad(\text{確率 } 1/3) \\ \text{扉イが正解}\quad(\text{確率 } 1/3) \\ \text{扉ウが正解}\quad(\text{確率 } 1/3) \end{cases}$$

の 3 通りがある。そこから、たとえば挑戦者が扉ウを選んで、司会者が扉アを開けて見せたとしよう。これで最初の可能性は消えたのだから、残る可能性としては

$$\begin{cases} \text{扉イが正解}\quad(\text{確率 } 1/2) \\ \text{扉ウが正解}\quad(\text{確率 } 1/2) \end{cases}$$

のどちらかだ。となれば、選び直して扉イにしてもそのまま扉ウでも、正解の確率は 1/2 で同じじゃないの？

こういった主張に一旦とらわれた人には、先ほどのような考察をいくら説明してもなかなか納得してもらえません。「確かにお前の説明はもっともだがおれの主張もまちがっているとは思えない」と言われて話が進まなくなってしまいます。さあどうしたものか。

1.2.3　飛行船視点への翻訳

確率というイメージしづらい概念について勘で議論している限り、はっきりした結着は望めません。そこで、できるだけ目に見えて実際に数えられるような話へ問題を「翻訳」し直すことを考えます。具体的にはサイコロの追放です。この発想転換こそが、現代数学的な確率の定義につながるものであり、本書でまず伝えたいキーアイデアです。最初は回りくどく感じるかもしれませんが、これを身につければ確率のいろいろな話がぐっと明解になりますから、頭をやわらかくして進みましょう。

図 1.2 のようにゲーム会場をたくさん用意したと思ってください。大きな広場に 360 会場を並べて設営し、それぞれの会場でゲームを同時並列に実施します。その様子をあなたは飛行船で上空から観察します。翻訳前の話と違うのは、各会場にその会場用のシナリオが配られていることです。司会者も挑戦者もこのシナリオどおりに演じるだけ。やることは前もってすべて決まっているのです。ただし、会場ごとにシナリオの内容は違います。

さて、翻訳前の話ではまず司会者がサイコロをふって正解の扉を決めていました。これに対応して、360 会場のうち、120 会場は扉アが正解、120 会場は扉イが正解、120 会場は扉ウが正解、というシナリオ設定にしましょう。次に挑戦者の選択ですが、これもサイコロはやめます。かわりに、アが正解な 120 会場のうち、40 会場はアを選択、40 会場はイを選択、40 会場はウを選択、というシナリオにしておきます。イが正解な 120 会場、ウが正解な 120 会場についても同様です。ここまでを表にまとめるとこうなります。

	挑戦者がアを選択	挑戦者がイを選択	挑戦者がウを選択
アが正解	○ 40 会場	× 40 会場	× 40 会場
イが正解	× 40 会場	○ 40 会場	× 40 会場
ウが正解	× 40 会場	× 40 会場	○ 40 会場

▶図 1.2　飛行船視点

あとは司会者が不正解を一つ開けてみせるわけですが、ここは注意してください。挑戦者の選択が不正解（×）だったときには、残る 2 つの扉は正解と不正解なので、不正解のほうを開いて見せるしかありません。一方、挑戦者の選択が正解（○）だったときには、残る扉のどちらを見せるかは半々です。すると表はこうなります。

	挑戦者がアを選択		挑戦者がイを選択		挑戦者がウを選択	
	イを見せる	ウを見せる	アを見せる	ウを見せる	アを見せる	イを見せる
アが正解	○ 20 会場	○ 20 会場	−	× 40 会場	−	× 40 会場
イが正解	−	× 40 会場	○ 20 会場	○ 20 会場	× 40 会場	−
ウが正解	× 40 会場	−	× 40 会場	−	○ 20 会場	○ 20 会場

では飛行船から下を眺めて会場を数えてみましょう。もし挑戦者が最初の選択をつらぬき通すなら、正解になるのは○がついた計 120 会場で、不正解は×の計 240 会場です。一方、挑戦者が扉を選び直すなら、×のついた計 240 会場が逆に正解となり、○の計 120 会場が不正解となります。この結果を見れば、選び直すほうが良いとはっきりわかります。数をかぞえるだけの話ですからあいまいさはありません。

飛行船から眺めていれば、あわてものの主張のどこがまちがっているかも数をかぞえて確認できます。挑戦者がウを選んで司会者がアを開いて見せている会場は合計 60 会場あります。そのうち、イが正解なのは 40 会場。ウが正解なのは 20 会場だけです。割合は半々ではありません。

?1.2　そんなにたくさん会場を用意しなくても 18 会場で十分なのでは？

はい。でも「たくさん」というイメージのほうがこの先の話へつなげやすいのであんなふうにしました。

飛行船視点の威力をもういちど念押ししておきます。

- 会場をたくさん用意して同時並列でゲームを実施。
- 各会場では、前もって完全に決まっていたシナリオを演じるだけ。
- シナリオの配分を上手に設定することで、全体として元の確率的な話をシミュレートできる。
- 飛行船から会場の数をかぞえれば主張の正誤をはっきり判断できる。

すばらしい御利益だと思いませんか。確率というもやもやしたものを勘でどうこう言っていたのでは明解さなんて望めません。飛行船ならそれが具体的にかぞえられる話に翻訳されたのでした。

?1.3　翻訳って言うけど、元の話は確率的だったのにいまの話は完全に確定的になってしまった。同じ話とは思えない。そんなので翻訳と言っていいのか？

もっともな不安ですがだいじょうぶ。翻訳後の話も必要に応じて確率的に解釈することができて、そうするとちゃんと同じ話になっているのです。具体的には、放映する会場をルーレットで決めればよい。

1から360までの番号がついた巨大ルーレットを用意します。このルーレットを回して、たとえば124が出たら第124会場を放映することにします。360会場も用意しておいて放映するのは一会場だけ。そんな仕組みを知らない視聴者にとってこの番組はどう見えるでしょうか。

扉アが正解となっているのは360会場中の120会場でした。すると視聴者から見れば、正解が扉アになる確率は $120/360 = 1/3$ です。イもウも同様に確率 $1/3$ になります。これは元の話でサイコロをふった場合と全く同等の結果です。

また、扉アが挑戦者の選択となっているのも360会場中の120会場でした。視聴者から見れば、挑戦者が扉アを選ぶ確率が $120/360 = 1/3$ です。イもウも同様に確率 $1/3$。これまた、元の話でサイコロをふった場合と同等です。

こんな具合で元の話がちゃんとシミュレートされています。……本当はこの説明では不十分なのですが、踏み込んだ話は2.2節(p.35)「同時確率と周辺確率」にゆずります。

?1.4　モンティホール問題ならもっとうまい解説を読んだことがありますよ？

はい。たとえば「扉を100枚にして司会者が98枚を開く場合を考えてみろ」など、数式を使わない上手な説得のしかたも知られています。そういううまい説明と本文のように地道な説明とどちらが良いかは目的しだいです。本節の場合は、モンティホール問題そのものではなくてもっと汎用的な考え方を紹介することが狙いだったので、地道な説明をお話ししました。今後はそのときの必要に応じてどちらの路線も使います。

1.3 三つ組 $(\Omega, \mathcal{F}, \mathrm{P})$ —— 神様視点

前の 1.2 節(p.4)では、たくさんの会場でそれぞれ役者が演じている様を飛行船で空から眺めました。ここで思いきり妄想を広げると、神様から見た世界というのも同じようなものなのかもしれません。会場にあたるのが「世界」です。つまり図 1.3 のようにたくさんのパラレルワールドが一面にあって、神様はそれらを上から眺めています。

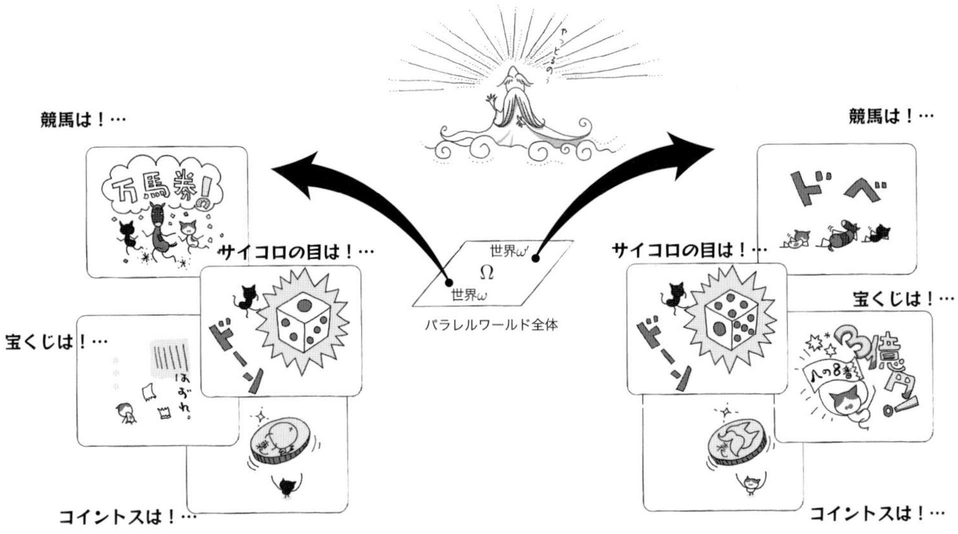

▶図 1.3 神様視点

この図の平面上の一点一点がそれぞれ一つの世界です。どの世界にも銀河があって地球があって人々が暮らしています。ただし各世界で起きることは同じではありません。ある世界ではサイコロで 1 が出ているのに、別の世界では 5 が出たりしています。それは配られたシナリオが違っているからです。—— そう、この妄想では、どの世界にもその世界用のシナリオが前もって配られているのです。シナリオには、その世界で起きることが過去から未来まですべてにわたって書かれています。人も物もシナリオに従った動きをするだけ。個々の世界について言えば、何もかも確定していて、確率的なことはひとつもありません。

では確率を論じるにはどうするかというと、「会場数をかぞえる」にあたることをすれば良いはずです。しかしこの絵のようになっていたら世界の個数なんてかぞえられません。そこで、かぞえるかわりに面積を測ります。たとえばコイントスをして表が出る確率を測ってみましょう。そのためにまず、表が出る世界（その世界用のシナリオに「表が出る」と書かれているような世界）は白で、裏が出る世界は黒で、塗りわけをします。塗りわけの結果を示したのが図 1.4 であり、この図の白の領域の面積 0.5 が「表が出る確率」を表しています。なお全体の面積は 1 だとしておきます。

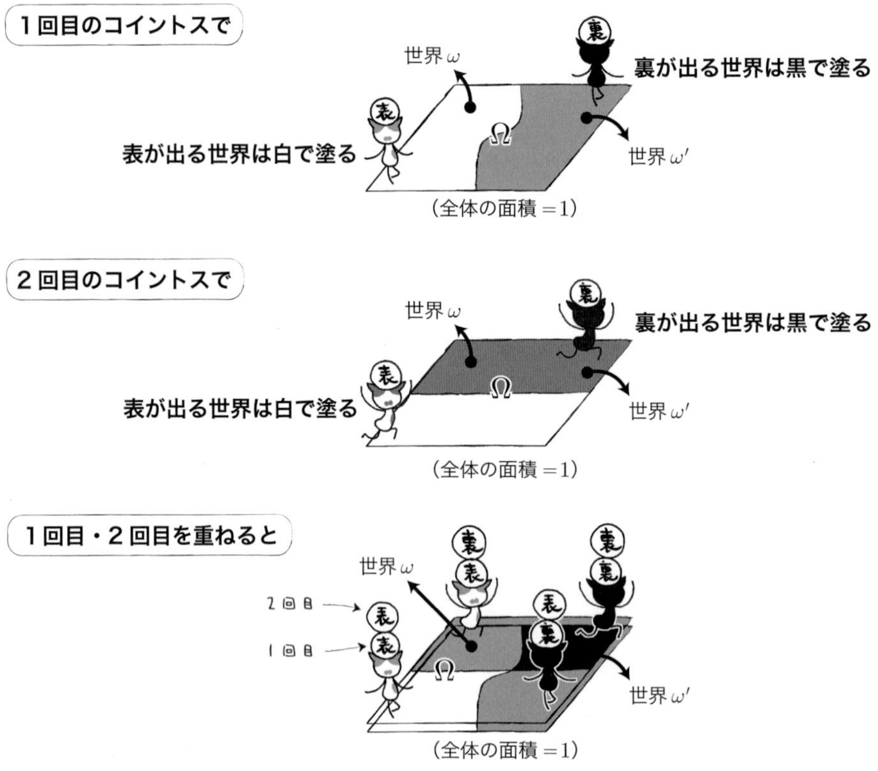

▶図 1.4　パラレルワールドの塗り分け（確率＝面積）

さらに、もう一回コイントスをしたときの確率も測ってみましょう。また表は白、裏は黒で塗りわけて、白の面積 0.5 が「もう一回コイントスしたとき表が出る確率」になります。白黒の形が前回とは違っていることにご注意。前回が表だからといって今回も表になるとは限りませんから、違うのは当然です。二度の塗りわけを重ねて描けば、二回コイントスしたときの状況をまとめて見ることができます。……さらっと言いましたけど、ここは大切なところなのでよく味わってください。一回目も二回目も確率（領域の面積）は同じ。でもそれは、一回目のコイントスと二回目のコイントスが等しいことを意味しません。領域そのものは同じではないからです。本書はこのような複数の要因や現象のかかわりあいにこだわります。確率・統計の現代的な活用においてはかかわりを分析することが一つの鍵になるからです。

いまの描像で肝心なのは次のからくりです。

- 各世界 ω でのコイントスの結果は完全に確定的
- しかし人間は、自分がどの世界 ω に住んでいるのかを知覚できない

たとえば一回目のコイントスで表が出たのを見れば、自分が住んでいる世界が図 1.5 の太線の範囲内だというところまでは絞り込まれます。しかしその範囲内のどれなのかはわかりません。そして範囲内には、二回目のコイントスが表になる世界も裏になる世界も混ざっています。ですから次のコイントスの結果を確信することはできません。?1.3(p.8) とも比べてください。

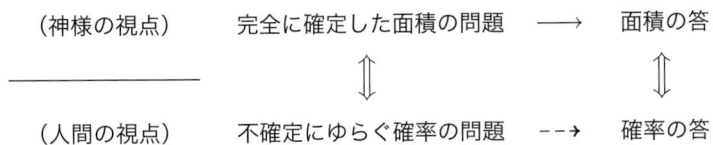

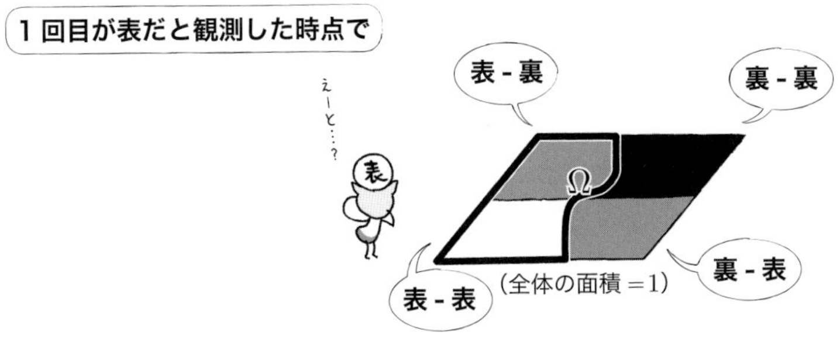

▶ 図 1.5 人間は、自分がどの世界に住んでいるのかを知覚できない

はじめて聞くとずいぶん奇妙な考え方だと思われるかもしれませんが、確定的な話と不確定な話とをこんなふうにはっきり切り分けると、あとのいろいろな議論がとても明解になります。ここは何としてものみ込んでください[*2]。

これで準備が整いました。いよいよ本番。三つ組 $(\Omega, \mathcal{F}, \mathrm{P})$ の説明に入ります。……と言っても、実はとっくに山は越えてしまいました。あとは今まで出てきたものに記号をつけるだけです。個々の世界はギリシャ文字 ω（オメガ）で表す習慣です。対応して、パラレルワールド全体の集合をオメガの大文字 Ω で表します。Ω のひとつひとつの要素 ω がそれぞれひとつの世界です。これが $(\Omega, \mathcal{F}, \mathrm{P})$ の一番手。次に、Ω の部分集合 A（という用語になじみがなければ、Ω 内の領域 A）の面積を $\mathrm{P}(A)$ で表します。前に出た例では $\mathrm{P}(\text{白の領域}) = 0.5$ でした。こんなふうに面積を与える関数 P が、$(\Omega, \mathcal{F}, \mathrm{P})$ の三番手です[*3]。パラレルワールド全体に対しては $\mathrm{P}(\Omega) = 1$ という前提でした。残る二番手 $\mathcal{F}$ は難しいので飛ばします。

結局、「パラレルワールド全体の集合 Ω と、Ω 内の領域に対して面積を測る関数 P とが与えられれば、確率の話ができるよ」ということです。これらによって確率の話が「領域と面積の話」に翻訳されるからです。翻訳してしまえばすべてが確定した普通の数学になるのがミソ。確率という直観の効きにくい概念を面積というはっきりした量におきかえることで、明朗な議論のための下地ができました。

(神様の視点)	完全に確定した面積の問題	⟶	面積の答
	⇕		⇕
(人間の視点)	不確定にゆらぐ確率の問題	--→	確率の答

*2 未来が決まっているという想定や神様という言葉は便宜上のものです。特定の宗教などを考えているわけではもちろんありません。読者の信念に合わない場合もあるでしょうけれど、確率の問題を解くための便利な枠組として、本書の中ではこうした表現を使わせてください。

*3 P は関数とはいっても、「集合を入れたら数字が出てくる」という格好のものです。皆さんがなじんでいるような「数字を入れたら数字が出てくる」関数とはそこがちょっと違います。

?1.5　なぜパラレルワールドなんていう大風呂敷を広げる必要があるのですか。会場と飛行船のほうがわかりやすいのに。

無限とおりの候補にそなえるためです。たとえば飛距離や漁獲量（重さ）は連続量です。取り得る値の候補は一個二個と数えられるものではありません。こんな場合は、会場をいくつ用意してもすべての候補を尽くすことができず、シミュレートしきれません。また、確率が $1/\sqrt{2}$ のような無理数（「整数/整数」の形に表せない実数）の場合には、会場をいくつ用意してもこの割合を厳密に実現することはできません。だから話を広げる必要があったのでした。

?1.6　パラレルワールド全体の集合 Ω なんてとても想像できません。どんなイメージを持てばいいのですか。

とりあえずしばらくは挿絵のとおり面積1の正方形をイメージしていてください。もう少し詳しい答は1.7節 (p.19)「Ω は裏方」でまたお話します。

?1.7　どうもこう、単純化しすぎというか、大切なものを落としてつまらない話にされてしまったような……

これが数学流のてなずけかたというものでしょう。

たとえば惑星探査機の距離のように時々刻々と動く量であっても、横軸に時刻、縦軸に距離をとってグラフにすれば、過去から未来までを一枚の静止画として見ることができます。こんなふうに、時間という特別な概念もふつうの数や関数からなる数学へ翻訳して扱ってきたはずです。

本節の話もそれと同様。いろいろな可能性を持つ確率的な量であっても、$(\Omega, \mathcal{F}, \mathrm{P})$ に写しとれば、あらゆる可能性を並べて一枚の静止画として見ることができます。こんなふうに、確率という特別な概念もふつうの集合や数や関数からなる数学に翻訳して扱います。

ちなみに、個々の世界 ω のことを**標本**、パラレルワールド全体 Ω のことを**標本空間**、Ω の部分集合のことを**事象**と呼びます[*4]。でも必要以上にいかめしくなってしまうので、本書ではこれらの用語は使いません。

1.4　確率変数

前の1.3節 (p.9) で舞台の構築が済みました。次は確率的な量をこの舞台の上で表現する方法についてお話します。フライングぎみにほのめかしてきたことをきちんとまとめて整理しましょう。

確率的な量は**確率変数**と呼ばれます。日常語で言うと運しだいでゆらぐ不確定な量のことです。しかし我々はいま図1.6のとおり神様の視点に立っています。この視点から眺めると「すべてのパラレルワールド」Ω が見渡せたのでした。そして個々の世界 ω では、ゆらぎなんてなくシナリオによってすべては確定していたのでした。

[*4] ω を**標本点**や**根源事象**と呼んだり、Ω を**基礎空間**と呼ぶこともあります。本当は事象には $\mathcal{F}$ にからんだ資格制限があるのですが、ここでは深入りしません。

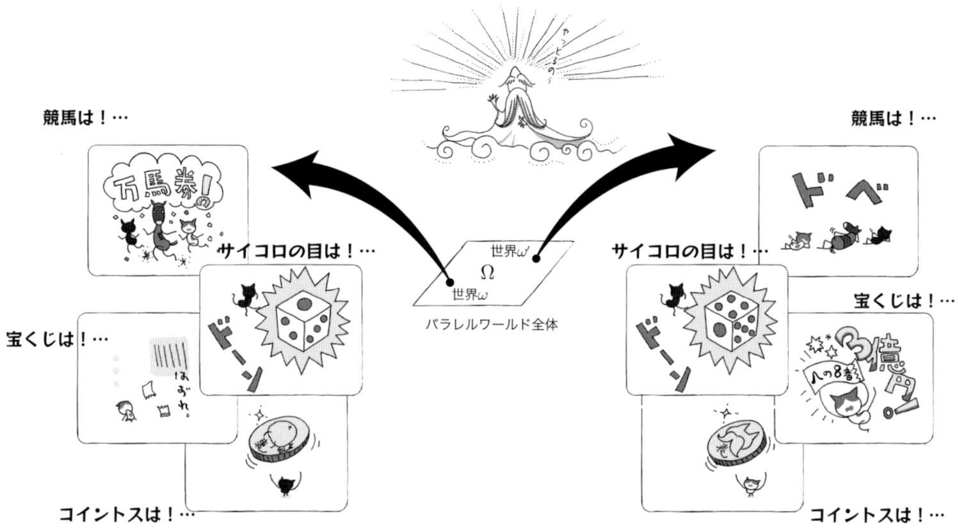

▶図 1.6 神様視点（図 1.3(p.9) の再掲）

$(\Omega, \mathcal{F}, \mathrm{P})$ の立場でいうと、確率変数とは Ω 上のただの関数です。図 1.7 を見てください。こんなふうに、たとえば Ω の各要素 ω に対して整数を何か返すような関数 $f(\omega)$ があったら、それは整数値の確率変数です[*5]。f 自体は何の不確定性もないまっとうなただの関数です。Ω 上で定義されているということ以外は、$g(x) = x + 3$ みたいなものと別にかわりありません。しかし、自分がどの世界 ω に属しているのか知覚できない「人間」からすると $f(\omega)$ の値は不確定です。$f(\omega)$ の値は ω によって違うのに、その ω が不明だからです。—— 納得できましたか？

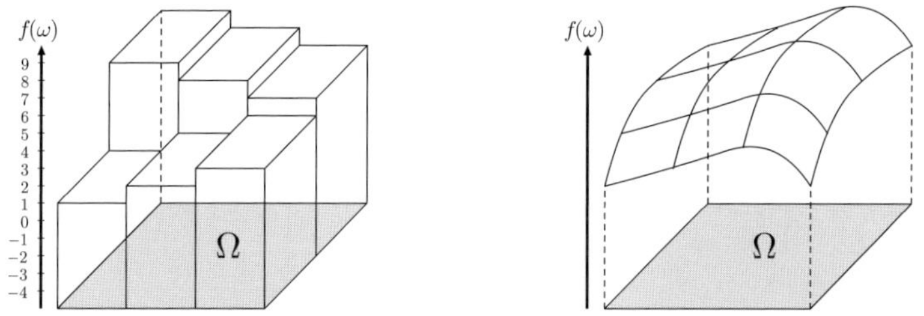

▶図 1.7 確率変数とは Ω 上の関数のこと。左は整数値（離散値）の確率変数。右は実数値（連続値）の確率変数

*5 「値を返す」はプログラミング風の言葉づかいですね。f という関数を呼び出して ω を与えてやると、f が中で何か処理をしてその結果を呼び出し元へ返してくれる、というイメージです。

大切なところなのでしつこくくり返しておきます。ゆらぐ・ゆらがないを意識して確認しながら読んでください。神様から見れば、確率変数というのは完全に確定したただの関数 $f(\omega)$ です。しかし人間にとっては、どの世界 ω なのかが不確定なので、$f(\omega)$ の値も不確定と感じられるのです。両者の視点を自在に行き来できるようになれば自信を持って確率の議論ができるはずです。

（神様の視点）	完全に確定した面積の問題	⟶	面積の答
	⇕		⇕
（人間の視点）	不確定にゆらぐ確率の問題	- - →	確率の答

なお、確率変数には $X(\omega)$ のように大文字を使うのがならわしです。ここからはできるだけ大文字を使うことにしましょう。

では例をいくつか。

Ω は図 1.8 のような正方形だとします。集合として言えば、0 から 1 までの実数を二つ組にしたものの集合です。つまり Ω の要素は $\omega = (u, v)$ という格好をしています $(0 \le u \le 1$ かつ $0 \le v \le 1)$。また、P はふつうの意味での面積とします。Ω 全体の面積は 1 ですからちゃんと資格は満たされています。

さらに、確率変数 X を、図 1.9 のように

$$X(u, v) \equiv \begin{cases} \text{当たり} & (0 \le v < 1/4) \\ \text{はずれ} & (1/4 \le v \le 1) \end{cases} \tag{1.1}$$

と定義します[*6]。X は「当たり」か「はずれ」かのどちらかの値をとる確率変数です。こんなふうに整数値や実数値以外のものも確率変数と呼んで結構です。たとえば $\omega = (0.3, 0.5)$ という点においては $X(0.3, 0.5) =$ はずれ。また、$\omega = (0.2, 0.1)$ という点においては $X(0.2, 0.1) =$ 当たり。では X が「当たり」となる確率は？──$X =$ 当たり となるような領域の面積が 1/4 なので、X は確率 1/4 で「当たり」という値をとる、が答です。

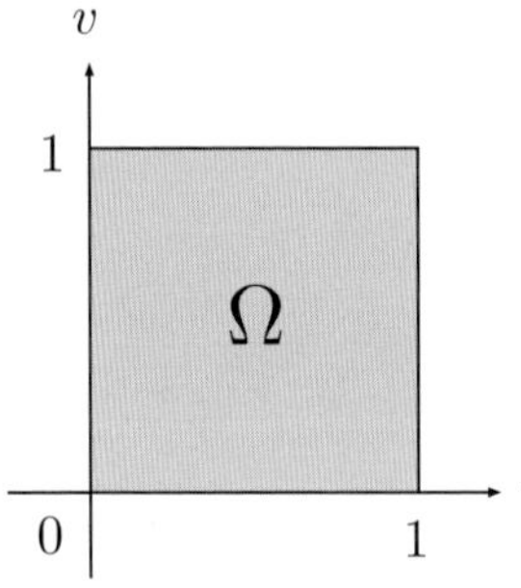

▶図 1.8　パラレルワールド全体の集合

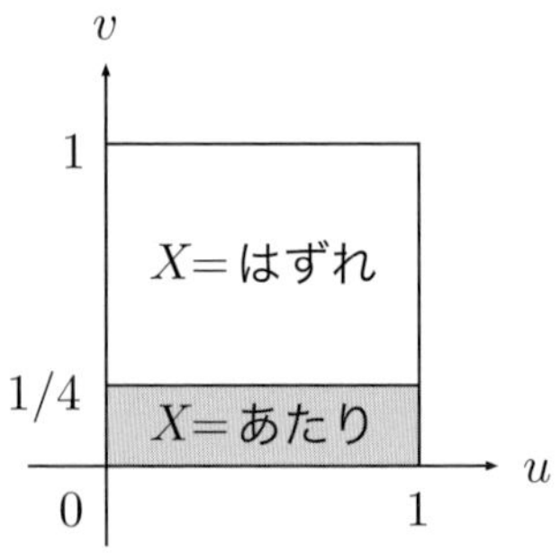

▶図 1.9　確率変数 X

*6 いまの式の $\equiv$ は「定義する」という意味です。定義ですから、そう置いた（名前をつけた）というだけ。本によっては $:=$ や $\triangleq$ のような記号を使うこともあります。また、分野によっては $\equiv$ を別の意味に使うこともあります。

念のためもう一つ、

$$Y(u,v) \equiv \begin{cases} \text{当たり} & (2u+v \leq 1) \\ \text{はずれ} & (\text{他}) \end{cases} \tag{1.2}$$

という確率変数はどうでしょう。図 1.10 を見れば、Y は確率 1/4 で「当たり」となり、確率 3/4 で「はずれ」となることがわかるはずです。

ではさらにもう一つ、こんどは実数値の確率変数です。

$$Z(u,v) \equiv 20(u-v) \tag{1.3}$$

なら、

- Z のとり得る値はどんな範囲でしょうか？
- Z が 0 以上 10 以下になる確率は？

前者については、u, v の範囲から Z は -20 から 20 までの実数値をとるとわかります。後者は、$0 \leq Z(u,v) \leq 10$ となる (u,v) の領域が図 1.11 のとおりですから、その面積 3/8（$= 1/2 - 1/8$）が答です。

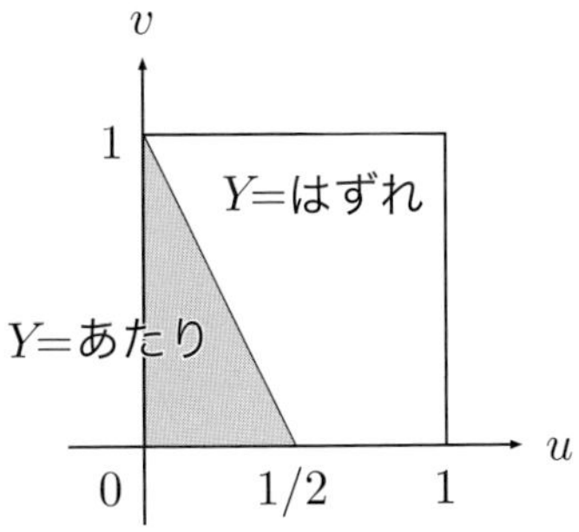

▶図 1.10　確率変数 Y

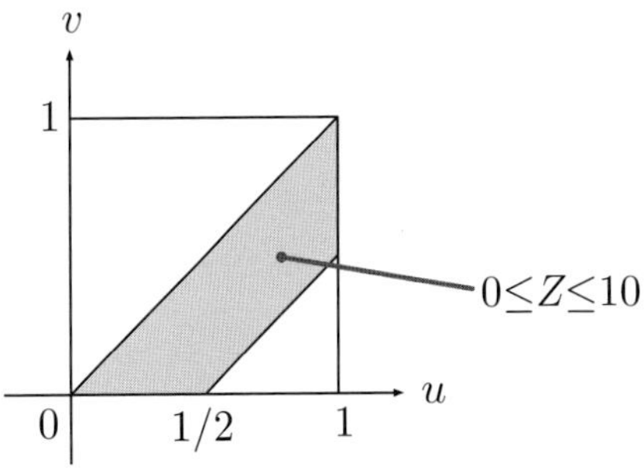

▶図 1.11　確率変数 Z

練習のために上の例はあえて式を前に出して述べました。世界やシナリオといった言葉で上の例を述べ直すのは読者への宿題としておきます。ちょっと目を閉じて「神様の視点からはどう見えるか」「人間の視点からはどう見えるか」に思いをはせてみてください。

それから、しつこいですけれど注意を。X も Y も「確率 1/4 で当たり、確率 3/4 ではずれ」というのは同じですが、X, Y そのものが同じというわけではありません。世界やシナリオといった解釈でこの事実がどんな意味を持つのかも自分の言葉で納得しておいてください。

整数値や実数値の確率変数 X, Y に対して、$X+1$ や $3X$ や $X+Y$ や XY などの意味は自然に解釈してもらえば結構です。人間視点なら、「ゆらぐ値 X」に 1 を足して得られる「ゆらぐ値」が $X+1$。神様視点なら、各世界 ω に $X(\omega)+1$ という値を割り当てる関数が $X+1$。

?1.8　上で描いたような式の領域はどんなやり方で描いたらいいんでしたっけ？

境界線の方程式を考えるのが簡明でしょう。たとえば、「$Y(u,v) =$ 当たり」となるような領域、つまり $2u + v \leq 1$ という領域を求めてみます。この領域の境界線の方程式 $2u + v = 1$ を変形すれば $v = -2u + 1$。これは直線の方程式であり、切片が 1、傾きが -2。この直線をまず描き込みます。それから、直線のどちら側が該当領域なのかをチェックします。それには適当な点をピックアップしてみるのがてっとり早い。たとえば $(u,v) = (0,0)$ を代入してみたら $2u + v = 0$ ですから、点 $(0,0)$ は領域 $2u + v \leq 1$ に属しています。また、$(u,v) = (1,0)$ を代入してみたら $2u + v = 2$ ですから、$(1,0)$ はこの領域には属しません。というわけで $(u,v) = (0,0)$ のある側が該当領域だとわかります。(連続性を暗黙に使っているのが云々と文句をつけたくなるレベルの方はそもそもこんな質問はしませんよね)

ちなみに確率変数を英語では random variable と言います。板書などに **r.v.** と略して書かれることがあるので念のため紹介しました。

1.5　確率分布

確率変数は個々の世界までを意識した概念でした。これに対して、もっと大雑把に面積だけを気にするのが**確率分布**という概念です。誤解の余地がなければ単に**分布**と呼ぶこともあります。ざっくり言えばこんな表のことです。

▶表 1.1　いかさまサイコロの確率分布

サイコロの目	その目が出る確率
1	0.4
2	0.1
3	0.1
4	0.1
5	0.1
6	0.2

あるいは、図 1.12 のようにグラフにしたほうがわかりやすいかもしれません。

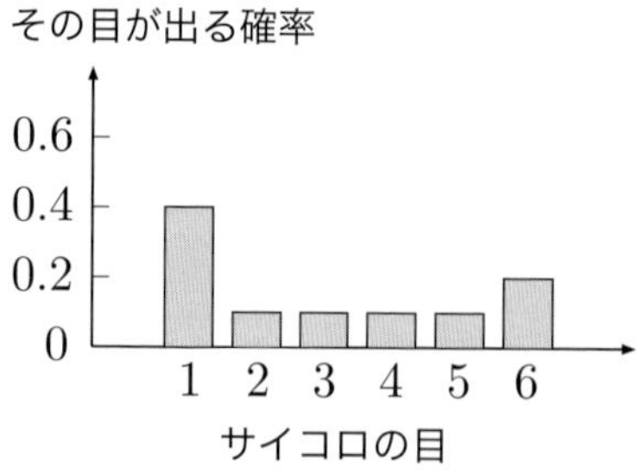

▶図 1.12　いかさまサイコロの確率分布のグラフ

いずれにせよ確率変数との違いに注意してください。確率変数ではどの世界でどんな値が出るかを特定していました。確率分布というのは「どの世界」までは特定していません。

さて、確率変数が与えられたらその確率分布を計算することができます。たとえば前の式 (1.1)(p.14) や (1.2) の X, Y なら表 1.2 や 1.3 のとおり。

▶表 1.2 X の確率分布

値	その値が出る確率
当たり	1/4
はずれ	3/4

▶表 1.3 Y の確率分布

値	その値が出る確率
当たり	1/4
はずれ	3/4

X と Y は違う確率変数ですが、それらの確率分布は同じです。こんな表のことを式では

$$\begin{cases} \mathrm{P}(X = \text{当たり}) = 1/4 \\ \mathrm{P}(X = \text{はずれ}) = 3/4 \end{cases}$$

のように表します。次のように書いても同じ意味です。

$$\mathrm{P}(X = k) = \begin{cases} 1/4 & (k = \text{当たり}) \\ 3/4 & (k = \text{はずれ}) \end{cases}$$

どちらの書き方でも、X が当たりになる確率 (probability) は 1/4、はずれになる確率は 3/4 だと言っていることになります。

一般の確率変数 X に対する確率分布の求め方も予想がついていることでしょう。

$$\mathrm{P}(X = k) = \text{「}X(\omega) = k \text{ となるような } \omega \text{ の領域の面積」}$$

というのが「X が k になる確率」ですから、それを並べた一覧表が X の確率分布です。確率変数 X を与えられればその確率分布が求められますけれど、確率分布だけを与えられても確率変数は定まりません……という注意はもう何度もくり返しているからだいじょうぶですよね。

確率分布に関する性質を二つ指摘しておきます。

- 確率は 0 以上 1 以下
- 確率をすべて合計すると必ず 1

上のように面積の話に戻して考えれば当然のことです（全体 Ω の面積は 1 という前提でした)。

なお、一覧表でなくてもとにかく「その値になる確率」をすべて指定していれば確率分布と呼んで結構です。だからたとえば次のように確率分布が数式で表されることもあります。

$$\mathrm{P}(X = k) = \frac{12}{25k} \qquad (\text{ただし } k = 1, 2, 3, 4) \tag{1.4}$$

こんなとき、「確率変数 X の確率分布は式 (1.4) だ」と言うかわりに、「確率変数 X は式 (1.4) の確率分布に従う」という言い回しが好んで使われます。

ちなみに、式 (1.3)(p.15) の Z のような連続値の確率変数に対しても確率分布の概念は定義されます。ただちょっと工夫が必要になるので、その話は 4 章(p.113) へまわします。

1.6 現場流の略記法

確率を式で表記する際、厳格な書き方は慣れた人にはまどろっこしすぎます。そこでてっとりばやい略記が広く使われています。この節では、よく見られる略記法を紹介します。慣れた人は略記でも読みとれるからいいのですが、勉強中の人には略記は混乱のもとかもしれません。少しでもとまどいを感じたら本来の記法に書き直してみてください。たとえ教師が略記を使っていてもです。

1.6.1 確率変数の記法

確率変数は大文字が原則です。大文字小文字を使いわけて $X(\omega)=a$ のように書けば、X が確率変数で a がただの数だということを視覚的にはっきり区別して見せることができます。でもこの原則は必ず守られるとは限りません。複雑な話をしていると文字が足りなくなってくるからまあ仕方ないでしょう。

それよりも、$X(\omega)$ と書いたり単に X と略したりのほうが混乱するかもしれません。$X=a$ と書くと、「不確定にゆらぐ値 X がたまたまある数 a になった」という人間視点な雰囲気が感じられます。これを必要に応じて $X(\omega)=a$ という神様視点に移せるようになってください。神様視点では、「点 ω における関数 X の値が数 a」です[*7]。

さらにずぼらに、同じ文字 X を確率変数とただの数とであいまいに使ってしまう例もあります。「Ω 上の関数」である確率変数と「それがとり得る値」としてのただの数とは本来は別物なのですが、使いわけをさぼってどちらも X と書いてしまうのです。どちらの意味なのかは読む側が文脈などからそのつど判断しなくてはいけません。少なくとも確率の勉強をしている間はこんな書き方は避けたほうが無難でしょう。

? 1.9 アルファベット 26 文字でまだ足りないんですか？

すぐ足りなくなります。26 文字をどれでも自由に使えるわけではないからです。

慣習によって各文字にはすでにイメージやニュアンスが染みついています。見せられた数式をぱっと読みとる際これはかなり助けになります。一方この慣習のために文字が自由には使えなくなっています。たとえば「関数 $f(x)=3x+1$」と「関数 $x(f)=3f+1$」とは、名前をつけかえただけで本質的な意味は変わりません。でも後者には違和感を覚えるのではないでしょうか。

規則としてきっちり決まっているわけではありませんが、慣習に従っておくほうが読みやすくなります。この慣習と「確率変数は大文字」とどちらを優先するかはケースバイケース。他にも集合や行列には（たとえゆらがなくても）大文字を使うという強固な慣習もありますから混同しないでください。

もう少し丁寧な説明が参考文献 [25] に載っています（1.1.3 の「ディスカッション」）。

---

*7 本当は $X=a$ という表記はあいまいなので、何も言わずにいきなりこう書いたら人によって違う意味に受けとられるおそれがあります。

- 工学などの応用系の人は、たいてい本文のように解釈するでしょう。我々も以後そうします。
- 一方、きちんとした数学派の人は、「どんな ω においても a という一定の値をとる確率変数」と解釈するでしょう。人間視点で言えば、全くゆらぐことなく必ず a という値が出る確率変数です。（こんなふうに定数も確率変数の一種とみなすことができます）

1.6.2 確率の記法

三つ組 $(\Omega, \mathcal{F}, \mathrm{P})$ の P で測られる面積が確率だという説明を本書ではしてきました。この説明からすると本来は P(Ω の部分集合) という書き方しか許されません。でも実際には P(条件) という書き方も気軽に使われます。たとえば $\mathrm{P}(2 \leq X < 7)$ と書いたら、「$2 \leq X(\omega) < 7$ となるような ω の集合」を A としたときの $\mathrm{P}(A)$ ということです。同様に、$\mathrm{P}(X = 3)$ なら、「$X(\omega) = 3$ となるような ω の集合」を A としたときの $\mathrm{P}(A)$ を表します。

ただこの書き方には $\mathrm{P}(X = 3) = 0.2$ のように = が並んでぶかっこうだという欠点があります。それを嫌ってか $\mathrm{P}(X = 3)$ のことを $P_X(3)$ と書くのも見かけます[*8]。さらに、誤解の余地がなければ $P(3)$ とだけ書いてしまったりもします。

問題は、X, Y のように二つの確率変数があったときそれらの分布をどう区別して表すかです。$\mathrm{P}(X = 3)$ や $P_X(3)$ なら確実なのですが、大量に出てくると目がちかちかするし書くのもまどろっこしくなってしまいます。

穏便なのは「X の確率分布を P、Y の確率分布を Q とする」のように違う文字を使う流儀。いまの場合、$P(3)$ と書いたら $\mathrm{P}(X = 3)$ のこと、$Q(3)$ と書いたら $\mathrm{P}(Y = 3)$ のことです。添字などなしでぱぱっと書けるのが利点、使う文字の種類が増えてしまうのが欠点です。

実際にはもっと過激な略記も現場では使われます。罠があるのでアマチュアにはおすすめしませんが、こんな書き方の本を読めないのは困りますから紹介だけしておきます。それは、「$\mathrm{P}(x)$ と書いたら $\mathrm{P}(X = x)$ のこと、$\mathrm{P}(y)$ と書いたら $\mathrm{P}(Y = y)$ のこと」という流儀です。P(3) と書いたときにどちらかわからないのが罠です。

本によっては **P** のかわりに $\mathbf{Pr}(\cdots)$ や $\mathbf{Prob}(\cdots)$ という書き方をしている場合もあります。意味は同じです。

1.7 Ωは裏方

パラレルワールド全体の集合などという大げさな言い方で導入された Ω ですが、その役割は基本的に裏方です。なぜ Ω が前面に出て目立たないのか、本節で事情をお話します。

1.7.1 Ωの正体にはこだわらない

ここまでは Ω は面積 1 の正方形だという設定で話をしてきました。でも実は Ω を別のものにとりかえても確率論としては全く同じ話ができたりします。たとえば図 1.13 のように Ω が面積 1 の円板だったとしても大丈夫。Ω やその中の領域 A の形そのものに興味はないからです。興味があるのは面積 $\mathrm{P}(A)$ のほうでした。$\mathrm{P}(A)$ さえ所望の値になっていれば、Ω が四角だろうが丸だろうが、もっとわけのわからないものだろうが、文句はありません。

---

*8 同じような記法 $P_A(B)$ を別の意味に使う本もあります（事象 A が生じたときの事象 B の条件つき確率 → 2.3 節 (p.39)）。

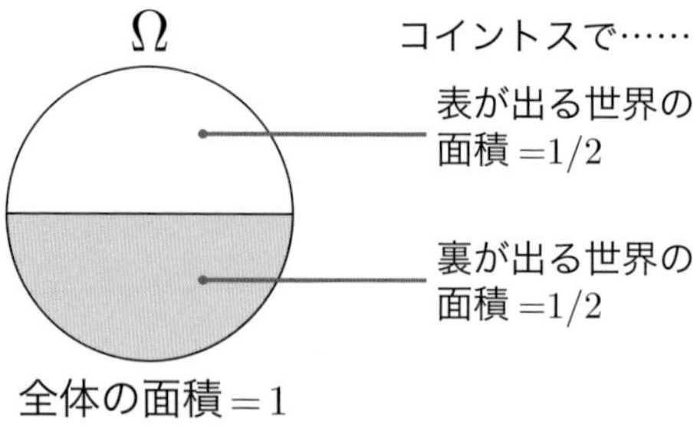

▶図 1.13　「パラレルワールド全体の集合 Ω」が円板だと設定しても同じ話ができる

さらに、面積にこだわる必要もありません。たとえば図 1.14 左のように Ω が体積 1 の立方体だったとしても、P を面積でなく体積と読みかえれば同じことです。同図右のように Ω が球体でも同様です。結局 P としては、面積や体積と同じような性質を持つものなら何を設定しても構いません。ただし $P(\Omega) = 1$ という前提は守らないといけませんが。

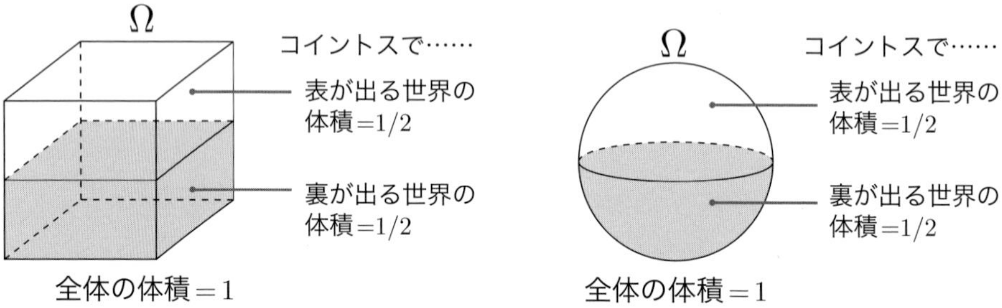

▶図 1.14　「パラレルワールド全体の集合 Ω」が立方体や球体だと設定しても同じ話ができる

ここまでを一応注意した上で、本書では今後も正方形の挿絵を描き、面積という言葉を使い続けます。ご了解ください。

1.7.2　Ω のとり方の流儀

「数学」としての話は以上です。結局、Ω 上の領域の面積（あるいは面積を一般化した測度と呼ばれるもの）だけが効くのであって、それさえ所望の値になっていれば Ω 自体はどうでも構いません。

ただし、実際の問題へこの枠組をあてはめる際の考え方としては二つの異なる流儀があります。

一つはここまでの話のように大風呂敷な Ω を使う流儀です。つまり Ω としては汎用的な大きい舞台を用意しておき、個々の問題はその上でいろいろな確率変数を設定することによって取扱います。神様視点でパラレルワールドという解釈をとるならこちらの流儀がイメージによく合います。本書は原則としてこちらの流儀です。

もう一つはもっと小さい集合 Ω を問題ごとに具体的に作る流儀です。確率論のやさしい本ではこちらの流儀が多く見られます。たとえば一回のコイントスを考えたいだけなら、2 つの要素から

なる集合 $\{$ 表, 裏 $\}$ を Ω ととれば十分です[*9]。1.2 節 (p.4) のモンティホール問題でも、(正解の扉, 挑戦者が選択する扉, 司会者が開く扉) の組合せがせいぜい $3 \times 3 \times 3 = 27$ 通りしかないので、

$$\Omega = \{(ア, ア, ア), (ア, ア, イ), (ア, ア, ウ), (ア, イ, ア), \ldots, (ウ, ウ, ウ)\}$$

という 27 要素の集合をとれば十分です（あり得ない組合せも混ざっていますが、それは P を 0 と設定すればよい）。

? 1.10　確率論の本格的な教科書を読んでみたら Ω をどうとるのかがはっきり書いてありませんでした。ひどい本ですよね。

いえいえ。第一の流儀ではそれがふつうです。

結局のところ Ω の存在意義は「存在している」ということだけです。いま考えたい問題をシミュレートできさえすれば Ω の具体的な姿なんかはどうでもよい。だったら Ω を具体的に書き下す必要もないではないか。

こんなわけで、確率論を進めていく際には Ω が具体的に何なのかをいちいち述べたりはしません。とにかく何か Ω という集合があるとせよとだけ宣言してあとは放ったらかし。そういうものです。

1.7.3　Ω なし（神様視点なし）の確率論

本書では神様視点を強調し前面に押し出します。

- 確率とはパラレルワールド全体 Ω を塗り分けてできる領域の面積だ
- 確率変数とは Ω 上のただの関数だ

一方、確率論のやさしい本ではこんな神様視点なんて出てきません。それは確率分布のほうで主に話をするからです。確率分布は単なる一覧表ですから神様視点なしでも話ができます。そのかわり弱点として、確率変数の概念がぼやけてしまいがちです。もちろんそこは言葉でなんとか説明するわけですが、しょせんは人間視点。神様視点のような数学的にはっきりした議論はなかなかしづらくなります。

一つの確率変数だけを議論するときならそれでもあまり困りはしません。困るのは複数の確率変数がからむときです。何度も注意してきた「確率分布は同じだけれど確率変数としては違う」という事例を思いだしてください。ちょっと複雑な話になると、人間視点から言葉と勘で議論してもらちがあかなくて、神様視点のほうがずっと有利になります。そして、確率・統計の現代的な活用ではそういうからみ具合の解析が一つの鍵となっているのです。

[*9] P を次のように定めればこれも「面積や体積と同じようなもの」の一種です。$\emptyset$ は空集合 $\{\ \}$ を表します。

$$\mathrm{P}(\emptyset) = 0, \quad \mathrm{P}(\{ 表 \}) = 1/2, \quad \mathrm{P}(\{ 裏 \}) = 1/2, \quad \mathrm{P}(\{ 表, 裏 \}) = \mathrm{P}(\Omega) = 1$$

1.8 念押しなど

1.8.1 何がしたかったのか

確率の話は言葉だけでは議論しづらく、「おれはこう考える」の水かけ論になりがちです。言葉だけだと、妙に哲学な話になってしまったり思わぬ錯覚にはまってしまうこともあります。

だからなんとか純粋な数学にのせてしまって、あとは数学として結着をつけたい。そのためには、確率というもやもやした概念を、集合や数や関数という既存の数学の対象に翻訳して静止画にする必要があります。

それをしてみせたのが本章です。

1.8.2 面積なんだから……

「確率とは面積だ」という神様視点を押さえておけば、かなりのことはいちいち教わらなくても当たり前の話になります。これから述べることもそんな話の一例なので、本書の立場からすればこの項は蛇足です。

でも確率の勉強を漫然と進めていくと、押しよせる話題に埋もれて「面積だ」を忘れてしまう恐れもあるでしょう。そこで「面積だ」の念押しのためにも一項を割いて確認しておくことにします。以下、○○や××は「何か適当な条件」と読んでください。

まず確率のとり得る範囲について。図 1.15 のように確率とは面積なのだから負になることはありません。また、全体の面積が 1 という前提だったから最高でも 1 までです。

$$0 \leq \mathrm{P}(\text{○○}) \leq 1$$

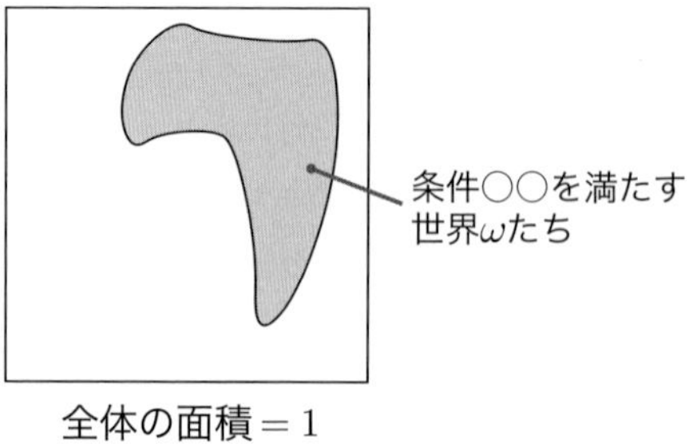

▶図 1.15　確率のとり得る範囲

さらに、「○○の確率」と「○○でない確率」とを合計すれば 1 のはずです。

$$\mathrm{P}(\text{○○}) + \mathrm{P}(\text{○○でない}) = 1$$

たとえば

$$\mathrm{P}(X = 3) + \mathrm{P}(X \neq 3) = 1$$
$$\mathrm{P}(X < 3) + \mathrm{P}(X \geq 3) = 1$$

同じことですがこんな言い方も慣れておいてください。

$$\mathrm{P}(\text{○○でない}) = 1 - \mathrm{P}(\text{○○})$$
$$\mathrm{P}(X \neq 3) = 1 - \mathrm{P}(X = 3)$$
$$\mathrm{P}(X \geq 3) = 1 - \mathrm{P}(X < 3)$$

いずれにせよ図 1.16 のような絵を浮かべれば一目瞭然でしょう。

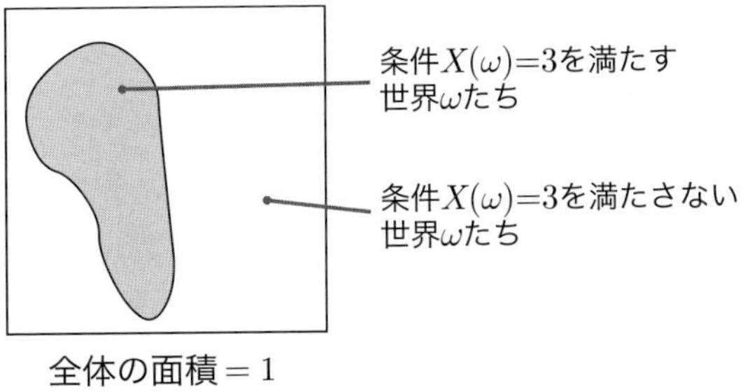

▶図 1.16 ○○でない確率

次は少しだけ気をつけてください。もし○○と××が同時には決して起きないなら、「○○または××」の確率はそれぞれの確率の単純な合計になります。

$$\mathrm{P}(\text{○○または××}) = \mathrm{P}(\text{○○}) + \mathrm{P}(\text{××})$$

なぜなら、同時には決して起きないという前提から領域に重なりがないと保証されるからです。たとえば次の関係は図 1.17 から明らかでしょう。

$$\mathrm{P}(X = 3 \text{ または } X = 7) = \mathrm{P}(X = 3) + \mathrm{P}(X = 7)$$
$$\mathrm{P}(X < 3 \text{ または } X > 7) = \mathrm{P}(X < 3) + \mathrm{P}(X > 7)$$

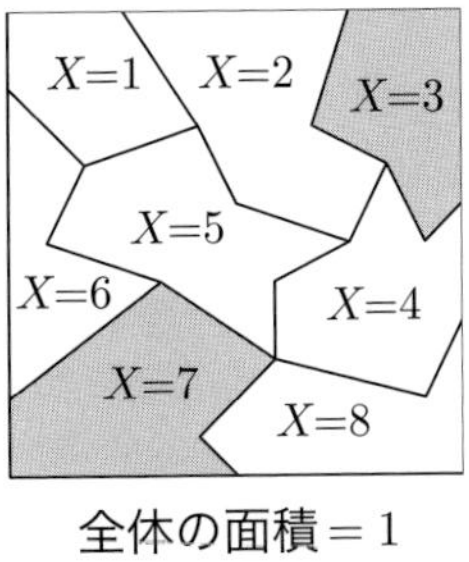

▶図 1.17 「$X = 3$ または $X = 7$」の確率

いまの話でよく気をつけてほしいのは、同時には決して起きないという前提です。この前提が崩れると、単純な合計では済まなくなります。たとえばサイコロの目を X としましょう。このとき $\mathrm{P}(X$ が偶数、または、X が 3 で割り切れる$)$ は $\mathrm{P}(X$ が偶数$) + \mathrm{P}(X$ が 3 で割り切れる$)$ にはなっていません。図 1.18 のように重なっている領域の分がダブルカウントされてしまうせいです。

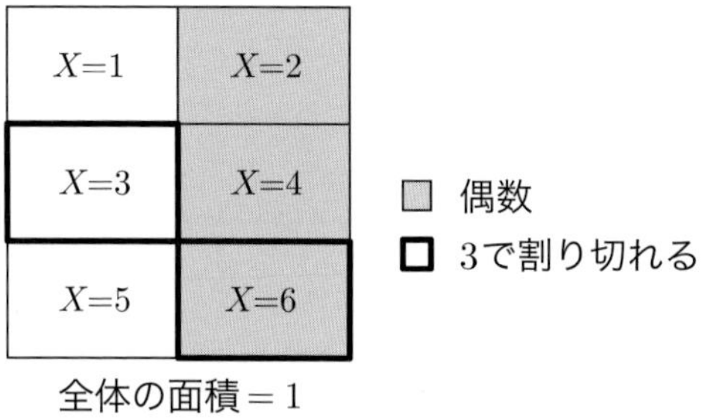

▶図 1.18　重なりがあると……

1.8.3　言い訳

最後に釈明を一言。本書の目標はお話レベルより上の確率・統計がわかるようになることです。数学のプロをめざさない前提でこの目標のために何がまず大切かを吟味した結果、本書では次のような方針をとっています。

- 測度論や確率の公理には踏み込まない。
- 面積の定義もしない。
- 面積の性質は日常生活を通じて知っているものとする。

これはまっとうな数学の態度ではありません。もしこれが数学に見えるとしたら、たぶんあなたは本物の数学にまだ会ったことがないのでしょう（数理系の学科を除けば、一度も会わないまま大学を卒業するのも珍しくありません）。

だいたい、定義もせずに性質をどうこう言うなど全くもってナンセンス。どういうものを面積と呼ぶのかについて厳密に同意しないまま面積を議論したところで、はっきり結着がつくわけないじゃありませんか。このあたりの不誠実さは本書の割りきりです。一方、数学でないものを数学だと言い張ったりしない誠実さは本書のこだわりです。

公の場に出しても恥ずかしくない数学を望む読者は、測度論や公理的確率論を別途学んでください。教科書を探すときのキーワードとしてルベーグ積分という用語も挙げておきます。

コラム：モンティホール問題のシミュレーション

擬似乱数列を使って図 1.19 のモンティホール問題をコンピュータでシミュレーションしてみました[*10]。最初の選択を貫くという戦略で 1 万回の試行を集計したところ、当たったのは約 33%、はずれたのは約 67% でした。一方、扉を選び直すという戦略で 1 万回の試行を集計したら、当たったのは約 67%、はずれたのは約 33% でした。この結果を見ても、選び直すほうが確かに勝率が高くなっています。

▶ 図 1.19　モンティホール問題（図 1.1(p.5) の再掲）。詳しくは 1.2 節 (p.4) を参照

```
$ cd monty↲
$ make long↲
(no change)
./monty.rb 10000 | ../count.rb
O: 3303 (33.03%)
X: 6697 (66.97%)
(change)
./monty.rb -c 10000 | ../count.rb
O: 6674 (66.74%)
X: 3326 (33.26%)
```

---

*10 プログラムの入手方法は vii ページを参照ください。以下の実行例では$の後の太字部分がユーザの入力です。$自体を入力する必要はありません。擬似乱数列とは何かや、擬似乱数列を使ったシミュレーションにどんな意味があるのかは、後ほど 7 章 (p.253) でお話しします。キーワードはモンテカルロ法です（7.1.3 項 (p.255)）。

第 **2** 章

複数の確率変数のからみあい

A： 私の調査によるとゲーム機所持者の犯罪率は 50% 以上です。何らかの規制をするべきでしょう。

B： 何そのやたら高い数字？

A： 最近の少年犯罪では犯人の半数以上がゲーム機を所持していました。

B： ええと、つっこみ所がありすぎて困るんだけど。とりあえず犯罪関係なしで最近の少年のゲーム機所持率から調べ直してくれない？ （→ 2.5.2 項 (p.61)「事象の独立性（言いかえ）」）

確率・統計の現代的な活用では、複数の確率変数に対してそのかかわりを解析することが一つの鍵となります。「無料という単語を含むメールは広告の可能性が高い」「金曜日に紙おむつを買う客はビールも買う傾向がある」のような話をどこかで聞いたことがありませんか？　このような話をするためには複数の確率変数がからみあう状況を調べる必要があります。

幸い、我々はすでに神様視点という強力な考え方を身につけました。神様視点を使いこなし、自信を持って「確率変数のからみあい」がとり扱えるようになってください。目標はまず同時確率・周辺確率・条件つき確率という三点セットをおさえること。これらが、からみあいを論じるための基本的な道具です。いろいろな分野で最近活用が目立つ Bayes の公式も三点セットの応用と位置づけられます。さらに、独立性という概念も三点セットをふまえて定義されます。おはなしレベルの確率論だと独立性を明示せず暗黙にとり扱ってしまうこともあるようですが、本書の目標レベルのためには、独立とはどういう意味なのかをはっきりさせないといけません。からみあいの解析では、何が独立で何が独立でないかがしばしば話の肝になるからです。

なお、よけいなやっかいごとを避けるために、本章では連続値の確率変数は考えないことにします（連続値の話は 4 章 (p.113) 章から）。

2.1 各県の土地利用（面積計算の練習）

確率変数のからみあいを確率の問題としてそのまま考えようとすると、こんがらかってしまいがちです。だから我々は、前の章で訴えたように、確率の問題を面積の問題に写しとって考える作戦で行きます。

（神様の視点）	完全に確定した面積の問題	⟶	面積の答
	⇕		⇕
（人間の視点）	不確定にゆらぐ確率の問題	- - →	確率の答

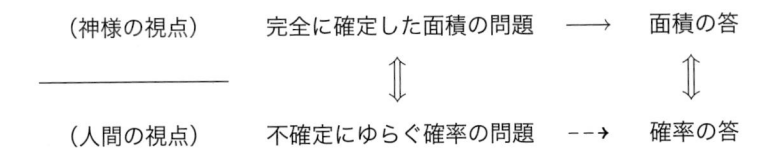

写しとってしまえば話はもうただの算数です。ひとまず確率のことは忘れて、イメージのわきやすい題材でその算数だけ先に眺めておくことにしましょう。この節はただの面積の算数としてさらっと読んでくだされば結構です。2.2 項(p.35) 以降では同じ計算をこんどは確率として解釈していきます。

2.1.1　県別・用途別の集計（同時確率と周辺確率の練習）

Ω国には図 2.1 のような 3 つの県（A 県・B 県・C 県）があって、それぞれ面積は P(A), P(B), P(C) だとします。面積の合計、つまり国の総面積は 1 です。

$$P(A) + P(B) + P(C) = 1$$

この国の土地はすべて住宅・工場・田畑のどれかに使われています。それぞれの面積を P(住宅), P(工場), P(田畑) とすれば、合計はやはり国の総面積である 1 になります。

$$P(\text{住宅}) + P(\text{工場}) + P(\text{田畑}) = 1$$

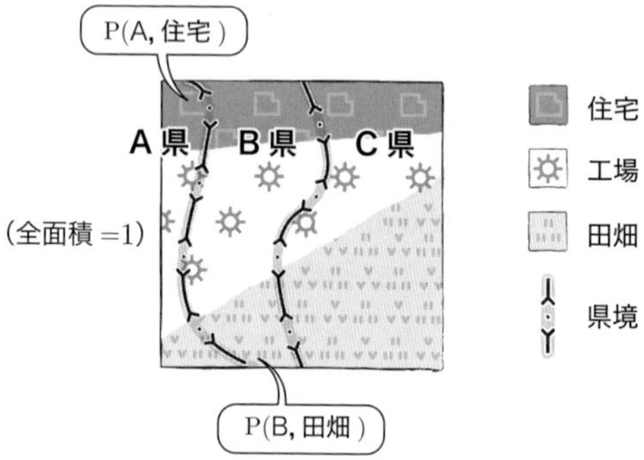

▶図 2.1　Ω国

これだけでは内訳がわかりませんから、もう少しくわしく、A 県の住宅の面積は P(A, 住宅)、B 県の田畑の面積は P(B, 田畑)、のように調査したとしましょう。当然

$$\begin{aligned} P(\text{住宅}) &= P(A, \text{住宅}) + P(B, \text{住宅}) + P(C, \text{住宅}) \\ P(\text{工場}) &= P(A, \text{工場}) + P(B, \text{工場}) + P(C, \text{工場}) \\ P(\text{田畑}) &= P(A, \text{田畑}) + P(B, \text{田畑}) + P(C, \text{田畑}) \end{aligned}$$

のはず（各県の住宅面積の合計が国の住宅の総面積）だし、また

$$\begin{aligned} P(A) &= P(A, \text{住宅}) + P(A, \text{工場}) + P(A, \text{田畑}) \\ P(B) &= P(B, \text{住宅}) + P(B, \text{工場}) + P(B, \text{田畑}) \\ P(C) &= P(C, \text{住宅}) + P(C, \text{工場}) + P(C, \text{田畑}) \end{aligned}$$

でもあります（県内の住宅・工場・田畑の面積をあわせたのがその県の総面積）。さらに、全合計は国の総面積に一致します。

$$\begin{aligned}
&\mathrm{P}(\mathrm{A},\text{住宅})+\mathrm{P}(\mathrm{A},\text{工場})+\mathrm{P}(\mathrm{A},\text{田畑})\\
&+\mathrm{P}(\mathrm{B},\text{住宅})+\mathrm{P}(\mathrm{B},\text{工場})+\mathrm{P}(\mathrm{B},\text{田畑})\\
&+\mathrm{P}(\mathrm{C},\text{住宅})+\mathrm{P}(\mathrm{C},\text{工場})+\mathrm{P}(\mathrm{C},\text{田畑})\\
&=1
\end{aligned}$$

2.1.2 県内・用途内での割合（条件つき確率の練習）

他の県と比べてA県は工場を重視しているようです。その様子を知るために、各県内の工場の面積である

$\mathrm{P}(\mathrm{A},\text{工場})$ と $\mathrm{P}(\mathrm{B},\text{工場})$ と $\mathrm{P}(\mathrm{C},\text{工場})$

を比べ……たのでは、不公平になってしまいます。前の図2.1のとおりA県はC県よりずっと狭いので、工場面積そのものではどうしても負けてしまい、$\mathrm{P}(\mathrm{A},\text{工場})<\mathrm{P}(\mathrm{C},\text{工場})$ となるからです。重視具合を比べるには、面積そのものではなくてその県内での割合を見るべきでしょう。

そこで、A県の中での工場の割合といった値を $\mathrm{P}(\text{工場}\,|\mathrm{A})$ のように表すことにします。計算のしかたは、「A県内の工場の面積」を「A県の総面積」で割ればよい。だからA県の中での各用途の割合は次のとおりです。

$$\mathrm{P}(\text{住宅}\,|\mathrm{A})=\frac{\mathrm{P}(\mathrm{A},\text{住宅})}{\mathrm{P}(\mathrm{A})},\quad \mathrm{P}(\text{工場}\,|\mathrm{A})=\frac{\mathrm{P}(\mathrm{A},\text{工場})}{\mathrm{P}(\mathrm{A})},\quad \mathrm{P}(\text{田畑}\,|\mathrm{A})=\frac{\mathrm{P}(\mathrm{A},\text{田畑})}{\mathrm{P}(\mathrm{A})} \tag{2.1}$$

割合なのでこれらの合計は1になります（この「1」は国の総面積とは関係ありません）。

$$\mathrm{P}(\text{住宅}\,|\mathrm{A})+\mathrm{P}(\text{工場}\,|\mathrm{A})+\mathrm{P}(\text{田畑}\,|\mathrm{A})=1$$

また、面積と割合から

$$\begin{aligned}
\mathrm{P}(\mathrm{A},\text{住宅})&=\mathrm{P}(\text{住宅}\,|\mathrm{A})\,\mathrm{P}(\mathrm{A})\\
\mathrm{P}(\mathrm{A},\text{工場})&=\mathrm{P}(\text{工場}\,|\mathrm{A})\,\mathrm{P}(\mathrm{A})\\
\mathrm{P}(\mathrm{A},\text{田畑})&=\mathrm{P}(\text{田畑}\,|\mathrm{A})\,\mathrm{P}(\mathrm{A})
\end{aligned}$$

という関係も成り立ちます。A県の面積に、A県の中での工場の割合をかければ、A県の工場の面積が出るというわけです。いずれも式(2.1)を変形すれば明らかではありますが、式だけでなくイメージとしてもあたりまえっぷりを味わっておいてください。

こういう「県の中での工場の割合」を

$$\mathrm{P}(\text{工場}\,|\mathrm{A})=\frac{\mathrm{P}(\mathrm{A},\text{工場})}{\mathrm{P}(\mathrm{A})},\quad \mathrm{P}(\text{工場}\,|\mathrm{B})=\frac{\mathrm{P}(\mathrm{B},\text{工場})}{\mathrm{P}(\mathrm{B})},\quad \mathrm{P}(\text{工場}\,|\mathrm{C})=\frac{\mathrm{P}(\mathrm{C},\text{工場})}{\mathrm{P}(\mathrm{C})}$$

のようにそれぞれ計算して比べれば、どの県が工場を重視しているかがわかります。ここで気をつけてほしいのは、

$$\mathrm{P}(\text{工場}\,|\mathrm{A})+\mathrm{P}(\text{工場}\,|\mathrm{B})+\mathrm{P}(\text{工場}\,|\mathrm{C})$$

は1とは限らないことです。先ほどの

$$\mathrm{P}(\text{住宅}\,|\mathrm{A})+\mathrm{P}(\text{工場}\,|\mathrm{A})+\mathrm{P}(\text{田畑}\,|\mathrm{A})=1$$

とどう事情が違うのかよく吟味しましょう。A 県全体の中での

$$\text{住宅の割合} + \text{工場の割合} + \text{田畑の割合}$$

は 1 になりますが、分母の違うものどうしで

$$\text{工場の割合} + \text{工場の割合} + \text{工場の割合}$$

なんて計算してもそれはあまり意味のある量とは言えません。割合の話をするときは縦棒の右と左の違いをよく注意する必要があります。

では、縦棒の左右をこれまでと逆にした P(A| 工場) のような式はどんな意味になるでしょうか。この式は

$$\mathrm{P}(\mathrm{A}|\,\text{工場}) = \frac{\mathrm{P}(\mathrm{A}, \text{工場})}{\mathrm{P}(\text{工場})}$$

という意味です。つまり、工場の総面積 P(工場) のうちで A 県の工場が占める割合を表します。前の図 2.1(p.28) を見て、P(工場 |A) と P(A| 工場) とが別物なことを確認してください。

- P(工場 |A) は「A 県の土地の 50% は工場」といった話
- P(A| 工場) は「国の工場の総面積のうちで A 県にあるのは 20%」といった話

図のとおり A 県は狭いので、県の半分を工場に費しても、国の工場全体から見るとたった 20% ほどを占めるにすぎません。

2.1.3　割合を逆算するには（Bayes の公式の練習）

P(用途 | 県) と P(県 | 用途) とが別物なことを前項で強調しました。本項では、P(用途 | 県) の一覧（と各県の面積）から P(県 | 用途) を逆算するにはどうしたらいいか考えてみましょう。具体的な例で説明します。

設定はこれまでどおりで、面積 1 の国があります。この国の大臣は土地の利用割合が気になっています。そこで調査を命じたところ次のような報告が集まりました。

- A 県からの報告
  わが県では、土地の 20% が住宅に、60% が工場に、20% が田畑に使われています。
- B 県からの報告
  わが県では、土地の 50% が住宅に、25% が工場に、25% が田畑に使われています。
- C 県からの報告
  わが県では、土地の 25% が住宅に、25% が工場に、50% が田畑に使われています。

図 2.2 はこの様子を表しています。

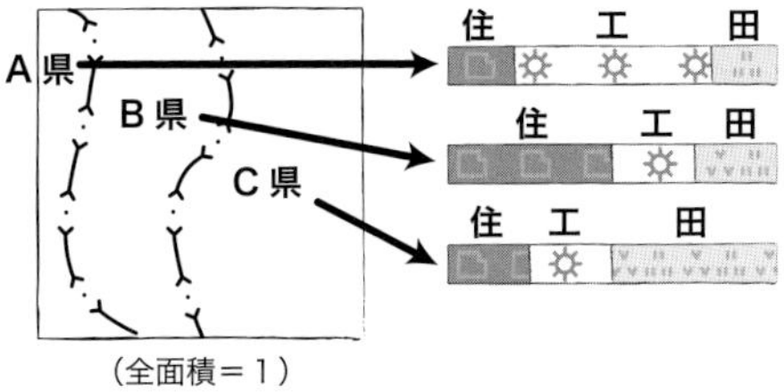

▶図 2.2 各県内の土地利用の割合

しかし実は、大臣が知りたかったのは各県の貢献の割合だったのです。つまり、「国の工場全体の中で A 県にあるのは何%か」のようなデータを期待していたのでした。大臣のためにこれを計算してあげてください。なお、A 県の総面積は 0.2、B 県の総面積は 0.32、C 県の総面積は 0.48 です。

問いを整理するとこうなります。

- 各県の面積：$\mathrm{P(A)} = 0.2,\ \mathrm{P(B)} = 0.32,\ \mathrm{P(C)} = 0.48$
- A 県の内訳：$\mathrm{P}(\text{住宅}\,|\mathrm{A}) = 0.2,\ \mathrm{P}(\text{工場}\,|\mathrm{A}) = 0.6,\ \mathrm{P}(\text{田畑}\,|\mathrm{A}) = 0.2$
- B 県の内訳：$\mathrm{P}(\text{住宅}\,|\mathrm{B}) = 0.5,\ \mathrm{P}(\text{工場}\,|\mathrm{B}) = 0.25,\ \mathrm{P}(\text{田畑}\,|\mathrm{B}) = 0.25$
- C 県の内訳：$\mathrm{P}(\text{住宅}\,|\mathrm{C}) = 0.25,\ \mathrm{P}(\text{工場}\,|\mathrm{C}) = 0.25,\ \mathrm{P}(\text{田畑}\,|\mathrm{C}) = 0.5$
- このとき、$\mathrm{P}(\mathrm{A}|\,\text{工場})$ は？

つまり、$\mathrm{P}(\text{県})$ と $\mathrm{P}(\text{用途}\mid\text{県})$ の一覧を見せられて、じゃあ反対に $\mathrm{P}(\text{県}\mid\text{用途})$ は、と問われているわけです。どう計算すればよいでしょうか。

- 求めたい $\mathrm{P}(\mathrm{A}|\,\text{工場})$ というのは、「A 県の工場面積」を「国全体の工場面積」で割ったものだ。

$$\mathrm{P}(\mathrm{A}|\,\text{工場}) = \frac{\mathrm{P}(\mathrm{A}, \text{工場})}{\mathrm{P}(\text{工場})}$$

  だから $\mathrm{P}(\mathrm{A}, \text{工場})$ と $\mathrm{P}(\text{工場})$ さえわかれば求められる。
- 分子（A 県の工場面積）は簡単。A 県の総面積 0.2 のうち 60% が工場だというのだから、A 県の工場面積は

$$\mathrm{P}(\mathrm{A}, \text{工場}) = \mathrm{P}(\text{工場}\,|\mathrm{A})\,\mathrm{P}(\mathrm{A}) = 0.6 \cdot 0.2 = 0.12$$

- 分母（国全体の工場面積）は場合分けして集計しないとしょうがない。A 県、B 県、C 県それぞれの工場面積を計算して、それを合計すれば国全体の工場面積だ。

$$\mathrm{P}(\text{工場}) = \mathrm{P}(\mathrm{A}, \text{工場}) + \mathrm{P}(\mathrm{B}, \text{工場}) + \mathrm{P}(\mathrm{C}, \text{工場})$$

- このうち A 県の工場面積はもう計算済。あとは同じように B 県、C 県の計算をすればよい。

$$\mathrm{P}(\mathrm{B}, \text{工場}) = \mathrm{P}(\text{工場}\,|\mathrm{B})\,\mathrm{P}(\mathrm{B}) = 0.25 \cdot 0.32 = 0.08$$
$$\mathrm{P}(\mathrm{C}, \text{工場}) = \mathrm{P}(\text{工場}\,|\mathrm{C})\,\mathrm{P}(\mathrm{C}) = 0.25 \cdot 0.48 = 0.12$$

以上をまとめると答は

$$
\begin{aligned}
\mathrm{P}(\mathrm{A}|\,\text{工場}) &= \frac{\mathrm{P}(\mathrm{A}, \text{工場})}{\mathrm{P}(\text{工場})} \\
&= \frac{\mathrm{P}(\mathrm{A}, \text{工場})}{\mathrm{P}(\mathrm{A}, \text{工場}) + \mathrm{P}(\mathrm{B}, \text{工場}) + \mathrm{P}(\mathrm{C}, \text{工場})} \\
&= \frac{\mathrm{P}(\text{工場}\,|\mathrm{A})\,\mathrm{P}(\mathrm{A})}{\mathrm{P}(\text{工場}\,|\mathrm{A})\,\mathrm{P}(\mathrm{A}) + \mathrm{P}(\text{工場}\,|\mathrm{B})\,\mathrm{P}(\mathrm{B}) + \mathrm{P}(\text{工場}\,|\mathrm{C})\,\mathrm{P}(\mathrm{C})} \\
&= \frac{0.12}{0.12 + 0.08 + 0.12} = 0.375
\end{aligned}
$$

2.1.4 割合が画一的な場合（独立性の練習）

もし図 2.3 のように各県がまったく同じ割合で住宅・工場・田畑を割り当てたとしましょう。

$$
\begin{cases}
\mathrm{P}(\text{住宅}\,|\mathrm{A}) = \mathrm{P}(\text{住宅}\,|\mathrm{B}) = \mathrm{P}(\text{住宅}\,|\mathrm{C}) \\
\mathrm{P}(\text{工場}\,|\mathrm{A}) = \mathrm{P}(\text{工場}\,|\mathrm{B}) = \mathrm{P}(\text{工場}\,|\mathrm{C}) \\
\mathrm{P}(\text{田畑}\,|\mathrm{A}) = \mathrm{P}(\text{田畑}\,|\mathrm{B}) = \mathrm{P}(\text{田畑}\,|\mathrm{C})
\end{cases}
\tag{2.2}
$$

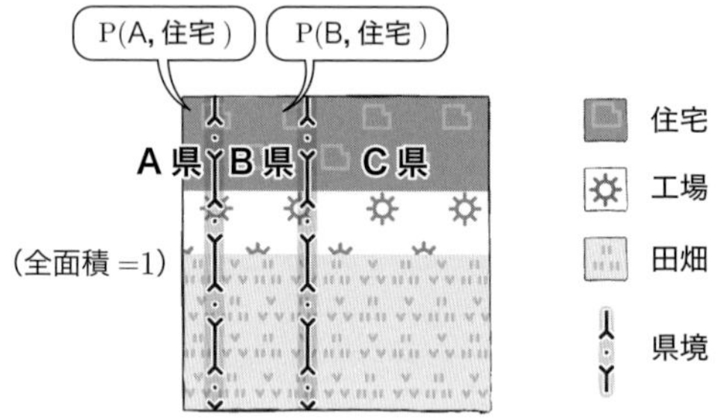

▶図 2.3 画一的な割り当て

どの県を訪れてみても、

- 住宅が 30%
- 工場が 20%
- 田畑が 50%

のような土地利用の割合は一定だというわけです。このような画一性を P(用途 | 県) 以外の式から確かめることはできるでしょうか。それを探るために、本項では画一性をいろいろな表現で言いかえてみます。

最初に気をつけてほしいのは、たとえ土地利用の割合が画一的でも

$$\mathrm{P}(\mathrm{A}, \text{住宅}) \text{ と } \mathrm{P}(\mathrm{B}, \text{住宅}) \text{ と } \mathrm{P}(\mathrm{C}, \text{住宅})$$

は依然違っているという点です。これは上の図 2.3 を見ても明らかですね。C 県は A 県よりもずっと

広くて、住宅の面積もやはりずっと広い。だから画一性を知るためには、面積そのものではなく各県での割合を比べないといけません。

では、画一性のさまざまな言いかえを順番に見ていきましょう。画一性はまず、比を使って

$$
\begin{aligned}
&\mathrm{P}(\mathrm{A}, \text{住宅}) : \mathrm{P}(\mathrm{A}, \text{工場}) : \mathrm{P}(\mathrm{A}, \text{田畑}) \\
&= \mathrm{P}(\mathrm{B}, \text{住宅}) : \mathrm{P}(\mathrm{B}, \text{工場}) : \mathrm{P}(\mathrm{B}, \text{田畑}) \\
&= \mathrm{P}(\mathrm{C}, \text{住宅}) : \mathrm{P}(\mathrm{C}, \text{工場}) : \mathrm{P}(\mathrm{C}, \text{田畑})
\end{aligned}
\tag{2.3}
$$

と言いかえることができます。

　県内の住宅面積 : 県内の工場面積 : 県内の田畑面積

という比が、どの県でも同じだというわけです。

あるいは、「どの県でも土地利用の割合は国全体での割合と同じ」と言いかえても良いでしょう。つまり、次の関係がどの県（A 県・B 県・C 県）でも成り立つということです。

$$
\begin{cases}
\mathrm{P}(\text{住宅} \mid \text{県}) = \mathrm{P}(\text{住宅}) \\
\mathrm{P}(\text{工場} \mid \text{県}) = \mathrm{P}(\text{工場}) \\
\mathrm{P}(\text{田畑} \mid \text{県}) = \mathrm{P}(\text{田畑})
\end{cases}
\tag{2.4}
$$

これも画一性を意味しています。

さらに次のような特徴も上の画一性と等価になります。

$$
\begin{aligned}
&\mathrm{P}(\mathrm{A}, \text{住宅}) = \mathrm{P}(\mathrm{A})\,\mathrm{P}(\text{住宅}), \quad \mathrm{P}(\mathrm{B}, \text{住宅}) = \mathrm{P}(\mathrm{B})\,\mathrm{P}(\text{住宅}), \quad \mathrm{P}(\mathrm{C}, \text{住宅}) = \mathrm{P}(\mathrm{C})\,\mathrm{P}(\text{住宅}) \\
&\mathrm{P}(\mathrm{A}, \text{工場}) = \mathrm{P}(\mathrm{A})\,\mathrm{P}(\text{工場}), \quad \mathrm{P}(\mathrm{B}, \text{工場}) = \mathrm{P}(\mathrm{B})\,\mathrm{P}(\text{工場}), \quad \mathrm{P}(\mathrm{C}, \text{工場}) = \mathrm{P}(\mathrm{C})\,\mathrm{P}(\text{工場}) \\
&\mathrm{P}(\mathrm{A}, \text{田畑}) = \mathrm{P}(\mathrm{A})\,\mathrm{P}(\text{田畑}), \quad \mathrm{P}(\mathrm{B}, \text{田畑}) = \mathrm{P}(\mathrm{B})\,\mathrm{P}(\text{田畑}), \quad \mathrm{P}(\mathrm{C}, \text{田畑}) = \mathrm{P}(\mathrm{C})\,\mathrm{P}(\text{田畑})
\end{aligned}
$$

まとめて一言で言えば

$$
\mathrm{P}(\text{県}, \text{用途}) = \mathrm{P}(\text{県})\,\mathrm{P}(\text{用途}) \tag{2.5}
$$

です。本来は $\mathrm{P}(\mathrm{A}, \text{住宅}) = \mathrm{P}(\text{住宅} \mid \mathrm{A})\,\mathrm{P}(\mathrm{A})$ のように計算しないといけなかったはずですが、画一的な場合には県に関係なく住宅の割合は一定です（$\mathrm{P}(\text{住宅} \mid \mathrm{A}) = \mathrm{P}(\text{住宅})$）。だから県ごとの割合を持ち出さなくても単純に

　「A 県の面積」×「国全体での住宅の割合」=「A 県の住宅の面積」

となるのです。国の総面積がちょうど 1 だったために、

　「国全体での住宅の割合」=「国全体での住宅の面積」

であることを思い出してください。また逆に、(2.5) のようになっていれば画一的と言えることも確認しておいてください。$\mathrm{P}(\text{県}, \text{用途}) = \mathrm{P}(\text{県})\,\mathrm{P}(\text{用途})$ だと確かにどの県でも土地利用の割合は同じになります。

ちょっと意外かもしれないのはここから。画一性は、逆側から

$$
\begin{cases}
\mathrm{P}(\mathrm{A} \mid \text{住宅}) = \mathrm{P}(\mathrm{A} \mid \text{工場}) = \mathrm{P}(\mathrm{A} \mid \text{田畑}) \\
\mathrm{P}(\mathrm{B} \mid \text{住宅}) = \mathrm{P}(\mathrm{B} \mid \text{工場}) = \mathrm{P}(\mathrm{B} \mid \text{田畑}) \\
\mathrm{P}(\mathrm{C} \mid \text{住宅}) = \mathrm{P}(\mathrm{C} \mid \text{工場}) = \mathrm{P}(\mathrm{C} \mid \text{田畑})
\end{cases}
\tag{2.6}
$$

と表現することもできます。つまり、たとえば

- 住宅の総面積のうち 10% が A 県
- 工場の総面積のうち 10% が A 県
- 田畑の総面積のうち 10% が A 県

のように A 県の寄与はどの用途でも 10% だよ。同様に、B 県の寄与はどの用途でも 30% だよ、C 県の寄与はどの用途でも 60% だよ……という調子です。これも、上で最初に述べた画一性と等価になります。てっとりばやくこれを納得するには一つ前の条件 (2.5) を吟味すると良いでしょう。(2.5) では県と用途とが対等です。対等ですから、両者の役割をいれかえたものも元と等価になります。そして (2.5) はここまでのどの画一性条件とも等価だったのでした。となれば結局、どの画一性条件でも県と用途との役割をいれかえて構わないことになります。そこで条件 (2.2) で県と用途の役割をいれかえると、条件 (2.6) になります。

同じように条件 (2.3) で県と用途の役割をいれかえて、

$$
\begin{aligned}
&\mathrm{P}(\mathrm{A}, \text{住宅}) : \mathrm{P}(\mathrm{B}, \text{住宅}) : \mathrm{P}(\mathrm{C}, \text{住宅}) \\
= &\mathrm{P}(\mathrm{A}, \text{工場}) : \mathrm{P}(\mathrm{B}, \text{工場}) : \mathrm{P}(\mathrm{C}, \text{工場}) \\
= &\mathrm{P}(\mathrm{A}, \text{田畑}) : \mathrm{P}(\mathrm{B}, \text{田畑}) : \mathrm{P}(\mathrm{C}, \text{田畑})
\end{aligned}
$$

というのもやはり画一性の条件として等価です。言葉で書けば、用途別に見た各県の寄与の比

- A 県の住宅面積 : B 県の住宅面積 : C 県の住宅面積
- A 県の工場面積 : B 県の工場面積 : C 県の工場面積
- A 県の田畑面積 : B 県の田畑面積 : C 県の田畑面積

が、住宅か工場か田畑かによらず一定だということです。図 2.4 はこの様子を表しています[*1]。

さらに、条件 (2.4) の県と用途をいれかえたバージョン、つまり

$$
\begin{cases}
\mathrm{P}(\mathrm{A}|\ \text{用途}) = \mathrm{P}(\mathrm{A}) \\
\mathrm{P}(\mathrm{B}|\ \text{用途}) = \mathrm{P}(\mathrm{B}) \\
\mathrm{P}(\mathrm{C}|\ \text{用途}) = \mathrm{P}(\mathrm{C})
\end{cases}
$$

がどの用途（住宅・工場・田畑）でも成り立つ、というのも画一性と等価です。用途に関係なく、「各県の寄与の割合は各県の総面積の割合と同じ」というわけです。国の総面積が 1 なので、

「県の面積」=「国の総面積の中でその県が占める割合」

であることを思い出してください。

[*1] 後の連続値版（4.4.6 項 (p.146)）と見比べやすいようにここだけあえて立体棒グラフで概念図を描きました。一般には立体棒グラフはおすすめしません（6.1.2 項 (p.228)「記述統計」）。

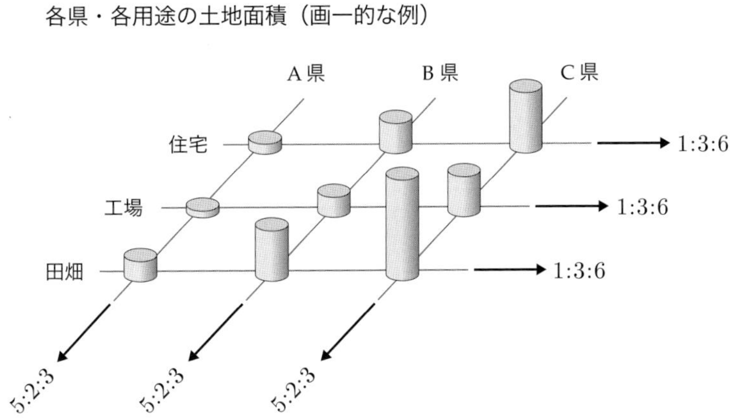

▶ 図 2.4　比が一定

2.1.5　練習完了

これで練習は完了です。この先の話でもしイメージがわかなくなったときには、いつでも本節へ戻ってきてください。

2.2　同時確率と周辺確率

では確率の話に戻りましょう。ここからは複数の確率変数をまとめて考えることが主題となります。

おさえるべき話は 2.1 節 (p.27) の算数でほとんど済んでいますから、当分は同じ内容を確率の話に翻訳して述べていくだけです（本質的に新しい話が出るのは 2.5.4 項 (p.66)「3 つ以上の独立性」から）。

2.2.1　2 つの確率変数

確率変数 X, Y に対し、$X = a$ かつ $Y = b$ となる確率を $\mathrm{P}(X = a, Y = b)$ と書きます。こんなふうに複数の条件を指定して、それらがすべて同時に成り立つ確率のことを、**同時確率**と呼びます[*2]。「どれかが成立」などではなくすべてが「かつ」で成立しなくてはいけないことをよく刻み込んでください。同時確率と対比して、$\mathrm{P}(X = a)$ や $\mathrm{P}(Y = b)$ のような単独の確率は**周辺確率**と呼ばれます。同時確率の一覧が**同時分布**、周辺確率の一覧が**周辺分布**です。

同時確率と周辺確率との関係は次のとおりです。

$$\mathrm{P}(X = a) = \sum_b \mathrm{P}(X = a, Y = b)$$

$$\mathrm{P}(Y = b) = \sum_a \mathrm{P}(X = a, Y = b)$$

記号 $\sum_b (\cdots)$ は、「Y のとり得るあらゆる値 b についての $(\cdots)$ の合計」を表します。$\sum_a$ も同様に、

[*2] **結合確率**と呼ぶ人もいます。記法については、$\mathrm{P}(X = a, Y = b)$ のことを $P_{X,Y}(a, b)$ と書く人もいます。

X のとり得るあらゆる値 a についての合計です。この関係が成り立つことは、図 2.5 のような土地利用の話で県を X、用途を Y と読みかえて、そのまま神様視点のパラレルワールドの話に解釈しなおせば明らかでしょう。

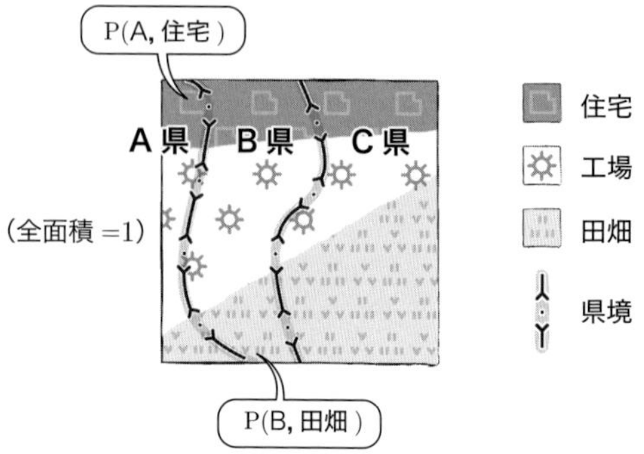

▶図 2.5 Ω国（図 2.1(p.28) の再掲）

例題 2.1

次のような 16 枚のトランプをシャッフルして一枚引き、その色（赤か黒か）を X、種類（数札か絵札か）を Y とする。X, Y の同時分布を答えよ。また、X の周辺分布を答えよ。

♢J	♢Q	♢K	♡J
♡Q	♡K	♡1	♡2
♠K	♠1	♠2	♡3
♠3	♠4	♠5	♠6

答

各条件に該当する札が 16 枚中何枚あるかを数えれば、X, Y の同時分布は次の表のとおり。

	$Y =$ 数札	$Y =$ 絵札
$X =$ 赤	3/16	6/16
$X =$ 黒	6/16	1/16

また、X の周辺分布は

$$\begin{cases} \mathrm{P}(X = \text{赤}) = \mathrm{P}(X = \text{赤}, Y = \underline{\text{数札}}) + \mathrm{P}(X = \text{赤}, Y = \underline{\text{絵札}}) = 3/16 + 6/16 = 9/16 \\ \mathrm{P}(X = \text{黒}) = \mathrm{P}(X = \text{黒}, Y = \underline{\text{数札}}) + \mathrm{P}(X = \text{黒}, Y = \underline{\text{絵札}}) = 6/16 + 1/16 = 7/16 \end{cases}$$

（いずれも下線のところで場合分けしたと思えばよい） ■

以上のようにして同時分布から周辺分布を計算することができます。一方、周辺分布だけ指定されてもそこから同時分布を決定することはできません。実際、周辺分布が同じなのに同時分布が異なる例を、次のようにいくらでも作れます。

	数	絵
赤	4/16	5/16
黒	5/16	2/16

	数	絵
赤	5/16	4/16
黒	4/16	3/16

	数	絵
赤	6/16	3/16
黒	3/16	4/16

例題 2.2

以下のそれぞれについて、必ず成り立つ（○）か、そうとは限らない（×）かを答えよ。

1. $\mathrm{P}(X = a, Y = b) = \mathrm{P}(X = b, Y = a)$
2. $\mathrm{P}(X = a, Y = b) = \mathrm{P}(Y = b, X = a)$
3. $\mathrm{P}(X = a, Y = b) = \mathrm{P}(Y = a, X = b)$
4. $0 \leq \mathrm{P}(X = a, Y = b) \leq \mathrm{P}(X = a) \leq 1$
5. $\sum_a \mathrm{P}(X = a, Y = b) = 1$
6. $\sum_a \sum_b \mathrm{P}(X = a, Y = b) = 1$

なお、$\sum_a$ は「X のとり得るすべての値 a について合計」、$\sum_b$ は「Y のとり得るすべての値 b について合計」、とする[*3]。

答

1. × 2. ○ 3. ×……「$X = a$ かつ $Y = b$」と「$Y = b$ かつ $X = a$」とは同じこと。他は違う条件に化けている。

4. ○……確率は 0 以上 1 以下。しかも、「$X(\omega) = a$ かつ $Y(\omega) = b$ であるような世界 ω たちの集合」は「$X(\omega) = a$ であるような世界 ω たちの集合」に含まれるから、後者のほうが広い。

5. × 6. ○……同時分布の全組合せについて確率を合計すれば 1。「えっ」という人は土地利用の話を復習。 ∎

*3 $\sum_a \sum_b$ という二重和にとまどった方は付録 A.4(p.322)「総和 $\sum$」を参照。$\sum_a$ と $\displaystyle\sum_a$ とは同じ意味です。

2.2.2　もっとたくさんの確率変数

もっとたくさんの確率変数を扱う例として 1.2 節 (p.4) のモンティホール問題を再検討しておきます。

正解の扉を X、挑戦者の選んだ扉を Y、司会者が開いて見せた扉を Z としましょう。X, Y, Z はいずれも確率変数であり「ア」「イ」「ウ」のどれかの値をとります。X, Y, Z の同時分布は次のようになっていました。

	$Y=\text{ア}$			$Y=\text{イ}$			$Y=\text{ウ}$		
	$Z=\text{ア}$	$Z=\text{イ}$	$Z=\text{ウ}$	$Z=\text{ア}$	$Z=\text{イ}$	$Z=\text{ウ}$	$Z=\text{ア}$	$Z=\text{イ}$	$Z=\text{ウ}$
$X=\text{ア}$	0	1/18	1/18	0	0	2/18	0	2/18	0
$X=\text{イ}$	0	0	2/18	1/18	0	1/18	2/18	0	0
$X=\text{ウ}$	0	2/18	0	2/18	0	0	1/18	1/18	0

挑戦者が扉ウを選び司会者が扉アを見せる確率、つまり周辺確率 $\mathrm{P}(Y=\text{ウ}, Z=\text{ア})$ を求めるには、指定されていない X の値がア、イ、ウのどれだったかにより場合分けして

$$
\begin{aligned}
&\mathrm{P}(Y=\text{ウ}, Z=\text{ア}) \\
&= \mathrm{P}(X=\underline{\text{ア}}, Y=\text{ウ}, Z=\text{ア}) + \mathrm{P}(X=\underline{\text{イ}}, Y=\text{ウ}, Z=\text{ア}) + \mathrm{P}(X=\underline{\text{ウ}}, Y=\text{ウ}, Z=\text{ア}) \\
&= 0 + \frac{2}{18} + \frac{1}{18} = \frac{3}{18} = \frac{1}{6}
\end{aligned}
$$

のように計算します。「$Y=\text{ウ}$、かつ $Z=\text{ア}$」となっているようなすべての組合せの確率を合計したら $\mathrm{P}(Y=\text{ウ}, Z=\text{ア})$ が求められる。この原則は確率変数の個数が増えても通用します。

では、司会者が扉アを開く確率、つまり周辺確率 $\mathrm{P}(Z=\text{ア})$ は計算できるでしょうか。同じ原則にしたがえば、「$Z=\text{ア}$」となっているすべての組合せの確率を合計することで、

$$
\begin{aligned}
&\mathrm{P}(Z=\text{ア}) \\
&= \mathrm{P}(X=\underline{\text{ア}}, Y=\underline{\text{ア}}, Z=\text{ア}) + \mathrm{P}(X=\underline{\text{イ}}, Y=\underline{\text{ア}}, Z=\text{ア}) + \mathrm{P}(X=\underline{\text{ウ}}, Y=\underline{\text{ア}}, Z=\text{ア}) \\
&\quad + \mathrm{P}(X=\underline{\text{ア}}, Y=\underline{\text{イ}}, Z=\text{ア}) + \mathrm{P}(X=\underline{\text{イ}}, Y=\underline{\text{イ}}, Z=\text{ア}) + \mathrm{P}(X=\underline{\text{ウ}}, Y=\underline{\text{イ}}, Z=\text{ア}) \\
&\quad + \mathrm{P}(X=\underline{\text{ア}}, Y=\underline{\text{ウ}}, Z=\text{ア}) + \mathrm{P}(X=\underline{\text{イ}}, Y=\underline{\text{ウ}}, Z=\text{ア}) + \mathrm{P}(X=\underline{\text{ウ}}, Y=\underline{\text{ウ}}, Z=\text{ア}) \\
&= (0+0+0) + \left(0 + \frac{1}{18} + \frac{2}{18}\right) + \left(0 + \frac{2}{18} + \frac{1}{18}\right) = \frac{6}{18} = \frac{1}{3}
\end{aligned}
$$

と求められます。

?2.1　$\mathrm{P}(Y=\text{ウ}, Z=\text{ア})$ は周辺確率なんですか？　コンマが入っているから同時確率じゃないんですか？

周辺確率という用語は相対的なものです。X, Y, Z の同時分布から見れば $\mathrm{P}(Y=\text{ウ}, Z=\text{ア})$ も周辺確率です。そして $\mathrm{P}(Y=\text{ウ}, Z=\text{ア})$ 自身は $Y=\text{ウ}$ と $Z=\text{ア}$ との同時確率でもあります。

2.3 条件つき確率

2.2 節[(p.35)](#)では同時確率や周辺確率という概念を導入しました。本節ではこれらに加えて条件つき確率という概念を導入します。同時確率・周辺確率・条件つき確率という三点セットでそれぞれの区別や互いの関係を頭に入れてください。三点セットを自在に駆使する力こそがからみあいを分析するための要です。

2.3.1 条件つき確率とは

実用上興味のある量には**条件つき確率**という概念でとらえられるものが多くあります。本章冒頭で述べた「無料という単語を含むメールは広告の可能性が高い」のように、○○なときの××の確率というのが条件つき確率です。

例題 2.1[(p.36)] を題材に説明します。トランプの内訳と X, Y の同時分布はこうでした。

♢J	♢Q	♢K	♡J
♡Q	♡K	♡1	♡2
♠K	♠1	♠2	♡3
♠3	♠4	♠5	♠6

	$Y=$ 数札	$Y=$ 絵札
$X=$ 赤	3/16	6/16
$X=$ 黒	6/16	1/16

いま、「$X=$ 赤」の場合に話を限定してみましょう。神様視点で言えば図 2.6 のような領域に話を限定するわけです。そこだけを見ると、$X=$ 赤 な世界のうち三分の一が $Y=$ 数札、三分の二が $Y=$ 絵札 です。これを

$$\mathrm{P}(Y=\text{数札}\,|X=\text{赤})=\frac{1}{3}$$
$$\mathrm{P}(Y=\text{絵札}\,|X=\text{赤})=\frac{2}{3}$$

のように書き、それぞれ

- $X=$ 赤 という条件のもとでの、$Y=$ 数札 の条件つき確率は 1/3
- $X=$ 赤 という条件のもとでの、$Y=$ 絵札 の条件つき確率は 2/3

のように言います[*4]。両方まとめた一覧は、

$X=$ 赤 という条件のもとでの Y の**条件つき分布**

です。縦棒 "|" は、声に出すときは "given" と英語読みすることが多いようです。

[*4] $\mathrm{P}(Y=b|X=a)$ のことを $P_{Y|X}(b|a)$ と書く人もいます。さらに別の記法は 1 章脚注*8[(p.19)] を参照。

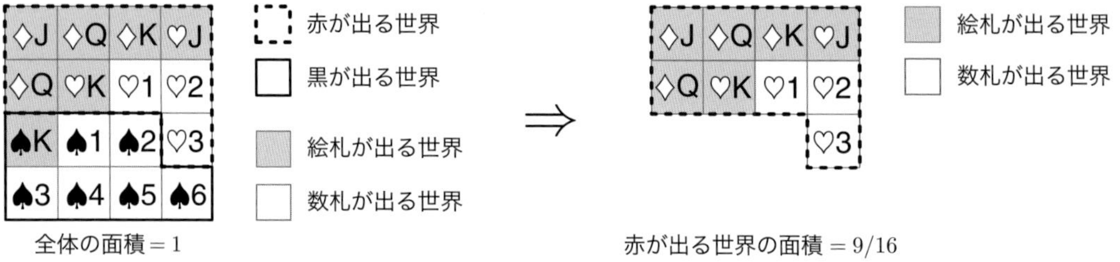

▶ 図 2.6　条件による領域の限定

一般的に書けば

$$\mathrm{P}(Y=b|X=a)=\frac{\mathrm{P}(X=a,Y=b)}{\mathrm{P}(X=a)} \tag{2.7}$$

これが条件つき確率の定義です（a 県における b の割合は、「a 県の b の面積 $\mathrm{P}(X=a,Y=b)$」を「a 県全体の面積 $\mathrm{P}(X=a)$」で割ったものでしたね）。

条件つき確率に関してまず押さえておいてほしいのは

$$\mathrm{P}(Y=\underline{数札}|X=赤)+\mathrm{P}(Y=\underline{絵札}|X=赤)=1$$

という性質です。「$X=$ 赤 という条件のもとでの Y の条件つき分布」も「Y の分布」の一種であり、「Y のとり得る値すべてについて確率を合計すれば 1」となっています。一般的に書けば

$$\sum_b \mathrm{P}(Y=b|X=a)=1 \qquad \text{（左辺は } Y \text{ のとり得るすべての } b \text{ について合計するという意味）}$$

です。なお、$\sum_a \mathrm{P}(Y=b|X=a)$ のほうは 1 だとはぜんぜん限りません。「えっ」という人は 2.1.2 項 (p.29)「条件つき確率の練習」を復習。

例題 2.3

X, Y の同時分布が次の表のとおりだったとして条件つき確率 $\mathrm{P}(Y=東\,|X=ア)$ を答えよ。

	$Y=$ 西	$Y=$ 東
$X=$ ア	0.1	0.2
$X=$ イ	0.3	0.4

答

$$\mathrm{P}(Y=東\,|X=ア)=\frac{\mathrm{P}(X=ア,Y=東)}{\mathrm{P}(X=ア)}=\frac{0.2}{0.1+0.2}=\frac{2}{3}$$

∎

理工学では条件つき確率が興味の中心となる場面が多く見られます。理工学の問題をつきつめると、ある量 X がこういう値だったとき別のある量 Y はどんな値になるか、という関係をめぐる話に行き着くことがその理由でしょう。ゆらぎがない場合このような話は、関数 $Y = f(X)$ という概念で記述されます。しかし現実には、ノイズの混入を避けることはできず、完全に正確な測定などは不可能です。そうなると X の測定値が同じでも得られる Y の測定値はゆらいでしまいます。そこで、X がこういう値だったとき Y の確率分布はどうなるかを議論する必要がでてきます。言いかえれば、関数 $Y = f(X)$ ではなく条件つき確率 $\mathrm{P}(Y = b|X = a)$ を議論するということです。

そんなわけで、確率論の応用を追うためには、条件つき確率を自在に計算できることが必須技能となります。次項では、この計算に多用される基本的な関係式を説明していきます。

?2.2 本文の例の条件つき確率を式 (2.7) で求めようとしたら、$\dfrac{3/16}{9/16}$ なんていう分数の分数になってしまいました。これはどうやって計算したらいいのですか？

分母分子に同じ数をかけて掃除するのがわかりやすいでしょう。

$$\frac{3/16}{9/16} = \frac{\frac{3}{16} \cdot 16}{\frac{9}{16} \cdot 16} = \frac{3}{9} = \frac{1}{3}$$

あるいは分数どうしの割り算と解釈しても結構です。割り算は分母分子をひっくり返してかけ算すればよいのでした。

$$\frac{3/16}{9/16} = \frac{3}{16} \div \frac{9}{16} = \frac{3}{16} \cdot \frac{16}{9} = \frac{3 \cdot 16}{16 \cdot 9} = \frac{3}{9} = \frac{1}{3}$$

?2.3 縦棒の右と左がどっちがどっちだったか覚えられません。

こんなのはいかがでしょうか。$\mathrm{P}(Y = \text{数札} \,|X = \text{赤})$ を読むとき、まず「ピーかっこ $Y =$ 数札」まで読んで息つぎします。ここまでの読み方は $\mathrm{P}(Y = \text{数札})$ と同じです。そのことからこれは Y が数札になる確率を表しているのだと意識します。——そして声を少しひそめて「ただし $X =$ 赤（という条件のもとで)」と続けます。

?2.4 $\mathrm{P}(Y = \text{数札} \,|X = \text{黒})$ と $\mathrm{P}(Y = \text{数札}, X = \text{黒})$ とがごっちゃになります。

覚えてください。なんとしても覚えてください。これだけは覚えてもらわないと確率の話ができません。ちなみに、集合の内包的記法

$$\{2n \,|\, n \text{ は 1 以上 5 以下の整数}\}$$

でも「縦棒の右が条件」「縦棒は『ただし』と読め」は共通です（→ 付録 A.3(p.320)「集合」)。あわせて頭に刻むとよいでしょう。

?2.5 もし $\mathrm{P}(X=a)=0$ だったら $\mathrm{P}(Y=b|X=a)$ はどうなるの？

本書ではこれは不定ということにして、さらに「この不定」かける 0 は 0 と定めることにします。$\mathrm{P}(Y=$ 数札$|X=$ 赤$)+\mathrm{P}(Y=$ 絵札$|X=$ 赤$)=1$ のような式も、うまくいくように「てきとうに」解釈するとさせてください。こうしておかないといろいろな話が注意書きだらけ（ただし $\mathrm{P}(X=a)=0$ の場合は除く、云々）になってしまって目障りですから。

2.1 節[p.27] の Ω 国のたとえでいうとこれは、国内に田畑が全くないにもかかわらず、「田畑全体（面積ゼロ）のうち A 県にあるもの（面積ゼロ）の割合はいくらか」と問うような禅問答です。

2.3.2 同時分布・周辺分布・条件つき分布の関係

複数の確率変数のからみあいを論じるために必要な同時分布・周辺分布・条件つき分布という三点セットを前項までで導入しました。

- 同時確率 $\mathrm{P}(X=a, Y=b)$：
  $X=a$ かつ $Y=b$ となっている領域の面積
- 周辺確率 $\mathrm{P}(X=a)$：
  Y は何でもいいからとにかく $X=a$ となっている領域の合計面積
- 条件つき確率 $\mathrm{P}(Y=b|X=a)$：
  $X=a$ となっている領域だけに話を限定したときの、$Y=b$ となっている領域の割合

これらの間の関係を本項でまとめておきます。

同時分布と周辺分布の関係はこうでした。

$$\mathrm{P}(X=a)=\sum_b \mathrm{P}(X=a, Y=b), \quad \mathrm{P}(Y=b)=\sum_a \mathrm{P}(X=a, Y=b)$$

図 2.7 はその一例です。

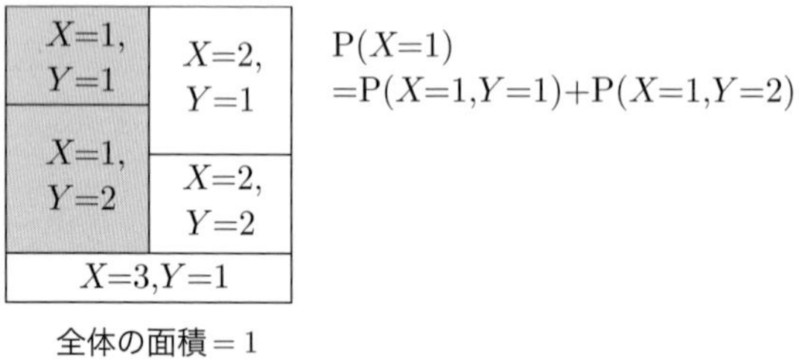

▶ 図 2.7 同時確率から周辺確率を計算

周辺分布と条件つき分布とから次のように同時分布を表すことができます。

$$\begin{aligned}\mathrm{P}(X=a, Y=b) &= \mathrm{P}(X=a|Y=b)\,\mathrm{P}(Y=b)\\ &= \mathrm{P}(Y=b|X=a)\,\mathrm{P}(X=a)\end{aligned}$$

これが成り立つことは、条件つき分布の定義からすぐわかるし、土地利用の話からも明らかなはず。たとえば先ほどの例題 2.1[p.36] について、図 2.8 を見ながら確認してください。赤の面積が 9/16 で、そ

の三分の二が絵札だったのだから、「赤かつ絵札」の面積（つまり確率）は

$$\frac{2}{3} \cdot \frac{9}{16} = \frac{6}{16}$$

となります[*5]。この式の左辺が $\mathrm{P}(Y = \text{絵札} \,|X = \text{赤})\,\mathrm{P}(X = \text{赤})$、右辺が $\mathrm{P}(X = \text{赤}, Y = \text{絵札})$ です。

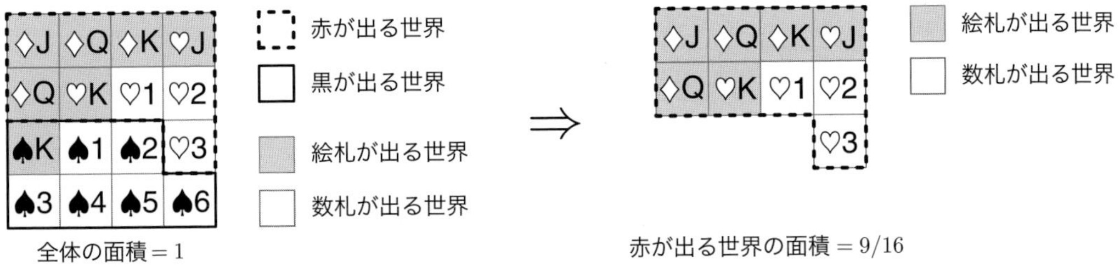

▶ 図 2.8　条件による領域の限定（図 2.6(p.40) の再掲）

このあたりは、うっかり「○○で××になる確率」と日本語で言ってしまうと混乱を招くことになります。

- ○○かつ××となる同時確率 P(○○, ××)
- ○○という条件のもとで××となる条件つき確率 P(×× | ○○)

のようにはっきりした表現を心がけましょう。

例題 2.4
ジョーカーを除いたトランプ 52 枚をシャッフルして一枚引き、カードの色を X とする。続けて残りの 51 枚を再度シャッフルして一枚引き、カードの色を Y とする。X, Y が同じ色になる確率を求めよ。

答

$$\begin{aligned}\mathrm{P}(X, Y \text{ が同じ色}) &= \mathrm{P}(X = \text{赤}, Y = \text{赤}) + \mathrm{P}(X = \text{黒}, Y = \text{黒}) \\ &= \mathrm{P}(Y = \text{赤} \,|X = \text{赤})\,\mathrm{P}(X = \text{赤}) + \mathrm{P}(Y = \text{黒} \,|X = \text{黒})\,\mathrm{P}(X = \text{黒}) \\ &= \frac{25}{51} \cdot \frac{1}{2} + \frac{25}{51} \cdot \frac{1}{2} = \frac{25}{51} \approx 0.490 \qquad (\approx \text{ は「おおよそ」})\end{aligned}$$

∎

*5 たとえば半分の半分は $\frac{1}{2} \cdot \frac{1}{2} = \frac{1}{4}$。三分の一のさらに四分の一は $\frac{1}{4} \cdot \frac{1}{3} = \frac{1}{12}$。

例題 2.5

以下のそれぞれについて、必ず成り立つ（○）か、そうとは限らない（×）か？

1. $\sum_a \sum_b \mathrm{P}(X=a|Y=b)=1$
2. $\sum_a \mathrm{P}(X=a|Y=b)=1$
3. $\sum_b \mathrm{P}(X=a|Y=b)=1$
4. $\mathrm{P}(X=a|Y=b)+\mathrm{P}(Y=b|X=a)=1$
5. $\mathrm{P}(X=a|Y=b)=\mathrm{P}(Y=b|X=a)$
6. $\mathrm{P}(X=a,Y=b)=\mathrm{P}(X=a)+\mathrm{P}(Y=b)$
7. $\mathrm{P}(X=a,Y=b)=\mathrm{P}(X=a)\,\mathrm{P}(Y=b)$
8. $0 \le \mathrm{P}(X=a,Y=b) \le \mathrm{P}(X=a|Y=b) \le 1$
9. $0 \le \mathrm{P}(X=a|Y=b) \le \mathrm{P}(X=a) \le 1$

なお、$\sum_a$ は「X のとり得るすべての値 a について合計」、$\sum_b$ は「Y のとり得るすべての値 b について合計」とする。

答

2. と 8. が○、他はすべて×です。2. は

$$\sum_a \mathrm{P}(X=a|Y=b)=\sum_a \frac{\mathrm{P}(X=a,Y=b)}{\mathrm{P}(Y=b)}=\frac{\sum_a \mathrm{P}(X=a,Y=b)}{\mathrm{P}(Y=b)}=\frac{\mathrm{P}(Y=b)}{\mathrm{P}(Y=b)}=1$$

だから確かに成り立ちます。8. も、確率が 0 以上 1 以下なことからまず

$$0 \le \mathrm{P}(X=a,Y=b)$$
$$\mathrm{P}(X=a,Y=b)=\mathrm{P}(X=a|Y=b)\,\mathrm{P}(Y=b) \le \mathrm{P}(X=a|Y=b)$$

が成り立ち、さらに $\mathrm{P}(X=a,Y=b) \le \mathrm{P}(Y=b)$（→ 例題 2.2(p.37)）より

$$\mathrm{P}(X=a|Y=b)=\frac{\mathrm{P}(X=a,Y=b)}{\mathrm{P}(Y=b)} \le 1$$

が言えます。残りについては例題 2.3(p.40) が反例となっていることをそれぞれ確認してください。たとえば 9. だったら $\mathrm{P}(X=$ ア $|Y=$ 東$)$ と $\mathrm{P}(X=$ ア$)$ とを比べてみましょう。「必ず成り立つ」という主張を否定するには反例を一つ示せば十分です。この理屈は本書で何度も使われます。 ■

例題 2.6

（ひっかかりやすいのでご注意）

1. A 山と B 山で P(リス目撃, 雪が降る) を比べると A 山のほうが上です。また、P(リス目撃, 雪がふらない) も A 山のほうが上です。P(リス目撃) は A 山のほうが上だと言い切れるでしょうか？
2. C 山と D 山で P(リス目撃 | 雪が降る) を比べると C 山のほうが上です。また、P(リス目撃 | 雪がふらない) も C 山のほうが上です。P(リス目撃) は C 山のほうが上だと言い切れるでしょうか？
3. E 山では

P(クマ目撃 | 雪が降る) < P(リス目撃 | 雪が降る)
P(クマ目撃 | 雪がふらない) < P(リス目撃 | 雪がふらない)

です。E 山では P(クマ目撃) < P(リス目撃) だと言い切れるでしょうか？

答

1. Yes。P(リス目撃) = P(リス目撃, 雪が降る) + P(リス目撃, 雪がふらない) ですから。
2. No。たとえばこんな反例が作れます（**シンプソンのパラドックス**）。

- C 山：
  P(雪が降る) = 0.01, P(リス目撃 | 雪が降る) = 0.8, P(リス目撃 | 雪がふらない) = 0.1
- D 山：
  P(雪が降る) = 0.99, P(リス目撃 | 雪が降る) = 0.5, P(リス目撃 | 雪がふらない) = 0

3. Yes。次式の右辺をそれぞれ比べてください。

P(クマ目撃) = P(クマ目撃 | 雪が降る) P(雪が降る) + P(クマ目撃 | 雪がふらない) P(雪がふらない)
P(リス目撃) = P(リス目撃 | 雪が降る) P(雪が降る) + P(リス目撃 | 雪がふらない) P(雪がふらない)

前問との違いは条件が共通かどうかです。前問では C 山の降雪と D 山の降雪とは別物でした。 ■

? 2.6 むずかしすぎてもうだめです……

2.1 節 (p.27)「各県の土地利用」をふり返ってください。式の字面だけで解こうとせず、あのイメージを思い浮かべたり実際に紙に描いたりしてみれば、きっとわかります。なお先ほどの例題 2.6 については各山を別々の図に描いたほうが見やすそうです。

? 2.7 さっきの例題 2.4 は、一枚目の色 X がまず決まって、それに応じて二枚目の色 Y の確率が上下するという話だったはずです。ところが X, Y の同時分布を求めてみると次のように X, Y が全く対等になってしまいました。この表からは $X \to Y$ という向きが読みとれないのですが？

	Y = 赤	Y = 黒
X = 赤	25/102	26/102
X = 黒	26/102	25/102

はい。もっと言うと、同時分布が対等なのだから、そこから求まる周辺分布や条件つき分布もみんな対等です。結局、**因果関係**は確率分布からは読みとれないのです。確率論で扱えるのはあくまで X と Y にかかわりがあるというところまで。どちらが原因でどちらが結果なのかは確率論とはまた別の話になります（参考文献 [23][29]）。

? 2.8 じゃあどうしても原因と結果の区別をつけたい場合にはどうしたらいいの？

単なる確率だけでなく何か別の概念を導入するしかありません。

一つの手は、時間という概念を導入して時間的な前後関係を見ることです。現象 X が現象 Y よりも先に生じているなら、少なくとも Y は X の原因ではないはずです。ただし、「実は観測しそこねた現象 A がもっと前にあって、X も Y も A という原因から生じた結果にすぎない」という可能性は忘れないように。カエルが鳴いた翌日は雨が降りがちだからといって、カエルが雨を降らせているわけではありません。

もっとはっきりした手は、受動的な観測でなく能動的な介入を行うことです。X が Y の原因（$X \to Y$）なら、X を故意に変えてやると Y にも影響が見られるでしょう。一方、X が Y の結果（$X \leftarrow Y$）なら、X のほうを強制的に変えたところで Y は影響を受けないでしょう。

詳しくはやはり参考文献 [23][29] を参照。

2.3.3　等号以外の条件でも同様

さて、ここまでは「指定された値になる確率」ばかりをとりあげてきましたが、同じ理屈は任意の条件にも通用します。たとえば

$\mathrm{P}(X < a, Y > b) \cdots X < a$ かつ $Y > b$ となる同時確率
$\mathrm{P}(X < a | Y > b) \cdots Y > b$ という条件のもとで $X < a$ となる条件つき確率

などに関して、

$$\mathrm{P}(X < a) = \mathrm{P}(X < a, \underline{Y < b}) + \mathrm{P}(X < a, \underline{Y = b}) + \mathrm{P}(X < a, \underline{Y > b})$$
$$\mathrm{P}(X < a, Y > b) = \mathrm{P}(X < a | \underline{Y > b})\,\mathrm{P}(\underline{Y > b})$$

が成り立ちます（注目してほしい箇所へ下線を引きました）。神様視点の図 2.9 を描いて「領域がどうの、面積がどうの、割合がどうの」という理屈まで立ち戻れば、ここまでと同様に納得いただけるはずです。

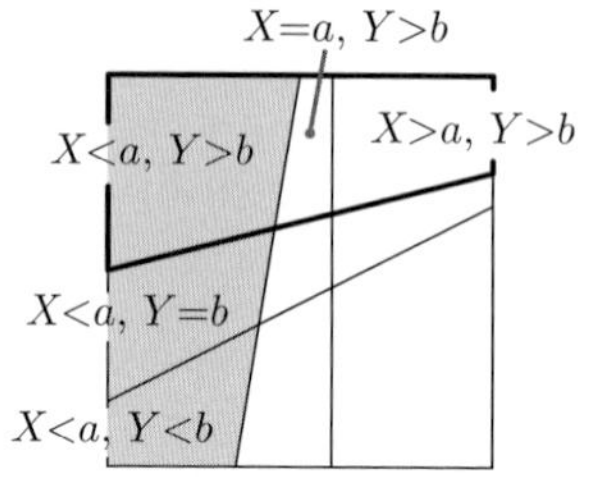

▶図 2.9　等号以外の条件でも同様

不等式に限らずもっと複雑な条件でも OK です。たとえば X をサイコロの目として、次の式を各自で解読してみてください。

$$\begin{aligned}
&\mathrm{P}(X \text{ が偶数}) \\
&= \mathrm{P}(X \text{ が素数}, X \text{ が偶数}) + \mathrm{P}(X \text{ が素数でない}, X \text{ が偶数}) \\
&= \mathrm{P}(X \text{ が偶数} | X \text{ が素数})\,\mathrm{P}(X \text{ が素数}) + \mathrm{P}(X \text{ が偶数} | X \text{ が素数でない})\,\mathrm{P}(X \text{ が素数でない}) \\
&= \frac{1}{3} \cdot \frac{1}{2} + \frac{2}{3} \cdot \frac{1}{2} = \frac{1}{2}
\end{aligned}$$

（素数については付録 A.2(p.319)）

いまの話は、正式な用語で言うと**事象**に関する同時確率や条件つき確率にあたります（事象という言葉は 1.3 節(p.9)「三つ組 $(\Omega, \mathcal{F}, \mathrm{P})$ —— 神様視点」でちらっとだけ出ました）。たとえば P(X が素数, X が偶数) は、「X が素数である」という事象と「X が偶数である」という事象との同時確率です。過去に確率を習ったことのある方には、確率変数よりも事象の同時確率・条件つき確率のほうがおなじみかもしれません。

2.3.4 3つ以上の確率変数

(本項は先へ進むほど話がマニアックになっていきます。疲れたら離脱して 2.4 節 (p.51)「Bayes の公式」までスキップして構いません[*6])

3つ以上の確率変数の条件つき確率

3つ以上の確率変数についてもこれまでと同じように条件つき確率を定義します。

- 「$Y=b$ かつ $Z=c$」のとき、$X=a$ となる条件つき確率

$$\mathrm{P}(X=a|Y=b,Z=c)\equiv\frac{\mathrm{P}(X=a,Y=b,Z=c)}{\mathrm{P}(Y=b,Z=c)}$$

- $Z=c$ のとき、「$X=a$ かつ $Y=b$」となる条件つき確率

$$\mathrm{P}(X=a,Y=b|Z=c)\equiv\frac{\mathrm{P}(X=a,Y=b,Z=c)}{\mathrm{P}(Z=c)}$$

- 「$Z=c$ かつ $W=d$」のとき、「$X=a$ かつ $Y=b$」となる条件つき確率

$$\mathrm{P}(X=a,Y=b|Z=c,W=d)\equiv\frac{\mathrm{P}(X=a,Y=b,Z=c,W=d)}{\mathrm{P}(Z=c,W=d)}$$

という調子です。

一瞬とまどうかもしれませんが実際はこれまでの話から特に飛躍したわけではありません。どれも単に前項 2.3.3 の P(条件 | 条件) で各条件が複合的（○○かつ××）になっただけのものです。

ここで一般に

$$\begin{aligned}&\mathrm{P}(\bigcirc\bigcirc,\times\times,\triangle\triangle)\\&=\mathrm{P}(\bigcirc\bigcirc\mid\times\times,\triangle\triangle)\,\mathrm{P}(\times\times,\triangle\triangle)\\&=\mathrm{P}(\bigcirc\bigcirc\mid\times\times,\triangle\triangle)\,\mathrm{P}(\times\times\mid\triangle\triangle)\,\mathrm{P}(\triangle\triangle)\end{aligned}$$

という格好の分解ができることを心得てください。たとえば

$$\mathrm{P}(X=a,Y=b,Z=c)=\mathrm{P}(X=a|Y=b,Z=c)\,\mathrm{P}(Y=b|Z=c)\,\mathrm{P}(Z=c) \tag{2.8}$$

という具合。この右辺は右から読むほうが意味をとりやすいでしょう。図 2.10 のとおりです。$X=a$ となる確率は、一般には Y だけでなく Z によっても影響されることをお忘れなく。

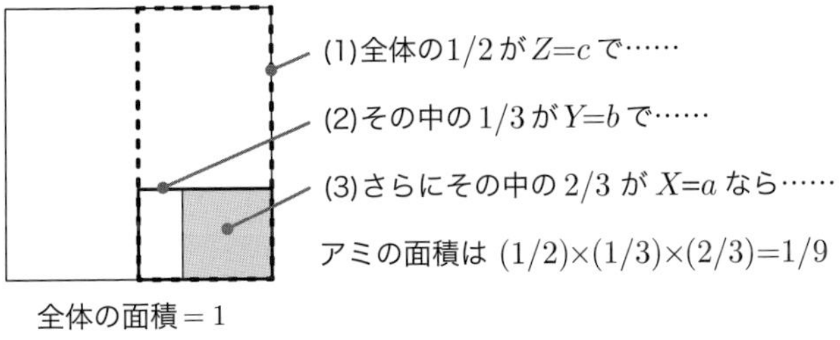
(1)全体の1/2がZ=cで……
(2)その中の1/3がY=bで……
(3)さらにその中の2/3がX=aなら……
アミの面積は (1/2)×(1/3)×(2/3)=1/9
全体の面積 = 1

▶図 2.10 三変数の同時確率の計算

[*6] 後ほど 2.5.4 項 (p.66)「3つ以上の独立性（要注意）」や 8.2 節 (p.284)「確率過程から」で本項の内容が使われます。そのときにはまた戻ってきてください。

上の式から ○○, ××, △△ の順番を入れかえた

$$
\begin{aligned}
&\mathrm{P}(○○, ××, △△) \\
&= \mathrm{P}(○○ \mid ××, △△)\,\mathrm{P}(×× \mid △△)\,\mathrm{P}(△△) \\
&= \mathrm{P}(△△ \mid ○○, ××)\,\mathrm{P}(×× \mid ○○)\,\mathrm{P}(○○) \\
&= \mathrm{P}(△△ \mid ○○, ××)\,\mathrm{P}(○○ \mid ××)\,\mathrm{P}(××)
\end{aligned}
$$

なども成立します。どんな順番で考えても最終的には○○かつ××かつ△△の確率が求まるはずですから。

もっと個数が多くなっても同様です。たとえば四つだとこんな格好に分解されます。

$$
\begin{aligned}
&\mathrm{P}(○○, ××, △△, □□) \\
&= \mathrm{P}(○○ \mid ××, △△, □□)\,\mathrm{P}(×× \mid △△, □□)\,\mathrm{P}(△△ \mid □□)\,\mathrm{P}(□□)
\end{aligned}
$$

例：三つの扉（モンティホール問題）

たとえば図2.11の「三つの扉（モンティホール問題）」は今ふり返るとこんなふうに見えるでしょう。

▶図2.11　モンティホール問題（図1.1(p.5)の再掲）。詳しくは1.2節(p.4)を参照

X を正解の扉、Y を挑戦者が選択する扉、Z を司会者が開いて見せる扉とします。知りたかったのは、たとえば

$$\mathrm{P}(X = \text{ウ} \mid Y = \text{ウ}, Z = \text{ア})$$

…… 挑戦者がウを選び司会者がアを開いて見せたときの、ウが正解である条件つき確率

などの値でした。その答は

$$
\begin{aligned}
&\mathrm{P}(X = \text{ウ} \mid Y = \text{ウ}, Z = \text{ア}) \\
&= \frac{\mathrm{P}(X = \text{ウ}, Y = \text{ウ}, Z = \text{ア})}{\mathrm{P}(Y = \text{ウ}, Z = \text{ア})} \\
&= \frac{\mathrm{P}(X = \text{ウ}, Y = \text{ウ}, Z = \text{ア})}{\mathrm{P}(X = \underline{\text{ア}}, Y = \text{ウ}, Z = \text{ア}) + \mathrm{P}(X = \underline{\text{イ}}, Y = \text{ウ}, Z = \text{ア}) + \mathrm{P}(X = \underline{\text{ウ}}, Y = \text{ウ}, Z = \text{ア})}
\end{aligned}
$$

で求められます。この中に出てくる同時確率はゲームのルールより次のように計算されます。X はサイコロで決めていましたから

$$\mathrm{P}(X=\text{ア})=\mathrm{P}(X=\text{イ})=\mathrm{P}(X=\text{ウ})=\frac{1}{3}$$

また、Y もそれと無関係にサイコロで決めていましたから

$$\mathrm{P}(Y=\text{ウ}\,|X=\underline{\text{ア}})=\mathrm{P}(Y=\text{ウ}\,|X=\underline{\text{イ}})=\mathrm{P}(Y=\text{ウ}\,|X=\underline{\text{ウ}})=\frac{1}{3}$$

そして、司会者がアを開いて見せる条件つき確率は

$$\mathrm{P}(Z=\text{ア}\,|X=\underline{\text{ア}},Y=\text{ウ})=0 \quad \cdots\cdots \text{正解を開いて見せることはない}$$
$$\mathrm{P}(Z=\text{ア}\,|X=\underline{\text{イ}},Y=\text{ウ})=1 \quad \cdots\cdots \text{残る不正解はアだけなので必然}$$
$$\mathrm{P}(Z=\text{ア}\,|X=\underline{\text{ウ}},Y=\text{ウ})=\frac{1}{2} \quad \cdots\cdots \text{残りは両方不正解なので半々}$$

以上をあわせて、

$$\begin{aligned}
\mathrm{P}(X=\underline{\text{ア}},Y=\text{ウ},Z=\text{ア})&=\mathrm{P}(Z=\text{ア}\,|X=\text{ア},Y=\text{ウ})\,\mathrm{P}(Y=\text{ウ}\,|X=\text{ア})\,\mathrm{P}(X=\text{ア})\\
&=0\cdot\frac{1}{3}\cdot\frac{1}{3}=0\\
\mathrm{P}(X=\underline{\text{イ}},Y=\text{ウ},Z=\text{ア})&=\mathrm{P}(Z=\text{ア}\,|X=\text{イ},Y=\text{ウ})\,\mathrm{P}(Y=\text{ウ}\,|X=\text{イ})\,\mathrm{P}(X=\text{イ})\\
&=1\cdot\frac{1}{3}\cdot\frac{1}{3}=\frac{1}{9}\\
\mathrm{P}(X=\underline{\text{ウ}},Y=\text{ウ},Z=\text{ア})&=\mathrm{P}(Z=\text{ア}\,|X=\text{ウ},Y=\text{ウ})\,\mathrm{P}(Y=\text{ウ}\,|X=\text{ウ})\,\mathrm{P}(X=\text{ウ})\\
&=\frac{1}{2}\cdot\frac{1}{3}\cdot\frac{1}{3}=\frac{1}{18}
\end{aligned}$$

こうして、

$$\mathrm{P}(X=\text{ウ}\,|Y=\text{ウ},Z=\text{ア})=\frac{1/18}{0+1/9+1/18}=\frac{1/18}{3/18}=\frac{1}{3}$$

が求まります。これが、挑戦者が最初に選んだ扉をつらぬき通したときの正解の確率です。これを見ると、挑戦者は扉を選び直すほうが良いとわかります。なぜなら、ルールから $\mathrm{P}(X=\text{ア}\,|Y=\text{ウ},Z=\text{ア})$ は 0（司会者が開いて見せる扉は必ず不正解）なので、残る可能性は

$$\begin{aligned}
\mathrm{P}(X=\underline{\text{イ}}|Y=\text{ウ},Z=\text{ア})&=1-\mathrm{P}(X=\underline{\text{ア}}|Y=\text{ウ},Z=\text{ア})-\mathrm{P}(X=\underline{\text{ウ}}|Y=\text{ウ},Z=\text{ア})\\
&=1-0-\frac{1}{3}=\frac{2}{3}
\end{aligned}$$

つまり扉を選び直せば確率 2/3 で正解となります。

条件つき同時分布の分解

状況によってはこんな「条件つき同時分布」の分解も活用されることがあります。

$$\mathrm{P}(\bigcirc\bigcirc, \times\times \mid \triangle\triangle) = \mathrm{P}(\bigcirc\bigcirc \mid \times\times, \triangle\triangle)\,\mathrm{P}(\times\times \mid \triangle\triangle)$$
$$\mathrm{P}(X=a, Y=b|Z=c) = \mathrm{P}(X=a|Y=b, Z=c)\,\mathrm{P}(Y=b|Z=c) \tag{2.9}$$

前の図 2.10(p.47) で確認してください[*7]。

腕だめしがしたい読者のためにややこしい例を最後に挙げておきます。これが解読できたらこの話題はひとまず卒業です。

$$\begin{aligned}&\mathrm{P}(U=u, V=v, W=w, X=x|Y=y, Z=z)\\&= \mathrm{P}(U=u, V=v|W=w, X=x, Y=y, Z=z)\\&\quad\times \mathrm{P}(W=w|X=x, Y=y, Z=z)\,\mathrm{P}(X=x|Y=y, Z=z)\end{aligned}$$

地道に追うなら右辺を後から順にまとめて

$$\begin{aligned}右辺 &= \mathrm{P}(U=u, V=v|W=w, X=x, Y=y, Z=z)\\&\qquad\times \mathrm{P}(W=w, X=x|Y=y, Z=z)\\&= \mathrm{P}(U=u, V=v, W=w, X=x|Y=y, Z=z) = 左辺\end{aligned}$$

のように変形していけば結構です。もっと端的には……

- どの P にも「$Y=y, Z=z$」という条件がついている。つまり「$Y=y, Z=z$」という条件はこの式全体を通しての大前提。だから大前提のもとですべて考えると最初に宣言して、あとは「$Y=y, Z=z$」のことはいちいち意識しない。
- そうしたらもう

$$\begin{aligned}&\mathrm{P}(U=u, V=v, W=w, X=x)\\&= \mathrm{P}(U=u, V=v|W=w, X=x)\,\mathrm{P}(W=w|X=x)\,\mathrm{P}(X=x)\end{aligned}$$

と同種の話だと思えばよい。これを右から解釈していくのは前に述べたとおり。

---

*7 式で書いてみても両辺が等しいことはすぐわかります。条件つき確率の定義から

$$左辺 = \frac{\mathrm{P}(\bigcirc\bigcirc, \times\times, \triangle\triangle)}{\mathrm{P}(\triangle\triangle)}, \quad 右辺 = \frac{\mathrm{P}(\bigcirc\bigcirc, \times\times, \triangle\triangle)}{\mathrm{P}(\times\times, \triangle\triangle)} \cdot \frac{\mathrm{P}(\times\times, \triangle\triangle)}{\mathrm{P}(\triangle\triangle)}$$

2.4 Bayes の公式

条件つき確率の応用として、この節では一種の**逆問題**を考えていきます。逆問題とは、荒っぽく言えば結果から原因を求める問題のことです*8。原因 X を直接には観測・測定できないときに、そこから起きる結果 Y を見て原因 X を推測するのは、いろいろな場面での常套手段ですね。

この形に解釈できる問題は工学に数多く現れます*9。

- 通信：ノイズが加わった受信信号 Y から送信内容 X を当てる
- 音声認識：マイクで拾った音声の波形データ Y から話した言葉 X を当てる
- 文字認識：スキャナで読み込んだ画像データ Y から書いてある文字 X を当てる
- メールの自動フィルタリング：届いたメールの文面 Y からそのメールの種類（広告かどうか）X を当てる

ここで注意してほしいのが、X が同じでも Y が必ず同じになるとは限らない点です。たいていの状況ではノイズやゆらぎが生じますから、単純に $Y = f(X)$ という関数でモデル化することはできません。そこで、ノイズやゆらぎを確率的に取り扱い、複数の確率変数 X, Y のからみあいとして X, Y の関係を記述する方法を紹介します。

2.4.1 問題設定

お題はロールプレイングゲームでよくあるこんなシーン。

> とあるロールプレイングゲームではモンスターを倒すと宝箱が得られます。その宝箱には確率 2/3 で罠がかかっています。罠の気配は魔法で判定できますが、この判定は完璧ではなく、確率 1/4 でまちがった判定結果が出てしまいます。
>
> いまモンスターを倒して宝箱に魔法をかけたら罠の気配なしと判定されました。—— ここまでを前提とし、この状況のもとで「実際には宝箱に罠がかかっている確率」はいくらでしょうか。

宝箱に罠がかかっているかどうかを確率変数 X で、魔法による判定結果を確率変数 Y で表せば、上の問題はこう解釈されます。

$$\begin{aligned} \mathrm{P}(X = \text{罠あり}) &= \frac{2}{3} \\ \mathrm{P}(Y = \text{気配なし} \mid X = \text{罠あり}) &= \frac{1}{4} \\ \mathrm{P}(Y = \text{気配あり} \mid X = \text{罠なし}) &= \frac{1}{4} \\ \text{このとき } \mathrm{P}(X = \text{罠あり} \mid Y = \text{気配なし}) &= ? \end{aligned}$$

端的に言えば、

---

*8 対比してふつうの「原因から結果を求める問題」を**順問題**と呼んだりもします。なお、本節で使う原因・結果という言葉はあくまで便宜上のものです。ぱっとわかりやすいようにこんな言葉使いをしていますが、本当は ？2.7(p.45) のとおり。因果関係は確率論の範疇ではありません。

*9 個々の例に深入りはしませんから、いまよくわからなくても気にしないでください。きちんと説明しようとしたらそれぞれで教科書が一冊必要な専門分野ですし、実用的な話ではデータからメカニズムを推測するという第 II 部向けな議論も必要になってしまいます（→ vi ページ「構成について」）。

- P(原因) と P(結果 | 原因) との一覧が与えられたときに……
- P(原因 | 結果) を答えよ

このタイプの問題が本節のテーマです。

こういう文脈においては、P(原因) を**事前確率**、P(原因 | 結果) を**事後確率**と呼びます。それぞれの一覧が**事前分布**と**事後分布**です。これらの用語は、結果 Y の情報を得る前か後かという区別を意識しています。

2.4.2 Bayes の絵書き歌

ふつうならここで Bayes の公式というものが登場するところです。でも我々はすでに神様視点という強力な枠組を持っていますから、それを活かしていまの問題を絵書き歌で解いてみましょう[*10]。できれば紙とペンを用意して同じ絵を描きながら進んでください。

1. 全体の面積は 1

2. そのうち 2/3 が X ＝ 罠あり、残り 1/3 が X ＝ 罠なし

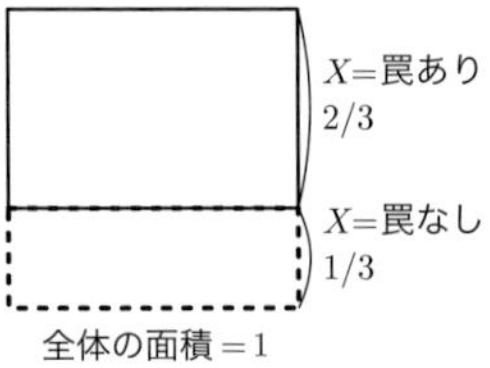

3. X ＝ 罠あり のうち 1/4 が Y ＝ 気配なし。それは全体の

$$\frac{2}{3} \cdot \frac{1}{4} = \frac{1}{6}$$

にあたる

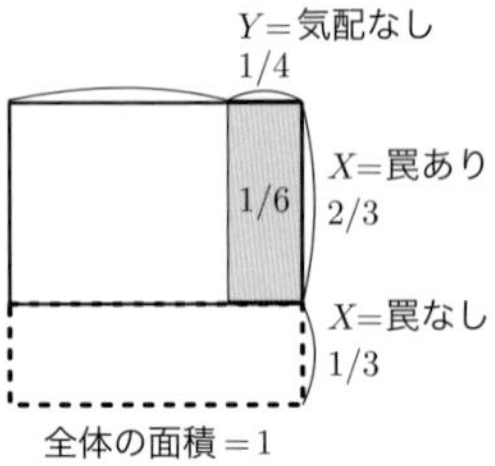

4. 同様に、X ＝ 罠なし のうち 3/4 が Y ＝ 気配なし。それは全体の

$$\frac{1}{3} \cdot \frac{3}{4} = \frac{1}{4}$$

にあたる

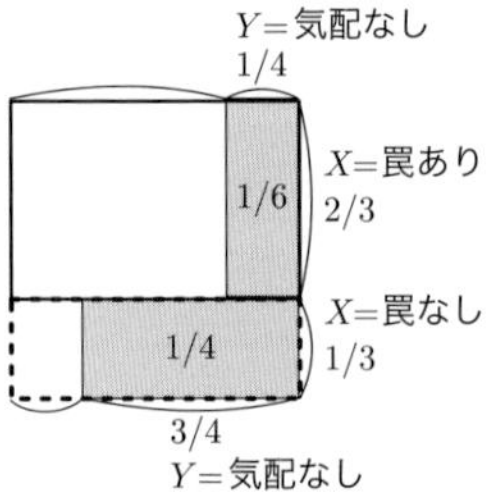

[*10] ウソです。歌はありません。でもそれくらいのノリで楽々解ける筋道を紹介します。

5. あわせて、$Y =$ 気配なし は全体の

$$\frac{1}{6}+\frac{1}{4}=\frac{5}{12}$$

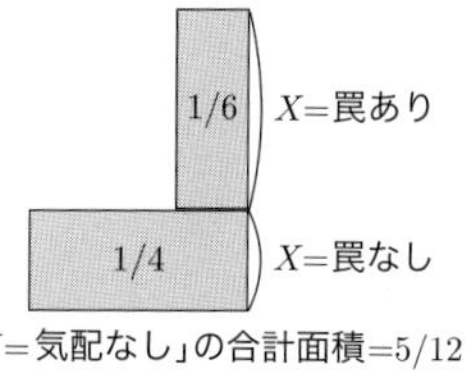

6. その中で $X =$ 罠あり の割合は

$$\frac{1/6}{5/12}=\frac{2}{5}=0.4$$

(分数の分数にとまどった方は❓2.2(p.41) を参照)

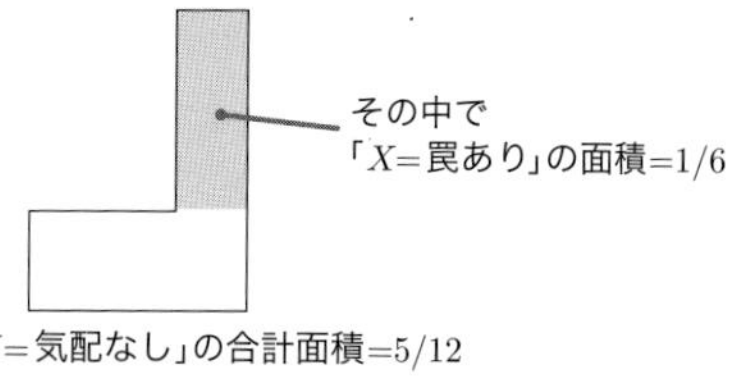

魔法で気配なしと判定されても、なお 40% の確率で実際には罠がかかっています。体力や装備が万全でないときはうかつに宝箱に触らないほうがよいでしょう。

例題 2.7

先ほどと同じく宝箱には確率 2/3 で罠がかかっている。だが今度は、魔法使いのレベルが上がったおかげで誤判定の確率は 1/10 まで低下した。

1. モンスターを倒して得た宝箱に魔法をかけたとき気配なしと判定される確率は？
2. 魔法をかけたら気配なしと判定された。このとき本当は罠がかかっている確率は？

答

実際の罠の有無を X、判定結果を Y として、前と同様に絵を描けばこうなります。

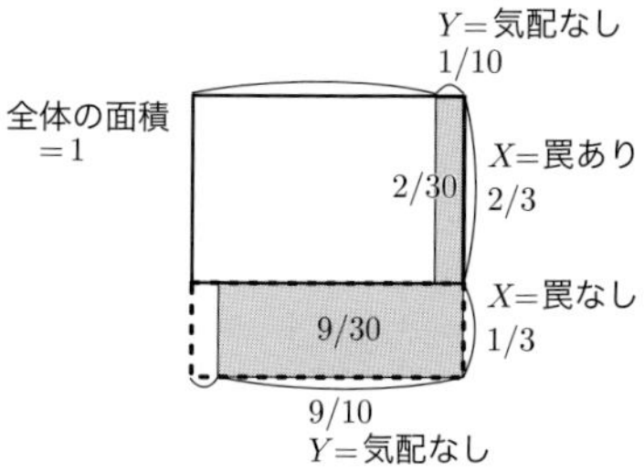

1. 気配なしと判定される確率は、図のアミがけの面積。

$$\begin{aligned}
\mathrm{P}(Y=\text{気配なし}) &= \mathrm{P}(X=\underline{\text{罠あり}}, Y=\text{気配なし})+\mathrm{P}(X=\underline{\text{罠なし}}, Y=\text{気配なし}) \\
&= \mathrm{P}(Y=\text{気配なし}\mid X=\underline{\text{罠あり}})\,\mathrm{P}(X=\underline{\text{罠あり}}) \\
&\quad + \mathrm{P}(Y=\text{気配なし}\mid X=\underline{\text{罠なし}})\,\mathrm{P}(X=\underline{\text{罠なし}}) \\
&= \frac{1}{10}\cdot\frac{2}{3}+\frac{9}{10}\cdot\frac{1}{3}=\frac{2}{30}+\frac{9}{30}=\frac{11}{30}
\end{aligned}$$

2.　図のアミがけのうち、$X=$ 罠あり の割合は

$$\mathrm{P}(X=\text{罠あり}\,|Y=\text{気配なし})=\frac{\mathrm{P}(X=\text{罠あり},Y=\text{気配なし})}{\mathrm{P}(Y=\text{気配なし})}$$
$$=\frac{2/30}{11/30}=\frac{2}{11}\approx 0.18$$

目が効く人はもっと計算を端折っても構いません（アミがけ上に話を限定すれば、罠あり：罠なし $=2:9$。だから罠ありの割合は $2/(2+9)=2/11$）。■

例題 2.8

A 市の人口は 10 万人でそのうちの 1 人が宇宙人である。判定機は宇宙人を見分けることができるが、確率 1% でまちがえてしまう。つまり、宇宙人に対しても確率 1% で人間と判定してしまうし、人間に対しても確率 1% で宇宙人と判定してしまう。

1.　10 万人からでたらめに 1 人つれてきたら判定機が宇宙人と判定する確率は？
2.　10 万人からでたらめに 1 人つれてきたら判定機が宇宙人と判定した。このとき本当に宇宙人である確率は？

答

正体を X、判定結果を Y として、これまでと同じ要領で絵を描けば次のようになります（正確に描くと見えなくなってしまうので誇張しています）。

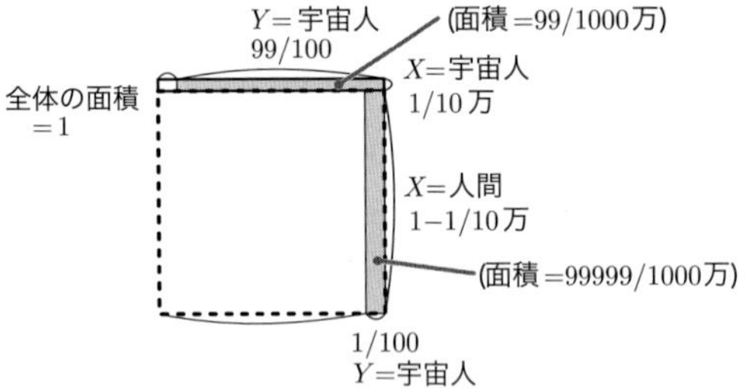

1.　宇宙人と判定する確率は、図のアミがけの面積。

$$\begin{aligned}\mathrm{P}(Y=\text{宇宙人})&=\mathrm{P}(X=\underline{\text{宇宙人}},Y=\text{宇宙人})+\mathrm{P}(X=\underline{\text{人間}},Y=\text{宇宙人})\\&=\mathrm{P}(Y=\text{宇宙人}\,|X=\underline{\text{宇宙人}})\,\mathrm{P}(X=\underline{\text{宇宙人}})\\&\quad+\mathrm{P}(Y=\text{宇宙人}\,|X=\underline{\text{人間}})\,\mathrm{P}(X=\underline{\text{人間}})\\&=\frac{99}{100}\cdot\frac{1}{10\text{万}}+\frac{1}{100}\cdot\frac{99999}{10\text{万}}\\&=\frac{99}{1000\text{万}}+\frac{99999}{1000\text{万}}=\frac{100098}{1000\text{万}}=0.0100098\qquad(\text{およそ }1\%)\end{aligned}$$

2.　図のアミがけのうち、$X=$ 宇宙人 の割合は

$$\mathrm{P}(X=\text{宇宙人}\,|Y=\text{宇宙人})=\frac{\mathrm{P}(X=\text{宇宙人},Y=\text{宇宙人})}{\mathrm{P}(Y=\text{宇宙人})}$$
$$=\frac{99/1000\text{万}}{100098/1000\text{万}}=\frac{99}{100098}\approx 0.000989\qquad(\text{およそ }0.1\%)$$

かなり正確な判定機の言うことなので、宇宙人だと判定されたらついそういう目で見てしまいそうですが、計算するとこのとおり。事後確率はたった 0.1% です。事前確率も考慮しないと判断を誤ることがありますよという例でした。 ∎

例題 2.9

またロールプレイングゲームから。このゲームには 3 種類の盾（並・上質・特別製）が登場する。地下迷宮に落ちている盾は、確率 1/2 で並、1/3 で上質、1/6 で特別製である。それらは外見では見分けがつかないが、性能に差があって、

- 並の盾は確率 1/18 でモンスターの攻撃を避けられる
- 上質の盾は確率 1/6 でモンスターの攻撃を避けられる
- 特別製の盾は確率 1/3 でモンスターの攻撃を避けられる

この設定のもとで、

1. 拾った盾を装備したときモンスターの攻撃を避けられる確率は？
2. 拾った盾を装備して歩いていたらモンスターから攻撃されたが避けることができた。このとき盾が特別製である確率は？

答

盾の種類を X、回避の成否を Y として、これまでと同じ要領で絵を描けば次のようになります。

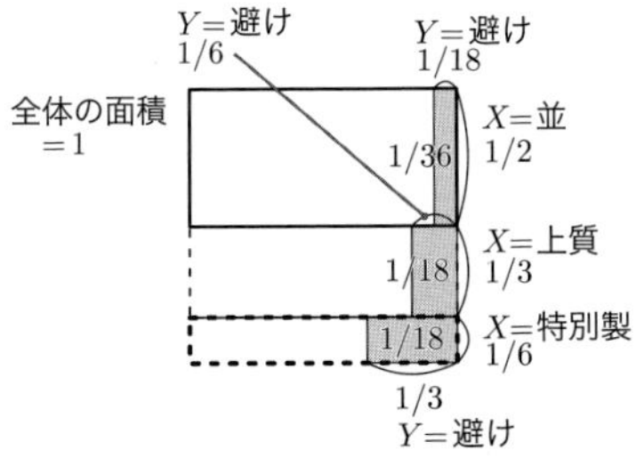

1. 避けられる確率は、図のアミがけの面積。

$$\mathrm{P}(Y = \text{避け}) = \frac{1}{18}\cdot\frac{1}{2} + \frac{1}{6}\cdot\frac{1}{3} + \frac{1}{3}\cdot\frac{1}{6} = \frac{1}{36} + \frac{1}{18} + \frac{1}{18} = \frac{5}{36}$$

2. 図のアミがけのうち、$X =$ 特別製 の割合は

$$\mathrm{P}(X = \text{特別製}\,|Y = \text{避け}) = \frac{1/18}{5/36} = \frac{2}{5} = 0.4$$

∎

2.4.3 Bayes の公式

ここまでの解き方をふり返ります。

$$\mathrm{P}(X=\blacktriangle) \cdots \text{原因が}\blacktriangle\text{の確率}$$
$$\mathrm{P}(Y=\bigcirc\,|X=\blacktriangle) \cdots \text{原因が}\blacktriangle\text{だったときに、結果が}\bigcirc\text{となる条件つき確率}$$

の一覧から

$$\mathrm{P}(X=\blacktriangle\,|Y=\bigcirc) \quad \cdots \text{結果が}\bigcirc\text{だったときに、原因が}\blacktriangle\text{となっていた条件つき確率}$$

を求めるのが目標でした。答は、さっきの例題 2.9 で言えば

$$\begin{aligned}&\mathrm{P}(\text{特別製}\,|\,\text{避け})\\&=\frac{\mathrm{P}(\text{避け}\,|\,\text{特別製})\,\mathrm{P}(\text{特別製})}{\mathrm{P}(\text{避け}\,|\,\text{並})\,\mathrm{P}(\text{並})+\mathrm{P}(\text{避け}\,|\,\text{上質})\,\mathrm{P}(\text{上質})+\mathrm{P}(\text{避け}\,|\,\text{特別製})\,\mathrm{P}(\text{特別製})}\end{aligned}$$

という調子。これが結果から原因（の確率）を求める方法です。これを **Bayes の公式（ベイズの公式）** と呼びます。一般的に書いておけば

$$\begin{aligned}&\mathrm{P}(X=\blacktriangle\,|Y=\bigcirc)\\&=\frac{\mathrm{P}(Y=\bigcirc\,|X=\blacktriangle)\,\mathrm{P}(X=\blacktriangle)}{\mathrm{P}(Y=\bigcirc\,|X=\blacksquare)\,\mathrm{P}(X=\blacksquare)+\mathrm{P}(Y=\bigcirc\,|X=\blacktriangle)\,\mathrm{P}(X=\blacktriangle)+\cdots+\mathrm{P}(Y=\bigcirc\,|X=\blacklozenge)\,\mathrm{P}(X=\blacklozenge)}\end{aligned}$$

「$\cdots$」のところは X のとり得る値すべてについて足し算します。

Bayes の公式を丸暗記しようなんて思うと、縦棒の左右をまちがえるおそれが大いにあります。慣れるまでは先に紹介したように絵で考えるのがおすすめです。式で考えるにしても、覚えるよりは定義と性質からその場で導くほうが良いでしょう。

$$\begin{aligned}&\mathrm{P}(X=\blacktriangle\,|Y=\bigcirc)\\&=\frac{\mathrm{P}(X=\blacktriangle, Y=\bigcirc)}{\mathrm{P}(Y=\bigcirc)} \qquad \cdots\cdots \text{定義どおり}\\&=\frac{\mathrm{P}(X=\blacktriangle, Y=\bigcirc)}{\mathrm{P}(X=\blacksquare, Y=\bigcirc)+\mathrm{P}(X=\blacktriangle, Y=\bigcirc)+\cdots+\mathrm{P}(X=\blacklozenge, Y=\bigcirc)} \qquad \cdots\cdots \text{分母を場合分け}\\&=\frac{\mathrm{P}(Y=\bigcirc\,|X=\blacktriangle)\,\mathrm{P}(X=\blacktriangle)}{\mathrm{P}(Y=\bigcirc\,|X=\blacksquare)\,\mathrm{P}(X=\blacksquare)+\mathrm{P}(Y=\bigcirc\,|X=\blacktriangle)\,\mathrm{P}(X=\blacktriangle)+\cdots+\mathrm{P}(Y=\bigcirc\,|X=\blacklozenge)\,\mathrm{P}(X=\blacklozenge)}\end{aligned}$$

$\cdots\cdots$ 同時確率を条件つき確率で書く

いまの計算では同時確率・周辺確率・条件つき確率の基本性質しか使っていません。同時確率の一覧表

	Y=◎	Y=○	$\cdots$	Y=☆
X=■		ア		
X=▲		イ		
$\vdots$		$\vdots$		
X=◆		オ		

で言えば、

1. 同時確率 ア, イ, ..., オ を計算する
2. その中でイの占める割合 イ/(ア + イ + ⋯ + オ) を答える

という手順をとったわけです。

例題 2.10

ジョーカーを除いたトランプ 52 枚を裏向きでシャッフルし、上から一枚引いて裏向きのまま金庫に入れました。残りをまたシャッフルして一枚引き、今度は表を見るとダイヤの 6 でした。ここから、金庫の中のカードが赤か黒かの賭をします。

- A さんの意見：
  赤がいま出たということは金庫のカードは黒の確率のほうが高いな。
- B さんの意見：
  いや、どちらに賭けても確率 1/2 だろう。金庫のカードが赤か黒かは最初に引いた時点で決定された。このとき確率はどちらももちろん 1/2 だ。その後金庫には誰も手をふれていないんだから、金庫の中身が後から変化するなんてありえない。

どちらに同意しますか？ 同意しなかったほうの相手を説得できますか？

答

一枚目のカードの色を X、二枚目のカードの色を Y とします。次の式は B さんも同意してくれるでしょう。

$$\mathrm{P}(X = \text{黒}) = \mathrm{P}(X = \text{赤}) = \frac{1}{2}, \quad \mathrm{P}(Y = \text{赤} \,|X = \text{黒}) = \frac{26}{51}, \quad \mathrm{P}(Y = \text{赤} \,|X = \text{赤}) = \frac{25}{51}$$

問題文の状況から黒に賭けたとしたら、当たる確率は $\mathrm{P}(X = \text{黒} \,|Y = \text{赤})$ です。Bayes の公式を利用してこれを計算してみます。

$$\begin{aligned}\mathrm{P}(X = \text{黒} \,|Y = \text{赤}) &= \frac{\mathrm{P}(X = \text{黒}, Y = \text{赤})}{\mathrm{P}(Y = \text{赤})} = \frac{\mathrm{P}(X = \text{黒}, Y = \text{赤})}{\mathrm{P}(X = \underline{\text{黒}}, Y = \text{赤}) + \mathrm{P}(X = \underline{\text{赤}}, Y = \text{赤})} \\ &= \frac{\mathrm{P}(Y = \text{赤} \,|X = \text{黒})\,\mathrm{P}(X = \text{黒})}{\mathrm{P}(Y = \text{赤} \,|X = \underline{\text{黒}})\,\mathrm{P}(X = \underline{\text{黒}}) + \mathrm{P}(Y = \text{赤} \,|X = \underline{\text{赤}})\,\mathrm{P}(X = \underline{\text{赤}})} \\ &= \frac{\frac{26}{51}\cdot\frac{1}{2}}{\frac{26}{51}\cdot\frac{1}{2} + \frac{25}{51}\cdot\frac{1}{2}} = \frac{26}{51} \approx 0.510\end{aligned}$$

ですからやはり黒のほうが有利です。

もしまだ納得がいかなければ、枚数をおもいきり減らした場合を考えてみてください。極端な話、赤 1 枚と黒 1 枚の計 2 枚でこの賭をしていたとしたら？ 「Y = 赤」を見た時点で金庫の中身は必ず黒。すなわち $\mathrm{P}(X = \text{黒} \,|Y = \text{赤}) = 1$ です。あるいは、一枚目を金庫に入れたあと続けてカードを 26 枚めくって、そのすべてが赤だったら？ これもやはり金庫の中身は確実に黒ということになります。たとえ金庫に手をふれなくても、こんなふうに条件つき確率（事後確率）は 1/2 以外の値になり得ます。因果関係についての ❓2.7(p.45) も参照。 ■

2.5 独立性

本章では一貫して複数の確率変数のかかわりを論じてきました。2.3 節 (p.39)「条件つき確率」は、X を聞いた上でどんな Y が出そうか答える予測の話と解釈できます。2.4 節 (p.51)「Bayes の公式」はその逆算で、$X \to Y$ の影響具合（と X の事前分布）に基づいて Y から X を当てる話でした。

ここからのテーマはもっと根本に立ち戻った問いです。複数の確率変数があったとき最初に気になるのは、それらの間にそもそもかかわりがあるのかないのかでしょう。この独立性の概念は応用上も様々な場面で鍵となります。

- もし X と Y にかかわりがないのなら、X を見て Y を当てようなんてナンセンス。こんな場合、Y と独立な X は役立たずです。
- 一方、独立だと嬉しいこともあります。X と Y にかかわりがない場合、それらのからみ具合をいちいち考えなくて済むので、確率の計算がぐっと簡単になるからです。あるいはもっと積極的に、いろいろな成分が混ざってしまった信号から、独立性を手がかりに各成分を取り出そうといった手法も開発されています（**独立成分分析、independent component analysis; ICA**）。
- ノイズやゆらぎへの対策として一般に、同じ実験を何度も試して様子をみるということがよく行われます。その際にもし前の試行の影響を引きずるようだと、せっかく回数を増やしたご利益が薄れてしまいます。後述の大数の法則（3.5 節 (p.101)）や中心極限定理（4.6 節 (p.161)）をあてはめるためにも、独立であることが理想です。

しかし、独立という言葉は日常でも使われるせいか、確率論における独立の意味を誤解する人が後をたちません。国語辞書にのっている意味と数学用語としての定義とは違います。また、数学の中でもたとえば線形独立と本項の独立とは別物です。ありがちな勘違いをまず挙げておきます。

- 「一様分布」との混同：
  独立性は次のような意味ではありません。
  $$\mathrm{P}(Y = \text{ア} \mid X = \bigcirc\bigcirc) = \mathrm{P}(Y = \text{イ} \mid X = \bigcirc\bigcirc) = \mathrm{P}(Y = \text{ウ} \mid X = \bigcirc\bigcirc) = \cdots$$
- 「同一分布」との混同：
  独立性は次のような意味ではありません。
  $$\mathrm{P}(X = \text{ア}) = \mathrm{P}(Y = \text{ア}), \quad \mathrm{P}(X = \text{イ}) = \mathrm{P}(Y = \text{イ}), \quad \mathrm{P}(X = \text{ウ}) = \mathrm{P}(Y = \text{ウ}), \quad \cdots$$
- 「排反」との混同：
  独立性は「$X =$ ア と $Y =$ ア のどちらか片方だけが起きる」という意味ではありません。こういった排反性はむしろ、X と Y が独立でないことを表します。実際、もし X がアだと聞いたら Y はアでないことが確実にわかってしまう。これは X と Y にかかわりがあることを意味しています。

確率論における「独立」とは「X と Y の間に全くかかわりがない」という意味です。X に何が出ようと Y にとっては知ったことではない。つまり、X がアだろうがイだろうがウだろうが、Y としてどんな値が出やすいかは変わらない。そういった性質を式でどう表せばよいかこれからお話します。

2.5.1 事象の独立性（定義）

2.4.1 項 (p.51) で題材にした宝箱の罠判定を思い出してください。本物の魔法使いは、不完全ながらも魔法で罠の気配を判定できました。しかし今からお話するのは偽物の魔法使いです。偽物なので実際には魔法は使えません。判定のときはこっそりサイコロを振って、1 が出たら「気配なし」、それ以外は「気配あり」と答えます。このとき偽物っぷりは確率にどんな形で現れてくるでしょうか。

「罠がかかっていること」と「気配ありと判定されること」とはこの場合明らかに無関係です。それが最も露骨に現れるのは条件つき確率です。罠がかかっていようがいまいが、気配ありとなる条件つき確率は変わりません。

$$\mathrm{P}(\text{気配あり} \mid \underline{\text{罠あり}}) = \mathrm{P}(\text{気配あり} \mid \underline{\text{罠なし}}) = \frac{5}{6}$$

罠とは無関係にサイコロを振っているのだから当然です。

こんなふうに

$$\mathrm{P}(\blacktriangle\blacktriangle \mid \bigcirc\bigcirc) = \mathrm{P}(\blacktriangle\blacktriangle \mid \bigcirc\bigcirc\text{でない})$$

となっているとき、「○○と▲▲とは**独立**だ」と言います[*11]。上の例では、「罠がかかっていること」と「気配ありと判定されること」とは独立でした。ちなみに、独立でないときは「**従属**である」と言ったりそのまま「独立でない」と言ったりします[*12]。

> **? 2.9　「▲▲は○○から独立」と言うほうが適切じゃないですか？「○○と▲▲は独立」という言い回しではどちらがどちらかごっちゃになりそうです。**
>
> 区別する必要はありません。「▲▲が○○から独立」なら「○○は▲▲から独立」も自動的に成立するからです。詳しくは次項の「言いかえ」で。

例題 2.11

ジョーカーを除いたトランプ 52 枚をシャッフルして一枚引く。この一枚について、

1. 「スペードであること」と「絵札であること」とは独立か？
2. 「スペードであること」と「ハートであること」とは独立か？

答

♠K	♠Q	♠J	♠10	♠9	♠8	♠7	♠6	♠5	♠4	♠3	♠2	♠1
♡K	♡Q	♡J	♡10	♡9	♡8	♡7	♡6	♡5	♡4	♡3	♡2	♡1
♣K	♣Q	♣J	♣10	♣9	♣8	♣7	♣6	♣5	♣4	♣3	♣2	♣1
♢K	♢Q	♢J	♢10	♢9	♢8	♢7	♢6	♢5	♢4	♢3	♢2	♢1

*11 正確な用語では、「○○という事象と▲▲という事象とは独立だ」。2.3.3 項 (p.46)「等号以外の条件でも同様」も振り返ってみてください。

*12 P(○○) = 0 や P(○○) = 1 のときは、いまの定義をあてはめようとしたら不定になってしまいますが、この場合も「○○と▲▲とは独立だ」と言うことにします。後ほど 2.5.2 項 (p.61) の言いかえ（オ）を見れば納得いただけるはず。

1. 以下の値が一致するので、「独立」。

$$\begin{cases} \mathrm{P}(\text{絵札} \mid \text{スペード}) = 3/13 & \cdots\cdots \text{スペード 13 枚中に絵札は 3 枚} \\ \mathrm{P}(\text{絵札} \mid \text{スペードでない}) = 9/39 = 3/13 & \cdots\cdots \text{スペード以外 39 枚中に絵札は 9 枚} \end{cases}$$

2. 以下の値が一致しないので、「独立ではない」。

$$\begin{cases} \mathrm{P}(\text{ハート} \mid \text{スペード}) = 0 & \cdots\cdots \text{スペード 13 枚中にハートは 0 枚} \\ \mathrm{P}(\text{ハート} \mid \text{スペードでない}) = 13/39 = 1/3 & \cdots\cdots \text{スペード以外 39 枚中にハートは 13 枚} \end{cases}$$

■

例題 2.12

サイコロをふって出た目を X とする。

1. 「X が 3 で割り切れること」と「X が偶数であること」とは独立か？
2. 「X が素数であること」と「X が偶数であること」とは独立か？

答

1. 以下の値が一致するので、「独立」。

$$\begin{cases} \mathrm{P}(X \text{ が偶数} \mid X \text{ が 3 で割り切れる}) = 1/2 & \cdots\cdots \text{3 で割り切れる目（3 と 6）のうち半分が偶数} \\ \mathrm{P}(X \text{ が偶数} \mid X \text{ が 3 で割り切れない}) = 1/2 & \cdots\cdots \text{3 で割り切れない目（}1,2,4,5\text{）のうち半分が偶数} \end{cases}$$

2. 以下の値が一致しないので、「独立ではない」。

$$\begin{cases} \mathrm{P}(X \text{ が偶数} \mid X \text{ が素数}) = 1/3 & \cdots\cdots \text{素数の目は 3 つ（2 と 3 と 5）。そのうち 1 つが偶数。} \\ \mathrm{P}(X \text{ が偶数} \mid X \text{ が素数でない}) = 2/3 & \cdots\cdots \text{素数でない目は 3 つ（1 と 4 と 6）。そのうち 2 つが偶数。} \end{cases}$$

■

例題 2.13

$\mathrm{P}(\text{気配あり} \mid \text{罠あり}) = \mathrm{P}(\text{気配なし} \mid \text{罠あり}) = 1/2$ という魔法使いが偽物の疑いをかけられています。弁護してあげてください。

答

この条件は「罠あり」と「気配あり」との独立性を意味しません。だから $\mathrm{P}(\text{気配あり} \mid \text{罠なし})$ がどうなっているかも聞いてみないと。たとえばもし $\mathrm{P}(\text{気配あり} \mid \text{罠なし}) = 1/100$ だったら、「罠あり」と「気配あり」は独立ではありません。■

2.5.2 事象の独立性（言いかえ）

数学的概念を把握する唯一の手段は、それをいくつもの異なるコンテキストの中で見、何ダースもの具体例について考え抜き、直感的な結論を強化するメタファーを最低ふたつか三つ見つけることだ。
—— グレッグ・イーガン「ディアスポラ」（山岸真訳、早川書房、*2005*）*p. 71* より

独立の定義はいろいろ言いかえられます。確率に基づいて何かを論じるためには独立性は大切な基礎概念ですから、どの言い方でもぴんとくるようになってください。

以下はすべて同じことです（詳しくはこのあとそれぞれ説明します）：

（ア） ○○と▲▲とが独立

（イ） 条件つき確率が条件によらない
$\mathrm{P}(▲▲ \mid ○○) = \mathrm{P}(▲▲ \mid ○○\text{でない})$

（ウ） 条件をつけてもつけなくても確率が変わらない
$\mathrm{P}(▲▲ \mid ○○) = \mathrm{P}(▲▲)$

（エ） 同時確率の比が同じ
$\mathrm{P}(○○, ▲▲) : \mathrm{P}(○○, ▲▲\text{でない}) = \mathrm{P}(○○\text{でない}, ▲▲) : \mathrm{P}(○○\text{でない}, ▲▲\text{でない})$

（オ） 同時確率が周辺確率のかけ算
$\mathrm{P}(○○, ▲▲) = \mathrm{P}(○○)\,\mathrm{P}(▲▲)$

さらに、○○と▲▲の役割を入れかえたものもこれらと等価です。

（イ′） $\mathrm{P}(○○ \mid ▲▲) = \mathrm{P}(○○ \mid ▲▲\text{でない})$

（ウ′） $\mathrm{P}(○○ \mid ▲▲) = \mathrm{P}(○○)$

（エ′） $\mathrm{P}(○○, ▲▲) : \mathrm{P}(○○\text{でない}, ▲▲) = \mathrm{P}(○○, ▲▲\text{でない}) : \mathrm{P}(○○\text{でない}, ▲▲\text{でない})$

? 2.10 これぜんぶ覚えないといけませんか？

もしどれか一つだけ暗記するとしたら（オ）です。意味がぱっとわかりやすいのは（イ）や（ウ）でしょうけれど、数式としては（オ）が一番使いやすいからです。

でもそもそも、ここで言いかえをたくさん示しているのは暗記してほしいからではありません。目標はあくまで独立性をしっかり理解すること。そのためには、一つの言い方だけでなくいろいろな言いかえを見ていくのが有効です。

では一つずつ見ていきましょう。

本書の話の順序では、まず（イ）のことを独立と呼ぶ決まりにしました。これは**定義**なので、証明なんてできないしする必要もありません[*13]。だから（ア）と（イ）は自動的に等価です。たとえば「トランプを 1 枚引いて絵札なら勝ち」という賭でいうと、「ちらっと見えたマークがスペードでもスペード

[*13] 定義と定理は全く別物です。定義は、こういうものをこう呼びましょうという決まりです。なぜそう呼ぶことにするのかは（数学としては）説明しようがありません。もちろん何か意図があって名前をつけたのでしょうけれど、そういう動機の説明は「数学」ではありません。一方、定理は、前提から論理的に導かれる結論です。なぜそれが成り立つのか数学としてきっちり証明することが求められます。

でなくても、どちらでもうれしさは変わらないよ」というのが（イ）でした（先ほどの例題 2.11(p.59)）。

$$\begin{cases} \mathrm{P}(\text{絵札} \mid \text{スペード}) = 3/13 \\ \mathrm{P}(\text{絵札} \mid \text{スペードでない}) = 9/39 = 3/13 \end{cases}$$

次に（ウ）を見てください。今度は「スペードがちらっと見えても見える前と比べて別にうれしさは変わらないよ」という話です。

$$\begin{cases} \mathrm{P}(\text{絵札} \mid \text{スペード}) = 3/13 \\ \mathrm{P}(\text{絵札}) = 12/52 = 3/13 \end{cases}$$

こんなときも「かかわりがない」と言ってよさそうな気がしますね。

続けて（エ）です。式で見ると目がちかちかしますが、同時確率の表で見れば要するにこうです。

	絵札	絵札でない
スペード	3/52	10/52
スペードでない	9/52	30/52

$$\Rightarrow \left.\begin{array}{lcl} 3/52 : 10/52 & = & 3:10 \\ 9/52 : 30/52 & = & 3:10 \end{array}\right\} \text{比が同じ！}$$

言葉で言えば、

> 「スペード」の行でも「スペードでない」の行でも、「絵札」（当たり）と「絵札でない」（はずれ）の比は変わらない

同時確率の表を見て独立か否かを読みとるためにはこの（エ）が便利です。これが独立性を意味することは、2.3.1 項 (p.39)「条件つき確率とは」をふり返ればお察しいただけるでしょう。

ここまでは大丈夫でしょうか。神様視点の図 2.12 を見ながらもう一度（イ）（ウ）（エ）の意味を確認しておいてください。

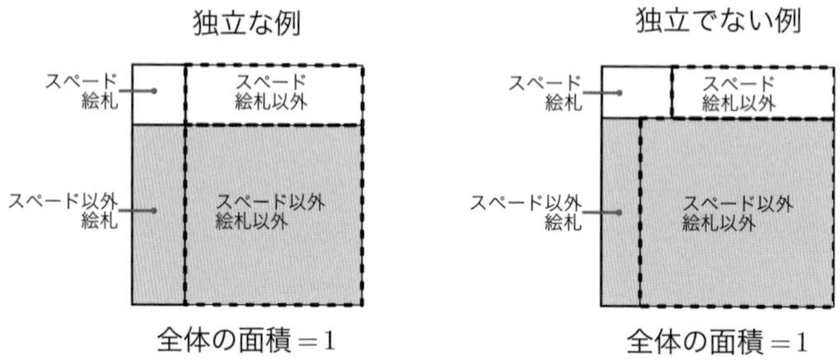

▶図 2.12　独立性（神様視点）。左はきちんと 13 × 4 = 52 枚そろったトランプから一枚引く場合。右は不ぞろいなトランプ（スペードの 1,2,3 とハートの J,Q,K を抜いた 46 枚）から一枚引く場合

（イ）「スペードの中での絵札の割合が、スペード以外の中での絵札の割合と同じ」

（ウ）「スペードの中での絵札の割合が、全体の中での絵札の割合と同じ」

（エ）「スペードの中での絵札と絵札以外との比が、スペード以外の中での絵札と絵札以外との比と同じ」

さて次。やっと（オ）まで来ました。先ほどからの例で言えば、

$$\begin{cases} \mathrm{P}(\text{スペード}, \text{絵札}) = \dfrac{3}{52} \\ \mathrm{P}(\text{スペード})\,\mathrm{P}(\text{絵札}) = \dfrac{1}{4} \cdot \dfrac{3}{13} = \dfrac{3}{52} \end{cases}$$

が一致するよというのが（オ）です。（イ）（ウ）（エ）と比べてぴんときにくいかもしれませんけれど、数式上の使い勝手は（オ）が一番。実を言うと数学では（オ）を独立の定義とするのがふつうです*14。

? 2.11 なぜ（オ）が独立を表すのでしょうか？

式での説明は単純です。P(▲▲ | ○○) = P(○○, ▲▲)/ P(○○) を思い出せば、（ウ）の主張は

$$\frac{\mathrm{P}(\text{○○}, \text{▲▲})}{\mathrm{P}(\text{○○})} = \mathrm{P}(\text{▲▲})$$

これの分母をはらった式が（オ）です。単純すぎてぴんとこなかった方は練習のときの式 (2.5)(p.33) あたりもふり返ってみてください。

さらに、ここまでの○○と▲▲の役割をいれかえても実は等価です（2.1.4 項(p.32)）。だから、（ア）（イ）（ウ）（エ）（オ）に加えて（イ′）（ウ′）（エ′）もぜんぶまとめて等価だと結論されます。具体例で言えば、

（イ′）「絵札の中でのスペードの割合が、絵札以外の中でのスペードの割合と同じ」
（ウ′）「絵札の中でのスペードの割合が、全体の中でのスペードの割合と同じ」
（エ′）「絵札の中でのスペードとスペード以外との比が、絵札以外の中でのスペードとスペード以外との比と同じ」

前の図 2.12 をもう一度見て確認しましょう。

2.5.3 確率変数の独立性

前項までは事象の独立性、つまり「あの条件とこの条件は独立か」という話を考えていました。その話をふまえてこんどは、条件ではなく確率変数の独立性を考えます。

確率変数どうしの独立性は次のように定義されます。

> どんな値 a, b をとっても条件「$X = a$」と条件「$Y = b$」とが常に独立なとき、確率変数 X, Y は**独立**であると言う。

したがって、確率変数 X と Y について以下はすべて同じことになります。

*14 （オ）には条件つき確率が現れないので、もし確率 0 の項目が混ざっていても不都合はありません。これに対し、他の言いかえだと厳密には脚注*12(p.59) のようなただし書きがいちいち必要になったりします。そんな事情もあって数式上は（オ）が最も扱いやすいのでした。ゼロ割りや不定が生じる場合についてはすべて（オ）で判断してください。

（ア）　X と Y が独立

（イ）　条件つき分布が条件によらない：
$\mathrm{P}(Y = \blacktriangle \,|X = \bigcirc)$ が ○ に依存せず ▲ だけから定まる[*15]

（ウ）　条件をつけてもつけなくても分布が変わらない：
$\mathrm{P}(Y = \blacktriangle \,|X = \bigcirc) = \mathrm{P}(Y = \blacktriangle)$ が常に（どんな ▲, ○ でも）成立

（エ）　同時確率の比が一定：
$\mathrm{P}(X = \bigcirc, Y = \blacktriangle) : \mathrm{P}(X = \bigcirc, Y = \blacksquare) = \mathrm{P}(X = \star, Y = \blacktriangle) : \mathrm{P}(X = \star, Y = \blacksquare)$ が常に（どんな ○, ☆, ▲, ■ でも）成立

（オ）　同時確率が周辺確率のかけ算：
$\mathrm{P}(X = \bigcirc, Y = \blacktriangle) = \mathrm{P}(X = \bigcirc)\,\mathrm{P}(Y = \blacktriangle)$ が常に（どんな ○, ▲ でも）成立

さらに、Y と X の役割を入れかえたものもこれらと等価です。

（イ′）　$\mathrm{P}(X = \bigcirc \,|Y = \blacktriangle)$ が ▲ に依存せず ○ だけから定まる

（ウ′）　$\mathrm{P}(X = \bigcirc \,|Y = \blacktriangle) = \mathrm{P}(X = \bigcirc)$ が常に（どんな ○, ▲ でも）成立

（エ′）　$\mathrm{P}(X = \bigcirc, Y = \blacktriangle) : \mathrm{P}(X = \star, Y = \blacktriangle) = \mathrm{P}(X = \bigcirc, Y = \blacksquare) : \mathrm{P}(X = \star, Y = \blacksquare)$ が常に（どんな ○, ☆, ▲, ■ でも）成立

最後に、（オ）から派生して次のことも等価となります。

（オ′）　$\mathrm{P}(X = \bigcirc, Y = \blacktriangle) = g(\bigcirc)h(\blacktriangle)$ の形で、○だけの関数と▲だけの関数とのかけ算に分解される（g, h は何らかの一変数関数）

実際、（イ）と（ウ）は前の 2.5.2 項 (p.61) の（イ）（ウ）からすぐにわかります。意味としても、「X の値が何だろうが、Y として何が出やすいかには影響しない」「X の値を知ろうが知るまいが、Y として何が出やすいかには影響しない」ということで、どちらも確かに「かかわりがないこと」を主張しています。

（エ）は例を見ましょう。もし X, Y の同時分布がこんなふうだったら X と Y は独立です。

	Y = 松	Y = 竹	Y = 梅
X = 上	1/48	2/48	3/48
X = 中	2/48	4/48	6/48
X = 並	5/48	10/48	15/48

⇒

（上）　$1/48 : 2/48 : 3/48 = 1:2:3$
（中）　$2/48 : 4/48 : 6/48 = 1:2:3$
（並）　$5/48 : 10/48 : 15/48 = 1:2:3$
比が同じ！

（エ）の言い方にあわせるなら、上だろうと中だろうと並だろうと関係なく、松 : 竹 は 1 : 2 だし、竹 : 梅 は 2 : 3 だし、松 : 梅 は 1 : 3 だという話です。同時分布の表から独立性を見破るには（エ）が便利。これが（イ）と等価なことは、2.3.1 項 (p.39)「条件つき確率とは」を思い出せば納得いただけるはずです。

（オ）は前項の（オ）をあてはめただけのもの。数式上は（オ）が一番扱いやすいことも前項と同様です。

最後に、やや技巧的ですが、（オ）と等価な（オ′）についても述べておきます。同時分布が数式で与

*15　厳密に言うと、もし $\mathrm{P}(X = \bigcirc) = 0$ だった場合はその $\mathrm{P}(Y = \blacktriangle \,|X = \bigcirc)$ は除くというただし書きが必要です。他の言いかえでも条件つき確率が現れる箇所では同様です。

えられる場合、独立性を見破るには（オ′）が便利です。たとえば、確率変数 X, Y の同時分布が次式で与えられたとしましょう。

$$P(X = a, Y = b) = \frac{1}{280} a^2 (b + 1), \qquad (a = 1, 2, 3 \text{ および } b = 1, 2, 3, 4, 5) \tag{2.10}$$

この右辺は、「a だけの式 $(\frac{1}{280}a^2)$」と「b だけの式 $(b + 1)$」とのかけ算になっています。これだけでもう X と Y は独立なことがわかるのです。

例題 2.14

確率変数 X, Y の同時分布が次の表のようになっていたら X と Y は独立か？

1.

	$Y = ○$	$Y = ×$
$X =$ 壱	0.10	0.30
$X =$ 弐	0.15	0.45

2.

	$Y = ○$	$Y = ×$
$X =$ 壱	0.1	0.2
$X =$ 弐	0.3	0.4

3.

	$Y = ○$	$Y = △$	$Y = ×$
$X =$ 壱	0.18	0.06	0.06
$X =$ 弐	0.12	0.04	0.04
$X =$ 参	0.30	0.10	0.10

答

1. は独立（壱の行も弐の行も、○ : × = 1 : 3)。2. は独立でない（壱の行は ○ : × = 1 : 2、弐の行は ○ : × = 3 : 4 で比が異なる）。3. は独立（どの行も、○ : △ : × = 3 : 1 : 1)。 ■

例題 2.15

独立な確率変数 X, Y の周辺分布がそれぞれ以下のようだったとするとき、X, Y の同時確率の一覧表を書け。

X の値	その値が出る確率
壱	0.8
弐	0.2

Y の値	その値が出る確率
○	0.3
△	0.6
×	0.1

答

独立なので、周辺確率 $P(X = a)$ と $P(Y = b)$ とのかけ算が同時確率 $P(X = a, Y = b)$ になる。だから同時確率の一覧表は次のとおり（たとえば $P(X = \text{壱}, Y = ○) = P(X = \text{壱})\,P(Y = ○) = 0.8 \cdot 0.3 = 0.24$ という調子)。

	$Y = ○$	$Y = △$	$Y = ×$
$X =$ 壱	0.24	0.48	0.08
$X =$ 弐	0.06	0.12	0.02

■

例題 2.16

確率変数 X, Y の同時分布が次の式のようになっていたら X と Y は独立か？

$$\mathrm{P}(X = a, Y = b) = 2^{-(2+a+b)}, \qquad a = 0, 1, 2, \ldots, b = 0, 1, 2, \ldots$$

答

この同時確率は、たとえば $\mathrm{P}(X = a, Y = b) = 2^{-(2+a)} \cdot 2^{-b}$ のように書き直せます（→ 付録 A.5(p.326)「指数と対数」）。すると右辺は「a だけの式」と「b だけの式」とのかけ算になっています。したがって（オ′）から X と Y は独立です。 ∎

確率変数の独立性については次のことも知っておいてください。もし確率変数 X, Y が独立なら、

- たとえば $X + 1$ と Y^3 も独立。一般に、任意の関数 g, h に対して $g(X)$ と $h(Y)$ も独立。
- たとえば「X が正なこと」と「Y が偶数なこと」も独立。一般に、「X だけの条件」と「Y だけの条件」とは常に独立。

要するに、かかわりのないものからそれぞれ導かれたものどうしは、やはりかかわりがないという話です。

2.5.4　3 つ以上の独立性（要注意）

ここまでは二つの確率変数 X と Y との独立性をお話してきました。それが済んだらもっとたくさんの確率変数の独立性へと定義を拡張したくなります。ただそのときにちょっと直感の効きにくい現象がありますので、最初にそんな教訓的な例を調べます。

次のように書いた 4 枚のカードを用意します。

「－象人」「蟻－人」「蟻象－」「－－－」

これをシャッフルして一枚引くとき、引いたカードについて、「蟻と書かれていること」と「象と書かれていること」とは独立です。実際、

$$\mathrm{P}(蟻)\,\mathrm{P}(象) = \frac{2}{4} \cdot \frac{2}{4} = \frac{1}{4} \quad と \quad \mathrm{P}(蟻, 象) = \frac{1}{4}$$

は一致します。あるいは、

$$\mathrm{P}(象 \mid 蟻) = \frac{1}{2} \quad と \quad \mathrm{P}(象 \mid 蟻でない) = \frac{1}{2}$$

が一致することを確かめても結構です。同様にして、「象と人は独立」も確かめられますし、「人と蟻は独立」も確かめられます。

すると「蟻と象と人とは無関係」かといえば、そんなことはありません。たとえば、「蟻と書かれていてしかも象と書かれていた」と聞いたら、「じゃあ人とは書かれていないはずだ」と言いあてることができてしまいます。これは蟻と象と人の間に何らかの関係があることを意味します。もし本当に無関係だったら、「蟻かどうか」と「象かどうか」を教えてもらっても「人かどうか」を当てるための役にはたたないはずですから。

こうして注意すべき教訓が得られました：

各ペアが独立だからといって全体が無関係とは限らない。

では 3 つ以上の独立性はどう定義されるのか。それをこれからお話します。2.3.4 項 (p.47)「3 つ以上の確率変数」をスキップしていた方は、戻って式 (2.8)(p.47) あたりまで読んでおいてください。

○○と△△と□□とがどうなっていたら全く無関係と呼べそうでしょうか。たとえば、2.5.2 項 (p.61) の（ウ）に相当する

$$\begin{cases} \mathrm{P}(\bigcirc\bigcirc \mid \triangle\triangle, \square\square) = \mathrm{P}(\bigcirc\bigcirc) \\ \mathrm{P}(\square\square \mid \bigcirc\bigcirc, \triangle\triangle) = \mathrm{P}(\square\square) \\ \mathrm{P}(\triangle\triangle \mid \bigcirc\bigcirc) = \mathrm{P}(\triangle\triangle) \\ \mathrm{P}(\triangle\triangle \mid \square\square) = \mathrm{P}(\triangle\triangle) \\ \quad\vdots \end{cases} \quad \text{「条件をつけてもつけなくても確率が変わらない」} \tag{2.11}$$

みたいな性質があらゆる組合せで成り立っていたならば、無関係と呼んでよさそうに思えます。そこでこれを独立性の定義とするのも一つの案です。ただ、この案だと検討すべき組合せがたくさんあってやや煩雑です。だからもうちょっとすっきりした条件にこれを翻訳します。

そもそも、一般に

$$\begin{cases} \mathrm{P}(\bigcirc\bigcirc, \triangle\triangle, \square\square) = \mathrm{P}(\bigcirc\bigcirc \mid \triangle\triangle, \square\square)\,\mathrm{P}(\triangle\triangle \mid \square\square)\,\mathrm{P}(\square\square) \\ \mathrm{P}(\bigcirc\bigcirc, \triangle\triangle) = \mathrm{P}(\bigcirc\bigcirc \mid \triangle\triangle)\,\mathrm{P}(\triangle\triangle) \\ \mathrm{P}(\triangle\triangle, \square\square) = \mathrm{P}(\triangle\triangle \mid \square\square)\,\mathrm{P}(\square\square) \\ \mathrm{P}(\square\square, \bigcirc\bigcirc) = \mathrm{P}(\square\square \mid \bigcirc\bigcirc)\,\mathrm{P}(\bigcirc\bigcirc) \end{cases}$$

のはずでした。これは独立かどうかにかかわらずいつも成り立つ式です。ここでもし上の性質 (2.11) が成り立つなら、右辺は条件をつけなくても同じなので

$$\begin{cases} \mathrm{P}(\bigcirc\bigcirc, \triangle\triangle, \square\square) = \mathrm{P}(\bigcirc\bigcirc)\,\mathrm{P}(\triangle\triangle)\,\mathrm{P}(\square\square) \\ \mathrm{P}(\bigcirc\bigcirc, \triangle\triangle) = \mathrm{P}(\bigcirc\bigcirc)\,\mathrm{P}(\triangle\triangle) \\ \mathrm{P}(\triangle\triangle, \square\square) = \mathrm{P}(\triangle\triangle)\,\mathrm{P}(\square\square) \\ \mathrm{P}(\square\square, \bigcirc\bigcirc) = \mathrm{P}(\square\square)\,\mathrm{P}(\bigcirc\bigcirc) \end{cases} \quad \text{「同時確率が周辺確率のかけ算」} \tag{2.12}$$

が得られます。逆に (2.12) なら (2.11) が自動的に成り立つことは、条件つき確率の定義からすぐにわかるはずです。だから結局どちらの性質も同じことでした。

というわけでどちらを使ってもよいのですが、ふつうは (2.12) を独立性の定義とします。そのほうが組合せが少なくて済むし、確率ゼロが混ざっている場合にもそのまま使えます。結論を見ると、2.5.2 項 (p.61) の（オ）をすなおに拡張した格好ですね。

4 つ以上のときも同様に、「同時確率が常に周辺確率たちのかけ算となること」をもって独立性を定義します。ですから、○○と△△と□□と☆☆が独立であるとは要するに、

- どの 3 つをとっても独立で、
- さらに $\mathrm{P}(\bigcirc\bigcirc, \triangle\triangle, \square\square, ☆☆) = \mathrm{P}(\bigcirc\bigcirc)\,\mathrm{P}(\triangle\triangle)\,\mathrm{P}(\square\square)\,\mathrm{P}(☆☆)$

という意味です。

? 2.12　P(○○, △△, □□) = P(○○) P(△△) P(□□) **だけで「○○と△△と□□は独立」と言ってはいけませんか？**

いけません。たとえば次の 8 枚のカードをシャッフルして一枚引くとしましょう。

「○△□」「○△ー」「○△ー」「○△ー」「ーー□」「ーー□」「ーー□」「ーーー」

引いたカードについて、

$$\mathrm{P}(\bigcirc\text{と書かれている}, \triangle\text{と書かれている}, \square\text{と書かれている}) = \frac{1}{8}$$

$$\mathrm{P}(\bigcirc\text{と書かれている})\,\mathrm{P}(\triangle\text{と書かれている})\,\mathrm{P}(\square\text{と書かれている}) = \frac{1}{2}\cdot\frac{1}{2}\cdot\frac{1}{2} = \frac{1}{8}$$

は一致します。でも「○が書かれている」と「△が書かれている」とは思いきりかかわりあっていますから、独立だなんて言えません。

以上は正式な用語で言うと「3 つ以上の**事象**の独立性」でした。続けて「3 つ以上の確率変数の独立性」をお話します。路線は前と同じです。

どんな値 a, b, c に対しても「$X = a$」と「$Y = b$」と「$Z = c$」が独立なとき、確率変数 X, Y, Z は独立であると言う。

確率変数 X, Y, Z が独立であることは次のようにも言いかえられます。

$$\mathrm{P}(X = a, Y = b, Z = c) = \mathrm{P}(X = a)\,\mathrm{P}(Y = b)\,\mathrm{P}(Z = c) \quad （どんな値\ a, b, c\ でも） \tag{2.13}$$

実際、独立なら定義からただちに (2.13) が言えるし、逆に (2.13) ならたとえば

$$\begin{aligned}
\mathrm{P}(X = a, Y = b) &= \sum_c \mathrm{P}(X = a, Y = b, Z = c) && \cdots\cdots\ \text{同時分布から周辺分布を求める} \\
&= \sum_c \mathrm{P}(X = a)\,\mathrm{P}(Y = b)\,\mathrm{P}(Z = c) && \cdots\cdots\ \text{こう分解できる前提だった} \\
&= \mathrm{P}(X = a)\,\mathrm{P}(Y = b) \sum_c \mathrm{P}(Z = c) && \cdots\cdots\ c\ \text{によらないものは}\ \textstyle\sum\ \text{の外へ} \\
&= \mathrm{P}(X = a)\,\mathrm{P}(Y = b) \cdot 1 = \mathrm{P}(X = a)\,\mathrm{P}(Y = b) && \cdots\cdots\ \text{確率の合計は 1}
\end{aligned}$$

などにより独立性が成り立ちます。先ほどの ? 2.12 と混同しないようご注意ください[*16]。

4 つ以上でも同様です。

どんな値 a, b, c, d に対しても「$X = a$」と「$Y = b$」と「$Z = c$」と「$W = d$」が独立なとき、確率変数 X, Y, Z, W は独立であると言う。

これは、「どんな値 a, b, c, d でも次式が成り立つこと」とも言いかえられます。

$$\mathrm{P}(X = a, Y = b, Z = c, W = d) = \mathrm{P}(X = a)\,\mathrm{P}(Y = b)\,\mathrm{P}(Z = c)\,\mathrm{P}(W = d)$$

[*16] 「どんな a, b, c でも」と強い条件をつけているのが鍵です。これと比べると、先ほどの ? 2.12 では P(○○でない, △△, □□) = P(○○でない) P(△△) P(□□) みたいな条件が抜けていました。

例題 2.17

確率変数 X, Y, Z について、以下はそれぞれ、必ず成立する（○）か、そうとは限らない（×）か？[*17]

1. X, Y, Z が独立なら Y と Z は独立
2. X, Y, Z が独立なら $\mathrm{P}(X=a|Y=b, Z=c) = \mathrm{P}(X=a)$
3. 「$\mathrm{P}(X=a|Y=b, Z=c) = \mathrm{P}(X=a)$ がどんな a, b, c でも成り立つ」なら「X, Y, Z は独立」

答

1. と 2. は独立性の定義からただちに○。3. は×です。この条件からだと、

$$\begin{aligned} &\mathrm{P}(X=a, Y=b, Z=c) \\ &= \mathrm{P}(X=a|Y=b, Z=c)\,\mathrm{P}(Y=b|Z=c)\,\mathrm{P}(Z=c) \\ &= \mathrm{P}(X=a)\,\mathrm{P}(Y=b|Z=c)\,\mathrm{P}(Z=c) \end{aligned}$$

までは言えますが、$\mathrm{P}(Y=b|Z=c) = \mathrm{P}(Y=b)$ の保証はありません。……などと理屈をこねるよりも反例を一つ挙げればおしまい。たとえば次表のような同時分布なら、条件を満たすのに独立にはなっていません（$Y=0$ か $Y=1$ かによって Z の条件つき分布が違う）。

	$X=0$	$X=1$
$Y=0$ かつ $Z=0$	0.2	0.2
$Y=0$ かつ $Z=1$	0.1	0.1
$Y=1$ かつ $Z=0$	0.1	0.1
$Y=1$ かつ $Z=1$	0.1	0.1

∎

[*17] ただし 2. と 3. では $\mathrm{P}(Y=b, Z=c) \neq 0$ を前提とします。

コラム：アクシデント

事故は続けて起きると言われます。これは、事故が一度起きるとその後しばらくは事故の確率が高まることを意味しているでしょうか？ …… ［ア］

簡単なコンピュータシミュレーションで検証してみましょう。

```
$ cd accident↲
$ make↲
./toss.rb -p=0.1 1000 | ../monitor.rb | ./interval.rb | ../histogram.rb -w=5
......o.................oo.............o......o.................................
.o.o..o..............................o...o...........o......o.........oo..o.....
.o...o...............o.....o..o......o....................o...o.o...............
..o..o............o.....o......o.oo............o...................o..o.....o...
.....o.o..o....o.....oo.......o.....o............o.............................o
..........o......o.....o............o..o.............oo.........o.o.............
.o............oo.........o.......o........o..o.......o............o...o.........
....................o.....o............o..........o....o.............o..........
...oo.o....................o......o..................o..o...............o.o.....
.........o........o....................o...............oo......o...o............
...o...........oo..............o.........o..o.............o.............oo......
....o......oo.....o.o............o..o....o..............................o.o...oo
.........o..........o..o................
   35<= | * 1 (0.9%)
   30<= | **** 4 (3.7%)
   25<= |  0 (0.0%)
   20<= | **** 4 (3.7%)
   15<= | ********** 10 (9.2%)
   10<= | ************************* 25 (22.9%)
    5<= | ************************** 26 (23.9%)
    0<= | *************************************** 39 (35.8%)
total 109 data (median 7, mean 8.9633, std dev 7.36459)
```

上に表示されている系列中の「o」が事故発生を表します。結果を見ると、o の配置は均一ではなく、妙に接近したかたまりや妙に長い空白期間が目にとまります。

系列の下に表示されているのは、「o どうしの間隔」（前の事故から何日後に次の事故が起きたか）のヒストグラムです。これを見ても、短い間隔で o が出ることが確かに多いとわかります。 …… ［イ］

しかし実はこの系列は、確率 0.1 で o を書き、確率 0.9 で . を書く、という処理を単純にくり返しただけのものです。各文字が o になるか . になるかは全く独立で、確率も一定。ですから、［イ］が必ずしも［ア］を意味するわけではありません。

（次章末コラム (p.112) へ続く）

第 3 章

離散値の確率分布

A：　「あなたは月に何回ビールを飲みますか」というアンケートを集計したら平均 8 回でした。「あなたは一回にビールを何本飲みますか」のほうは平均 1.5 本でした。みんなウソつきです。

B：　どういうこと？

A：　ビールの消費量を実際に調査したら一人あたり月 15 本でした。アンケート結果は $8 \times 1.5 = 12$ だから話が合いません。

B：　ええと、つっこみ所がありすぎて困るんだけど。とりあえず期待値の性質から調べ直してくれない？（→ 3.3.3 項 (p.82)「かけ算の期待値は要注意」）

とり得る値の種類が一個、二個、三個……と数えられるような場合（付録 A.3.2 (p.320) でいう高々可算個の場合）を題材として確率論の基本を説明していきます。注力するテーマは期待値・分散・大数の法則ですが、その前に、基本的な分布である 2 項分布などについても軽く触れます。

おおまかに言うと、運しだいでゆらぐ不確定な値について、平均的にはどんな値が出るのかが期待値、値のばらつき具合が分散です。大数の法則は、「ゆらぐ値でもたくさん集めて平均すればゆらがなくなる」という性質を述べたものであり、ゆらぐ値を相手にした情報処理の基盤と位置づけられます。2 項分布は、たとえば 20 例中 15 例で改善が見られたから云々といった議論の際に顔を出します。

3.1　単純な例

離散値の確率分布の例をいくつか挙げておきます。とる値は、数でもいいし、表裏のようなものでもいいし、何でも構いません。

▶表 3.1　コイントス（左）と、いかさまコイントス（右）

値	その値が出る確率
表	0.5
裏	0.5

値	その値が出る確率
表	0.2
裏	0.8

▶表 3.2　サイコロ（左）と、いかさまサイコロ（右）

値	その値が出る確率
1	1/6
2	1/6
3	1/6
4	1/6
5	1/6
6	1/6

値	その値が出る確率
1	0.4
2	0.1
3	0.1
4	0.1
5	0.1
6	0.2

▶表 3.3　コイントスをくり返すときはじめて表が出るまでの回数

値	その値が出る確率
1	1/2
2	1/4
3	1/8
4	1/16
5	1/32
⋮	⋮

? 3.1　表 3.3 の例がよくわかりません。

t 回目のコイントスの結果を確率変数 U_t で表すことにします（$t = 1, 2, 3, \ldots$）。インチキなしのコイントスなので $\mathrm{P}(U_t = \text{表}) = \mathrm{P}(U_t = \text{裏}) = 1/2$ という前提です。しかも毎回のコイントスは当然独立ということで、たとえば

$$\mathrm{P}(U_1 = \text{裏}, U_2 = \text{裏}, U_3 = \text{表}) = \mathrm{P}(U_1 = \text{裏})\,\mathrm{P}(U_2 = \text{裏})\,\mathrm{P}(U_3 = \text{表}) = \frac{1}{2} \cdot \frac{1}{2} \cdot \frac{1}{2} = \frac{1}{8}$$

という具合です。

さて、はじめて表が出るまでの回数を X とおきます。たとえば $X = 3$ という条件は「$U_1 =$ 裏、かつ $U_2 =$ 裏、かつ $U_3 =$ 表」と等価なことに注意してください。そんなふうにかみくだいて考えると

$$\begin{aligned}
\mathrm{P}(X = 1) &= \mathrm{P}(U_1 = \text{表}) = \frac{1}{2} \\
\mathrm{P}(X = 2) &= \mathrm{P}(U_1 = \text{裏}, U_2 = \text{表}) = \frac{1}{2} \cdot \frac{1}{2} = \frac{1}{4} \\
\mathrm{P}(X = 3) &= \mathrm{P}(U_1 = \text{裏}, U_2 = \text{裏}, U_3 = \text{表}) = \frac{1}{2} \cdot \frac{1}{2} \cdot \frac{1}{2} = \frac{1}{8} \\
&\ \ \vdots
\end{aligned}$$

が得られます。一般的に書けば $\mathrm{P}(X = t) = 1/2^t$ です（$t = 1, 2, 3, \ldots$）。

確率の合計がちゃんと 1 になっているかどうかもいつもどおり気にするくせをつけましょう。上で求めた確率を合計すると、図 3.1 のとおり

$$\frac{1}{2} + \frac{1}{4} + \frac{1}{8} + \frac{1}{16} + \cdots = 1$$

なので、確かに大丈夫です[*1]。

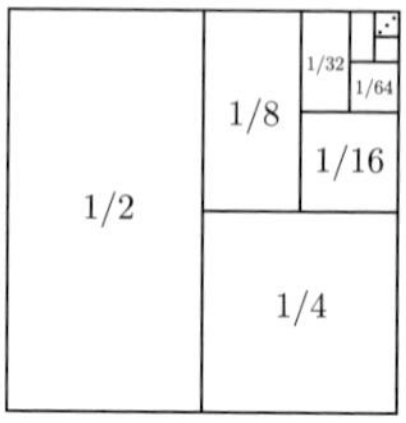

▶図 3.1　$1/2 + 1/4 + 1/8 + 1/16 + \cdots = 1$

[*1] 数式で計算するには等比級数の公式を使ってください。公式は「(初項 − 末項の次の項)/(1 − 公比)」でした（付録 A.4(p.322)）。初項 1/2、公比 1/2 なので、

$$\frac{1}{2} + \frac{1}{4} + \cdots + \frac{1}{2^t} = \frac{(1/2) - (1/2)^{t+1}}{1 - (1/2)} = \frac{(1/2)\left(1 - (1/2)^t\right)}{1/2} = 1 - \frac{1}{2^t}$$

これは $t \to \infty$ の極限で 1 に収束します。

? 3.2　? 3.1 の説明はずるい。毎回のコイントスは独立とするなんてどこにも書いてなかったじゃないですか。

設定から明らかに独立とわかるときは宣言を省くこともあります。皆さんがレポートなどを書くときは省かずにきちんと断るほうが安全ですが。

結局、一般の話は、次の条件を満たす一覧表ということに尽きます。

- それぞれの確率は 0 以上
- 確率の合計は 1

そんな一覧表はいろいろ作れますが、中でも最も平凡なのは、確率が一定というものでしょう。いかさまでないコイントスやサイコロがこれにあたります。このような分布は**一様分布**と呼ばれます。生じ得る値が n 通りあるなら、「どれも確率は $1/n$」というのが一様分布です。だからどうこうととりたてて言いたいこともないので、ここでは一様分布という言葉だけ知ってもらえば結構です。(後ほど例題 8.8(p.307) では、エントロピーが最大となる分布として一様分布にスポットライトを当てます)

例題 3.1

確率変数 X の確率分布が先ほどの表 3.2（右）のとおりだとする。確率変数 $Y = X + 3$ と $Z = (X - 3)^2$ の確率分布をそれぞれ答えよ。

答

Y の値	その値が出る確率
4	0.4
5	0.1
6	0.1
7	0.1
8	0.1
9	0.2

Z の値	（X の値）	その値が出る確率
0	3	0.1
1	2 または 4	$0.1 + 0.1 = 0.2$
4	1 または 5	$0.4 + 0.1 = 0.5$
9	6	0.2

■

「一般の離散値」の話はひとまずこれだけです。この先は、離散値の中でも特に「整数値」をとる確率変数について考えます。整数だと演算や大小比較という操作ができるので、それにからんだ話がいろいろとでてきます。

3.2　2 項分布

特別な確率分布には名前がついています。その中でも特に基本的な **2 項分布**を説明します。この 2 項分布は後ほど 6 章 (p.227)「推定と検定」でも何度か使われます。

3.2.1　2 項分布の導出

2 項分布は、「確率 p で表が出るようなコインを n 回投げたとき表が何回出るか」の分布です。つまり、確率 p で 1、確率 $q = (1 - p)$ で 0 が出る独立な確率変数 $Z_1, \ldots, Z_n$ を用意すれば、$X \equiv Z_1 + \cdots + Z_n$ の分布が 2 項分布になります。いろいろな 2 項分布の例を図 3.2 に示します。

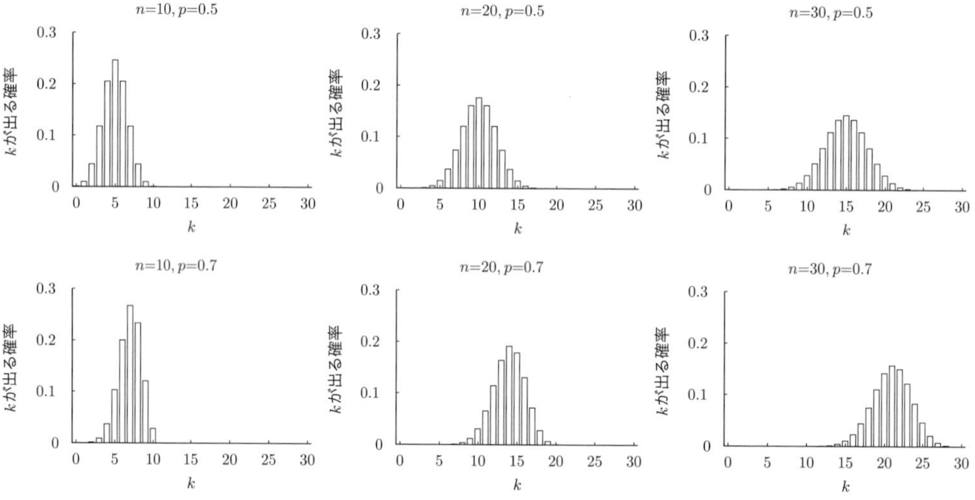

▶ 図 3.2　いろいろな 2 項分布 $\mathrm{Bn}(n, p)$

いまの図のとおり、2 項分布の具体的な様子は n と p に応じて変わります。そこで、2 項分布 (binomial distribution) のことを $\mathrm{Bn}(n, p)$ などと書き表します。

2 項分布 $\mathrm{Bn}(n, p)$ は一般にはどのような計算で求められるでしょうか。まずは具体的な例で考えてみます。コイントスで表の出る確率が p のときに、$n = 7$ 回投げて表が 3 回出る確率 $\mathrm{P}(X = 3)$ を求めてみましょう。まず、$X = 3$ となるような $Z_1, \ldots, Z_7$ のパターンをリストアップします。表を○、裏を●で表すと、パターンは次の 35 通りです。

●●●●○○○	●●●○●○○	●●●○○●○	●●●○○○●	●●○●●○○	●●○●○●○
●●○●○○●	●●○○●●○	●●○○●○●	●●○○○●●	●○●●●○○	●○●●○●○
●○●●○○●	●○●○●●○	●○●○●○●	●○●○○●●	●○○●●●○	●○○●●○●
●○○●○●●	●○○○●●●	○●●●●○○	○●●●○●○	○●●●○○●	○●●○●●○
○●●○●○●	○●●○○●●	○●○●●●○	○●○●●○●	○●○●○●●	○●○○●●●
○○●●●●○	○○●●●○●	○○●●○●●	○○●○●●●	○○○●●●●	

あとはそれぞれの確率を求めて合計してやればよい。

- パターン「●●●●○○○」の確率は $qqqqppp = p^3q^4$
- パターン「●●●○●○○」の確率も $qqqpqpp = p^3q^4$
- パターン「●●●○○●○」の確率も $qqqppqp = p^3q^4$
- ……

そりゃそうですね。どのパターンも○が 3 個に●が 4 個だから、p を 3 つと q を 4 つかけて、確率は p^3q^4 という同じ値になります。これが 35 パターンあるので、

$$\mathrm{P}(X = 3) = 35p^3q^4$$

いまの計算を一般化すれば、任意の n, p と k に対して $\mathrm{P}(X = k)$ が求められます。まず、$X = k$ となるような $Z_1, \ldots, Z_n$ のパターンが ${}_nC_k$ 通りあります（「えっ」と思った方は次項を読んでください）。そのそれぞれが確率 p^kq^{n-k} なのだから

$$\mathrm{P}(X = k) = {}_nC_kp^kq^{n-k} \qquad (k = 0, 1, 2, \ldots, n)$$

が答です。

3.2.2 補足：順列 ${}_nP_k$・組合せ ${}_nC_k$

補足として、いまのパターン数を数えるために必要な順列・組合せを手短に説明します。知っている方はスキップして結構です。

順列

n 人の中から k 人選んで一列に並べる並べ方は何通りでしょうか？　これを**順列**（permutation）と呼び、${}_nP_k$ と書きます。その答は、「一人目が n 通り、二人目は残りから選ぶので $(n-1)$ 通り、三人目はさらにその残りからなので $(n-2)$ 通り、……」と考えて

$${}_nP_k = n(n-1)(n-2)\cdots(n-k+1)$$

です（最後になぜ $+1$ がつくのかぴんとこなければ、具体的に $n = 7,\ k = 3$ くらいで書き下してみてください）。

階乗を使って

$${}_nP_k = \frac{n!}{(n-k)!}$$

とも書けます。$n!$ とは $n(n-1)(n-2)\cdots 3\cdot 2\cdot 1$ のことです。ただし $0! = 1$ と定義します。確かに、たとえば

$$\frac{7!}{(7-3)!} = \frac{7\cdot 6\cdot 5\cdot 4\cdot 3\cdot 2\cdot 1}{4\cdot 3\cdot 2\cdot 1} = 7\cdot 6\cdot 5 = {}_7P_3$$

という調子で上の答と一致しますね。

組合せ

n 人の中からまた k 人を選びますが、こんどは選ぶ順序は気にしません。つまり、「A さん、C さん、T さん」という選び方と「C さん、A さん、T さん」という選び方は区別せず、まとめて一通りと数えます。選び方は何通りでしょうか？ これを**組合せ**（combination）と呼び、${}_nC_k$ と書きます（**2 項係数**と呼んだり $\binom{n}{k}$ と書いたりもします）。順序を気にするなら ${}_nP_k$ 通りだけど、選んだ k 人の並べかえ（${}_kP_k = k!$ 通り）の違いは無視するんだから……と考えれば、${}_nP_k$ を $k!$ で割ればいいとわかるでしょう。

$$
{}_nC_k = \frac{{}_nP_k}{k!} = \frac{n!}{k!\,(n-k)!}
$$

2 項分布の確率計算に出てくるパターン数はこの ${}_nC_k$ に一致します。理由は次のように考えてください。パターン数は、長さ n の列中で「○となる箇所」を k 個指定する組合せの数と同じです。別の例で言うと、1 から n までの数を書いたカードのうち k 枚を選ぶときの選び方が何通りあるかとも同じです。ただし k 枚を選ぶときの順序は気にしません。その答はまさに ${}_nC_k$ です。

3.3 期待値

神ならぬ人間の身にとって世界は不確実性にあふれています。測定すればたいてい誤差が出るし、未来はたいてい予言できません。我々が確率を勉強しているのは、そんな不確実な話を数学の土俵にのせて様々な計算を行い、最終的には何らかの判断や意思決定に役立てるためです。意思決定と言うと大げさなようですが、たとえば携帯電話などもこの種の決断を時々刻々と自動的に下す装置だと解釈されます。入力はノイズを含んだ受信信号、出力（決断の結果）はスピーカからどんな音を出すかです。

確率を使ったアプローチでは、不確実なゆらぐ値は確率変数で表現されます。学んだテクニックを駆使してその確率分布を計算することにより、「あなたが気にしている値 X は確率○○でこうなって確率△△でああなって……」という結論を導くことができるはずです（X を求めるために必要な値 $A, B, C, \ldots$ の確率分布が与えられたとしての話ですが）。

しかし、そんなふうに確率分布の形で結論を見せられてもちょっととまどってしまうかもしれません。特に、気にしている値が $X, Y, Z, \ldots$ とたくさんある場合、それぞれの確率分布を言われても把握しづらいし比べづらいしでしょう。こんなときには、「運しだいでゆらぐけれど平均的にはこうだよ」のようにゆらがない具体的な値を言ってもらえると便利です。それが本節のテーマである期待値です。

確率の理論を何か現実の課題にあてはめて活用する際には、嬉しい度 X を適当に定義して、X の期待値の最大化をめざすことが多くあります。そうした議論では期待値を含んだ数式が飛び交いますから、ついていくためには期待値の性質を押さえておかないといけません。

3.3.1 期待値とは

確率変数 X というのは、神様視点でいうと、パラレルワールド全体 Ω 上で定められた関数のことでした（1.4 節 (p.12)）。各世界 ω に対して $X(\omega)$ を高さ軸にプロットしてグラフを描けば、次のようなオブジェができます（高さ方向だけ縮尺が違うのは単にスペースの都合）。これは、確率 1/2 で「1」、確率 1/3 で「2」、確率 1/6 で「5」が出るような X の例です。

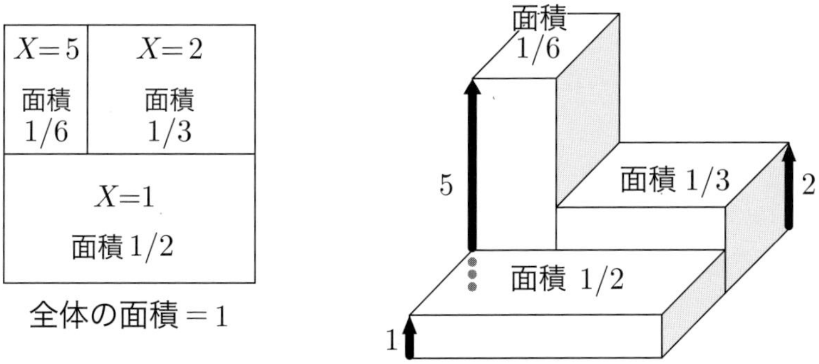

このオブジェの体積を**期待値**（expectation）と呼び、E[X] という記号で表します。具体的には、ブロックごとに体積を求めて合計することにより、

$$
\begin{aligned}
\mathrm{E}[X] &= (\text{高さ } 1) \times \left(\text{底面積 } \frac{1}{2}\right) + (\text{高さ } 2) \times \left(\text{底面積 } \frac{1}{3}\right) + (\text{高さ } 5) \times \left(\text{底面積 } \frac{1}{6}\right) \\
&= 1 \cdot \mathrm{P}(X = 1) + 2 \cdot \mathrm{P}(X = 2) + 5 \cdot \mathrm{P}(X = 5) = 2 \qquad (3.1)
\end{aligned}
$$

のように計算されます。

期待値はパラレルワールド全体を見渡しての平均と解釈できます。そのことは次のような雪国の話におきかえるとイメージしやすいかもしれません：Ω 国には A 県、B 県、C 県の三つの県があります。各県の面積は 1/6, 1/3, 1/2 で、国の総面積は 1/6 + 1/3 + 1/2 = 1 です。

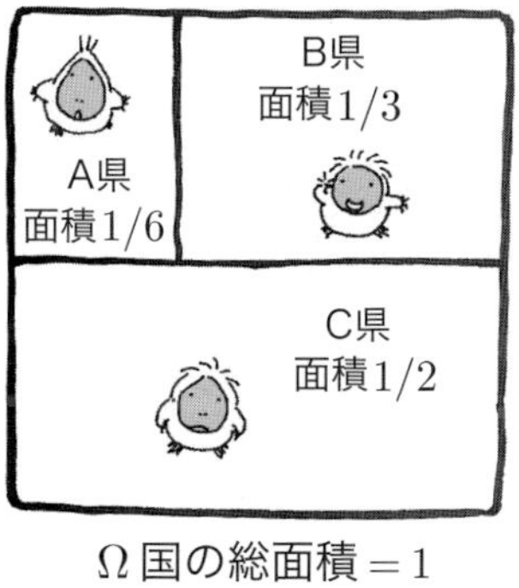

ある日 Ω 国に雪が降りました。積雪は、A 県が 5m、B 県が 2m、C 県が 1m です。県によって積雪が違いますが全国平均はどうなるでしょう。つまり凹凸をならして国全体へ一様に雪をしきつめたら積雪は何 m になるでしょうか。―― その答が $\mathrm{E}[X]$ です。理由は、前述のように計算された体積を国の総面積で割った値が、しきつめたときの高さ（平均積雪）だからです。いまは国の総面積が 1 という前提なので体積がそのまま平均積雪になる。この理屈は今後いちいち断わらずにどんどん使っていきます。

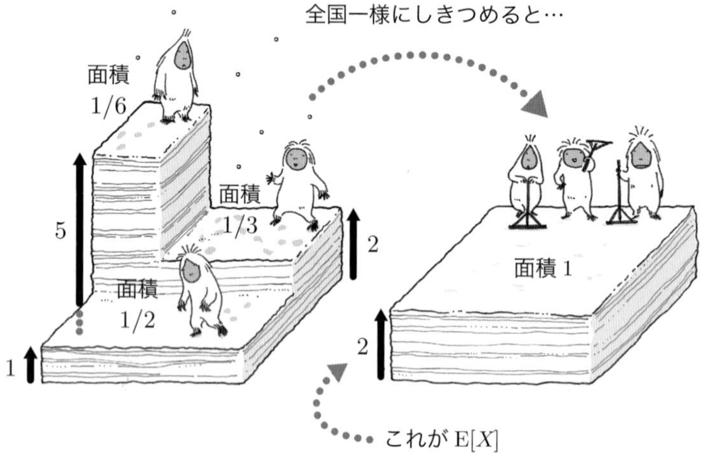

なお、X が負になるところにはその深さのくぼみができていると思ってください。期待値を考える際は、よそに降った雪でこのくぼみを埋めてやらないといけません。

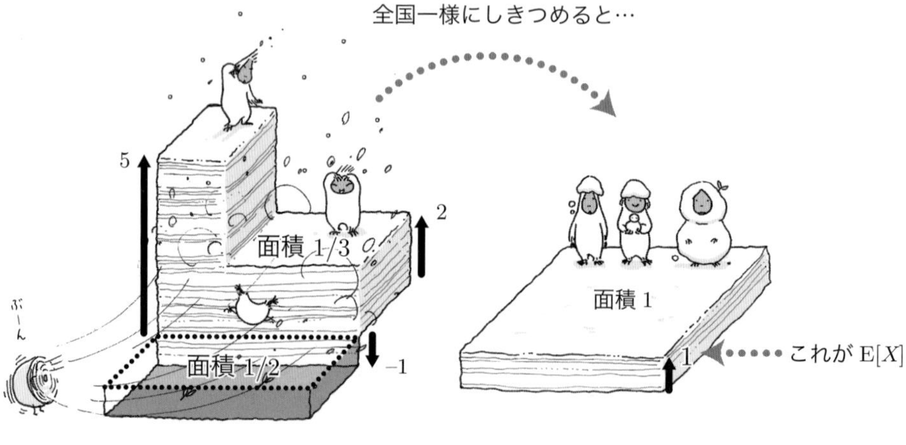

埋め切れないときが、期待値が負になる状況です。

3.3.2 期待値の基本性質

上のイメージを使って、これから期待値の性質をひととおりお話します。雪国の話にしてしまえばただの算数ですから、まずはそのあたりまえっぷりを確かめてください。それができたら「神様視点だとどんな話になるか」「人間視点だとどんな話になるか」にも思いを馳せてみてください。

こういう翻訳を自在にできるようになるのが本書の大きな目標です。

では最初はこの性質から。

$$\mathrm{E}[X] = \sum_k k\,\mathrm{P}(X = k)$$

$$\mathrm{E}[g(X)] = \sum_k g(k)\,\mathrm{P}(X = k) \qquad (g \text{ は何らかの関数})$$

前者は式 (3.1)(p.77) で述べた計算のしかたそのものです。後者も、

> Ω 上の各点 ω に対して $g(X(\omega))$ を高さ軸にプロットしてグラフを描き、できたオブジェの体積が期待値 $\mathrm{E}[g(X)]$

という解釈によればほとんどあたりまえです。

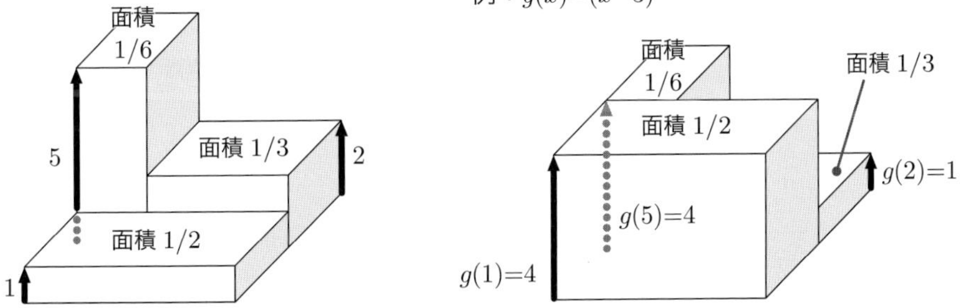

標語として次のように覚えておけばよいでしょう。

○○の期待値を求めるには、いろいろな場合について

(その場合の○○の値) × (その場合が起きる確率)

を求めて、合計する

? 3.3 $\sum_k$ とだけ書かれていますが、合計する k の範囲は？

文脈から各自で判断してください（→ 付録 A.4(p.322)「総和 $\sum$」）。上の例なら $\sum_{k=-\infty}^{\infty}$ と解釈してもらっても構いません。どうせ $k = 1, 2, 5$ 以外は $\mathrm{P}(X = k) = 0$ ですから、無駄な k が混ざっても結果には影響なしです。

例題 3.2

スロットマシンを回したときに出てくるコインの個数 Y が次のような確率分布に従うとする。Y の期待値を求めよ。

Y の値	その値が出る確率
0	0.70
2	0.29
30	0.01

答

$$\mathrm{E}[Y] = 0 \cdot 0.70 + 2 \cdot 0.29 + 30 \cdot 0.01 = 0.88$$

∎

例題 3.3

確率 1/2 で「1」、確率 1/3 で「2」、確率 1/6 で「5」が出るような確率変数 X に対し、$\mathrm{E}[(X-3)^2]$ を求めよ。

答

$$\begin{aligned}\mathrm{E}\left[(X-3)^2\right] &= \text{「(各場合の } (X-3)^2 \text{ の値)} \times \text{(その場合が起きる確率)」の合計} \\ &= (1-3)^2 \cdot \mathrm{P}(X=1) + (2-3)^2 \cdot \mathrm{P}(X=2) + (5-3)^2 \cdot \mathrm{P}(X=5) \\ &= 4 \cdot \frac{1}{2} + 1 \cdot \frac{1}{3} + 4 \cdot \frac{1}{6} = 2 + \frac{1}{3} + \frac{2}{3} = 3\end{aligned}$$

∎

「X が必ずある定数 c より大きい」なら $\mathrm{E}[X] > c$、という性質もあります。これは、「高さがどこも c より高いなら、体積は c より大きい」と翻訳されます。

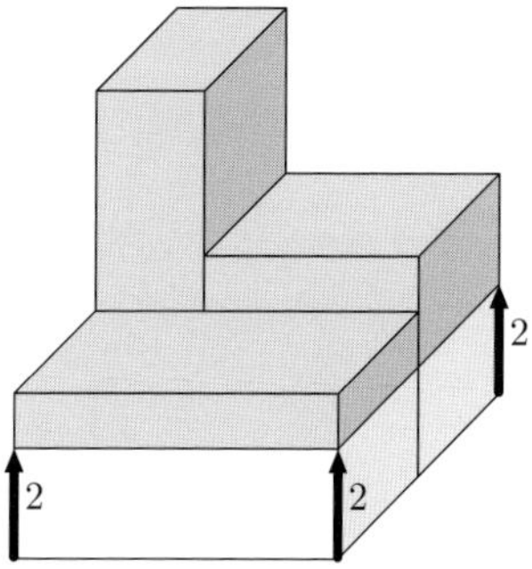

定数 c を足し算・かけ算したら期待値がどうなるかも、体積だと思えば図から一目瞭然です。

$$\mathrm{E}[X+c] = \mathrm{E}[X] + c \qquad \text{(全国一斉に高さを 3m 上げたら体積は +3)}$$
$$\mathrm{E}[cX] = c\,\mathrm{E}[X] \qquad \text{(全国一斉に高さを 1.5 倍したら体積は 1.5 倍)}$$

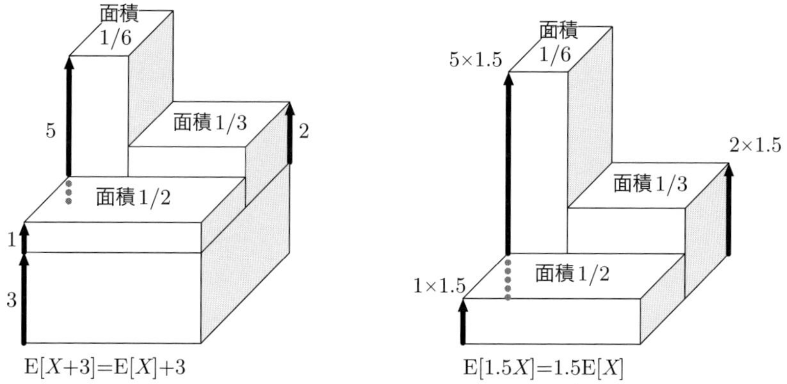

同様に、確率変数 X, Y に対して「足し算の期待値は期待値の足し算」

$$\mathrm{E}[X+Y] = \mathrm{E}[X] + \mathrm{E}[Y]$$

となることも図で納得できるでしょう。次のどちらでも昨日と今日の積雪の全国集計が結局は得られるからです。

- 各地の「昨日の積雪 + 今日の積雪」を求めておいてから、それを全国集計
- 先に「昨日の積雪の全国集計」「今日の積雪の全国集計」を出しておいてから、両者を合計

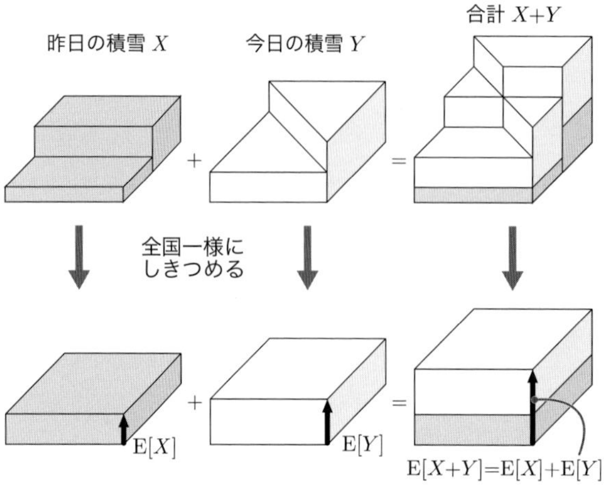

例題 3.4

2 項分布 $\mathrm{Bn}(n,p)$ の期待値を求めよ。

答

2 項分布 $\mathrm{Bn}(n,p)$ とは、「確率 p で表が出るようなコインを n 回投げたときの表の回数 X」の分布でした (3.2 節 (p.74))。その期待値を $\mathrm{P}(X=k) = {}_nC_k p^k (1-p)^{n-k}$ と $\mathrm{E}[X] = \sum_k k\,\mathrm{P}(X=k)$ から直接計算するのはちょっと難しいかもしれません。でも、「確率 p で 1、確率 $(1-p)$ で 0 が出る（独立な）確率変数 $Z_1, \ldots, Z_n$ の合計が X だ」と解釈すれば、期待値はすぐわかります。

$$\mathrm{E}[X] = \mathrm{E}[Z_1 + \cdots + Z_n] = \mathrm{E}[Z_1] + \cdots + \mathrm{E}[Z_n] = \underbrace{p + \cdots + p}_{n \text{ 個}} = np$$

■

定数 c に対して $\mathrm{E}[c]$ という式を見たら、「確率 1 で c が出る確率変数」（→ 1 章脚注*7(p.18)）の期待値だと考えてください。すると答は $\mathrm{E}[c] = c$ です。

3.3.3　かけ算の期待値は要注意

確率変数 X, Y のかけ算の期待値 $\mathrm{E}[XY]$ には注意が必要です。X, Y が独立かどうかで話が違ってくるからです。これは以下のように考えてください。

去年の積雪を X とし、今年それが何倍になったかを Y としましょう。つまり、Ω 上の各点 ω に去年は $X(\omega)$ だけ雪がふり、今年はそれが $Y(\omega)$ 倍になったとします。ですから、今年の積雪は $Z = XY$ と表されます。さて、たとえば国の土地の半分が $Y = 2$ 倍、残り半分が $Y = 1$ 倍だったとしたら、$\mathrm{E}[Y] = 2 \cdot (1/2) + 1 \cdot (1/2) = 1.5$ 倍です。このとき $\mathrm{E}[Z] = \mathrm{E}[XY]$ は $1.5\,\mathrm{E}[X]$ になるでしょうか。

もし X, Y が独立なら確かにそうなります。理由は次のとおり：独立な場合は、たとえば $X = 5$ の領域に話を限定したときでも、ちゃんと半分が $Y = 2$、残り半分が $Y = 1$ だと保証されます*2。だから、$X = 5$ のブロックの半分が $Y = 2$ 倍、残り半分が $Y = 1$ 倍になり、ブロックの体積は 1.5 倍となります。他のブロックもそれぞれ 1.5 倍になるので、全体の体積も結局 1.5 倍です。

---

*2　「えっ」という人は、独立とはどんな意味だったかを復習してください（→ 2.1 節 (p.27)「各県の土地利用」）。

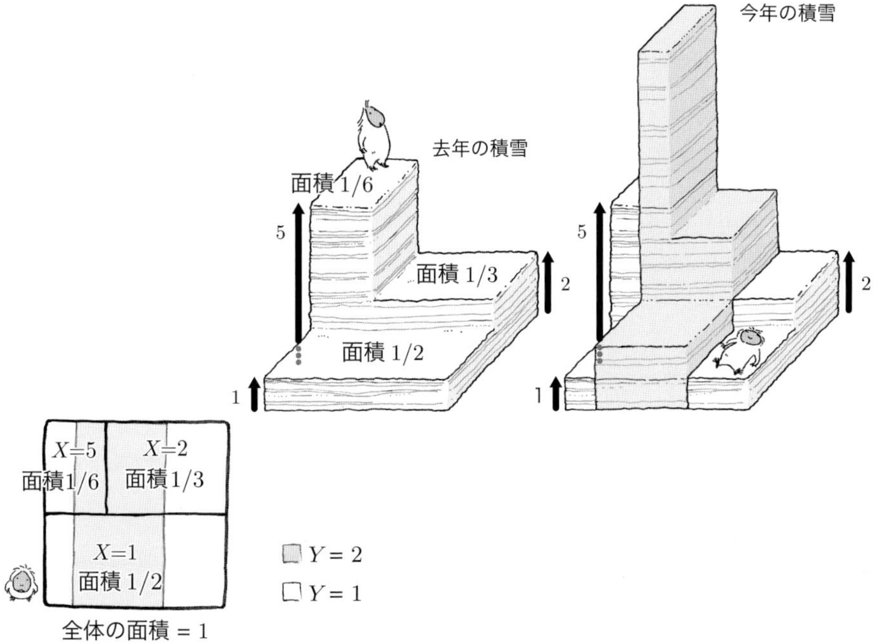

同様の理屈により、この例に限らず

$$X, Y \text{ が}\underline{\text{独立なら}} \quad \mathrm{E}[XY] = \mathrm{E}[X]\,\mathrm{E}[Y]$$

が成り立ちます。

しかし独立という前提がないと、$\mathrm{E}[Z]$ は $1.5\,\mathrm{E}[X]$ になるとは限りません。どこの積雪が 2 倍になるかしだいで今年の雪の総体積は違ってくるからです。

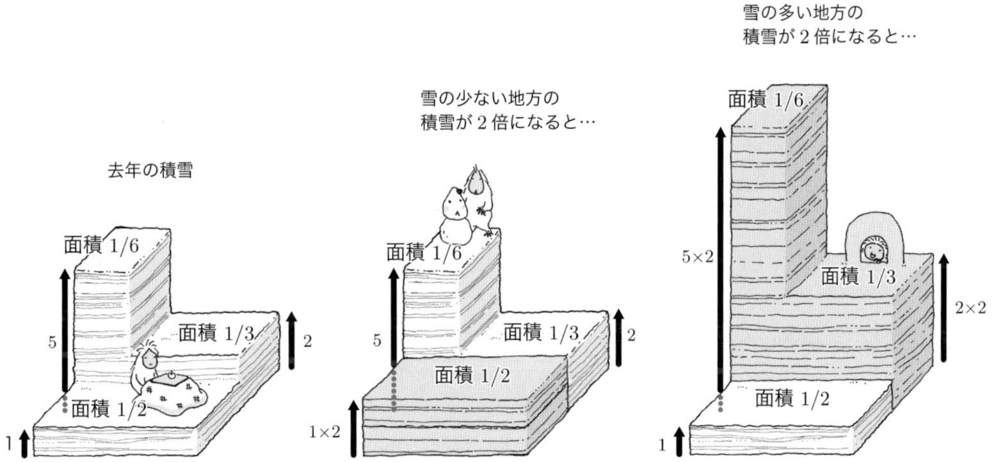

こんな具合で、一般には $\mathrm{E}[XY]$ が $\mathrm{E}[X]\,\mathrm{E}[Y]$ になるとは限りません。

例題 3.5

確率変数 X, Y の同時分布が次の表のようになっているとき、かけ算 XY の期待値 $\mathrm{E}[XY]$ を求めよ。また、$\mathrm{E}[X]\,\mathrm{E}[Y]$ も求めて比較せよ。

	$X=1$	$X=2$	$X=4$
$Y=1$	2/8	2/8	1/8
$Y=2$	1/8	1/8	1/8

答

$$\begin{aligned}\mathrm{E}[XY] &= \text{「(各場合の } XY \text{ の値)} \times \text{(その場合が起きる確率)」の合計} \\ &= (1\cdot 1)\cdot \mathrm{P}(X=1, Y=1) + (2\cdot 1)\cdot \mathrm{P}(X=2, Y=1) + (4\cdot 1)\cdot \mathrm{P}(X=4, Y=1) \\ &\quad + (1\cdot 2)\cdot \mathrm{P}(X=1, Y=2) + (2\cdot 2)\cdot \mathrm{P}(X=2, Y=2) + (4\cdot 2)\cdot \mathrm{P}(X=4, Y=2) \\ &= 1\cdot\frac{2}{8} + 2\cdot\frac{2}{8} + 4\cdot\frac{1}{8} + 2\cdot\frac{1}{8} + 4\cdot\frac{1}{8} + 8\cdot\frac{1}{8} = \frac{24}{8} = 3\end{aligned}$$

一方、$\mathrm{E}[X] = 1\cdot(2/8+1/8) + 2\cdot(2/8+1/8) + 4\cdot(1/8+1/8) = 17/8$ と $\mathrm{E}[Y] = 1\cdot(2/8+2/8+1/8) + 2\cdot(1/8+1/8+1/8) = 11/8$ より、$\mathrm{E}[X]\,\mathrm{E}[Y] = 187/64 \neq \mathrm{E}[XY]$。 ■

3.3.4 期待値が存在しない場合

ここまでの例のようにとり得る値が有限通りだけの場合は、機械的な計算で期待値が定められます。しかし任意の整数値をとり得るといった場合には、期待値が存在したりしなかったりします。

期待値が存在する例

たとえば、コイントスをくり返すときはじめて表が出るまでの回数を X としましょう。X の分布は次のようになるのでした（→ 3.1 節 (p.71)「単純な例」）。

X の値	その値が出る確率
1	1/2
2	1/4
3	1/8
4	1/16
5	1/32
⋮	⋮

では X の期待値 $\mathrm{E}[X]$ は？

これまでどおり式をたてれば

$$\mathrm{E}[X] = 1\cdot\frac{1}{2} + 2\cdot\frac{1}{4} + 3\cdot\frac{1}{8} + 4\cdot\frac{1}{16} + 5\cdot\frac{1}{32} + \cdots = 2$$

が得られます（右辺の計算法は付録 A.4.4(p.325)）。これは期待値が存在する例でした。

期待値が存在しない例（1）……無限大に発散

次は期待値が存在しない（発散してしまう）例です。いまと同じように表が出るまでコイントスをくり返して、

- 1 回目ではじめて表が出た場合（$X = 1$）は 2 円もらえる
- 2 回目ではじめて表が出た場合（$X = 2$）は 4 円もらえる
- 3 回目ではじめて表が出た場合（$X = 3$）は 8 円もらえる
- 4 回目ではじめて表が出た場合（$X = 4$）は 16 円もらえる
- ……

としたら、もらえる金額 $Y = 2^X$ の期待値 $\mathrm{E}[Y]$ はどうなるでしょうか？

Y の値	その値が出る確率
2	1/2
4	1/4
8	1/8
16	1/16
32	1/32
⋮	⋮

式をたててみると

$$\mathrm{E}[Y] = 2 \cdot \frac{1}{2} + 4 \cdot \frac{1}{4} + 8 \cdot \frac{1}{8} + 16 \cdot \frac{1}{16} + \cdots = 1 + 1 + 1 + 1 + \cdots$$

となり期待値が発散してしまいます[*3]。あえて書くなら $\mathrm{E}[Y] = \infty$ ですが、これは期待値が存在するとは言いません。神様視点（雪国）の絵も載せておきます。

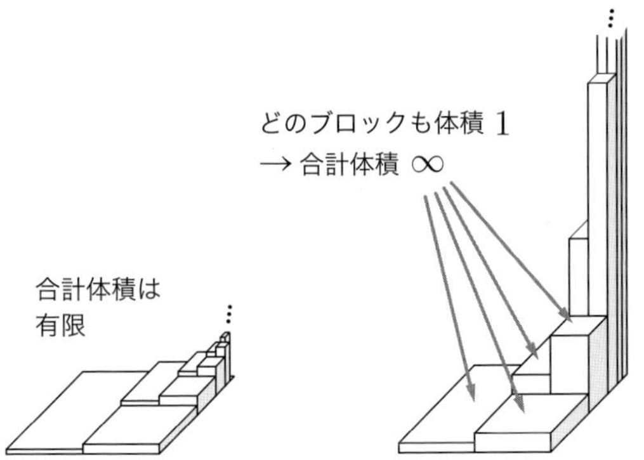

[*3] だから仮に 1 億円払ってでもいまのゲームに参加するのが期待値としては得だという結論になります。でも現実にはこのゲームに 1 億円を払おうと思う人はまずいないでしょう（**聖ペテルスブルクのパラドックス**）。いまの話をどう解釈するかの議論はいろいろあるようで、☞3.5(p.88) の効用関数もその一つです。

期待値が存在しない例（2）……無限引く無限の不定形

もっとたちの悪い例もあります。先ほどの X に対して $Z \equiv (-2)^X$ の期待値がどうなるか考えてみてください。

Z の値	その値が出る確率
−2	$1/2$
4	$1/4$
−8	$1/8$
16	$1/16$
−32	$1/32$
⋮	⋮

雪国の絵でいうと Z は、先ほどのブロックたちを交互にくぼみか雪かにおきかえたものです。したがって、体積 1 の雪のブロックが無限個あり、体積 1 のくぼみも無限個ある。これでは総体積を求めようにも、無限引く無限の不定形で答が定まりません。

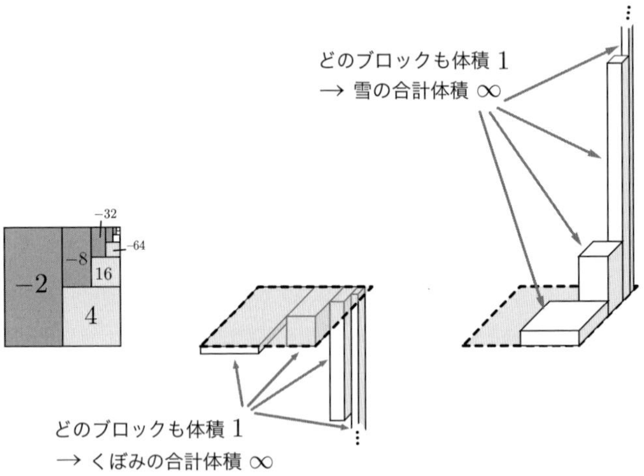

まとめ

ここまでの観察をまとめます。一般に確率変数 R について、

- 雪もくぼみも体積が有限→ 期待値が存在（$\mathrm{E}[R]$ は有限値）
- 雪の体積が無限でくぼみの体積は有限→ 期待値は存在しない（$\mathrm{E}[R] = \infty$）
- 雪の体積が有限でくぼみの体積は無限→ 期待値は存在しない（$\mathrm{E}[R] = -\infty$）
- 雪もくぼみも体積が無限→ 期待値は存在しない（$\mathrm{E}[R]$ は定められない）

? 3.4　期待値は重心って習ったんだけど？

はい。期待値については、雪国の平均積雪という解釈のほかに図 3.3 のような重心だという解釈もできます。つまり、確率 3/18 で値 5 が出るなら「3/18 キロのおもりを 5 の位置へ」という調子で確率に応じたおもりをつけて、つりあう点が期待値です。

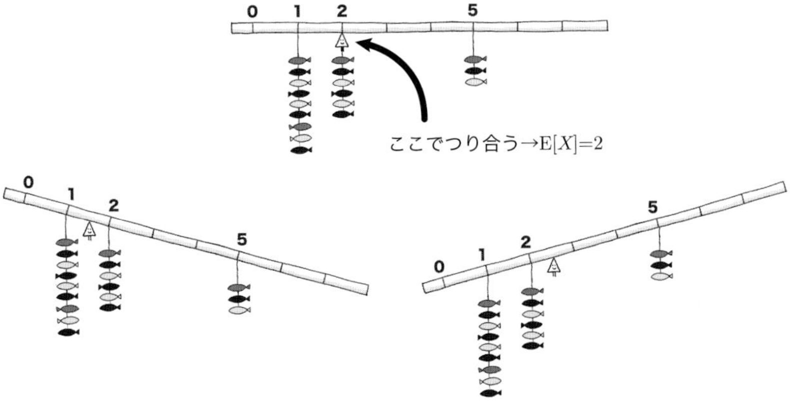

▶ 図 3.3　期待値は重心

その理由を説明するために、まず**てこの原理**から確認していきましょう。子供と大人がシーソーでバランスをとるには、図 3.4 のように大人が支点に近づいてあげないといけません。つり合うのは (体重) × (支点からの距離) が等しくなったときです。体重が倍なら距離は半分、体重が 3 倍なら距離は三分の一。

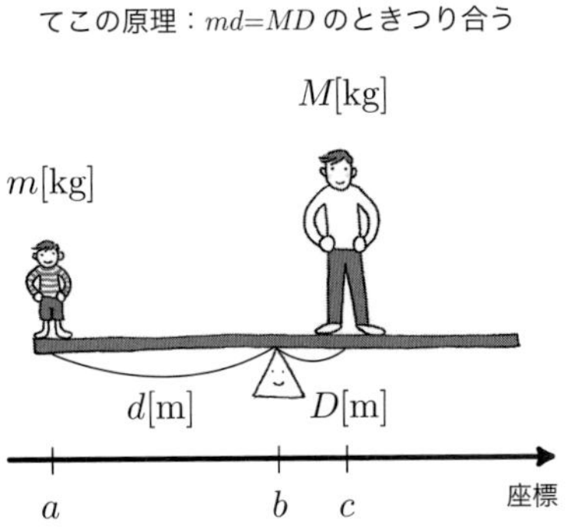

▶ 図 3.4　子供と大人がシーソーで遊ぶには

図中の座標 a, b, c を使えば $m(b-a) = M(c-b)$ ということです。これは

$$m(a-b) + M(c-b) = 0$$

「重さ × (座標 − 支点の座標)」の合計が 0

とも言い直せます。

さて、たとえば

$$\begin{cases} \mathrm{P}(X=1)=1/2 & (=9/18) \\ \mathrm{P}(X=2)=1/3 & (=6/18) \\ \mathrm{P}(X=5)=1/6 & (=3/18) \end{cases}$$

という確率変数 X を考え、それに対応して前の図 3.3 のようにおもりをつけたとしましょう。

この場合、支点の座標を μ として、

$$\frac{9}{18}(1-\mu)+\frac{6}{18}(2-\mu)+\frac{3}{18}(5-\mu)=0$$

「確率 × (出る値 − μ)」の合計が 0

のときつり合うというわけです[*4]。左辺を展開してまとめ直せば、

$$1\cdot\frac{9}{18}+2\cdot\frac{6}{18}+5\cdot\frac{3}{18}-\left(\frac{9}{18}+\frac{6}{18}+\frac{3}{18}\right)\mu=0$$

「(値) × (その値が出る確率)」の合計 −「(確率の合計) × μ」= 0

ところが確率の合計は 1 のはずですから、

$$1\cdot\frac{9}{18}+2\cdot\frac{6}{18}+5\cdot\frac{3}{18}-\mu=0$$

「(値) × (その値が出る確率)」の合計 − μ = 0

こうして、$\mu=\mathrm{E}[X]$ に支点を置いたときちょうどつり合うことがわかります。

ついでに少し蛇足を。シーソーの例からはっきりわかるとおり、つりあったからといってその左右の重さが等しいわけではありません。確率の話にすれば、$\mathrm{E}[X]=\mu$ だったからといって、$\mathrm{P}(X<\mu)=\mathrm{P}(X>\mu)$ とは限りません。

? 3.5 ギャンブルなら期待値の高いほうに賭けろということですよね？

一概にそう言い切れないのが悩ましいところ。たとえば「確率 1/2 でもらえる 10 億円か必ずもらえる 1 億円かどちらか選べ」と言われたら、前者は期待値 5 億円、後者は期待値 1 億円です。自分ならどちらを選ぶでしょうか。世の中には、不確定なゆらぎが小さいことを喜ぶ安全志向の人もいるし、当たれば大きいという一発勝負を喜ぶギャンブル志向の人もいます。人々の選択は必ずしも期待値の大小で決まるわけではないようです。

では期待値なんて無意味かというとそうでもありません。以下のような議論により期待値の枠組でこの現象を説明することもできるからです。

> x 円もらったときの「うれしい度」$g(x)$ は必ずしも x に比例しない。多くの人にとって 10 億円のうれしさは 1 億円のうれしさの 10 倍までは届かない。それどころか 2 倍にすら届かなかったりする。そういう事情から、「うれしい度」の期待値で見ると
>
> $$\frac{1}{2}\cdot g(10\,\text{億円})<1\cdot g(1\,\text{億円})$$
>
> のようなことが起こるのだ。

[*4] μ はギリシャ文字「ミュー」です。

この関数 g のことを**効用関数**と呼びます[*5]。効用関数について次のような性質が知られています。

> 「確率○○で××円、確率△△で□□円、……」のようなくじの設定が何種類か提示されたときどの設定を一番好むかという問題を考えよう。もちろん好みは人によって違う。でも、もしあなたの選択がつじつまの合ったものなら、あなたの好みは効用関数で必ず表せる。つまり、あなた用に調整されたある関数 g が存在して、g の期待値が最大となる選択が常にあなたの選択に一致する。(「つじつまの合った」をどう定義するかは参考文献 [20] などを参照)

現実の人間が本当につじつまの合った行動をとるかというと、なかなかそうはいかないようですが。

3.4 分散と標準偏差

分布の様子を表す第一の目安である期待値を 3.3 節 (p.76) で導入しました。続いて、第二の目安である分散および標準偏差を導入します。

3.4.1 期待値が同じでも……

あるロールプレイングゲームでは、モンスターから攻撃を受けたときのダメージが次のように確率的に決定されます。

種類	ダメージ
モンスター A	$1, 2, 3, 4, 5$ が等確率で出るサイコロを 3 回ふって出た目の合計
モンスター B	$1, 2, 3, 4, 5, 6, 7, 8$ が等確率で出るサイコロを 2 回ふって出た目の合計

モンスター A からのダメージ X とモンスター B からのダメージ Y の分布は、それぞれ次のようになります。

X の値	その値が出る確率
2	0
3	$1/125 = 0.008$
4	$3/125 = 0.024$
5	$6/125 = 0.048$
6	$10/125 = 0.080$
7	$15/125 = 0.120$
8	$18/125 = 0.144$
9	$19/125 = 0.152$
10	$18/125 = 0.144$
11	$15/125 = 0.120$
12	$10/125 = 0.080$
13	$6/125 = 0.048$
14	$3/125 = 0.024$
15	$1/125 = 0.008$
16	0

Y の値	その値が出る確率
2	$1/64 = 0.016$
3	$2/64 = 0.031$
4	$3/64 = 0.047$
5	$4/64 = 0.063$
6	$5/64 = 0.078$
7	$6/64 = 0.094$
8	$7/64 = 0.109$
9	$8/64 = 0.125$
10	$7/64 = 0.109$
11	$6/64 = 0.094$
12	$5/64 = 0.078$
13	$4/64 = 0.063$
14	$3/64 = 0.047$
15	$2/64 = 0.031$
16	$1/64 = 0.016$

[*5] 英語は utility function ですが、プログラミング用語のユーティリティ関数とは別物です。なお、上の説明では $g(0\,\text{円}) = 0$ を暗黙に想定しました。

期待値としては $\mathrm{E}[X] = \mathrm{E}[Y] = 9$ でどちらも同じ。しかし分布の形は図 3.5 のとおり少し違っています。X のほうは 9 前後の値が出がちなのに対し、Y のほうは 9 からだいぶ外れた値もそれなりに出てきます。この意味では、モンスター A はダメージが比較的一定で対処しやすく、モンスター B はダメージがばらついて対処しづらいという傾向になるでしょう。

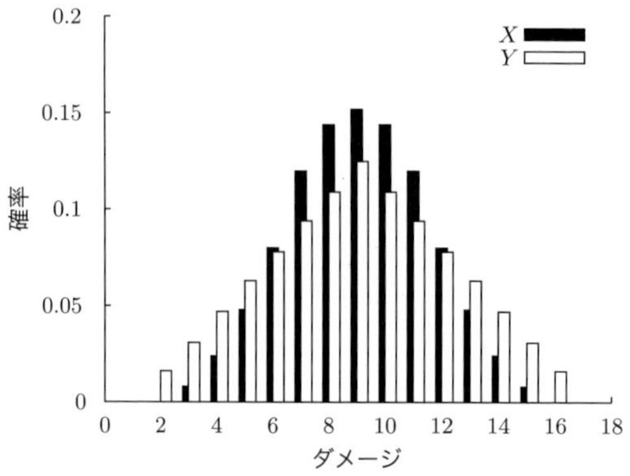

▶図 3.5　ダメージ X, Y の分布

期待値は第一の目安ではありますが、それだけでは値がばらつきがちかどうかはわかりません。このため期待値からの外れ具合を評価した第二の目安がほしくなってきます。それが、このあと述べる「分散」です。

3.4.2　分散 ＝「期待値からの外れ具合」の期待値

確率変数 X の期待値が $\mathrm{E}[X] = \mu$ だったとします。X はゆらぐ量なので慣習により大文字にしますが、その期待値 μ はゆらがない量なので小文字を使います。

X はゆらぎますから、期待値が μ だからといってぴったり μ そのものが出るわけではありません。そこで、出た値 x に対して、μ からの外れ具合の激しさを測ることにしましょう。測り方（何をもって外れ具合とするかの定義）はいろいろ考えられます。ふつうに考えたら $|x - \mu|$ というのを一番に思いつきそうですが、いざあれこれ計算するとなると絶対値は不自由です（場合分けが必要になったり、グラフが折れまがって微分不可能だったり）。そこで絶対値ではなく $(x - \mu)^2$ という**自乗誤差**が広く使われます。

- もしたまたま X の値として μ ちょうどが出たら $(x - \mu)^2 = 0$
- それ以外の場合は $(x - \mu)^2 > 0$
- しかも μ から大きく外れた x ほど $(x - \mu)^2$ は大きくなる

という格好ですから、確かに外れ具合の激しさと呼んで良さそうです。

指標を決めたので、外れ具合が数値として測れるようになりました。ただ X はゆらぐ値ですから、そこから計算される $(X - \mu)^2$ もそのままではゆらぐ値になってしまいます。我々は「目安」としてゆらがない値がほしかったのでした。そこで、ゆらがなくするために期待値 $\mathrm{E}[(X - \mu)^2]$ を考えることにしましょう。こうして得られた「外れ具合の期待値」を**分散**（variance）と呼び、$\mathrm{V}[X]$ や $\mathrm{Var}[X]$ という記号で表します：

$$V[X] \equiv E[(X-\mu)^2] \qquad \text{ただし } \mu \equiv E[X]$$

しつこいですが、X はゆらぐ値、$E[X]$ や $V[X]$ はゆらがない値、という区別をしっかり意識してください。

定義から明らかに

$$V[X] \geq 0$$

が保証されます。$E[\cdots]$ の中身が常に $(X-\mu)^2 \geq 0$ だからです。

例題 3.6

先ほどのモンスターの例で $V[X]$ と $V[Y]$ を求め、$V[X] < V[Y]$ を確認せよ。

答

$E[X] = 9$ なので

$$\begin{aligned}
V[X] &= E[(X-9)^2] \\
&= (3-9)^2\,P(X=3) + (4-9)^2\,P(X=4) + \cdots + (14-9)^2\,P(X=14) + (15-9)^2\,P(X=15) \\
&= 6^2 \cdot \frac{1}{125} + 5^2 \cdot \frac{3}{125} + \cdots + 1^2 \cdot \frac{18}{125} + 0^2 \cdot \frac{19}{125} + 1^2 \cdot \frac{18}{125} + \cdots + 5^2 \cdot \frac{3}{125} + 6^2 \cdot \frac{1}{125} \\
&= \frac{750}{125} = 6
\end{aligned}$$

(計算法にとまどった人は例題 3.3(p.80) を復習)。同様に、$E[Y] = 9$ から

$$\begin{aligned}
V[Y] &= E[(Y-9)^2] \\
&= (2-9)^2\,P(Y=2) + (3-9)^2\,P(Y=3) + \cdots + (15-9)^2\,P(Y=15) + (16-9)^2\,P(Y=16) \\
&= 7^2 \cdot \frac{1}{64} + 6^2 \cdot \frac{2}{64} + \cdots + 1^2 \cdot \frac{7}{64} + 0^2 \cdot \frac{8}{64} + 1^2 \cdot \frac{7}{64} + \cdots + 6^2 \cdot \frac{2}{64} + 7^2 \cdot \frac{1}{64} \\
&= \frac{672}{64} = \frac{21}{2} = 10.5
\end{aligned}$$

よって確かに $V[X] < V[Y]$ ∎

確率変数 X の期待値 $E[X]$ と分散 $V[X]$ を知れば、X がどんな値のまわりでどれくらいゆらぐかの目安になります。特に、もし $V[X] = 0$ だと、これは全くゆらいでいないことを意味します。$E[(X-\mu)^2] = 0$ となるには $P(X=\mu)$ が 1 でないといけないからです。X が μ 以外の値をとる確率はゼロ。

また、定義からあたりまえではありますが、$E[X] = 0$ の場合は $E[X^2] = V[X]$ という事実も指摘しておきます。気に留めておくとしばしば便利です。

3.4.3 標準偏差

確率変数 X に対して、第一の目安として期待値 $\mathrm{E}[X]$ が導入され、さらに「そこからの外れ具合の激しさ」を測る第二の目安として分散 $\mathrm{V}[X]$ が導入されました。$\mathrm{V}[X]$ が大きければばらつきが激しい、小さければばらつきがあまりない。それはいいのですが、具体的に $\mathrm{V}[X] = 25$ でしたと言われて、ばらつき具合がどの程度なのかイメージできるでしょうか？

図 3.6 を見てください。左側は分散が 25 のルーレットを 200 回まわして出た目を順にプロットしたものです（横軸がまわした回数、縦軸が出た目）*6。右側は分散が 100 のルーレットに対する同様のプロットです。

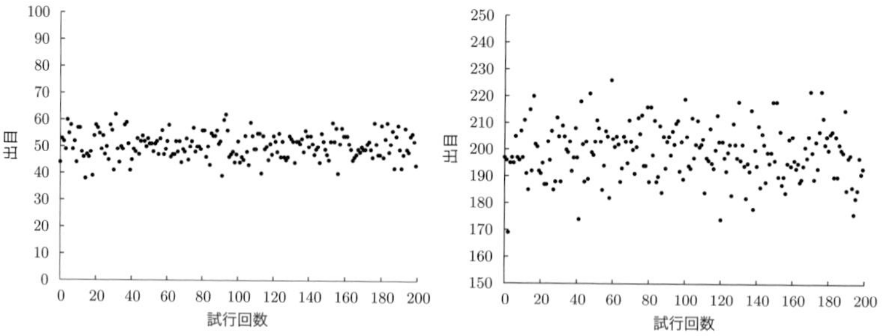

▶ 図 3.6　ルーレットの出目。左は分散が 25 のルーレット。右は分散が 100 のルーレット

分散が 4 倍になったのにばらつきの程度は 2 倍ほどにしか見えません。分散が 100 だからといって期待値から 100 ぐらい外れた値が出るというわけでもなさそうです。

分散の定義をもう一度思い出しましょう。

$$\mathrm{V}[X] \equiv \mathrm{E}[(X-\mu)^2] \qquad \text{ただし } \mu \equiv \mathrm{E}[X]$$

μ との差が式中で 2 乗されていることに注意が必要です。たとえばもし X が飛距離 $[m]$ だったら、$\mathrm{V}[X]$ は「飛距離の差の 2 乗の期待値 $[m^2]$」という量になっています。X が長さだったとしても、分散 $\mathrm{V}[X]$ は長さではなくて「長さの 2 乗」になるわけです。素直に比較しづらい原因はここです。

これを長さに戻すには平方根を考えればよい。ということで、分散の平方根を**標準偏差**（standard deviation）と呼びます。文字は σ や s をあてるのがふつうです*7。

$$\sigma \equiv \sqrt{\mathrm{V}[X]}$$

統計の本などでよく「分散を σ^2 と置く」と書かれているのはこの慣習に従っているわけです。

*6　均等でない変なルーレットです。50 付近が出やすく、そこから大幅に外れた値は出にくい。

*7　X の標準偏差であることを明示するために σ_X と書く場合もあります。ただし、σ（ギリシャ文字「シグマ」）や s をあてるのは慣習にすぎません。いきなり単に σ と書いて「標準偏差だとわかってくれ」というのは、オフィシャルには許されない甘えです。他人に見せるレポートや答案では「標準偏差を σ と置く」などと断わり書きを入れるようにしてください。

X が長さなら、その分散は「長さの 2 乗」、そして標準偏差 σ はまた長さになります。たとえば、さきほどの図 3.6 の縦軸に分散をプロットするのはナンセンスです。「長さ」と「長さの 2 乗」という単位も意味も違う量を同じ軸にプロットして比べるなんておかしいからです。でも標準偏差なら X と同じ軸にプロットする意義があります。期待値 μ および $\mu \pm \sigma$ を描き込めば図 3.7 のとおり。グラフを眺めると、標準偏差 σ がなんとなくばらつきの程度を示しているように思えることでしょう。

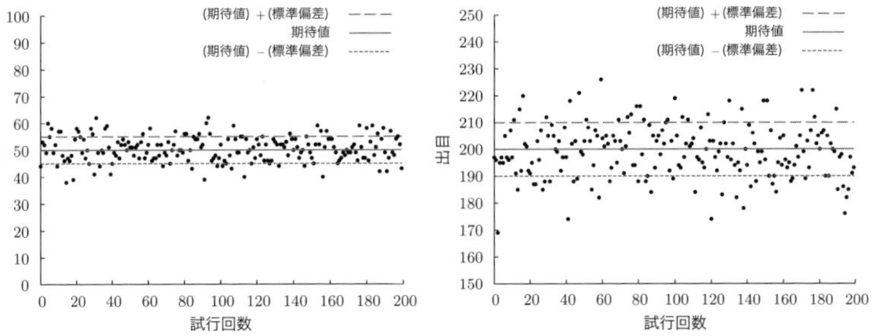

▶ 図 3.7 ルーレットの出目と期待値・標準偏差。各回の出目を点で、期待値 μ および $\mu \pm \sigma$ を横線で表す。左は分散が 25 のルーレット（標準偏差 $\sigma = \sqrt{25} = 5$）。右は分散が 100 のルーレット（標準偏差 $\sigma = \sqrt{100} = 10$）

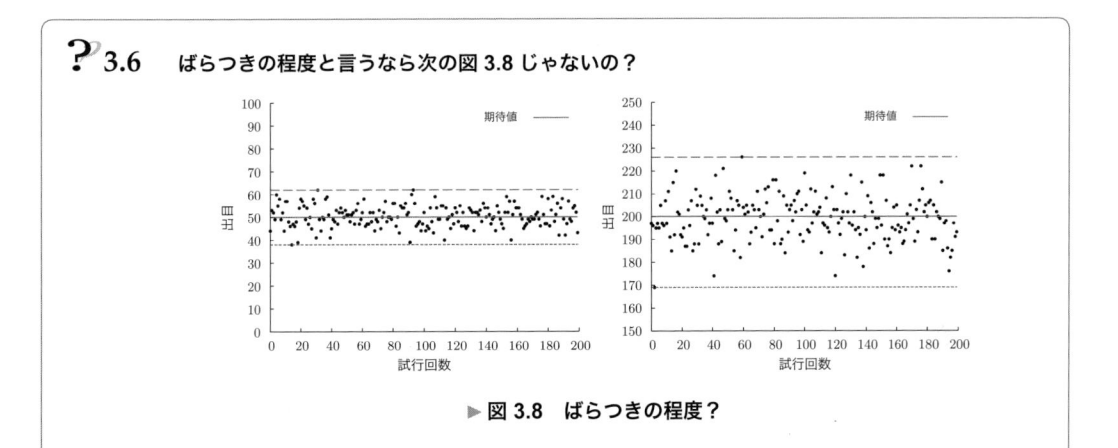

? 3.6 ばらつきの程度と言うなら次の図 3.8 じゃないの？

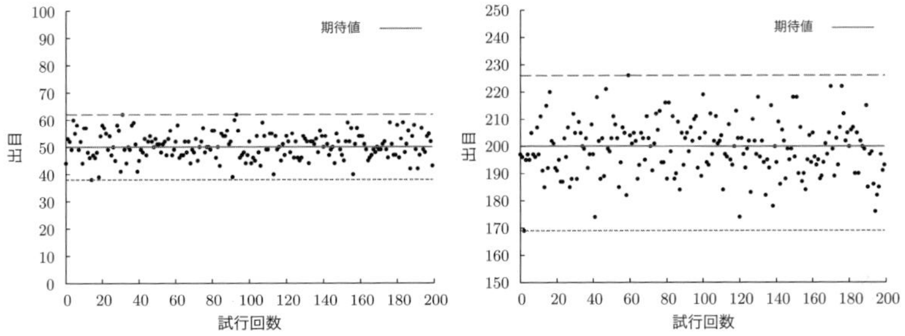

▶ **図 3.8 ばらつきの程度？**

σ が表しているのは期待値からの典型的なふれ幅です。典型なんだからそれより大きくふれる人も小さくふれる人もいて当然で、その中ほどを σ が指している格好です。

3.4.4 定数の足し算・かけ算と正規化

ここからは分散・標準偏差の性質を述べていきます。期待値のときと同様、まずは次の計算から。確率変数 X に対して定数 c を足したりかけたりした

$$Y \equiv X + c$$
$$Z \equiv cX$$

を考えます。Y や Z も確率変数になるのでした。それらの分散は

$$\mathrm{V}[Y] = \mathrm{V}[X+c] = \mathrm{V}[X] \quad \cdots\cdots \text{定数 } c \text{ を足しても分散は\underline{変わらない}}$$
$$\mathrm{V}[Z] = \mathrm{V}[cX] = c^2\,\mathrm{V}[X] \quad \cdots\cdots \text{定数 } c \text{ をかけたら分散は\underline{c の 2 乗倍}}$$

となります。標準偏差に翻訳すれば、

- 定数 c を足しても標準偏差は変わらない
- 定数 c をかけたら標準偏差は $|c|$ 倍[*8]

というわけです。たとえば、さきほどのルーレットの目に「20 を足す」や「3 倍する」という変換を施せば図 3.9 のとおり。要するに図 3.10 のような話です。

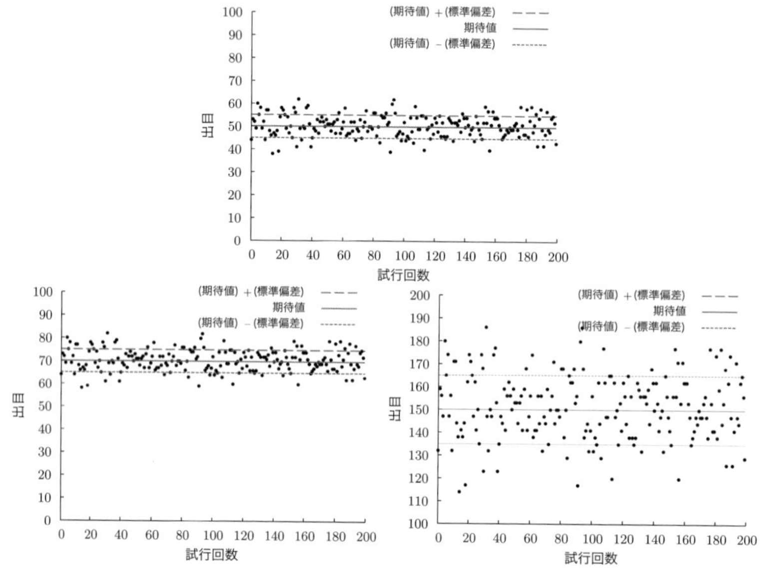

▶ 図 3.9 ルーレットの出目 X (上)、$X+20$ (左下)、$3X$ (右下)。標準偏差 σ はそれぞれ 5, 5, 15 (= 3×5)。各回の出目を点で、期待値 μ および $\mu \pm \sigma$ を横線で表す

*8 $-3X$ の標準偏差は、X の標準偏差の $\sqrt{(-3)^2}$ 倍、つまり 3 倍です。(-3) 倍ではありません。

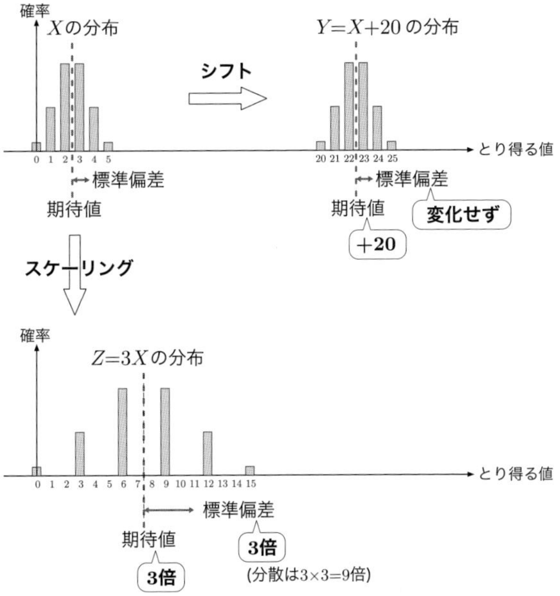

▶図 3.10　定数を足したりかけたりしたとき標準偏差は……

例題 3.7

$\mathrm{V}[Y]$ と $\mathrm{V}[Z]$ が上のようになることを確かめよ。

答

$\mathrm{E}[X] \equiv \mu$ と置くと $\mathrm{E}[Y] = \mu + c$ および $\mathrm{E}[Z] = c\mu$。よって

$$\mathrm{V}[Y] = \mathrm{E}[\{Y - (\mu + c)\}^2] = \mathrm{E}[\{(X + c) - (\mu + c)\}^2] = \mathrm{E}[(X - \mu)^2] = \mathrm{V}[X]$$
$$\mathrm{V}[Z] = \mathrm{E}[(Z - c\mu)^2] = \mathrm{E}[(cX - c\mu)^2] = \mathrm{E}[c^2(X - \mu)^2] = c^2\,\mathrm{E}[(X - \mu)^2] = c^2\,\mathrm{V}[X]$$

■

以上の性質を使えば、確率変数 X を適当に変換して期待値と分散を指定値にそろえることができます。いま $\mathrm{E}[X] = \mu$, $\mathrm{V}[X] = \sigma^2 > 0$ だったとしましょう。このとき

$$W \equiv \frac{X - \mu}{\sigma}$$

と変換してやれば $\mathrm{E}[W] = 0$, $\mathrm{V}[W] = 1$ になります。こんなふうに変換して「期待値 0、分散 1」にそろえることを**正規化**と呼びます。本書では、4.6.2 項 (p.164)「一般の正規分布」、4.6.3 項 (p.167)「中心極限定理」、5.1.3 項 (p.178)「傾向のはっきり具合と相関係数」、8.1.2 項 (p.278)「主成分分析（PCA）」あたりで正規化が顔を出します。一般にも、種類の異なるデータを集めて何かしようというとき、それぞれを正規化してそろえてから本格的な処理にとりかかるのは常套手段です。たとえば難易度の違う試験で成績を比べるために**偏差値**を用いるのも、本質的には同種の話です。

例題 3.8

上の変換で $\mathrm{E}[W]=0,\ \mathrm{V}[W]=1$ となることを確かめよ。

答

$$\mathrm{E}[W]=\mathrm{E}\left[\frac{X-\mu}{\sigma}\right]=\frac{\mathrm{E}[X-\mu]}{\sigma}=\frac{\mathrm{E}[X]-\mu}{\sigma}=\frac{\mu-\mu}{\sigma}=0$$

$$\mathrm{V}[W]=\mathrm{V}\left[\frac{X-\mu}{\sigma}\right]=\frac{\mathrm{V}[X-\mu]}{\sigma^2}=\frac{\mathrm{V}[X]}{\sigma^2}=\frac{\sigma^2}{\sigma^2}=1$$

■

? 3.7　正規化の変換式が覚えられません。

覚えていなくてもその場で作れます。$W=aX+b$ $(a>0)$ と置いて、$\mathrm{E}[W]=0,\ \mathrm{V}[W]=1$ となるように a,b を決めてやりましょう。つまり、

$$\mathrm{E}[W]=a\mu+b=0,\quad \mathrm{V}[W]=a^2\sigma^2=1$$

を解きましょう。後者から $a=1/\sigma$ が得られ、それを前者に代入して $b=-\mu/\sigma$ が得られます。

慣れてきたら、覚えると作るの中間くらいの感じで図 3.11 のような手順を踏むのがおすすめです。

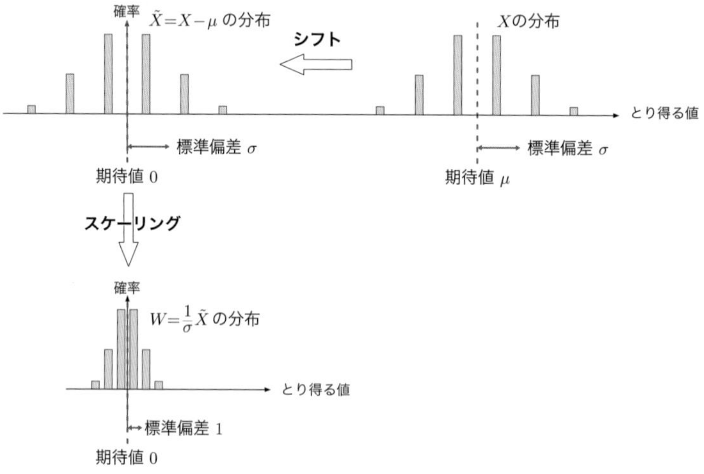

▶図 3.11　シフトとスケーリングで正規化する

1. 元の X の期待値 μ と標準偏差 σ を求めておく
2. まず全体をシフトして期待値が 0 になるよう調節する

$$\tilde{X}\equiv X-\mu \qquad \rightarrow \qquad \mathrm{E}[\tilde{X}]=0,\ \mathrm{V}[\tilde{X}]=\sigma^2$$

3. あとはスケーリングでふれ幅を調節して標準偏差を 1 にする

$$W\equiv\frac{1}{\sigma}\tilde{X} \qquad \rightarrow \qquad \mathrm{E}[W]=0,\ \mathrm{V}[W]=1$$

3.4.5 独立なら、足し算の分散は分散の足し算

X と Y が独立なら、$\mathrm{V}[X+Y] = \mathrm{V}[X] + \mathrm{V}[Y]$ が成り立ちます。

すでに学んだ期待値の性質を駆使すれば次のようにこれを示すことができます。$\mathrm{E}[X] = \mu$, $\mathrm{E}[Y] = \nu$ として[*9]、

$$\begin{aligned}
\mathrm{V}[X+Y] &= \mathrm{E}\left[\Big((X+Y)-(\mu+\nu)\Big)^2\right] = \mathrm{E}\left[\Big((X-\mu)+(Y-\nu)\Big)^2\right] \\
&= \mathrm{E}\left[(X-\mu)^2 + (Y-\nu)^2 + 2(X-\mu)(Y-\nu)\right] \\
&= \mathrm{E}[(X-\mu)^2] + \mathrm{E}[(Y-\nu)^2] + \mathrm{E}[2(X-\mu)(Y-\nu)] \\
&= \mathrm{V}[X] + \mathrm{V}[Y] + 2\,\mathrm{E}[(X-\mu)(Y-\nu)]
\end{aligned}$$

ここで X と Y が独立なら $X-\mu$ と $Y-\nu$ も独立ですから（→ 2.5.3 項 (p.63)「確率変数の独立性」）、最後のおつりは

$$2\,\mathrm{E}[(X-\mu)(Y-\nu)] = 2\,\mathrm{E}[X-\mu]\,\mathrm{E}[Y-\nu] = 2(\mu-\mu)(\nu-\nu) = 0 \tag{3.2}$$

と 0 になります。したがって $\mathrm{V}[X+Y] = \mathrm{V}[X] + \mathrm{V}[Y]$。

変数がもっと増えても同様です。たとえば X, Y, Z が独立なら $\mathrm{V}[X+Y+Z] = \mathrm{V}[X] + \mathrm{V}[Y] + \mathrm{V}[Z]$ という具合。

この性質を使うと、最初に挙げたモンスターの $\mathrm{V}[X]$ や $\mathrm{V}[Y]$ がもっと簡単に求められます。

例題 3.9

上の性質を利用して例題 3.6(p.91) の $\mathrm{V}[X]$ と $\mathrm{V}[Y]$ を計算せよ。

答

X について、「1, 2, 3, 4, 5 が等確率で出るサイコロ」を t 回目にふったときの出目を X_t と置く。$X = X_1 + X_2 + X_3$ であり、各 X_t については

$$\begin{aligned}
\mathrm{E}[X_t] &= 1\cdot\frac{1}{5} + 2\cdot\frac{1}{5} + 3\cdot\frac{1}{5} + 4\cdot\frac{1}{5} + 5\cdot\frac{1}{5} = 3 \\
\mathrm{V}[X_t] &= (1-3)^2\cdot\frac{1}{5} + (2-3)^2\cdot\frac{1}{5} + (3-3)^2\cdot\frac{1}{5} + (4-3)^2\cdot\frac{1}{5} + (5-3)^2\cdot\frac{1}{5} = 2
\end{aligned}$$

X_1, X_2, X_3 は独立なので、上記から

$$\mathrm{V}[X] = \mathrm{V}[X_1] + \mathrm{V}[X_2] + \mathrm{V}[X_3] = 2+2+2 = 6$$

Y についても同様に、「1, 2, 3, 4, 5, 6, 7, 8 が等確率で出るサイコロ」を t 回目にふったときの出目を Y_t と置く。$Y = Y_1 + Y_2$ であり、

$$\begin{aligned}
\mathrm{E}[Y_t] &= 1\cdot\frac{1}{8} + 2\cdot\frac{1}{8} + \cdots + 7\cdot\frac{1}{8} + 8\cdot\frac{1}{8} = \frac{9}{2} \\
\mathrm{V}[Y_t] &= \left(1-\frac{9}{2}\right)^2\cdot\frac{1}{8} + \left(2-\frac{9}{2}\right)^2\cdot\frac{1}{8} + \cdots + \left(7-\frac{9}{2}\right)^2\cdot\frac{1}{8} + \left(8-\frac{9}{2}\right)^2\cdot\frac{1}{8} = \frac{42}{8} = \frac{21}{4}
\end{aligned}$$

Y_1, Y_2 は独立なので、上記から

$$\mathrm{V}[Y] = \mathrm{V}[Y_1] + \mathrm{V}[Y_2] = \frac{21}{4} + \frac{21}{4} = \frac{21}{2} = 10.5$$

■

*9 ν はギリシャ文字「ニュー」です。μ の次の文字なので相棒として使いました。

例題 3.10

2 項分布 $\mathrm{Bn}(n,p)$ の分散を求めよ。

答

確率 p で 1、確率 $q \equiv 1-p$ で 0 が出る独立な確率変数 $Z_1,\ldots,Z_n$ を考えます。その合計 $X \equiv Z_1+\cdots+Z_n$ は 2 項分布 $\mathrm{Bn}(n,p)$ に従うのでした（3.2 節 (p.74)）。ここで独立性から

$$\mathrm{V}[X] = \mathrm{V}[Z_1] + \cdots + \mathrm{V}[Z_n]$$

また、定義どおりの計算により

$$\mathrm{V}[Z_t] = \mathrm{E}[(Z_t - p)^2] = (1-p)^2 p + (0-p)^2 q = q^2 p + p^2 q = pq(q+p) = pq, \qquad (t = 1,\ldots,n)$$

よって $\mathrm{Bn}(n,p)$ の分散は $\mathrm{V}[X] = npq = np(1-p)$。 ■

ただし、「独立なら」という条件は忘れないように。独立でないときは必ずしも単純な足し算にはなりません。実際、極端な例として、もし $Y = X$ なら

$$\begin{cases} \mathrm{V}[X+Y] = \mathrm{V}[X+X] = \mathrm{V}[2X] = 4\,\mathrm{V}[X] \\ \mathrm{V}[X] + \mathrm{V}[Y] = \mathrm{V}[X] + \mathrm{V}[X] = 2\,\mathrm{V}[X] \end{cases}$$

となり両者は一致しません。先ほどの例題 3.9 などと何が違うのかとまどった方は、確率変数と確率分布の違いを復習してください（1.5 節 (p.16)）。例題 3.9 は単に分布が同じ。いまの例は確率変数そのものが同一です。

3.4.6　自乗期待値と分散

さらにこんな公式も知っておくと便利です。

$$\mathrm{V}[X] = \mathrm{E}[X^2] - \mathrm{E}[X]^2$$

右辺の $\mathrm{E}[X]^2$ は $(\mathrm{E}[X])^2$ の意味です。この公式は

$$\mathrm{E}[X^2] = \mu^2 + \sigma^2 \qquad \text{ただし } \mu \equiv \mathrm{E}[X], \quad \sigma^2 \equiv \mathrm{V}[X]$$

と書き直したほうが把握しやすいかもしれません。「X の 2 乗の期待値」は、「X の期待値の 2 乗」に加えて、分散の分だけ増えるというわけです。うっかり $\mathrm{E}[X^2]$ と $\mathrm{E}[X]^2$ が等しいなんていう勘違いをしないようにご注意ください。極端な話、図 3.12 のようにたとえ期待値が $\mathrm{E}[X] = 0$ だったとしても、ばらつきが 0 でない限り $\mathrm{E}[X^2]$ は 0 にはなりません[*10]。そのことを思いおこせば上のような勘違いは避けられるはずです。

---

*10　X が 0 でない限り必ず $X^2 > 0$ なのだから、$\mathrm{E}[X^2]$ も正になります。

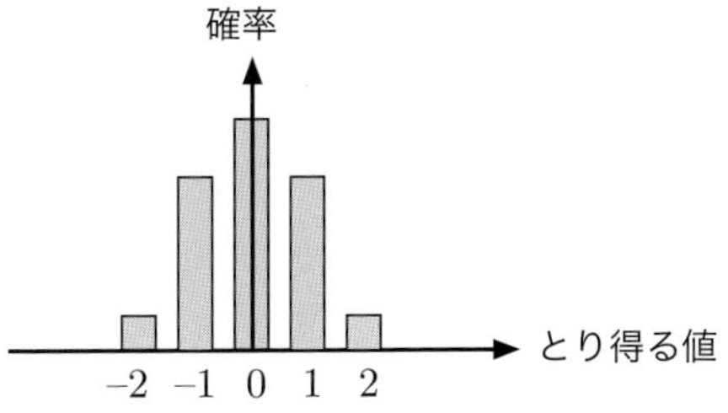

▶図 3.12 $\mathrm{E}[X] = 0$ でも、$\mathrm{E}[X^2] > 0$

いまの公式が成り立つ理由は次のとおり。$Z \equiv X - \mu$ を考えれば、$\mathrm{E}[Z] = 0$ であり、$X = Z + \mu$ と書けます。ゆらぐ量 X を、期待値 μ（ただの定数であり、ゆらがない）とそのまわりでのゆらぎ Z とに分けたことになります。この Z を使って

$$\begin{aligned} \mathrm{E}[X^2] &= \mathrm{E}[(Z+\mu)^2] = \mathrm{E}[Z^2 + \mu^2 + 2\mu Z] = \mathrm{E}[Z^2] + \mathrm{E}[\mu^2] + \mathrm{E}[2\mu Z] \\ &= \mathrm{E}[Z^2] + \mu^2 + 2\mu\,\mathrm{E}[Z] \end{aligned} \tag{3.3}$$

まで展開しておきます。ここで、$Z = X - \mu$ と $\mathrm{E}[Z] = 0$ から $\mathrm{E}[Z^2] = \mathrm{V}[X]$ と $2\mu\,\mathrm{E}[Z] = 0$ が言えて、

$$\text{式 (3.3)} = \mathrm{V}[X] + \mu^2$$

が得られます。

例題 3.11

確率 1/3 で -1 が出て、確率 2/3 で $+1$ が出る確率変数 X の分散は？ （上の公式を使ってよい）

答

$X = -1$ でも $X = +1$ でもどちらにしろ $X^2 = 1$ だから、$\mathrm{E}[X^2] = 1$。また、

$$\mathrm{E}[X] = (-1) \cdot \frac{1}{3} + (+1) \cdot \frac{2}{3} = \frac{1}{3}$$

よって上の公式より

$$\mathrm{V}[X] = 1 - \left(\frac{1}{3}\right)^2 = \frac{8}{9}$$

こう計算するほうが定義どおり計算するよりも頭が楽ではありませんか？ ∎

例題 3.12

$\mathrm{E}[X] = \mu,\ \mathrm{V}[X] = \sigma^2$ のとき、ゆらがない任意の定数 a に対して

$$\mathrm{E}[(X-a)^2] = (\mu - a)^2 + \sigma^2$$

となることを示せ。

答

$Y \equiv X - a$ と置けば、

$$\begin{aligned}\mathrm{E}[(X-a)^2] &= \mathrm{E}[Y^2] = \mathrm{E}[Y]^2 + \mathrm{V}[Y] = \mathrm{E}[X-a]^2 + \mathrm{V}[X-a] = (\mathrm{E}[X] - a)^2 + \mathrm{V}[X] \\ &= (\mu - a)^2 + \sigma^2\end{aligned}$$

∎

いまの例題 3.12 は次のような状況にあてはめるとなかなか味わいがあります。ぴったり a cm の部品を製造したいのに、実際できあがる寸法 X cm は確率的にゆらぐとしましょう。一般に、基準値 a と実際の値 X との誤差の 2 乗 $(X-a)^2$ を**自乗誤差**と呼びます。自乗誤差が何かとよく使われることは 3.4.2 項 (p.90) の分散の導入でもお話しました。例題 3.12 を見ると、自乗誤差の期待値が

$$\begin{aligned}(X\ \text{と}\ a\ \text{との自乗誤差の期待値}) &= (\text{期待値の自乗誤差}) + (\text{分散}) \\ &= (\text{偏りによる誤差}) + (\text{ばらつきによる誤差})\end{aligned}$$

のように二種類の誤差に分解されることがわかります。図 3.13 でそれぞれの意味をご確認ください。こういった**偏り（バイアス）**と**ばらつき**は、確率を利用した情報処理においても意識しておく必要があります。手法 A は偏りが小さくて一見良さそうだが、実はばらつきが大きいので、あえて手法 B を使うほうが良いなどということもあるからです。何なら $\mathrm{E}[(X-a)^2] = (\mu - a)^2 + \sigma^2$ のほうを頭に残して、さきほど述べた $\mathrm{E}[X^2] = \mu^2 + \sigma^2$ はそこから $a = 0$ として導くことにしても構いません。

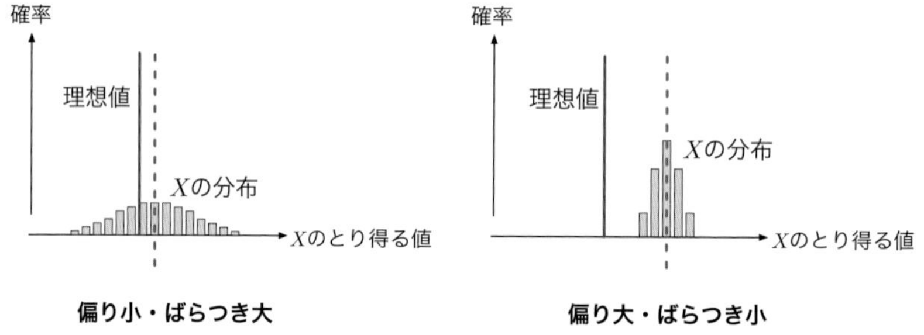

▶図 3.13　偏りとばらつき

? 3.8　学校で習った話と違いますよ？

これまでに統計を勉強したことのある方は、分散の計算式を「サンプルサイズから 1 を引いた値で割る」と覚えたかもしれません。しかし、それはいまここで議論している分散とは話が違います。いま議論しているのは確率変数 X の分散 $\mathrm{V}[X]$。神様視点でいえば、あらゆるパラレルワールドを横断して眺める話です。一方、あなたが覚えた計算式は、(あなたが住む) 一つのパラレルワールドで観測されたデータ $x_1, \ldots, x_n$ から不偏分散を求める話です。あなたはあくまで特定のパラレルワールドに留まったまま。不偏分散については 6.1.7 項 (p.237)「(策ア) 候補をしぼる —— 最小分散不偏推定」で触れます。

また、標準偏差 σ について、「期待値 $\pm 3\sigma$ 以内に 99.7% が含まれる。だから期待値から 3σ 以上外れていたらまず偶然ではない」と聞いた方もいるかもしれません。しかしそれは正規分布という特定の分布についての話です。一般の分布ではそこまでは保証されません (→ 付録 B.4(p.340)「Markov の不等式と Chebyshev の不等式」)。

さらに、正規化という言葉もあなたが習ったものと違ったかもしれません。「正規化」は固有名詞というよりも一般名詞です。標準の格好にそろえるというニュアンスのとき、いろいろな場面でいろいろな処理を正規化と呼びます。正規化の具体的な内容は分野や場面しだいなので、そのつど文脈から判断してください。

3.5 大数の法則

個々に見ればランダムにゆらぐものでも、たくさん集めて平均を求めればほとんどゆらがない、という現象があります。コンピュータで模擬実験してみましょう。以下ではプログラミング言語 **Ruby** を使った例を示します[*11]。

たとえばサイコロを 1 回ふったら、1 から 6 までどれが出るか全く予想がつきません。

```
$ ruby -e 'puts 1 + rand(6)'↲
2        たまたまこれが出た
```

でもサイコロを 20 回ほどふって平均を求めればたいてい 3.5 前後の結果になります。

```
$ ruby -e 'n=20; puts "#{a=n.times.map{1+rand(6)}} [#{a.inject(:+).to_f/n}]"'↲
14441333635225662444 [3.6]    角括弧内が平均
```

何度もやってみると……

```
32152654516312653264 [3.6]

62212631245413251655 [3.3]

23612631243213226165 [3.05]

45145515224626355466 [4.05]
```

200 回もふれば平均はさらにばらつきにくくなります。上の n=20 を n=200 に変えて何度もやってみると……

*11 「オブジェクト指向スクリプト言語 Ruby」(http://www.ruby-lang.org/ja/) を参照。ここではバージョン 1.8.7 を使用しました。実行例の見方は 1 章脚注*10(p.25) と同様です。コンピュータでの乱数の扱いについては後ほど 7 章(p.253)「擬似乱数」で議論します。

```
61546453236524164344566651213611662245441652455451623152113554363434531332621233
45365432165224352616146436364124533411123522431552341245161253565616464623234461
6541554451356126251123352315353544556531 [3.57]
```

```
61142555363144313552143232652432264144265312623664135213544364424232661311541565
35211354554313451241216636133556264143324312652641434135526353461165515355653224
6552141313333514221114654313364541256423 [3.42]
```

```
34661326445452131665543343213211311554411245651333446324555451632121163364162615
64313446153342265343635531512151132251354352261452642624114114312624143143361253
3555535213162623454265661415423621354526 [3.39]
```

```
36164541255424645162346525551332162516144323334322625515314145453254315331312413
35252456146225545265541555246666666652311424356156232653343625422333254335652413
6526616261531345542535213136314535254663 [3.645]
```

```
12312221246321335416531243145435363234633545313414126644326142256313623216363341
54121255313461316442314232256655112264536156466616543454534432313123346551343213
1125316262453513662315111565514616146655 [3.385]
```

たくさん平均すればほぼ一定値におちつくというこの性質は、ランダムにゆらぐものを解析し活用するための大切な鍵となります。日常的な感覚としても、この性質自体はなんとなくそういうものだろうと思えることでしょう。本節ではそれを確率の言葉で検証します。

3.5.1　独立同一分布（i.i.d.）

まず注意が必要なのは、サイコロを 20 回ふるということをどう表すかです。確率変数と確率分布をごっちゃにする心配があるからです。1 回目のサイコロの値を確率変数 X_1 とし、2 回目のサイコロの値を確率変数 X_2 とし、……という調子で 20 個の確率変数 $X_1, X_2, \ldots, X_{20}$ を考えてください。同じサイコロをふっているのだから、1 回目も 2 回目も 20 回目も、出る目の分布は同じでしょう。つまり

$$
\begin{aligned}
&\mathrm{P}(X_1 = 1) = \mathrm{P}(X_2 = 1) = \cdots = \mathrm{P}(X_{20} = 1) = 1/6 \qquad (1\text{ が出る確率は何回目でも }1/6)\\
&\mathrm{P}(X_1 = 2) = \mathrm{P}(X_2 = 2) = \cdots = \mathrm{P}(X_{20} = 2) = 1/6 \qquad (2\text{ が出る確率は何回目でも }1/6)\\
&\qquad\qquad\vdots\\
&\mathrm{P}(X_1 = 6) = \mathrm{P}(X_2 = 6) = \cdots = \mathrm{P}(X_{20} = 6) = 1/6 \qquad (6\text{ が出る確率は何回目でも }1/6)
\end{aligned}
$$

のはずです[*12]。また、変な細工をしない限り 1 回目の結果と 2 回目の結果とは独立でしょう。1 回目に何が出ても 2 回目の出やすさがそれで変化したりはしないはずです。

$$
\begin{aligned}
&\text{「1 回目に } x_1 \text{ が出て、2 回目に } x_2 \text{ が出て、……20 回目に } x_{20} \text{ が出る確率」}\\
&= \mathrm{P}(X_1 = x_1, X_2 = x_2, \ldots, X_{20} = x_{20})\\
&= \mathrm{P}(X_1 = x_1)\,\mathrm{P}(X_2 = x_2) \cdots \mathrm{P}(X_{20} = x_{20})
\end{aligned}
$$

こんなふうに、確率変数 $X_1, \ldots, X_n$ が

- 個々の分布（周辺分布）はどれも同じ
- しかもすべて独立

[*12] だからといって確率変数 $X_1, X_2, \ldots, X_{20}$ 自体が等しいわけではありません。1 回目から 20 回目まですべて同じ目が出るわけではないからです。「えっ」という人は確率変数と確率分布の区別を復習（1.5 節 (p.16)）。

というとき、**独立同一分布**に従うと言います。英語では independent and identically distributed と言い、これを略して **i.i.d.** と書きます。確率を応用した本などでは説明なしに使われることも多いので、この略語は覚えてください。何かの実験・調査をくり返し行うというときには、i.i.d. になっている（あるいはできるだけ i.i.d. になるよう努力する）ことが多いでしょう。

いまの例は確率がそろいすぎてむしろわかりにくかったかもしれないので、もう一例こんな歪んだサイコロも見てみます。

値	その値が出る確率
1	0.4
2	0.1
3	0.1
4	0.1
5	0.1
6	0.2

1 回目のサイコロの値を確率変数 Y_1 とし、2 回目のサイコロの値を確率変数 Y_2 とし、……という調子で 20 個の確率変数 $Y_1, Y_2, \ldots, Y_{20}$ を考えてください。同じサイコロをふっているのだから、1 回目も 2 回目も 3 回目も、出る目の分布は同じなはずです。

$$
\begin{aligned}
&\mathrm{P}(Y_1 = 1) = \mathrm{P}(Y_2 = 1) = \cdots = \mathrm{P}(Y_{20} = 1) = 0.4 && \text{(1 が出る確率は何回目でも 0.4)} \\
&\mathrm{P}(Y_1 = 2) = \mathrm{P}(Y_2 = 2) = \cdots = \mathrm{P}(Y_{20} = 2) = 0.1 && \text{(2 が出る確率は何回目でも 0.1)} \\
&\qquad\qquad\vdots \\
&\mathrm{P}(Y_1 = 5) = \mathrm{P}(Y_2 = 5) = \cdots = \mathrm{P}(Y_{20} = 5) = 0.1 && \text{(5 が出る確率は何回目でも 0.1)} \\
&\mathrm{P}(Y_1 = 6) = \mathrm{P}(Y_2 = 6) = \cdots = \mathrm{P}(Y_{20} = 6) = 0.2 && \text{(6 が出る確率は何回目でも 0.2)}
\end{aligned}
$$

歪んでいるせいでもはや確率は 1/6 ずつではありませんが、それでも 1 が出る確率は終始一貫して 0.4 だというわけです。また、変な細工をしない限り独立性も成り立つはず。

$$
\begin{aligned}
&\text{「1 回目に } y_1 \text{ が出て、2 回目に } y_2 \text{ が出て、……20 回目に } y_{20} \text{ が出る確率」} \\
&= \mathrm{P}(Y_1 = y_1, Y_2 = y_2, \ldots, Y_{20} = y_{20}) \\
&= \mathrm{P}(Y_1 = y_1)\,\mathrm{P}(Y_2 = y_2) \cdots \mathrm{P}(Y_{20} = y_{20})
\end{aligned}
$$

だから $Y_1, Y_2, \ldots, Y_{20}$ も i.i.d. です。

例題 3.13

同一分布だが独立でない例を何か作れ。

答

たとえば前の図 1.9(p.14) と図 1.10 の確率変数 X と Y は、同一分布（確率 1/4 で当たり、確率 3/4 ではずれ）だけれど独立ではない（X が当たりの場合のほうが Y も連動して当たりになりやすい）。あるいはもっと極端に、サイコロを一回だけふった結果を X とし、それをただコピーして $X_1 = X_2 = \cdots = X_{20} = X$ とおけば、$X_1, X_2, \ldots, X_{20}$ は同一分布だが独立ではない。「えっ」という人は確率変数と確率分布との違い (1.5 節 (p.16)) や独立性 (2.5 節 (p.58)) を復習。 ∎

3.5.2　平均値の期待値・平均値の分散

次に注意が必要なのは平均値と期待値の区別です。確率変数 $X_1, X_2, \ldots, X_n$ に対してその**平均** Z とは

$$Z \equiv \frac{X_1 + X_2 + \cdots + X_n}{n}$$

のことです[*13]。$X_1, X_2, \ldots, X_n$ がゆらぐ量なので、そこから計算される Z もやはり「ゆらぐ量」。実際、さきほどの実験でもくり返すたびに平均値は変わっていました。単に何個かの量を合計して個数で割るというだけですから、

- ゆらがない量たちの平均はゆらがない量
- ゆらぐ量たちの平均はゆらぐ量

となるのはあたりまえです。その様子を神様視点で描くと図 3.14 のようになります。

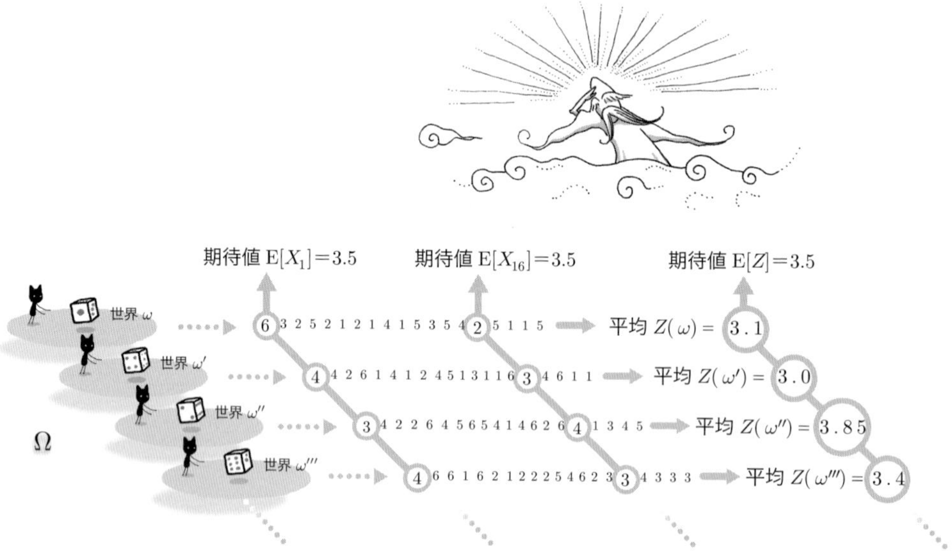

▶図 3.14　平均値と期待値の区別（神様視点で）

---

*13　「平均」「期待値」という言葉は混用されることも多いのですが、本書ではきっちり使いわけます。

一方、期待値というのは、パラレルワールドを横断して計算される「ゆらがない量」でした。いま作った確率変数 Z の期待値は、

$$\begin{aligned}\mathrm{E}[Z] &= \mathrm{E}\left[\frac{X_1 + X_2 + \cdots + X_n}{n}\right] = \frac{\mathrm{E}[X_1 + X_2 + \cdots + X_n]}{n} \\ &= \frac{\mathrm{E}[X_1] + \mathrm{E}[X_2] + \cdots + \mathrm{E}[X_n]}{n}\end{aligned}$$

のように、「それぞれの期待値」の平均となっています。特に $X_1, X_2, \ldots, X_n$ が i.i.d. だったら、当然どれも期待値は同じ（μ とおきます）ですから

$$\mathrm{E}[Z] = \frac{n\mu}{n} = \mu$$

となります。この Z の期待値は個々の期待値 μ と一致する。まあ予想どおりの結果でしょう。

せっかくだからついでに Z の分散も計算しておきます。

$$\mathrm{V}[Z] = \mathrm{V}\left[\frac{X_1 + X_2 + \cdots + X_n}{n}\right] = \frac{\mathrm{V}[X_1 + X_2 + \cdots + X_n]}{n^2} \qquad \left(n \text{ で割ったら分散は } \frac{1}{n^2}\right)$$

ここで $X_1, X_2, \cdots, X_n$ が独立だったら

$$\mathrm{V}[Z] = \frac{\mathrm{V}[X_1] + \mathrm{V}[X_2] + \cdots + \mathrm{V}[X_n]}{n^2} \qquad \text{（独立なら、足し算の分散は分散の足し算）}$$

となるのでした。さらに $X_1, X_2, \ldots, X_n$ が i.i.d. のときは、当然どれも分散は同じ（σ^2 とおきます）ですから

$$\mathrm{V}[Z] = \frac{n\sigma^2}{n^2} = \frac{\sigma^2}{n}$$

という結果になります。

……ついでになんて書きましたけれど、本心はこの結果に到達したくてここまで話をしてきたのでした。「毎回同じ設定でしかも独立」という理想的な実験・調査を n 回行って平均を求めれば、分散は $1/n$ になる。これはゆらぐ量を扱う際の基本常識です。

分散が $1/n$ ということは標準偏差でいえば $1/\sqrt{n}$。精度を 10 倍に（「期待値からの典型的なふれ幅」を 1/10 に）したければ試行回数を $10^2 = 100$ 倍にしないといけません。10 倍では済まないのです。

3.5.3 大数の法則

いまの結果をまとめます。i.i.d. な確率変数 $X_1, \cdots, X_n$（どれも期待値 μ、分散 σ^2）に対して平均

$$Z_n \equiv \frac{X_1 + \cdots + X_n}{n} \qquad \text{（}n\text{ 個の平均なことを明示するために }Z\text{ にも添字をつけました）}$$

を求めれば、

$$\begin{aligned}\mathrm{E}[Z_n] &= \mu && \text{…… その期待値は元と同じ} \\ \mathrm{V}[Z_n] &= \frac{\sigma^2}{n} && \text{…… その分散は元の } \frac{1}{n} \text{（標準偏差でいえば元の } \frac{1}{\sqrt{n}}\text{）}\end{aligned}$$

ということは、もし n をいくらでも大きくしてよいなら分散 $\mathrm{V}[Z_n]$ をいくらでも小さく（0 に近く）

できるわけです。

$$\mathrm{V}[Z_n] \to 0 \qquad (n \to \infty)$$

分散ゼロはゆらがないという意味だったことを思い出してください。ものすごく雑に言うと、「個数 n を無限に増やせば、平均 Z_n はもはやゆらがなくなり μ に収束する」。これを**大数（たいすう）の法則**と呼びます。

確率に慣れていない人へ「期待値とは何か」を説明する際に、無限回ためしたときの平均だと言ってごまかすことが一応許されるのは、大数の法則があるおかげです。とはいえ、この俗な説明をいつまでも信じ込んではいけません。期待値のイメージがこれのままだとその先の論証に支障をきたすからです。混乱せず自信を持って確率を論じるためには、期待値 μ と平均 Z_n との意味の違いをわきまえる必要があります。それにはやはり前の図 3.14 のような神様視点で考えられるようになることが大切でしょう。

両者は違うものを測っていて、その違うものが一致するところに大数の法則の妙味がある。このことが神様視点ならはっきりわかるはずです。大げさに言うと……Ω 全体を見渡すのは神のみの成せる技。期待値 μ はパラレルワールドを横断観測する話だから、一つの世界 ω にしばられた人間には本来手の届かない量。でも我々には大数の法則がある。おかげで、一つの世界 ω にとどまりながらも、平均値 Z_n を観察することで神の量 μ に近づくことができる*14。こう言われたら大数の法則のインパクトを見直したのではありませんか？

3.5.4　大数の法則に関する注意

大数の法則に関する締めくくりとして三つ注意を述べておきます。

まず一つめ。大数の法則が成り立つのは個数 n で割っているからこそです。単に合計するだけだと分散は大きくなります（→ 3.4.5 項 (p.97)「独立なら、足し算の分散は分散の足し算」）。n を大きくしても、サイコロを n 回ふった合計値が $3.5n$ に近づいていくなんていうことはありませんし、コインを n 回投げたときに表が出る回数が $n/2$ に近づいていくなんていうこともありません*15。それぞれ、擬似乱数列（→ 7 章 (p.253)）を用いた計算機実験の結果を図 3.15 と図 3.16 に示します。

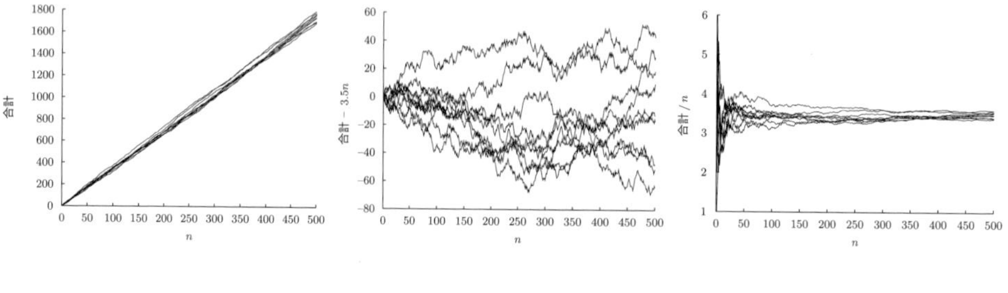

▶図 3.15　サイコロを n 回ふる模擬実験。10 試行の結果を重ねて示す。出た目の合計が $3.5n$ に近づいていく、なんていうことはない。（左）出た目の合計、（中）合計 $- 3.5n$、（右）合計$/n$

*14　そんな絶対不可能そうなことができてしまうのは i.i.d. という前提のおかげです。

*15　表を 1、裏を 0 に対応づけて、「1 か 0 かが確率 1/2 で出る、i.i.d. な n 個の確率変数」を考えてください。大数の法則から n 回中の表の割合は 1/2 へ収束することがわかります。

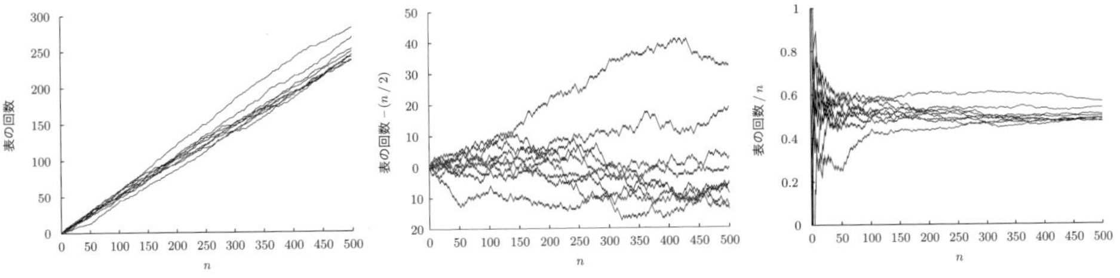

▶図 3.16 コインを n 回投げる模擬実験。10 試行の結果を重ねて示す。表の出た回数が $n/2$ に近づいていく、なんていうことはない。（左）表の出た回数、（中）表の回数 $-$ $(n/2)$、（右）表の回数$/n$

二つめは期待値が存在しない場合について。3.3.4 項 (p.84) のような「期待値が存在しない確率分布」に対しては前の議論は成り立ちません[†]。

三つめは前提条件をゆるめた拡張について。本書では、分散が存在し、しかも i.i.d. の場合を議論しました。これらの前提条件はもっとゆるめることも可能です。必要になったときは確率論のきちんとした教科書を探してください（結論を手早く知りたければ参考文献 [36] など）。

3.6 おまけ：条件つき期待値と最小自乗予測

本章でぜひともお話したかったことは「大数の法則」までで一通り済みました。あとはおまけですから気楽に聞いてください。確率論の入門としてはちょっと突っ込みすぎかもしれませんけれど、応用にもつながる話ですので軽く紹介しておきます（→ 5.3.5 項 (p.204) の切口と影に関する注意、8.1.1 項 (p.271) のチコノフの正則化、6.1.9 項 (p.240) の Bayes 推定など）。

3.6.1 条件つき期待値とは

$X = a$ という観測値を得たとき、Y を予測するには条件つき確率 $\mathrm{P}(Y = b|X = a)$ を計算すればよいのでした。これを計算すればどんな値が出る確率がどれくらいあるのかがわかります。でも「そんなふうに確率で答えられても困る。いくつも候補を挙げるのではなくちゃんと予測値を一つ答えてほしい」というときもあるでしょう。

そんなときにまず考えられる自然な方針は、条件つき確率 $\mathrm{P}(Y = b|X = a)$ が最も高い b を答えるというものです。予測がぴったり当たるかどうかが勝負の場合はこの方針が合理的です。

もう一つ考えられる方針として、$X = a$ という条件のもとでの Y の条件つき分布（どんな値がそれぞれどんな確率で出るか）を求め、その期待値

$$\mathrm{E}[Y|X = a] \equiv \sum_b b\,\mathrm{P}(Y = b|X = a)$$

を答える手もあります。これを短かく**条件つき期待値**と呼びます。

条件つき期待値 $\mathrm{E}[Y|X=a]$ は X の値 a に応じて変わることに注意しましょう。X としてどんな値が出やすいか出にくいか調べた上でさらにいまの量の期待値を求めると、結果はふつうの期待値に一致します。

$$\sum_a \mathrm{E}[Y|X=a]\,\mathrm{P}(X=a) = \mathrm{E}[Y]$$

これは次のように示されます：

$$\begin{aligned}
&\sum_a \mathrm{E}[Y|X=a]\,\mathrm{P}(X=a) \\
&= \sum_a \sum_b b\,\mathrm{P}(Y=b|X=a)\,\mathrm{P}(X=a) \qquad \text{定義を代入} \\
&= \sum_a \sum_b b\,\mathrm{P}(X=a, Y=b) \quad \text{——} \quad (*) \qquad \text{条件つき確率と同時確率の関係}
\end{aligned}$$

最後の式は、$s(x,y) \equiv y$ という関数に対する $\mathrm{E}[s(X,Y)]$ の式になっていますから、要するに $\mathrm{E}[Y]$ です[*16]。

3.6.2　最小自乗予測

ひかえめな言い方で導入された条件つき期待値 $\mathrm{E}[Y|X=a]$ ですが、実は結構自慢できる性質を持っています。こんな問題を考えてみてください。

> 条件つき分布 $\mathrm{P}(Y=b|X=a)$ が与えられているとする。このとき、X の値を入力したら Y の予測値 $\hat{Y}$ を出力するようなプログラムを書け[*17]。ただし自乗誤差 $(Y-\hat{Y})^2$ の期待値 $\mathrm{E}[(Y-\hat{Y})^2]$ ができるだけ小さくなるようにすること。

言い直せば、「X を入れると Y の予測値が出てくるような関数 g のうち、$\mathrm{E}\Big[\big(Y-g(X)\big)^2\Big]$ が最小となるものを答えよ」という問題です。実はその答こそが

$$g(a) = \mathrm{E}[Y|X=a]$$

なのです。

理由は以下のとおり。具体的に考えやすいよう、X は $1,2,3$ のどれかの値をとるとしましょう。このとき自乗誤差の期待値は

$$\begin{aligned}
\mathrm{E}[(Y-\hat{Y})^2] &= \mathrm{E}\Big[\big(Y-g(X)\big)^2\Big] \\
&= \sum_{a=1}^{3} \sum_b \big(b-g(a)\big)^2\,\mathrm{P}(X=a, Y=b)
\end{aligned}$$

---

*16 「えっ」という人は例題 3.5(p.84) を参照。この説明がわかりにくければ、地道に式変形で導いても構いません。

$$(*) = \sum_b \sum_a b\,\mathrm{P}(X=a,Y=b) = \sum_b b \sum_a \mathrm{P}(X=a,Y=b) = \sum_b b\,\mathrm{P}(Y=b) = \mathrm{E}[Y]$$

必要なら付録 A.4(p.322)「総和 $\sum$」も参照ください。

*17 $\hat{Y}$ は「Y ハット」と読みます。これは Y' や $\tilde{Y}$ などと同じように、「Y と関連した、Y とは別のもの」を表すために使われる記号です。確率・統計の分野では慣習として、推定値に対してこの記号がよく使われます。

$$
\begin{aligned}
&= \sum_b \bigl(b - g(1)\bigr)^2 \, \mathrm{P}(X = 1, Y = b) \\
&\quad + \sum_b \bigl(b - g(2)\bigr)^2 \, \mathrm{P}(X = 2, Y = b) \\
&\quad + \sum_b \bigl(b - g(3)\bigr)^2 \, \mathrm{P}(X = 3, Y = b) \\
&= \bigl(g(1)\text{ で決まる量}\bigr) + \bigl(g(2)\text{ で決まる量}\bigr) + \bigl(g(3)\text{ で決まる量}\bigr)
\end{aligned}
$$

のように 3 つの項に分けられます。ですから、それぞれを個別に調べて

- $\sum_b \bigl(b - g(1)\bigr)^2 \, \mathrm{P}(X = 1, Y = b)$ が最小となるよう $g(1)$ を設定
- $\sum_b \bigl(b - g(2)\bigr)^2 \, \mathrm{P}(X = 2, Y = b)$ が最小となるよう $g(2)$ を設定
- $\sum_b \bigl(b - g(3)\bigr)^2 \, \mathrm{P}(X = 3, Y = b)$ が最小となるよう $g(3)$ を設定

としてやればベストな g が得られます。この方針に従って $g(1)$ を定めましょう。目が楽なように $g_1 = g(1)$ という記号を使うと、最小化すべき量は

$$
\begin{aligned}
\sum_b (b - g_1)^2 \, \mathrm{P}(X = 1, Y = b) &= \sum_b (b - g_1)^2 \, \mathrm{P}(Y = b | X = 1) \, \mathrm{P}(X = 1) \\
&= \mathrm{P}(X = 1) \sum_b (b - g_1)^2 \, \mathrm{P}(Y = b | X = 1)
\end{aligned}
$$

なので結局、$\sum_b (b - g_1)^2 \, \mathrm{P}(Y = b | X = 1)$ を最小化すればよい。そこで

$$
h_1(g_1) \equiv \sum_b (b - g_1)^2 \, \mathrm{P}(Y = b | X = 1)
$$

と置いてその微分を調べたら、

$$
\begin{aligned}
\frac{dh_1}{dg_1} &= 2 \sum_b (g_1 - b) \, \mathrm{P}(Y = b | X = 1) \\
&= 2 \left(\sum_b g_1 \, \mathrm{P}(Y = b | X = 1) - \sum_b b \, \mathrm{P}(Y = b | X = 1) \right) \\
&= 2 \left(g_1 \sum_b \mathrm{P}(Y = b | X = 1) - \sum_b b \, \mathrm{P}(Y = b | X = 1) \right) \\
&= 2 \left(g_1 - \mathrm{E}[Y | X = 1] \right)
\end{aligned}
$$

よって、$dh_1/dg_1 = 0$ となるとき、つまり $g_1 = \mathrm{E}[Y|X = 1]$ のときに $h_1(g_1)$ が最小となります[*18]。$g(2), g(3)$ についても同様ですから、まとめて $g(a) = \mathrm{E}[Y|X = a]$ という結論に至ります。

3.6.3　神様視点で

前項の $g(a) \equiv \mathrm{E}[Y|X = a]$ は、数を入れると数が出てくるふつうの関数です。g の定義を一瞬忘れて、とにかく何かただの関数だと考えてください。g に具体的な数 a を与えると、ゆらがない決まった

[*18] $g_1 < \mathrm{E}[Y|X = 1]$ のときは $dh_1/dg_1 < 0$、$g_1 > \mathrm{E}[Y|X = 1]$ のときは $dh_1/dg_1 > 0$ なので、$g_1 = \mathrm{E}[Y|X = 1]$ のときが最小です。なお、$h_1(g_1) = \mathrm{E}[(Y - g_1)^2 | X = 1]$ であることも指摘しておきます。

数 $g(a)$ が得られます。また、g にゆらぐ値 X を与えると、X に応じてゆらぐ値 $\hat{Y} = g(X)$ が得られます。この $g(X)$ のことを

$$\mathrm{E}[Y|X]$$

と書きます。$\mathrm{E}[Y|X]$ はゆらぐ値（確率変数）です。式で見ているとちょっと混乱しそうになりますが[*19]、神様視点の図 3.17 を見れば意味は明確でしょう。端的に言うと、X で見分けられない範囲はならしてしまえという処理です。

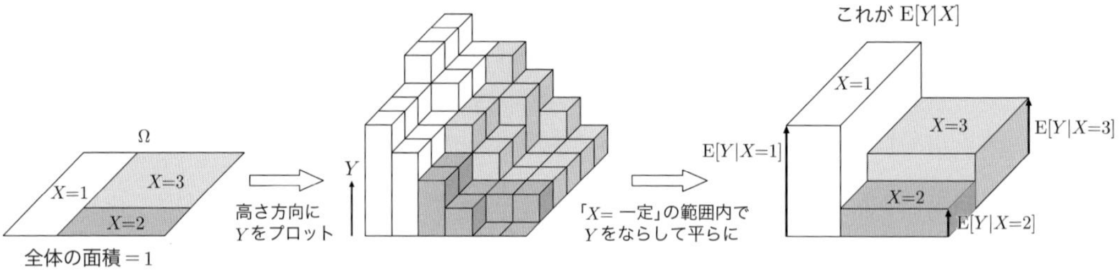

▶図 3.17　神様視点で、各世界 ω における Y や $\mathrm{E}[Y|X]$ の値を高さ方向にプロット

上で指摘した「ふつうの期待値との関係」は、いまの記号を使えばこう書けます。

$$\mathrm{E}\big[\mathrm{E}[Y|X]\big] = \mathrm{E}[Y]$$

図 3.17 の $\mathrm{E}[Y|X]$ をさらにならして全国的に平らにしきつめれば、その高さは $\mathrm{E}[Y]$ そのもの。あるいは、「期待値とはオブジェの体積だ」を思い出して、図 3.17 の Y も $\mathrm{E}[Y|X]$ も体積は同じだ、という理解でも結構です。少し進んだ教科書では多用される記法なので、びっくりしないようにここで紹介しておきました。

3.6.4　条件つき分散

ついでに条件つき分散についても触れておきます。これは後ほど 8.2.2 項 (p.289)「カルマンフィルタ」で使います。

$\mathrm{E}[Y|X = a] \equiv \mu(a)$ とおいて

$$\mathrm{V}[Y|X = a] \equiv \mathrm{E}[(Y - \mu(a))^2|X = a]$$

が**条件つき分散**です。分散の定義の中に現れる「期待値」をすべて「条件つき期待値」におきかえるだけですから自然でしょう。

ただし、$\sum_a \mathrm{V}[Y|X = a]\,\mathrm{P}(X = a)$ は一般に $\mathrm{V}[Y]$ にはなりません。たとえば極端な話、$X = Y$ ととればいつでも $\mathrm{V}[Y|X = a] = \mathrm{V}[a|X = a] = 0$ です。だからといって $\mathrm{V}[Y]$ が 0 なわけではありません。

---

*19　$g(a) = \mathrm{E}[Y|X = a]$ だからといって、右辺の a に X を直接「代入」して $\mathrm{E}[Y|X = X]$ などと書いてはいけません。これは意味が違ってしまいます（$X = X$ は必ず成り立つから、何も条件をつけたことにならない）。

コラム：ポートフォリオ

確率 0.7 で「ア」が出て、確率 0.3 で「イ」が出るというくじがあります。アかイかどちらに賭けても、当たったら賭金が 2 倍になります。したがってアに賭けるほうが明らかにお得です。

あなたは毎日、全財産をこのくじに賭けます。具体的には、全財産のうち割合 p をアに、残りをイに賭けます。p は前もって決めておきます。これをずっとくり返すとしたら p をどんな値にするのが良いでしょうか？

一日のもうけの期待値を考えると $p = 1$（全財産をアへ）が明らかに最適。しかしそんなギャンブルをくり返していたら、いずれははずれて全財産を失ってしまうでしょう。コンピュータシミュレーションで確かめてみます。

```
$ cd portfolio↲
$ make↲
=========== p = 0.99
./portfolio.rb -p=0.99 100 | ../histogram.rb -w=5
   -5<= | * 1 (1.0%)
  -10<= | ** 2 (2.0%)
  -15<= | ******* 7 (7.0%)
  -20<= | ******* 7 (7.0%)
  -25<= | **************** 16 (16.0%)
  -30<= | ************ 12 (12.0%)
  -35<= | **************************** 28 (28.0%)
  -40<= | ***************** 17 (17.0%)
  -45<= | ***** 5 (5.0%)
  -50<= | ** 2 (2.0%)
  -55<= | *** 3 (3.0%)
total 100 data (median -30.2025, mean -29.0052, std dev 9.85771)
========== p = 0.7
./portfolio.rb -p=0.7 100 | ../histogram.rb -w=1
    7<= | *** 3 (3.0%)
    6<= | *** 3 (3.0%)
    5<= | ************** 14 (14.0%)
    4<= | ******************* 19 (19.0%)
    3<= | ************** 14 (14.0%)
    2<= | ************************* 25 (25.0%)
    1<= | ********* 9 (9.0%)
    0<= | ********** 10 (10.0%)
   -1<= | *** 3 (3.0%)
total 100 data (median 3.20552, mean 3.38215, std dev 1.79856)
```

表示されているのは $p = 0.99$ の場合と $p = 0.7$ の場合のシミュレーション結果です。「上のような賭けを 100 日間行い、財産が何倍になったか」という実験を 100 回くり返して、そのヒストグラムを表示しています。ただしそのままだと桁が広がりすぎるので、何倍になったかの常用対数をとりました。「`-1<=`」は 0.1 倍以上 1 倍未満、「`0<=`」は 1 倍以上 10 倍未満、「`1<=`」は 10 倍以上 100 倍未満、「`2<=`」は 100 倍以上 1000 倍未満、という具合。

この結果を見ると、一番もうかるくじにばかり集中するのでなく、その裏目へも適度に投資を分散したほうがよさそうです。

コラム：事故間隔の期待値

前章末コラム「アクシデント」(p.70) における「o どうしの間隔」の期待値について、次のように二つの異なる説が考えられます。どちらを支持しますか？　支持しなかった説のどこが誤りか指摘できますか？

- 説 A
  t 文字目が o だったとしよう。次に o が出るのが k 文字後となる確率は、「. が $(k-1)$ 回出てその次に o が出る」の確率だから $0.9^{k-1} \times 0.1$ だ。この分布の期待値を計算すると答は 10 (→ 付録 A.4.4(p.325)「等比級数」)。
- 説 B
  t 文字目と $(t+1)$ 文字目とのさかいめに立って考えよう。「次に o が出るのは何文字後か」の期待値は説 A のように 10 と求まる。一方、「直前に o が出たのは何文字前か」の期待値もやはり同じ理屈で 10 となる。だから、o から o までの間隔の期待値は $10 + 10 - 1 = 19$ だ（この実験では「oo」を間隔 1、「o.o」を間隔 2、「o..o」を間隔 3 と数えるので、上式には「-1」がついています）。

この題材は参考文献 [26] を参考にさせていただきました。

第 **4** 章

連続値の確率分布

A： 正規分布をデータにあてはめてみたのですが、この統計ソフトにはバグがありますね。

B： どういうこと？

A： 正規分布のグラフを描いたら高さが 1 を越えてしまいました。確率 1.7 なんてありえないはずです。確率 1 は必ず起きるという意味なのにそれを越えるなんて。

B： ええと、つっこみ所がありすぎて困るんだけど。とりあえず確率密度関数の意味から調べ直してくれない？ (→ 例題 4.2(p.128))

有無や件数や三択などの離散値だけでなく、長さや重さなどの連続値についても確率的にゆらぐ量を考えたい場面は多々あります。前章までの概念を連続値についても使えるように拡張しましょう。

心情としては前章までと同じ話なのですが、ちょっとやっかいなことに連続値ならではの事情も生じてきます。そこで、「前章までの話をそのままあてはめると何が困るのか」「じゃあどうするのか」を議論して、連続値の確率変数・確率分布を扱えるようになることがまず目標です。具体的には、確率密度関数というものの意味を理解し、いろいろな概念が確率密度関数でどう表されるのかおさえることをめざします。さらに、連続値の代表的な確率分布である正規分布と、正規分布がこんなに引っぱりだこな理由の一つである中心極限定理についても見ていきます。

正規分布のグラフなどをすでに習ったことがある読者も多いかもしれませんが、それは一旦忘れて初心に返って読み進んでください。入門的な講義では微妙な事情を飛ばしてゴールだけ習う場合が多いので、本書のように途中の筋道をたどろうとするとき、「習ったのと違うじゃないか」と混乱してしまう恐れがあるからです。

なお、連続値の中でも、当面は実数値に専念してお話をします。(ベクトル値については 4.4.1 項 (p.136)「同時分布」あたりからおいおい、複素数値については付録 C.2 脚注*6(p.350) で)

? 4.1 この章を読むにあたって最低限必要な知識はありますか？

はい。少なくとも微積分の意味は知っていないと連続値の確率変数を議論することはできません。微分が変化率や「グラフの接線の傾き」を表すこと、定積分がグラフの面積を表すこと、微分と積分が互いに逆演算であることなどは、本章のあちこちで使われます。また、具体的な例題を解くためには基礎的な計算法も必要です。多項式や指数関数の微積分、合成関数の微分、置換積分、といったあたりです。

さらに、複数の確率変数がからみあうときには多変数の微積分も現れます。これは高校まででは習わないでしょうから、出てきたときに簡単な説明をします。計算自体は積分の結果をまた積分するといった程度のことなのでそれほど身構えなくても大丈夫なはずです。

微積分の扱いが厳密性を欠くことはご容赦ください。本書では、いちいち吟味せずひょいひょいと極限・微分・積分の操作を行ったり、それらが入りまじった式で操作順序を交換したりしています。本当はそんなことは許されません。どんなときに積分可能性が保証されるか、どんなときに積分の順序を入れかえられるか、といった厳格な議論が気になる方は、解析学の教科書を参照願います。

さらに言うと実は、本章で使われる積分（**ルベーグ積分**）は、皆さんが最初に習ったであろう積分（**リーマン積分**）とは流儀が違います。上のような順序交換を明解に議論できることがルベーグ積分の御利益の一つだったりもするのですが、本書では深入りしません。

4.1 グラデーションの印刷（密度計算の練習）

2章(p.27)「複数の確率変数のからみあい」と同様、本章でも最初に、実感を持ちやすい題材で考え方の練習をしておきましょう。扱うのはグラデーションの印刷の話です。確率のことは一旦忘れて構いませんから、まずインクの濃淡に関するイメージを心に植えつけてください。それがあとでどう確率とからんでくるかお楽しみに。

4.1.1 消費したインクの量をグラフにすると（累積分布関数の練習）

図4.1のようなグラデーションの帯を左から右へとプリンタで印刷することを想像してください。帯の下のグラフに描かれた関数 $F(x)$ は、その位置まで印刷するのに消費したインクの量を表しています。頭が楽なように、帯の長さは 10 cm、インクの最終的な消費総量は 1 mg ということにしておきましょう。

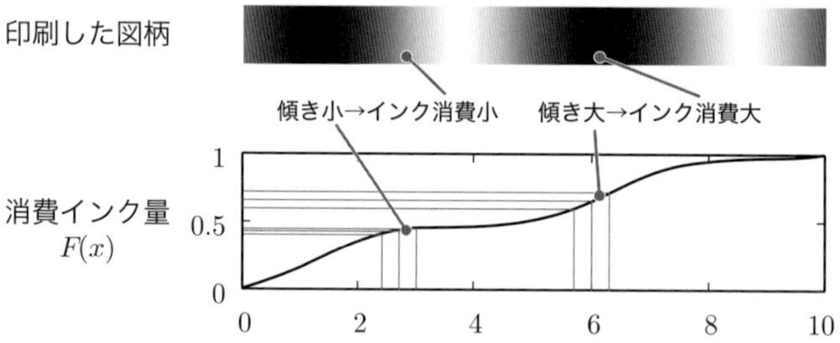

▶ 図 4.1　上側のようなグラデーションの帯を左から右へ印刷。下側のグラフは、位置 x まで印刷するのに消費したインク量 $F(x)$

このグラフを見れば、$x = a$ から $x = b$ までの間に消費したインク量が $F(b) - F(a)$ で求められます（$a \leq b$）。

では、濃淡とグラフとの関係は読み取れるでしょうか？ インクが濃いところでは、インクの消費が速くなります。同じ 1mm 進むに間にも、濃いところではインクをたくさん消費し、薄いところではあまり消費しません。この違いがグラフの傾きに現れています。傾きが大きいほど、インクの消費が速く、すなわちインクが濃くなっているわけです。

4.1.2 印刷されたインクの濃さをグラフにすると（確率密度関数の練習）

位置 x のインクの濃さ $f(x)$ も並べてプロットすれば図 4.2 になります。$F(x)$ と $f(x)$ との関連に注目しましょう。$F(x)$ の傾きが大きいほど $f(x)$ の値が大きくなっています。

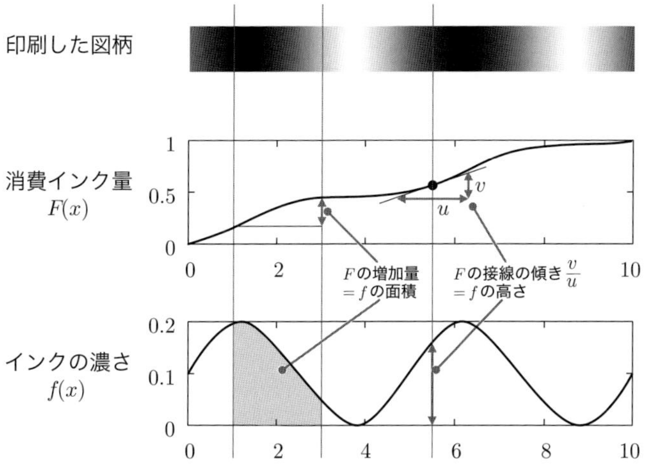

▶図 4.2　位置 x まで印刷するのに消費したインク量 $F(x)$ と、濃さ $f(x)$ との関係

このような F と f との関係は微積分で表されます。実際、濃さ $f(x)$ は、x が少し進んだとき $F(x)$ がどれくらい増えるかで決まっています。それはまさに微分の概念そのものです[*1]。

$$f(x) = F'(x) = \frac{dF(x)}{dx}$$

一般に、F の微分が f になるときは、f を積分することで F が得られます。すなわち、

$$\int_a^b f(x)\,dx = F(b) - F(a)$$

確認のため例をいくつか見ていきます。まずは図 4.3 を観察しましょう。

[*1] 本章では「$'$」は微分を表します。他の章の X' などは、単に X とはまた別の何かを表しているだけです。文脈から明らかだとは思いますが。

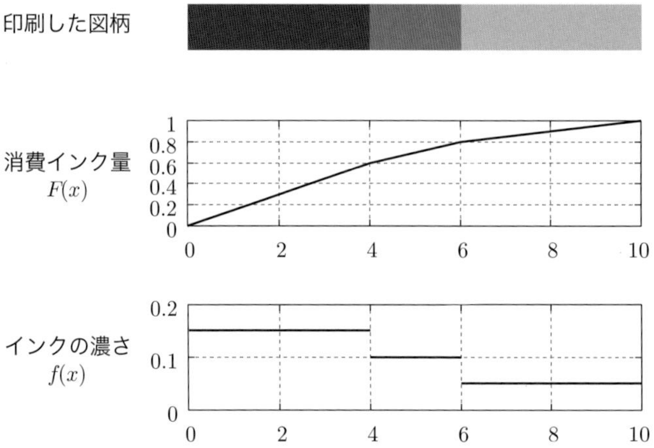

▶ 図 4.3　区分的に均一な帯の印刷

左方面は 4 cm の範囲に 0.6 mg のインクが均等に塗られています。ですから 1 cm あたり $0.6/4 = 0.15$ mg のインクが塗られていることになります。これを、インクの**密度**は 0.15 mg/cm であると表現します。他の場所も計算してまとめると次のとおり。

- 左方面：4 cm の範囲に 0.6 mg のインク …… 密度 $0.6/4 = 0.15$ mg/cm
- 中方面：2 cm の範囲に 0.2 mg のインク …… 密度 $0.2/2 = 0.1$ mg/cm
- 右方面：4 cm の範囲に 0.2 mg のインク …… 密度 $0.2/4 = 0.05$ mg/cm

この密度がインクの濃さを表していることを、上の例で納得いただけたでしょうか。1 cm あたりのインクの量が多いところはインクが濃く、少いところはインクが薄い。インクの濃さ $f(x)$ と言ってきたのは実はこの密度のことでした。

だめ押しでもう一例。図 4.4 の左端、一番濃い部分の密度は

- 0.5 cm の範囲に 0.1 mg のインク …… 密度 $0.1/0.5 = 0.2$ mg/cm

となります。幅が 1 より小さくて一瞬とまどうかもしれませんが、量/幅 で単位幅あたりの量（すなわち密度）が計算されるのは同じです。0.5 cm の範囲に 0.1 mg のインクを費したということは、そのペースでもし 1 cm 塗ったら 0.2 mg のインクを使うはず。だから 1 cm あたり 0.2 mg で話は合っています。

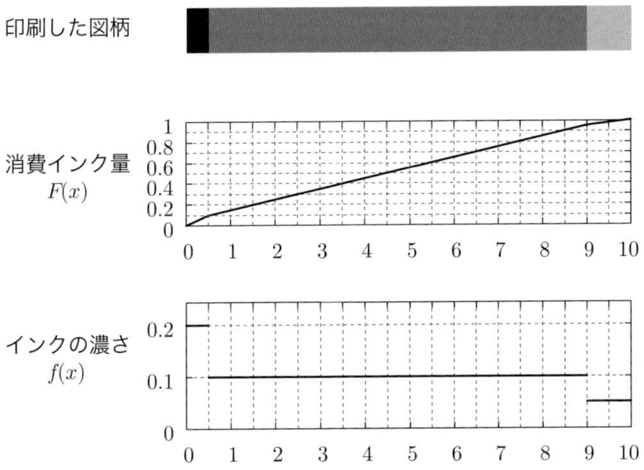

▶図 4.4 区分的に均一な帯の印刷（区分の幅が 1 より小さい場合）

ここまでをまとめれば

$$\frac{\text{その範囲にあるインク量}}{\text{その範囲の幅}} = \text{その範囲の密度}$$

(量/幅 = 密度)

あるいは、同じことですが

その範囲の幅 × その範囲の密度 = その範囲にあるインク量

(幅 × 密度 = 量)

これをしっかり了解してから進んでください。

いまのような例で範囲の幅をどんどん狭くしていった極限が、図 4.5 のように連続的に濃さが変わる状況だと思っていただけば結構です。微積分とは何だったかを思い出すと、そういう極限として

$$f(x) = F'(x) = \frac{dF(x)}{dx}$$

$$F(b) - F(a) = \int_a^b f(x)\,dx$$

が得られることがわかるでしょう。特に、$\lim_{a\to-\infty} F(a) = 0$ （左端ではインクの消費量はまだゼロ）のはずですから、

$$F(b) = \int_{-\infty}^b f(x)\,dx$$

とも言えます。こうして次の結論に至りました：

$$\text{累積インク消費量}\quad F(x) \quad \underset{\text{積分}}{\overset{\text{微分}}{\rightleftarrows}} \quad f(x) \quad \text{インク密度}$$

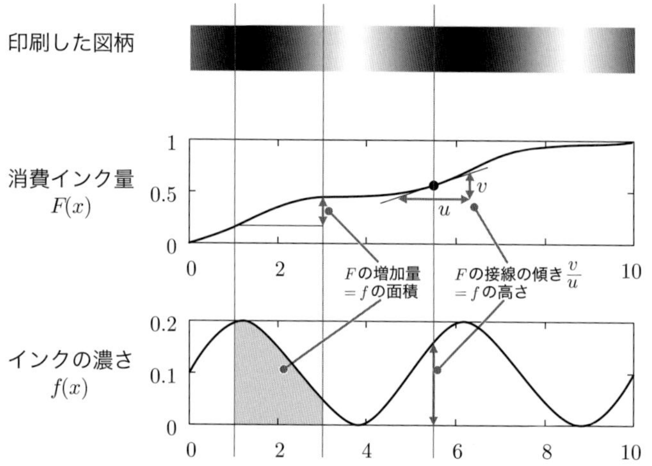

▶ 図 4.5　位置 x まで印刷するのに消費したインク量 $F(x)$ と、濃さ $f(x)$ との関係（図 4.2(p.115) の再掲）

? 4.2　微積分がいきなり出てきたあたり、もう少し説明してもらえませんか？

位置 x から位置 $x+h$ までの、幅 h の範囲について、次のように考えてください。

$$\frac{\text{インク量}}{\text{幅}} = \frac{F(x+h)-F(x)}{h} \longrightarrow F'(x) = \text{インク密度} \quad (\text{幅 } h \to 0)$$

このように幅 h を 0 へ近づけた極限が、まさに微分の定義です。一方、積分が出てくる理由を知るには、図 4.6 のように x 軸を細かい幅の区間に分けて考えてください。

$$\begin{aligned} \text{インク量} &= \text{各区間のインク量の総計} \\ &= \text{各区間の「幅×インク密度」の総計} = \text{短冊の面積の総計} \\ &\longrightarrow \int_a^b f(x)\,dx \quad (\text{区間の幅} \to 0) \end{aligned}$$

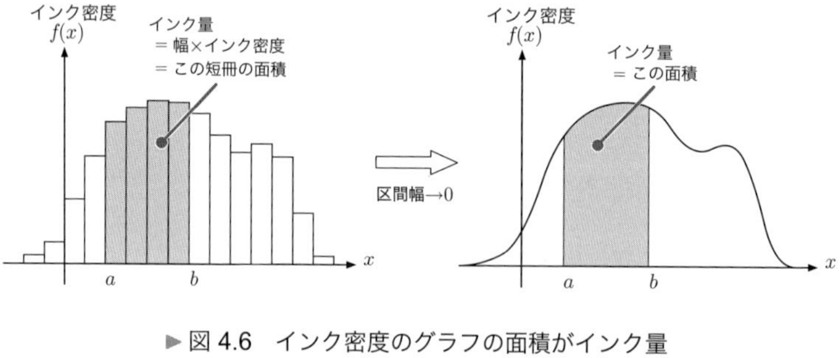

▶ 図 4.6　インク密度のグラフの面積がインク量

4.1.3 印刷したものを伸縮させるとインクの濃さはどうなるか（変数変換の練習）

まだ言っていませんでしたが、この帯は紙ではなくて透明なゴムシートの上に印刷されたことにします。ゴムなので図 4.7 のようにのばしたり縮めたりできるという設定です。インクの濃さが変わっていることに注目してください。2 倍にのばせばインクの濃さは半分になってしまいます。反対に、全体を縮めて長さを半分にしたら、インクは 2 倍の濃さになります。一般に、同じ量のインクで α 倍の幅を塗れば、密度は $1/\alpha$ 倍です[*2]。

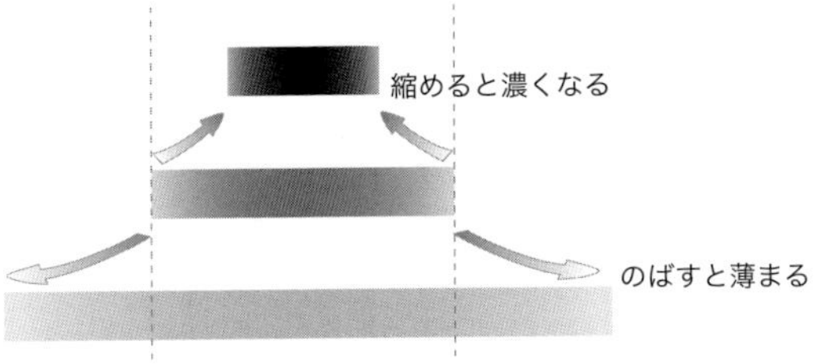

▶図 4.7　のばしたり縮めたり

均一な α 倍だけでなく、場所によってのばし方を変えることもできます。たとえば左半分を縮めて右半分をのばした結果が図 4.8 です。縮めた部分は長さを半分にしたので密度が倍、のばした部分は長さを倍にしたので密度が半分になっています。比べやすいように均一な帯の例も描いておきました。

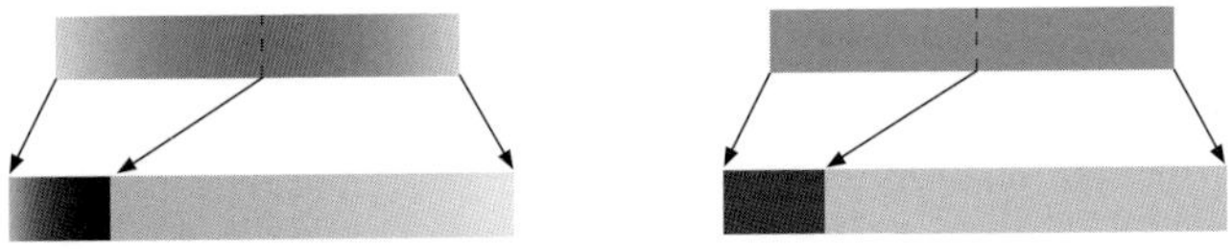

▶図 4.8　場所によってのばし方を変えると……

図 4.9 のようにもっと好き勝手にのび縮みさせても話は同様です。のばしたところはのばしただけ薄くなるし、縮めたところは縮めただけ濃くなります。

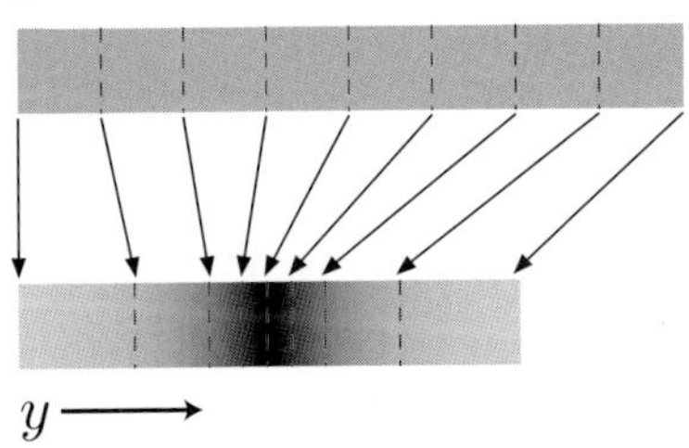

▶図 4.9　もっと好き勝手にのび縮み

*2 α はギリシャ文字「アルファ」です。

では、ここまでの観察結果をさらに詳しく分析しましょう。目標は、元の位置 x とのび縮み後の位置 y との関係から、濃淡がどうなるかを式で求めることです。

まず全体を均一に倍にのばす変換 $y = 2x$ の場合。変換式をグラフにすると図 4.10 左のとおりです。同じ量のインクで倍の幅を塗っていることがグラフからも読みとれますね。同様に、全体を均一に半分に縮める変換 $y = x/2$ のほうも、同じ量のインクで半分の幅を塗っている様子が図 4.10 右のグラフから伺われます。

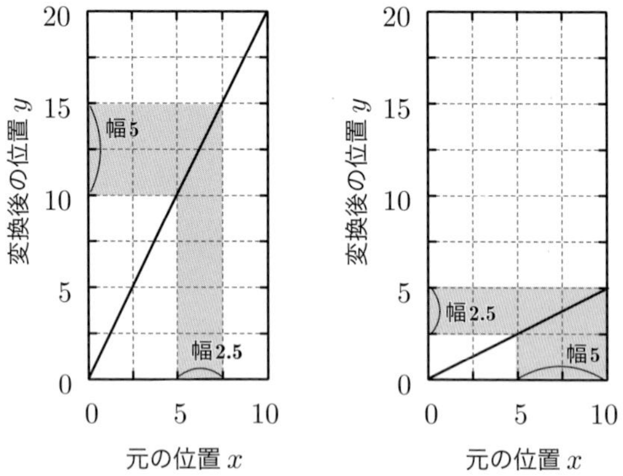

▶ 図 4.10 （左）全体を均一に倍にのばす変換、（右）全体を均一に半分に縮める変換

次の図 4.11 は、左半分を縮めて右半分をのばすような変換をグラフで表したものです。左方面は幅が半分に縮まり、右方面は幅が倍に広がっているということが、やはりグラフからわかるはずです。たとえば、$x = 6$ から $x = 9$ までの範囲（幅 3）が $y = 4.5$ から $y = 10.5$ までの範囲（幅 6）へと変換されるので、ここの幅の拡大率は $6/3 = 2$。だからここの密度は元の $1/2$ 倍になります。拡大率の計算がグラフの傾きの計算と等しいことに注目しましょう。3 進んで 6 上がったのだから、傾きも $6/3 = 2$ です。結局どの例でも、グラフの傾きが「塗る幅の拡大率」を表しているのでした。

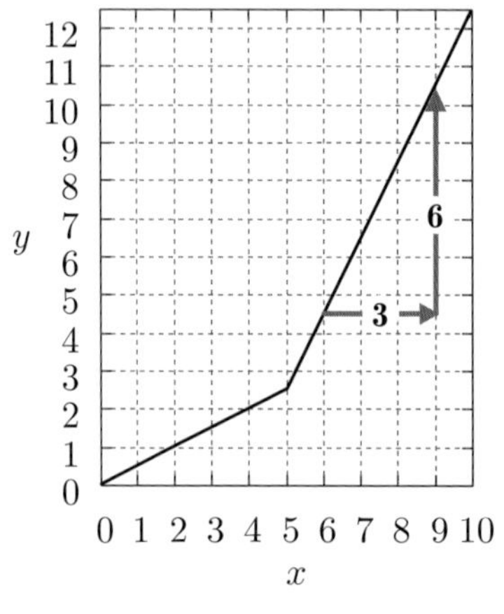

▶ 図 4.11 左半分を縮めて右半分をのばすような変換。グラフの傾きが幅の拡大率に一致

さていよいよ本番。図 4.12 のように好き勝手な関数 g で $y = g(x)$ とのび縮みさせたら密度はどうなるでしょうか。この場合も鍵はグラフの傾きです。傾きが α なら、その付近は幅が α 倍になるので、密度は逆に $1/\alpha$ 倍となります。そして、傾き α の値は、変換式 $g(x)$ の微分 $g'(x)$ により求められます*3。だから、元の位置 x におけるインク密度を $f(x)$ とすると、のび縮み後の位置 $y = g(x)$ におけるインク密度はその $1/|g'(x)|$ 倍、つまり

$$\left|\frac{f(x)}{g'(x)}\right| \tag{4.1}$$

と表されます。

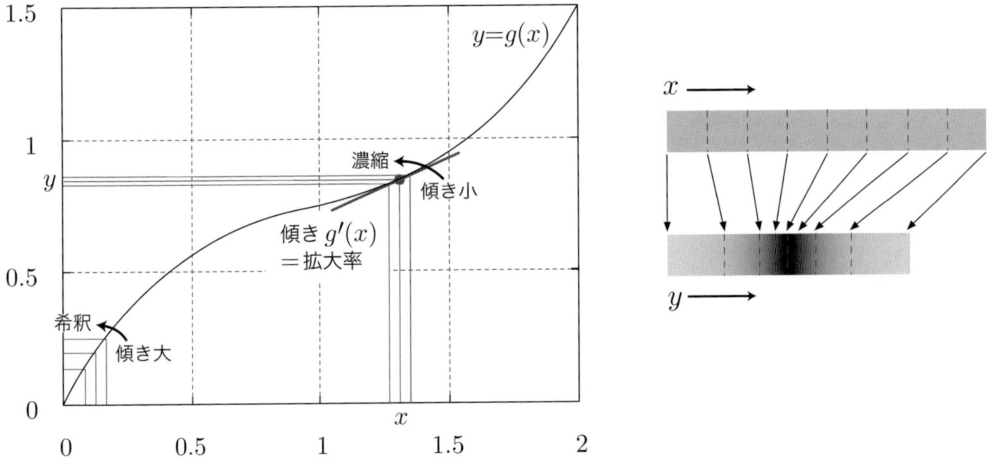

▶図 4.12　$y = g(x)$ で好き勝手にのび縮み

? 4.3　なぜわざわざ絶対値をつけたの？

裏返しになった場合も大丈夫なようにです。たとえば $g(x) \equiv -2x$ という変換なら、裏返して 2 倍に拡大することになります。だからといってインクの濃さが負になるわけではありません。濃さは $1/(-2)$ 倍でなく $1/|-2|$ 倍です。

*3 dy/dx と書いても同じ意味ですが、いまは $g'(x)$ と書くほうが見やすそうです。なぜ微分が傾きになるのか忘れた方は、微分の意味を復習してください。先ほどまでの話で考えていた「幅」をうんと狭くした極限がまさに微分です。

例題 4.1

次の場合、変換後の位置 $y = 4.96$ におけるインクの密度は？（ヒント：$4.96 = g(8)$）

$$\text{インクの密度 } f(x) = 0.02x \quad (0 \leq x \leq 10)$$
$$\text{変換 } y = g(x) = 0.005x^3 + 0.03x^2 + 0.06x$$

答

$y = 4.96$ に対応するのはヒントのとおり $x = 8$。$g'(x) = 0.015x^2 + 0.06x + 0.06$ より $g'(8) = 1.5$。よって $y = 4.96$ における変換後の密度は $|f(8)/g'(8)| = |0.16/1.5| \approx 0.11$（図 4.13）。

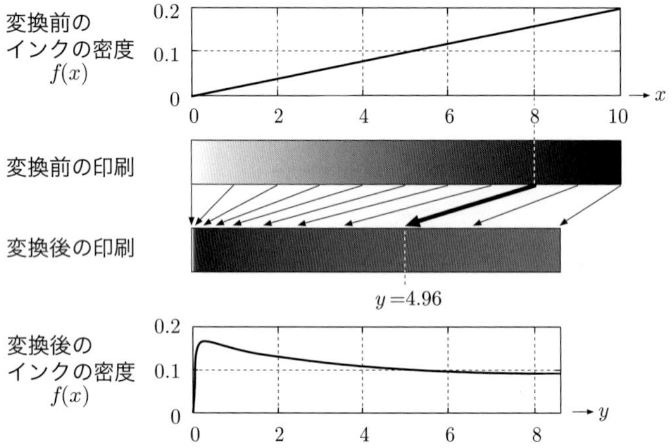

▶ 図 4.13　変換前後のインクの濃さ（密度）

∎

4.2 確率ゼロ

では練習を終えて確率の話に戻ります。冒頭でも述べたとおり、本章の目標は、実数値の確率分布に対して前章までのような議論をくり広げることです。ところがその際、実数値ならではの事情として、確率ゼロにからむ問題が立ちはだかってきます。それをいまからお話します。

4.2.1 ぴったりが出る確率はゼロ

こんな確率変数 X を考えてみます。

- Ω は図 4.14 左のような正方形
- 同図右のとおり、点 $\omega = (u, v)$ に対して $X(\omega) = 10u$

X は 0 から 10 までの実数値をとる確率変数になります。ですから、人間視点から見れば $X = 3.29437133147489023847 65\ldots$ といったランダムな実数値が出ることになります。

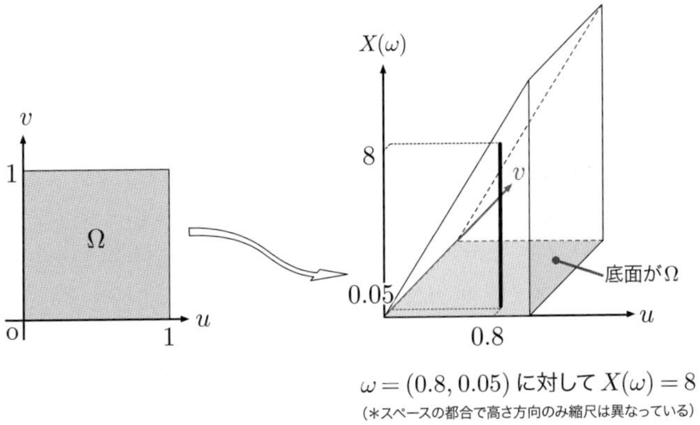

▶図 4.14 実数値確率変数の例

確率の計算は面積の測定になるのでした。たとえば X が 4 以上かつ 7 以下となる確率は 0.3 です。なぜなら、$4 \le X(\omega) \le 7$ となる $\omega = (u, v)$ は図 4.15 のアミがけ部分だからです。

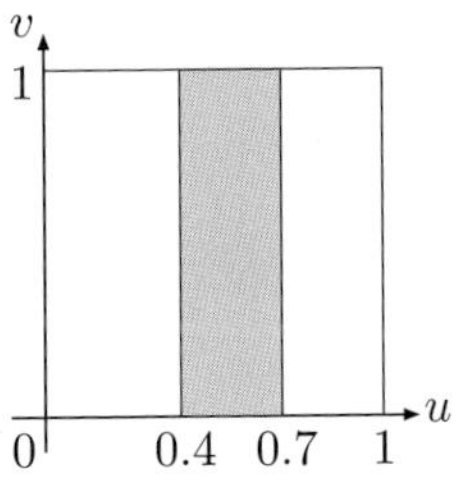

▶図 4.15 $\mathrm{P}(4 \le X \le 7) =$ アミがけ部分の面積 $= 0.3$

次が本題。X がぴったり 2 になる確率 $\mathrm{P}(X=2)$ はいくらでしょうか？　$X(\omega)=2$ となるような点 ω の集合は、図 4.16 のような線分です。線分の面積はゼロですから、

$$\mathrm{P}(X=2)=0$$

ということになります。$X=3.2943713314748902384765\ldots$ といったランダムな実数値が出る X がたまたまぴったり 2、つまり $2.00000\ldots$ となる確率は 0 というわけです。

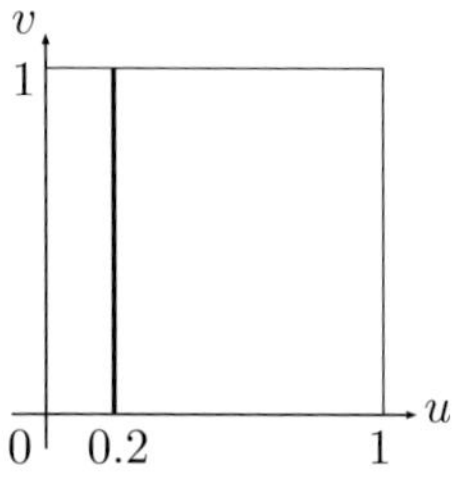

▶図 4.16　$X=10u$ がぴったり 2 になる確率は？

同じようにして、$\mathrm{P}(X=0.1)$ もゼロだし、$\mathrm{P}(X=3.14159265\ldots)$ もゼロだし……。結局どんな値 a についても、X がぴったり a になる確率 $\mathrm{P}(X=a)$ はゼロになってしまいます。

$\mathrm{P}(X=a)$ が常にゼロなのだったら、4 から 7 までの値が出る確率もゼロになりそうで困惑するかもしれません。しかし実際には $\mathrm{P}(4 \leq X \leq 7)=0.3$ でした。これはもうそういうものと言うしかありません。受け入れ難いかもしれませんが、世界はそんなふうになっているのです。

確率として見ているよりも面積として観察したほうが事情がはっきりするでしょう。図 4.17 のように正方形は点の集合です。正方形を構成する個々の点については、点の面積はゼロ。しかし、面積ゼロの点たちを集めてできた正方形はちゃんと面積 1 を持っています。

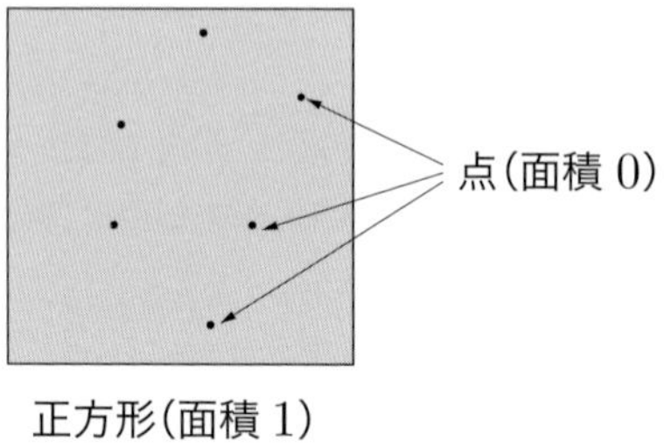

▶図 4.17　面積ゼロの点たちを集めてできた正方形は、ちゃんと面積 1

結論としては、X の値がある範囲になる確率が正だとしても、X がぴったりある値になる確率はことごとくゼロだったりする。それは矛盾ではない。……ということです。以上は何も病的な例外を持ち出してきたわけではありません。実数値の確率変数ではむしろ典型的な現象です。

いまの話の鍵は、線分や点の面積がゼロだという事実でした。ゼロではなく無限小だと主張する人がときどきいますけれど、ふつうの数学には無限小という数はありません。無限小という答が禁止なら答はゼロしか考えられませんよね。

4.2.2　確率ゼロの何が問題か

確率ゼロだと何が問題なのか。やや先走りになりますが……この現象のせいで、確率分布というもののイメージをこれまでより少し広げてもらう必要が出てくるのです。

離散値の確率変数に対しては、その確率分布を次のような一覧として表現していました。

X の値	その値が出る確率
1	0.4
2	0.1
3	0.1
4	0.1
5	0.1
6	0.2

しかし実数値になるとこの手は使えません。表のサイズが無限になってしまうから？　……いいえ。それだけの問題なら表のかわりに図 4.18 のようなグラフを使うことで解決できます。

本当の問題は、「その値が出る確率」がナンセンスになってしまうことです。実際、先ほどの X では「その値が出る確率」はすべて 0 でした。

図 4.19 みたいなグラフを描いてもろくに情報を読み取ることはできません（0 から 10 までの値が出るということすらこのグラフではわかりません）。もっと工夫して別のものをプロットしないと確率分布を表現できないのです。ではどうすれば良いか。それがこの先のテーマとなります。

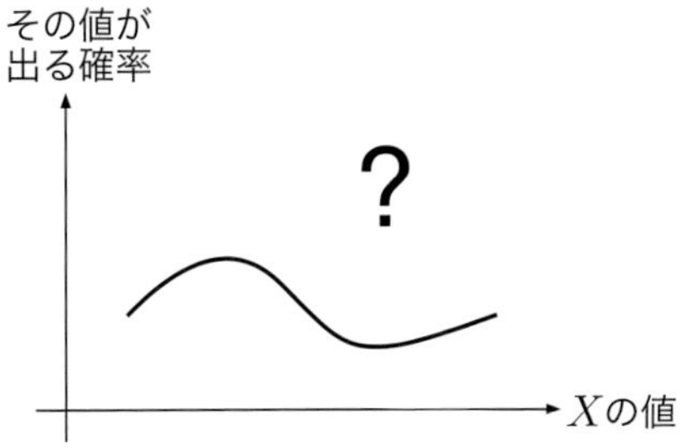

▶図 4.18　実数値のときの、各値が出る確率のグラフ？

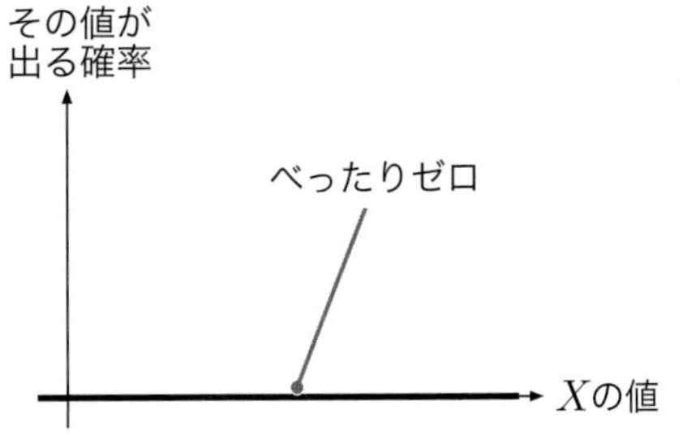

▶図 4.19　「その値が出る確率」はすべて 0

4.3 確率密度関数

> 初心者は学習するとき道の真中を歩くのがよい。道の端に行って、どこまでが道に属し、どこからが道からはずれるかなどの厳密な話は、数学のプロに任せておこう。
> ── 杉原厚吉「数式を読みとくコツ」（日本評論社、*2008*）*p. 117* より

前置きが長くなりました。ここからが本題です。どんな話になっていたかというと……

- 実数値の確率変数 X だと、$\mathrm{P}(X=a)$ はことごとく 0 になってしまうのが典型的
- だから、$\mathrm{P}(X=a)$ の一覧表やグラフでは分布をうまく表せず、別の表現方法が必要になる

がここまでの粗筋でした。本節ではこの「別の表現方法」を説明します。あまりきっちり一般の話をすると煩雑なので、当面は上の意味で「典型的」な場合を想定しましょう。途中でもしイメージを見失いそうになったときはいつでも 4.1 節 (p.114) のグラデーションの例に戻ってください。

4.3.1 確率密度関数

累積分布関数と確率密度関数

実数値の場合、確率分布（どういう値がどれくらい出やすいか）をいかに表現するか。答は 4.1 節 (p.114) の練習でほのめかしたとおり。あの話の「インク」を「確率」に読みかえればよいのです。

インク消費の様子を図 4.20 左に再掲します。インクの場合もやはり、ある位置ぴったりにあるインクの量はゼロです。それでも、消費インク量 $F(x)$ やインクの濃さ $f(x)$ をグラフにすれば、どんなふうにインクが塗られているのかを表すことができました。

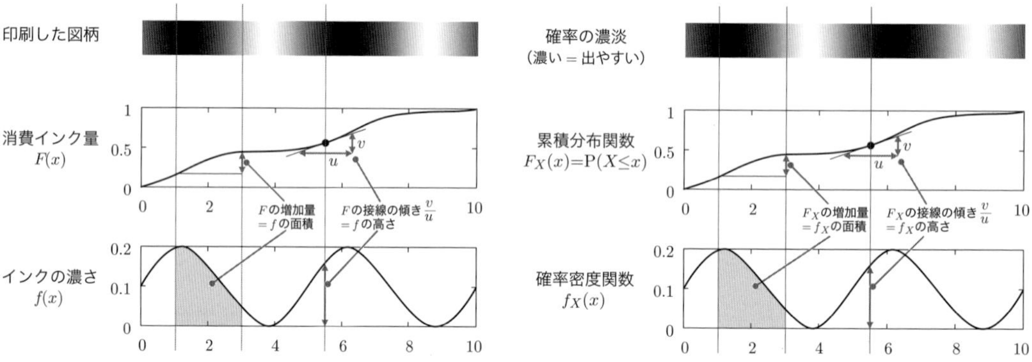

▶ 図 4.20　インクの話（左）と確率の話（右）との対比（左は図 4.2 (p.115) の再掲）

いま X が実数値の確率変数だとして、インクを X についての確率と読みかえましょう。同図右を見てください。位置 a までのインクの総量 $F(a)$ は、a までの確率の総量 $\mathrm{P}(X \le a)$ に対応します。これを

$$F_X(a) \equiv \mathrm{P}(X \le a)$$

と書き、**累積分布関数**（または単に**分布関数**）と呼びます[*4]。

さらに、消費インク量 $F(x)$ を微分すればインクの濃さが求められるのでした。その類推で、累積分布関数を微分した

$$f_X(x) \equiv F'_X(x) = \frac{dF_X(x)}{dx}$$

は確率の濃さ（すなわち密度）と解釈できるでしょう。この $f_X(x)$ は**確率密度関数**と呼ばれます。確率密度関数 $f_X(x)$ の値が大きいならば、x 付近は確率が濃い、つまり x 付近の値が出やすいはずです。実際、密度が大きいということは、たとえば x プラスマイナス 0.1 の範囲にインクがたくさんあるということ。それを確率に読みかえれば、x プラスマイナス 0.1 以内の値が出る確率が大きいということです。

対応関係を表にまとめておきます。

インク	確率
位置 a までの消費インク量 $F(a)$	a 以下の値が出る確率（累積分布関数）$F_X(a)$
位置 x におけるインク密度 $f(x)$	確率密度関数 $f_X(x)$
$f(x)$ が大 $\Leftrightarrow$ x 付近が濃い	$f_X(x)$ が大 $\Leftrightarrow$ x 付近の値が出やすい
$f(x) = F'(x)$	$f_X(x) = F'_X(x)$
$F(b) = \int_{-\infty}^{b} f(x)\,dx$	$F_X(b) = \int_{-\infty}^{b} f_X(x)\,dx$

表中の $\Leftrightarrow$ は同値を表します。

累積分布関数や確率密度関数のグラフを描くことによって実数値の確率分布を表すことができます。可能ならグラフでなく数式で書き表しても構いません。これらは分布に対して定まるものなので、きちんと言うと $f_X(x)$ は「確率変数 X の分布の確率密度関数」です。でもまどろっこしいですから、以下では単に「確率変数 X の確率密度関数」と呼ぶこともあります。

多くの応用では累積分布関数よりも確率密度関数が全面的に使われます。濃淡を直接表したグラフのほうがわかりやすくていいですよね。本書でもこの先は確率密度関数に注力します（累積分布関数を使うのは、7.2.2 項 (p.261) で所望の分布に従う乱数を作るとき）。

確率密度関数から確率を読みとるには

さて、確率密度関数 f_X が与えられたとき、指定された範囲の値が出る確率をそこから読みとることができるでしょうか。答は **?** 4.2(p.118) でインクの話として述べたとおり。式で言えば

$$\mathrm{P}(a \le X \le b) = \int_a^b f_X(x)\,dx \tag{4.2}$$

[*4] 本によっては $\mathrm{P}(X < a)$ と定義する場合もありますが、いま想定しているような典型的な場合には、この違いは気にしなくて構いません。

グラフで言えば図 4.21 左です。f_X の値が高いところほど、同じ幅でも面積が大きく、つまり確率が大きくなります。前に述べた説明（f_X の値が高いところほど出やすい）とも話が合っていますね。

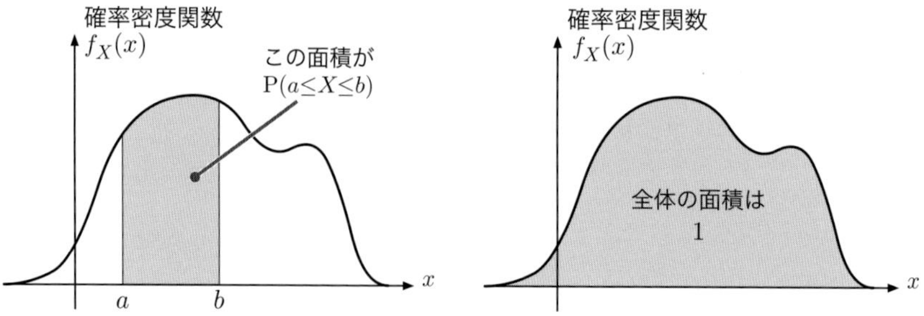

▶ 図 4.21　確率密度関数から確率を読みとる

一般に $\mathrm{P}(-\infty < X < \infty) = 1$ のはずですから、

$$\int_{-\infty}^{\infty} f_X(x)\,dx = 1$$

が成り立つことも指摘しておきます。グラフで言えば図 4.21 右のとおり。これは、離散値のときに指摘した「あらゆる確率の合計は 1」の実数値版にあたる性質です。

さらにもう一つ、どんな値 a に対しても

$$\mathrm{P}(X = a) = \mathrm{P}(a \le X \le a) = \int_a^a f_X(x)\,dx = 0$$

となることを指摘しておきます。確率分布が確率密度関数で与えられているときは、「ある値ぴったり」になる確率は常にゼロだというわけです。したがって、確率密度関数の話をしている時点でもう自動的に、4.3 節 (p.126) 冒頭で述べた「典型的な場合」が想定されたことになります。すると特に、$\mathrm{P}(a \le X < b)$ や $\mathrm{P}(a < X \le b)$ や $\mathrm{P}(a < X < b)$ は $\mathrm{P}(a \le X \le b)$ と等しい（不等式に等号が入っても入らなくても同じ）。だからどれも $\int_a^b f_X(x)\,dx$ で計算して結構です（$a \le b$）。

しつこいですが、f_X の値が「確率そのもの」ではなくて「確率の密度」なことはよく注意してください。そのあたりを確認するために例題をやってみましょう。

例題 4.2

次のそれぞれは、必ず成り立つ（○）か、そうとは限らない（×）か？

- $f_X(x) \ge 0$
- $f_X(x) \le 1$

答

$f_X(x) \ge 0$ は○です。もし仮にどこかで $f_X(x) < 0$ だったとしたら、図 4.22 左のように、その付近で

$$\mathrm{P}(a \le X \le b) = \int_a^b f_X(x)dx < 0$$

という事態が生じてしまうからです。確率とは面積だったので、負になることはありえません (1.8.2 項 (p.22))。

——本書レベルではこのように思っていただけば結構です。

一方、$f_X(x) \leq 1$ は×です。実際、図 4.22 右のように 1 を越えることだってあり得ます。高さが 1 を越えていても、全体の面積はちゃんと 1 になっているから文句はないはずです。

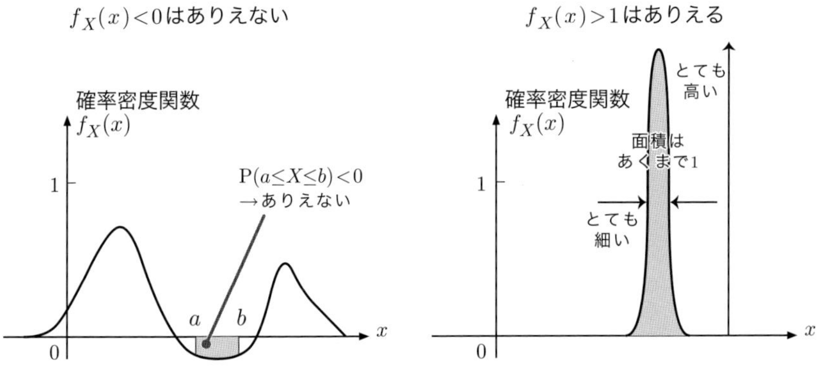

▶ 図 4.22　確率密度関数のとり得る値

■

例題 4.3

次の関数 $f(x)$ のうち確率密度関数になりえるものはどれか？　ただし x の範囲はすべての実数とする。

1. $f(x) = 1$
2. $f(x) = x$
3. $0 \leq x \leq 1$ のとき $f(x) = x$、他は $f(x) = 0$
4. $x \geq 0$ のとき $f(x) = e^{-x}$、他は $f(x) = 0$
5. $-1 \leq x \leq 1$ のとき $f(x) = 1 - |x|$、他は $f(x) = 0$

答

確率密度関数になり得るのは 4 と 5。2 は関数値が負になるからだめ。1 と 3 は積分（グラフの面積）が 1 にならないからだめ。■

例題 4.4

次の確率密度関数を持つ確率変数 X について、$0.2 \leq X \leq 0.4$ となる確率を求めよ。

$$f_X(x) = \begin{cases} 1 - |x| & (-1 \leq x \leq 1) \\ 0 & (\text{他}) \end{cases}$$

答

図 4.23 のアミがけ部分の面積を求めればよい。積分で計算すると、

$$\begin{aligned} \mathrm{P}(0.2 \leq X \leq 0.4) &= \int_{0.2}^{0.4} f_X(x)\,dx = \int_{0.2}^{0.4} (1-x)\,dx = \left[x - \frac{x^2}{2} \right]_{0.2}^{0.4} \\ &= (0.4 - 0.16/2) - (0.2 - 0.04/2) = 0.14 \end{aligned}$$

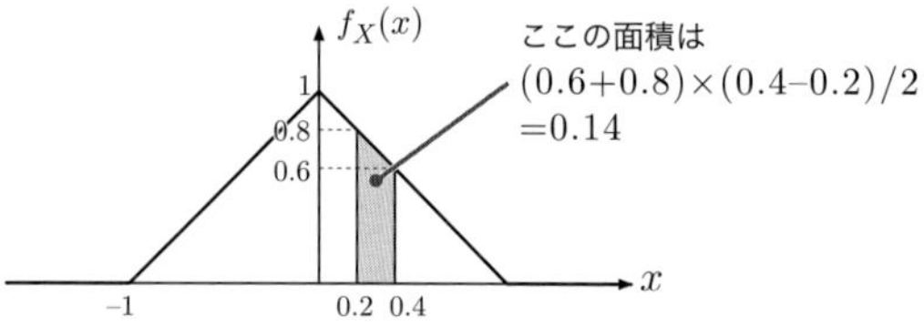

▶図 4.23　アミがけ部分の面積が $\mathrm{P}(0.2 \leq X \leq 0.4)$ ∎

例題 4.5

次の確率密度関数を持つ確率変数 X について、X の小数点以下を四捨五入して整数にするとき、それが「切り捨て」になる確率を求めよ。

$$f_X(x) = \begin{cases} e^{-x} & (x \geq 0) \\ 0 & (\text{他}) \end{cases}$$

答

$$\begin{aligned}
&\mathrm{P}(0 \leq X < 0.5) + \mathrm{P}(1 \leq X < 1.5) + \mathrm{P}(2 \leq X < 2.5) + \cdots \\
&= \int_0^{0.5} e^{-x}\,dx + \int_1^{1.5} e^{-x}\,dx + \int_2^{2.5} e^{-x}\,dx + \cdots \\
&= (e^{-0} - e^{-0.5}) + (e^{-1} - e^{-1.5}) + (e^{-2} - e^{-2.5}) + \cdots \\
&= e^{-0}(1 - e^{-0.5}) + e^{-1}(1 - e^{-0.5}) + e^{-2}(1 - e^{-0.5}) + \cdots \\
&= (e^{-0} + e^{-1} + e^{-2} + \cdots)(1 - e^{-0.5}) \\
&= \frac{1}{1 - e^{-1}} \cdot (1 - e^{-0.5}) = \frac{1}{(1 - e^{-0.5})(1 + e^{-0.5})} \cdot (1 - e^{-0.5}) = \frac{1}{1 + e^{-0.5}}
\end{aligned}$$

途中の計算には等比級数の公式を使った（→ 付録 A.4[p.322]「総和 $\sum$」）。別解として、$P(\text{切り上げ}) = e^{-0.5} P(\text{切り捨て})$ からひとめでこの答に至ることもできる。 ∎

? 4.4　実数値の確率分布とは結局何のこと？

実数値の確率変数 X の**確率分布**とは、

- 値が正である
- 値が 3 以上 4 以下である
- 値の百の位が 7 である
- ……

のような「X に関するあらゆる条件」に対して、その条件を満たす確率をそれぞれ特定した一覧のことです。言いかえれば、実数を要素とする任意の集合 A に対する、

$\mathrm{P}(X$ の値が A に属する$)$

の一覧と思ってください。図 4.24 のようなイメージです。累積分布関数や確率密度関数が与えられればこういった確率をそれぞれ計算できます（いまの例題 4.5 のように区間に分けて計算すればよい）。

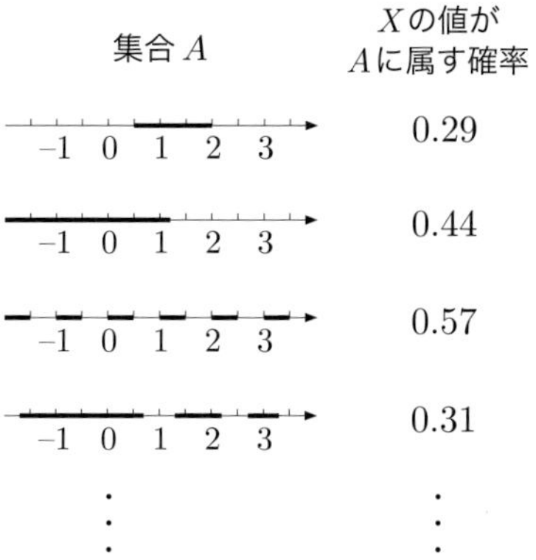

▶図 4.24　確率分布 =「あらゆる集合 A に対する確率の一覧」

4.3.2　一様分布

離散分布の説明で、最も平凡な分布として一様分布を紹介しました（3.1 節 (p.71)）。同じノリで実数値でも、ある区間上の一様分布というものが定義されます。

図 4.25 のような確率密度関数で表される確率分布が、区間 $[\alpha, \beta]$ 上の**一様分布**です（$\alpha < \beta$）[*5]。

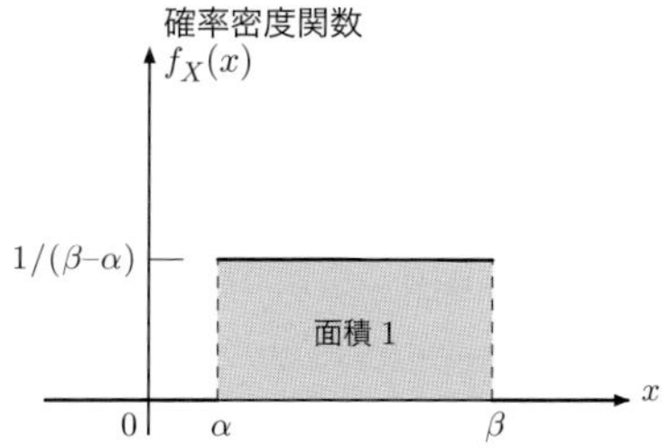

▶図 4.25　区間 $[\alpha, \beta]$ 上の一様分布（$\alpha < \beta$）

式で書けば

$$f_X(x) = \begin{cases} \frac{1}{\beta-\alpha} & (\alpha \le x \le \beta) \\ 0 & (\text{他}) \end{cases}$$

要するに、

- 区間内のどこでも確率密度（出やすさ）は一定
- 区間外の値は出ない

という分布のことです。

*5 β はギリシャ文字「ベータ」です。

4.3.3　確率密度関数の変数変換

確率密度関数のおかげで、「実数値の確率分布」という新しい対象を、式なりグラフなりで表現して紙の上に書き留められるようになりました。対象を表現することを開拓の第一歩とするなら、第二歩はその対象を操作できるようになることです。具体的には、変数変換でその表現がどう変わるかが次のテーマとなります。インクの話だと 4.1.3 項(p.119) のように印刷したものを伸縮させる操作に相当します。

確率変数 X の確率分布がわかっていたとしましょう。このとき何か関数 g を持ってくれば、$Y = g(X)$ という新しい確率変数 Y が作られます。この Y の確率分布を求めることが目標です。

離散値の確率変数 X については、その確率分布が単純な $\mathrm{P}(X = ○○)$ の一覧表で表されたため話は簡単でした（例題 3.1(p.73)）。しかし実数値の確率変数では事情が違ってきます。確率分布の表現法が違うからです。

具体例からはじめます。X の確率密度関数 f_X が与えられているとき、$Y = 3X - 5$ として、Y の確率密度関数 f_Y はどうなるでしょう。たとえば $f_Y(4)$ はどうなるでしょうか。――うっかりすると次のように早合点しそうになるかもしれません。

> $Y = 4$ になるのは、$3X - 5 = 4$、つまり $X = (4+5)/3 = 3$ のときだ。だから $f_Y(4) = f_X(3)$ じゃないの？

でもこれはまちがいです。「$Y = 4$ になるのは $X = 3$ のとき」まではそのとおりなのですが、だからといって $f_Y(4) = f_X(3)$ ではありません。なぜなら、密度はのばせば薄くなるし縮めれば濃くなるからです（→ 4.1.3 項(p.119)「印刷したものを伸縮させるとインクの濃さはどうなるか」）。対応するもとの位置の濃さだけでなく、のび縮みの度合（拡大率）も調べないと、変換後の確率密度関数は答えられません。

この例なら関数 $g(x) = 3x - 5$ によって 3 倍の拡大が生じています（図 4.26 からそのことが読みとれない場合は 4.1.3 項(p.119)「変数変換の練習」をふり返ってください）。したがって密度はその分薄まって 1/3 倍になり、

$$f_Y(4) = \frac{1}{3} f_X(3)$$

が答です。

一般の場合もインクの話としてすでに説明しました。好き勝手な関数 g によって $Y = g(X)$ と変数変換したら、その確率密度関数は

$$f_Y(y) = \left| \frac{f_X(x)}{g'(x)} \right| \qquad \text{ただし } y = g(x)$$

と変換されます（g が一対一なこと、つまり $u \neq v$ なら $g(u) \neq g(v)$ が成り立つことは仮定しています。インクで言えばゴムシートが二枚重なるようなことは起きないという仮定です）。

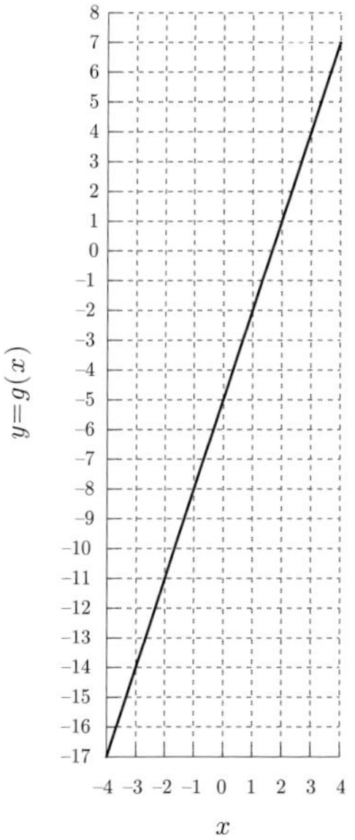

▶図 4.26　関数 $g(x) = 3x - 5$ によって 3 倍の拡大が生じる

いくつか例題をやってみましょう。

例題 4.6

確率変数 X の確率密度関数 f_X を使って、$Y = 3X - 5$ の確率密度関数 f_Y を表せ。

答

$g(x) = 3x - 5$ とおけば変換 g は一対一。そして $Y = g(X)$ と書けるから $f_Y(y) = |f_X(x)/g'(x)|$（ただし $y = g(x)$）。ここで $y = g(x)$ を x について解いて $x = (y+5)/3$。また、$g'(x) = 3$。よって

$$f_Y(y) = \left|\frac{f_X(\frac{y+5}{3})}{3}\right| = \frac{1}{3} f_X\left(\frac{y+5}{3}\right)$$

■

例題 4.7

前問の f_X と f_Y について、$2 \leq X \leq 4$ の確率と $1 \leq Y \leq 7$ の確率とが等しくなることを確かめよ。

答

（前問の解答から続く）$y = g(x)$ とおいて $\mathrm{P}(2 \leq X \leq 4)$ を置換積分で計算してみよう。$dx/dy = 1/g'(x) = 1/3$ であることと、$x = 2, 4$ に対応するのが $y = 1, 7$ であることに注意して、

$$\begin{aligned}\mathrm{P}(2 \leq X \leq 4) &= \int_{x=2}^{x=4} f_X(x)\,dx = \int_{y=1}^{y=7} f_X(x) \cdot \frac{dx}{dy}\,dy = \int_1^7 f_X\left(\frac{y+5}{3}\right) \cdot \frac{1}{3}\,dy \\ &= \int_1^7 f_Y(y)\,dy = \mathrm{P}(1 \leq Y \leq 7)\end{aligned}$$

■

いまの例題 4.7 でわかるように、$1/g'(x)$ は置換積分の公式に出てくるつじつまあわせとも解釈できます。$g'(x) < 0$ の場合については次の例題 4.8 を見てください。

例題 4.8

確率変数 X の確率密度関数 f_X を使って、$Y = -2X + 1$ の確率密度関数 f_Y を表せ。さらに、f_X と f_Y について、$0 \le X \le 3$ の確率と $-5 \le Y \le 1$ の確率とが等しくなることを確かめよ。

答

$g(x) = -2x + 1$ とおけば変換 g は一対一。そして $Y = g(X)$ と書けるから $f_Y(y) = |f_X(x)/g'(x)|$（ただし $y = g(x)$）。ここで $y = g(x)$ を x について解いて $x = (1-y)/2$。また、$g'(x) = -2$。よって

$$f_Y(y) = \left|\frac{f_X(\frac{1-y}{2})}{-2}\right| = \frac{1}{2} f_X\left(\frac{1-y}{2}\right) \qquad \text{（絶対値を忘れないこと）}$$

また、$y = g(x)$ とおいて $\mathrm{P}(0 \le X \le 3)$ を置換積分で計算してみよう。$dx/dy = 1/g'(x) = -1/2$ であることと、$x = 0, 3$ に対応するのが $y = 1, -5$ であることに注意して、

$$\begin{aligned}\mathrm{P}(0 \le X \le 3) &= \int_{x=0}^{x=3} f_X(x)\, dx = \int_{y=1}^{y=-5} f_X(x) \cdot \frac{dx}{dy}\, dy = \int_1^{-5} f_X\left(\frac{1-y}{2}\right) \cdot \left(-\frac{1}{2}\right) dy \\ &= \int_{-5}^{1} f_X\left(\frac{1-y}{2}\right) \cdot \frac{1}{2}\, dy = \int_{-5}^{1} f_Y(y)\, dy = \mathrm{P}(-1 \le Y \le 5)\end{aligned}$$

（積分範囲の上下ひっくり返しと絶対値とがうまく連動していることに注目）　■

例題 4.9

X が区間 $[0, 3]$ 上の一様分布であるとき、$Y = (X+1)^2$ の確率密度関数 f_Y を求めよ。

答

X の確率密度関数は

$$f_X(x) = \begin{cases} 1/3 & (0 \le x \le 3) \\ 0 & (\text{他}) \end{cases}$$

また、$g(x) = (x+1)^2$ とおくと、変換 g は（$0 \le x \le 3$ の範囲では）一対一。このとき、$y = g(x)$ を $0 \le x \le 3$ の範囲で解けば $x = \sqrt{y} - 1$（$1 \le y \le 16$）。さらに、$g'(x) = 2(x+1)$。以上から、

$$f_Y(y) = \begin{cases} \left|\frac{f_X(x)}{g'(x)}\right| = \frac{1}{6(x+1)} = \frac{1}{6\sqrt{y}} & (1 \le y \le 16) \\ 0 & (\text{他}) \end{cases}$$

■

最後の例題 4.9 で気づいたとおり、一様分布を（非線形に）変数変換したらもはや一様分布でなくなってしまいます。逆に見れば、一様分布をうまく変換してやることによって、いろいろな分布を作ることができます。7 章 (p.253)「擬似乱数」ではこれを利用して一様乱数から正規分布乱数などを生成してみせます。

?4.5 変換公式を覚えようとしたのですが、どこが x でどこが y だったか忘れてしまいます。うまい覚え方はありませんか？

インクのイメージを思い出してください。図 4.27 で、「x から $x+\Delta x$ までのインク量」と「y から $y+\Delta y$ までのインク量」とは等しいはず[*6]。インクをつけ加えたり取り除いたりはしていないからです。幅 $\Delta x, \Delta y$ が十分狭ければ、両者はおおよそ $f_X(x)|\Delta x|$ と $f_Y(y)|\Delta y|$ なので[*7]、

$$f_X(x)|\Delta x| \sim f_Y(y)|\Delta y|$$

（ここでは $\sim$ は「ほぼ等しい」と読んでください）。これを変形すれば

$$f_Y(y) \sim f_X(x)\left|\frac{\Delta x}{\Delta y}\right|$$

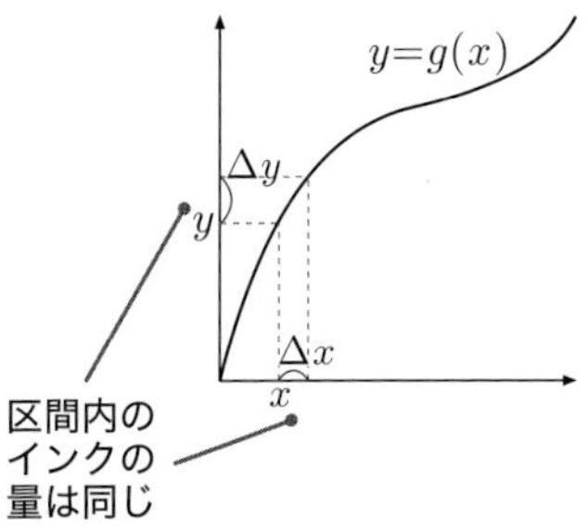

▶図 4.27　確率密度関数の変換則の思い出し方

そして $\Delta x \to 0$ の極限を考えると、めでたく

$$f_Y(y) = f_X(x)\left|\frac{1}{g'(x)}\right|$$

が得られました[*8]。$f_X(x) \geq 0$ なので、これは $f_Y(y) = |f_X(x)/g'(x)|$ と書いても同じことです。

慣れてきたら、

$$f_Y(y) = f_X(x)\left|\frac{dx}{dy}\right|$$

と書きながら、心の中で分母をはらって

$$f_Y(y)|dy| = f_X(x)|dx| \qquad \cdots\cdots \text{「密度}\times\text{幅」は（インク量だから）変わらない} \tag{4.3}$$

とつぶやきましょう（(4.3) のほうを答案などに書いてはいけません。厳格な先生だと減点されるおそれがあります。単独の dy や dx の意味が未定義だからです）。

---

*6 Δx で一つの文字のように思ってください。x に関連した別の量を表す際に x' や $\tilde{x}$ などの記号を使ったりするのと同じ気持ちです。Δ（ギリシャ文字デルタの大文字）には差というニュアンスがあるので、いまの場合にはこれがぴったりです。二文字を一文字と読めなんて最初はとまどうかもしれませんけれど、よく使われる流儀ですから目を慣らしてください。

*7 量＝密度×幅。なお、Δx や Δy がもし負になっても成り立つよう絶対値をつけました。

*8 $\Delta x \to 0$ でなぜこうなるかぴんとこない読者は、微分とは何だったかを復習してください。図 4.27 で $\Delta x \to 0$ のとき $\Delta y/\Delta x \to g'(x)$ でしたね。

4.4 同時分布・周辺分布・条件つき分布

確率分布の概念を実数値の場合に拡張し、便利な表現方法（確率密度関数）を学びました。

次の話題は、2 章 (p.27)「複数の確率変数のからみあい」の実数値版。つまり、実数値の確率変数が複数あったとき、それらのからみ具合についてです。2 章をふり返ると議論の基盤は同時分布でした。

- 同時分布にはそのメンバーの確率に関するすべての情報が込められている
- 実際、同時分布から周辺分布や条件つき分布を自在に求めることができる

といったあたりを思い出してください。

本節でもこれを踏襲し、まず同時分布の概念を導入して、そこから周辺分布や条件つき分布へ至るという方針でいきます。

4.4.1 同時分布

実数値の確率変数 X, Y に対して、それを組にした 2 次元ベクトル $W \equiv (X, Y)$ の確率分布（どういう値がどれくらい出やすいか）を、X, Y の**同時分布**と呼びます。横軸に X の値、縦軸に Y の値をとって図 4.28 左のような 2 次元の濃淡模様をイメージしてください。これを

- ある範囲内のインクの総量 → その範囲内の値が出る確率
- ある点のインクの濃さ → その点の確率密度

と解釈してもらえば結構です。

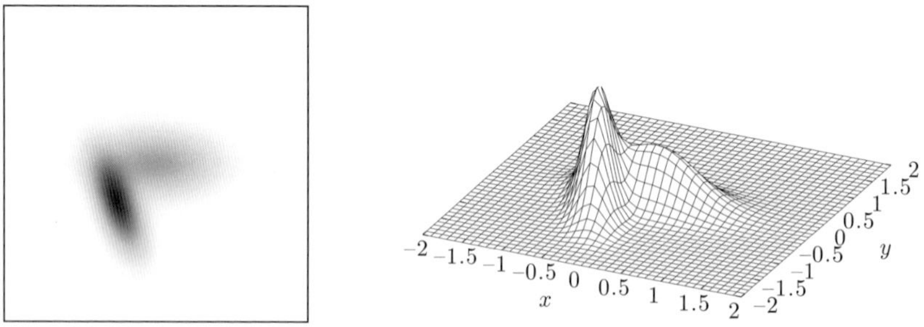

▶ 図 4.28　濃淡模様（左）と、それに対応する確率密度関数 $f_{X,Y}(x, y)$（右）

同図右のグラフは、各点 (x, y) におけるインクの濃さ、すなわち確率密度を高さ軸にプロットしたものです。これを X, Y の同時分布の**確率密度関数** $f_{X,Y}(x, y)$ と呼びます。

つまり……

- 各位置 (x, y) における確率の濃さを表したものが確率密度関数 $f_{X,Y}(x, y) \geq 0$
- 確率が濃いというのは、その付近の値が出やすいということ
- より正確には、「図 4.29 でアミがけの範囲の値が出る確率」が「その範囲を切り出したグラフの体積」で表される

● 式で書くと[*9]、

$$\mathrm{P}(a \le X \le b \text{ かつ } c \le Y \le d) = \int_c^d \left(\int_a^b f_{X,Y}(x,y)\,dx \right) dy = \int_a^b \left(\int_c^d f_{X,Y}(x,y)\,dy \right) dx$$

$(a \le b,\ c \le d)$

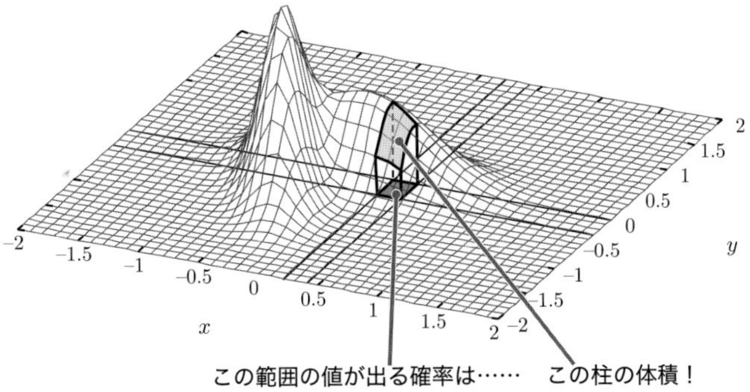

▶図 4.29 アミがけの範囲（$0.2 \le X \le 0.4$ かつ $-0.3 \le Y \le 0$）の値が出る確率は、確率密度関数 $f_{X,Y}(x,y)$ のグラフからその範囲上を切り出してできた柱の体積

特に、確率密度関数のグラフ全体の体積が 1 であることも気に留めておいてください。図 4.29 の山全体の体積は 1 だということです。意味を考えれば当然ですね（X も Y も範囲が無制限なので、これは必ず起きることの確率を表しています）。式で書けば

$$\int_{-\infty}^{\infty} \left(\int_{-\infty}^{\infty} f_{X,Y}(x,y)\,dx \right) dy = \int_{-\infty}^{\infty} \left(\int_{-\infty}^{\infty} f_{X,Y}(x,y)\,dy \right) dx = 1$$

つまり確率密度関数を全領域で積分したら必ず 1 になります。

例題 4.10

X, Y の同時分布の確率密度関数が

$$f_{X,Y}(x,y) = \begin{cases} e^{-x-y} & (x \ge 0 \text{ かつ } y \ge 0 \text{ のとき}) \\ 0 & (\text{他}) \end{cases}$$

だったとする。以下の確率をそれぞれ求めよ。

1. $0 \le X \le 1$ かつ $0 \le Y \le 1$
2. $X \ge 1$ かつ $Y \ge 1$

[*9] この式は、同図の柱の体積を求める式になっています。内側の括弧で断面積が出て、それをさらに積分すれば体積が出るという仕掛けです。正確な説明や必要な前提条件については解析学の教科書をあたってください。

答

それぞれ次のように求められる。内側の積分（x による積分）の際には、y はただの定数扱いなことに注意。

$$
\begin{aligned}
&\mathrm{P}(0 \le X \le 1 \text{かつ} 0 \le Y \le 1) \\
&= \int_0^1 \left(\int_0^1 e^{-x-y}\, dx \right) dy = \int_0^1 [-e^{-x-y}]_{x=0}^{x=1}\, dy = \int_0^1 (e^{-y} - e^{-y-1})\, dy \\
&= [-e^{-y} + e^{-y-1}]_0^1 = (1 - e^{-1}) + (e^{-2} - e^{-1}) = 1 - 2e^{-1} + e^{-2} = (1 - e^{-1})^2 \\
&\mathrm{P}(X \ge 1 \text{かつ} Y \ge 1) \\
&= \int_1^\infty \left(\int_1^\infty e^{-x-y}\, dx \right) dy = \int_1^\infty [-e^{-x-y}]_{x=1}^{x=\infty}\, dy = \int_1^\infty e^{-y-1}\, dy \\
&= [-e^{-y-1}]_1^\infty = e^{-2}
\end{aligned}
$$

■

例題 4.11

次の関数 $f(x, y)$ のうち、同時分布の確率密度関数になり得るものはどれか？　ただし x, y の範囲はいずれもすべての実数とする。

1. $f(x, y) = 1$
2. $f(x, y) = xy$
3. $0 \le x^2 + y^2 \le 1$ のとき $f(x, y) = 1$、他は $f(x, y) = 0$
4. $0 \le x^2 + y^2 \le 1$ のとき $f(x, y) = \frac{3}{2\pi}\sqrt{1 - x^2 - y^2}$、他は $f(x, y) = 0$

（ヒント：$z = \sqrt{1 - x^2 - y^2}$ のグラフは半球形）

答

確率密度関数になり得るのは4のみ。2は関数値が負になるからだめ。1と3は積分（グラフの体積）が1にならないからだめ。なお、4の積分が1になることは、半径1の球の体積が $4\pi/3$ であること（よって半球なら $2\pi/3$）からわかる。

■

? 4.6　$f_{X,Y}(x, y)$ と $f_{Y,X}(y, x)$ は同じですか？

いつでも $f_{X,Y}(x, y) = f_{Y,X}(y, x)$ です。それぞれの意味を考えれば納得いただけるでしょう。

話の筋としては次は変数変換を述べるべきなのですが、難度がやや高いのであえて後回しにします(4.4.7 項 (p.148))。それよりもっと易しくてしかも大切な話があるからです。

4.4.2　先を急ぎたい方へ

これからしばらくは、2 章 (p.27)「複数の確率変数のからみあい」の結果を実数値版へ焼き直す話が続きます。お時間のある方・イメージや導出を順に読みたい方はこのまま次の 4.4.3 項へお進みください。一方、先を急ぎたい方は、下の対応表だけ確認して 4.4.7 項 (p.148)「任意領域の確率・一様分布・変数変換」へ飛んでください。対応表を一言でまとめると、確率の $\sum$ を確率密度の $\int$ に読みかえろということです。

離散値（確率）	実数値（確率密度）
周辺分布	
$\mathrm{P}(X=a)=\sum_y \mathrm{P}(X=a, Y=y)$	$f_X(a)=\int_{-\infty}^{\infty} f_{X,Y}(a,y)\,dy$
条件つき分布	
$\mathrm{P}(Y=b\|X=a)\equiv\dfrac{\mathrm{P}(X=a, Y=b)}{\mathrm{P}(X=a)}$	$f_{Y\|X}(b\|a)\equiv\dfrac{f_{X,Y}(a,b)}{f_X(a)}$
$\mathrm{P}(X=a, Y=b)=\mathrm{P}(Y=b\|X=a)\,\mathrm{P}(X=a)$	$f_{X,Y}(a,b)=f_{Y\|X}(b\|a)f_X(a)$
Bayes の公式	
$\mathrm{P}(X=a\|Y=b)=\dfrac{\mathrm{P}(Y=b\|X=a)\,\mathrm{P}(X=a)}{\sum_x \mathrm{P}(Y=b\|X=x)\,\mathrm{P}(X=x)}$	$f_{X\|Y}(a\|b)=\dfrac{f_{Y\|X}(b\|a)f_X(a)}{\int_{-\infty}^{\infty} f_{Y\|X}(b\|x)f_X(x)\,dx}$
独立性の言いかえ	
$\mathrm{P}(Y=b\|X=a)$ が a によらない	$f_{Y\|X}(b\|a)$ が a によらない
$\mathrm{P}(Y=b\|X=a)=\mathrm{P}(Y=b)$	$f_{Y\|X}(b\|a)=f_Y(b)$
$\mathrm{P}(X=a, Y=$ いろいろ$)$ の比が a によらず一定	$f_{X,Y}(a,$ いろいろ$)$ の比が a によらず一定
$\mathrm{P}(X=a, Y=b)=\mathrm{P}(X=a)\,\mathrm{P}(Y=b)$	$f_{X,Y}(a,b)=f_X(a)f_Y(b)$
$\mathrm{P}(X=a, Y=b)=g(a)h(b)$ の形	$f_{X,Y}(a,b)=g(a)h(b)$ の形

4.4.3 周辺分布

同時分布の確率密度関数 $f_{X,Y}(x,y)$ が与えられたら、そこから周辺分布の確率密度関数も求められます。**周辺分布**とは X 単独や Y 単独の確率分布のことでした。その確率密度関数は次のとおり。

$$f_X(x)=\int_{-\infty}^{\infty} f_{X,Y}(x,y)\,dy \tag{4.4}$$

$$f_Y(y)=\int_{-\infty}^{\infty} f_{X,Y}(x,y)\,dx$$

これはつまり、図 4.30 のように $f_{X,Y}(x,y)$ のグラフを $x=c$ の線で切った断面積が $f_X(c)$ だということです。直感的には、図 4.31 のとおり y 軸方向をつぶして x 軸上にインクを集めたときにできる濃淡模様が $f_X(x)$ だとイメージするとよいでしょう。「Y は何でもいい。X のほうだけ気にする」という話なのですから、$(x,0)$ やら $(x,-8)$ やら $(x,3.14159265)$ やら……の出やすさをぜんぶ集めてきたものが x の出やすさになる、というのは自然です。

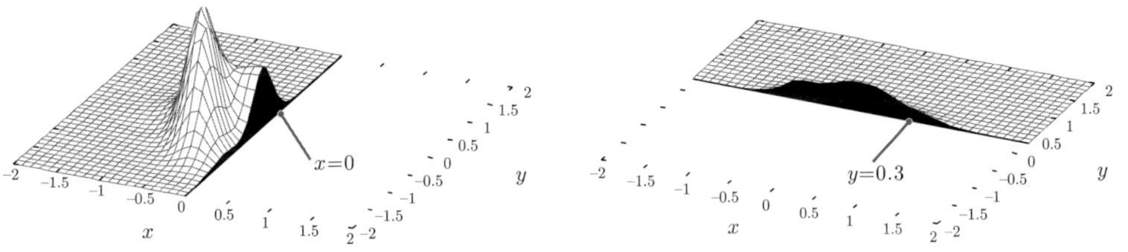

▶ 図 4.30 周辺確率密度は、$f_{X,Y}(x,y)$ のグラフの断面積。左図の切口の断面積が $f_X(0)$、右図の切口の断面積が $f_Y(0.3)$

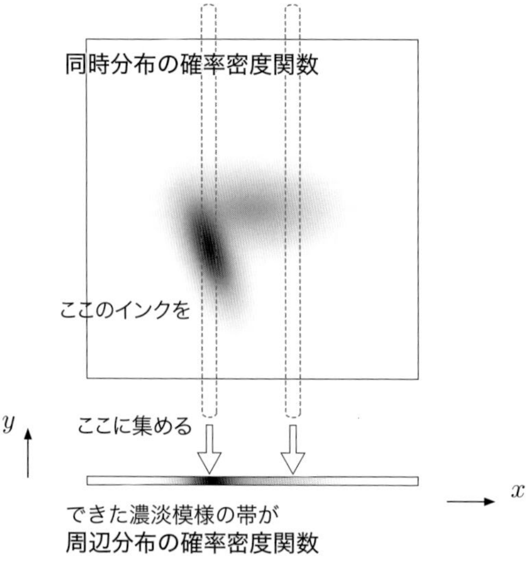

▶ 図 4.31　$f_{X,Y}(x,y)$ の濃淡模様から y 軸方向をつぶし、x 軸上にインクを集める。できた濃淡模様が周辺確率密度 $f_X(x)$

もう少しきちんと (4.4) を納得するには次のように考えてください。任意の区間に対して、$a \le X \le b$ の確率は

$$\mathrm{P}(a \le X \le b) = \int_a^b f_X(x)\,dx$$

でした $(a \le b)$。この確率は、図 4.32 で言えば (X,Y) がアミがけ部分に入る確率のことです。したがって

$$\mathrm{P}(a \le X \le b) = \int_a^b \left(\int_{-\infty}^{\infty} f_{X,Y}(x,y)\,dy \right) dx$$

とも書けます。すると任意の $a \le b$ で両者が等しいはずですから、両者を見比べて (4.4) が結論されます[*]。

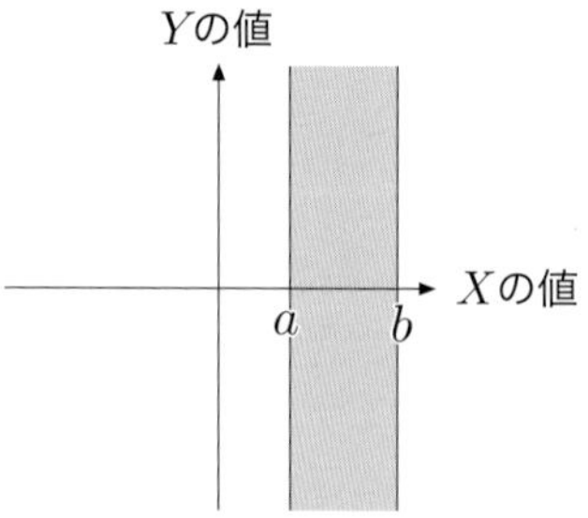

▶ 図 4.32　「$a \le X \le b$ となる確率」は、「(X,Y) が図のアミがけ部分に入る確率」とも言いかえられる

例題 4.12

実数値確率変数 X, Y の同時分布の確率密度関数が $f_{X,Y}(x,y) = \frac{3}{2}\max(0, 1-|x|-|y|)$ だったとする (max は「大きいほうの値」を表す → 付録 A.2(p.319))。X の確率密度関数 $f_X(x)$ を求めよ。

答

$f_{X,Y}(x,y)$ のグラフは図 4.33 のようなピラミッド。$0 \le x \le 1$ の範囲では、

$$f_X(x) = \int_{-\infty}^{\infty} f_{X,Y}(x,y)\,dy = \int_{-(1-x)}^{1-x} \frac{3}{2}(1-x-|y|)\,dy = 2\int_0^{1-x} \frac{3}{2}(1-x-y)\,dy$$
$$= 3\left[(1-x)y - \frac{y^2}{2}\right]_{y=0}^{y=1-x} = 3\left((1-x)^2 - \frac{(1-x)^2}{2}\right) = \frac{3}{2}(1-x)^2$$

同様に、$-1 \le x < 0$ の範囲では

$$f_X(x) = \frac{3}{2}(1+x)^2$$

それ以外の x では $f_X(x) = 0$。以上をまとめて

$$f_X(x) = \begin{cases} \frac{3}{2}(1-|x|)^2 & (-1 \le x \le 1) \\ 0 & (\text{他}) \end{cases}$$

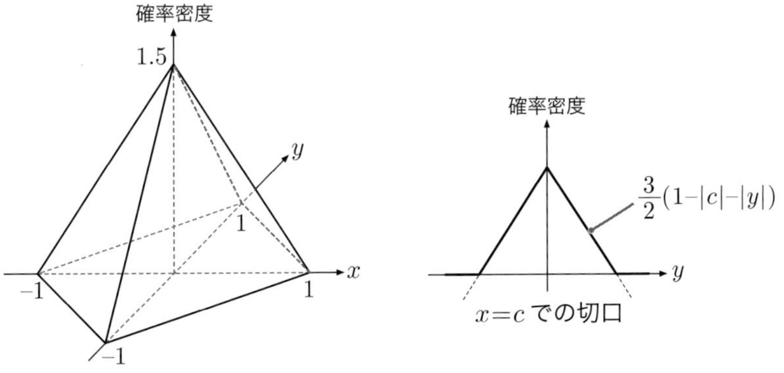

▶図 4.33　同時分布の確率密度関数と、その断面（$-1 \le c \le 1$）

■

3 個以上のときも周辺分布の確率密度関数の求め方は同様です。いくつか例を挙げれば

$$f_{X,Y,Z}(x,y,z) = \int_{-\infty}^{\infty} f_{X,Y,Z,W}(x,y,z,w)\,dw$$
$$f_{X,Z}(x,z) = \int_{-\infty}^{\infty}\left(\int_{-\infty}^{\infty} f_{X,Y,Z,W}(x,y,z,w)\,dy\right)dw$$
$$f_Z(z) = \int_{-\infty}^{\infty}\left(\int_{-\infty}^{\infty}\left(\int_{-\infty}^{\infty} f_{X,Y,Z,W}(x,y,z,w)\,dx\right)dy\right)dw$$

という具合。こういう多重積分は、慣れてきたら括弧を省いて

$$f_Z(z) = \int_{-\infty}^{\infty} \int_{-\infty}^{\infty} \int_{-\infty}^{\infty} f_{X,Y,Z,W}(x,y,z,w)\,dx\,dy\,dw$$

のように書くほうが普通です。

> **? 4.7　積分する順番を変えて、たとえば $f_Z(z) = \int_{-\infty}^{\infty} \int_{-\infty}^{\infty} \int_{-\infty}^{\infty} f_{X,Y,Z,W}(x,y,z,w)\,dy\,dx\,dw$ と計算しても構いませんか？**
>
> 構いません（……という答に不満な方は ? 4.1(p.113) の後の断りを参照）。

くどくどのべてきましたが、結果を見ると離散値のときの総和 $\sum$ が積分 $\int$ に化けただけ。それを除けば格好としては離散値版と同じようになっています。実はこの先もたいていの話は $\sum$ が $\int$ に化けるだけです。

4.4.4　条件つき分布

次の話題は条件つき分布です。引き続き実数値の確率変数 X, Y について同時分布の確率密度関数 $f_{X,Y}(x,y)$ が与えられていたとします。いま X の値を観測したら $X = a$ だったとしてください。このときに、$X = a$ という条件のもとでの、Y の条件つき分布を考えたい。

そのためにはここでもまた定義の拡張が必要になります。離散値のときの定義

$$\mathrm{P}(Y = b | X = a) = \frac{\mathrm{P}(X = a, Y = b)}{\mathrm{P}(X = a)}$$

をそのまま持ってきたのでは 0/0 になってしまうからです。

ここは図 4.34 のようにグラフで考えることにしましょう。同時分布の確率密度関数に対して $X = a$ という場合に話を限定することは、グラフで言えば図の直線上だけを見る、つまり図の切口を見ることに相当します。

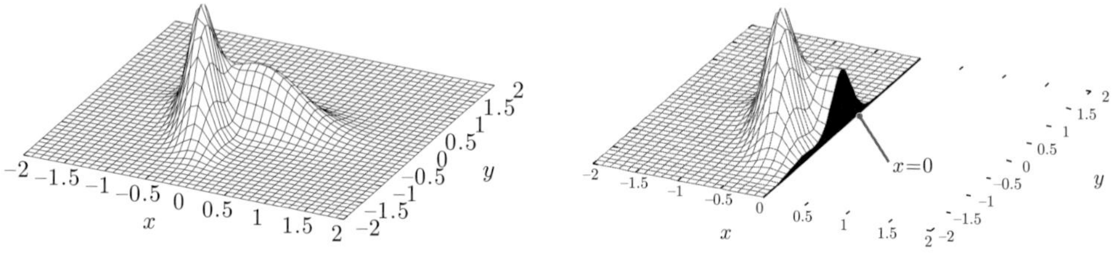

▶ 図 4.34　同時分布の確率密度関数（左）と、直線 $x = 0$ によるその切口（右）

ですから、$X = a$ という条件のもとで Y にどんな値が出やすいかは、この切口からわかるはずです。切口が高くなっているところはその付近の値が出やすい、低くなっているところはその付近の値が出にくい。となれば、この切口の形

$$g(y) \equiv f_{X,Y}(a,y)$$

をもって「これが条件つき分布の確率密度関数だ」と言いたくなってきますが……ちょっと待った。

一般に確率密度関数 h は

$$h(y) \geq 0, \quad \int_{-\infty}^{\infty} h(y)\, dy = 1$$

という性質を持つはずでした。今の g では後者が保証されません。だから切口 g そのものを確率密度関数と認めるわけにはいきません。

ではどうするか。出やすさ・出にくさの比率を保ちつつ、積分が 1 になるよう g を修正できれば、話は円満におさまります。そのためには、何かうまい定数 c で割って

$$h(y) \equiv \frac{g(y)}{c}$$

を考えればよい[*10]。c の具体的な値は、積分が 1 になるよう調節して決定します。積分してみると

$$\int_{-\infty}^{\infty} h(y)\, dy = \frac{1}{c}\int_{-\infty}^{\infty} g(y)\, dy$$

ですから、$c = \int_{-\infty}^{\infty} g(y)\, dy$ と定めればめでたく $\int_{-\infty}^{\infty} h(y)\, dy = 1$ にできます。ところで、$\int_{-\infty}^{\infty} g(y)\, dy$ というのは

$$\int_{-\infty}^{\infty} g(y)\, dy = \int_{-\infty}^{\infty} f_{X,Y}(a, y)\, dy = f_X(a)$$

のように周辺分布に実はなっています。これを使ってまとめると、

$$h(y) = \frac{g(y)}{c} = \frac{f_{X,Y}(a, y)}{f_X(a)}$$

こんなふうに作れば $h(y)$ は確率密度関数の資格を満たします。図 4.35 はその様子を示したものです。

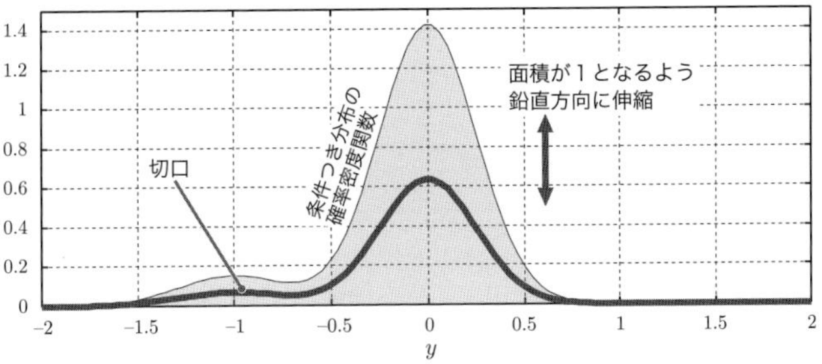

▶図 4.35 切口と条件つき分布

*10 うまい定数 r をかけて $h(y) \equiv rg(y)$ とするほうがすなおですが、どちらにしろやっていることは同じです ($c = 1/r$ とれば同じになります)。割り算のほうを選んだ理由は見やすさのためだけです。

以上のように、切口から作られた確率密度関数をもって、実数値の**条件つき分布**を定義します。記号では

$$f_{Y|X}(b|a) \equiv \frac{f_{X,Y}(a,b)}{f_X(a)}$$

と書くことにします。あるいは、分母をはらって

$$f_{X,Y}(a,b) = f_{Y|X}(b|a) f_X(a)$$

と表すこともできます。

X と Y の役割を入れかえて同じ議論をすることにより、

$$f_{X|Y}(a|b) = \frac{f_{X,Y}(a,b)}{f_Y(b)}$$
$$f_{X,Y}(a,b) = f_{X|Y}(a|b) f_Y(b)$$

という結果も得られます。図 4.36 を参照ください。

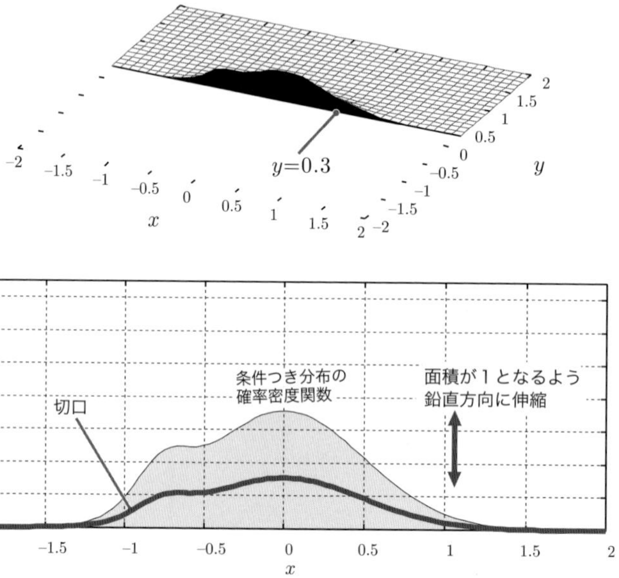

▶図 4.36　同時分布 $f_{X,Y}(x,y)$ の切口から条件つき分布 $f_{X|Y}(x|0.3)$ を求める

結論として得られた式は離散値のときと同じような格好になりました。並べてまとめておきます。

離散値（確率）	実数値（確率密度）
$\mathrm{P}(Y=b \mid X=a)=\dfrac{\mathrm{P}(X=a, Y=b)}{\mathrm{P}(X=a)}$	$f_{Y\mid X}(b\mid a)=\dfrac{f_{X,Y}(a,b)}{f_X(a)}$
$\mathrm{P}(X=a \mid Y=b)=\dfrac{\mathrm{P}(X=a, Y=b)}{\mathrm{P}(Y=b)}$	$f_{X\mid Y}(a\mid b)=\dfrac{f_{X,Y}(a,b)}{f_Y(b)}$

あるいは、

離散値（確率）	実数値（確率密度）
$\mathrm{P}(X=a, Y=b)=\mathrm{P}(Y=b \mid X=a)\,\mathrm{P}(X=a)$	$f_{X,Y}(a,b)=f_{Y\mid X}(b\mid a)f_X(a)$
$\mathrm{P}(X=a, Y=b)=\mathrm{P}(X=a \mid Y=b)\,\mathrm{P}(Y=b)$	$f_{X,Y}(a,b)=f_{X\mid Y}(a\mid b)f_Y(b)$

縦棒の左右どちらがどちらの意味だったかも離散値のときと同じですから、結果を頭に入れるのは容易でしょう。ただし表しているものが違うことは忘れないでください。P のほうは確率、f のほうは確率密度です。確率密度は積分してはじめて確率になります。

4.4.5 Bayes の公式

ここまでの結果を使えば、**Bayes の公式**

$$\mathrm{P}(X=a \mid Y=b)=\frac{\mathrm{P}(Y=b \mid X=a)\,\mathrm{P}(X=a)}{\sum_x \mathrm{P}(Y=b \mid X=x)\,\mathrm{P}(X=x)}$$

の実数値版も作ることができます。Bayes の公式は一種の逆問題に対応していて、いろいろな応用につながるのでした（→ 2.4 節 (p.51)）。

やりたいことは、

> 条件つき分布 $f_{Y\mid X}$ と周辺分布 f_X とが与えられたとして、これらを使って反対向きの条件つき分布 $f_{X\mid Y}$ を求める

です。練習として自分で導いてみてください。離散値版と同じ道筋をたどればできるはずです。

例題 4.13

次の公式を示せ。

$$f_{X\mid Y}(a\mid b)=\frac{f_{Y\mid X}(b\mid a)f_X(a)}{\int_{-\infty}^{\infty} f_{Y\mid X}(b\mid x)f_X(x)\,dx}$$

答

前に述べたとおり $f_{X|Y}(a|b) = f_{X,Y}(a,b)/f_Y(b)$。この分母は $f_Y(b) = \int_{-\infty}^{\infty} f_{X,Y}(x,b)\,dx$ と計算されますから、

$$f_{X|Y}(a|b) = \frac{f_{X,Y}(a,b)}{\int_{-\infty}^{\infty} f_{X,Y}(x,b)\,dx}$$

さらに、同時分布のところを条件つき分布と周辺分布とで表せば上記の公式に至ります。 ∎

これも結論は離散値版と同じような格好になりました。例の「$\sum$ が $\int$ に化けるだけ」です。

4.4.6 独立性

複数の確率変数のからみあいに関してもう一つ大切な概念が独立性でした。離散値の場合どうなっていたら独立と呼ぶのだったか思い出してください（2.5 節 (p.58)「独立性」）。いろいろな言い方ができましたが、とっつきやすいのは「条件をつけてもつけなくても分布が変わらない」でしょう。実数値の X, Y についてもこれをそのまま持ってきます。すなわち、

$$f_{Y|X}(b|a) = f_Y(b)$$

が常に（どんな a, b でも）成り立つとき、X と Y は**独立**であると言います。$f_{Y|X}(b|a) = f_{X,Y}(a,b)/f_X(a)$ でしたらから、代入し分母をはらって

$$f_{X,Y}(a,b) = f_X(a)f_Y(b)$$

と書いても同値です。さらに変形して

$$f_{X|Y}(a|b) = f_X(a)$$

とも書けます。前と同様の理屈で、これらは「$f_{Y|X}(b|a)$ の値が条件 a によらない」や「$f_{X|Y}(a|b)$ の値が条件 b によらない」とも同値になります。また、「$f_{X,Y}(x,y) = g(x)h(y)$ のように、x のみの関数と y のみの関数とのかけ算で書ける」も独立性と同値です。

同時分布の確率密度関数のグラフで言うなら、独立とは、図 4.37 のように切口の形がどこで切っても同じ（鉛直方向の定数倍を除いて）ということです：

$$f_{X,Y}(a,y) = cf_{X,Y}(\tilde{a},y) \qquad c \text{ は } a, \tilde{a} \text{ に応じて定まる定数（}y\text{ にはよらない）} \tag{4.5}$$

これは確かに、条件つき分布が条件によらないことを意味していますね[*11]。さらに X, Y の役割を入れかえても構いません。

$$f_{X,Y}(x,b) = cf_{X,Y}(x,\tilde{b}) \qquad c \text{ は } b, \tilde{b} \text{ に応じて定まる定数（}x\text{ にはよらない）} \tag{4.6}$$

比較のため、独立でない例も図 4.38 と図 4.39 に挙げておきます。離散値版の図 2.4(p.35) とも見比べてください。

[*11] 同時分布 $f_{X,Y}$ の切口を面積が 1 になるよう定数倍したものが、条件つき分布 $f_{Y|X}$ でした。だから、(4.5) は $f_{Y|X}(b|a) = f_{Y|X}(b|\tilde{a})$（条件が a でも $\tilde{a}$ でも同じ！）を意味します。ぴんとこなければ離散値のときの 2.5 節 (p.58)「独立性」も復習してください。あのときの条件（エ）が実は (4.5) に相当します。

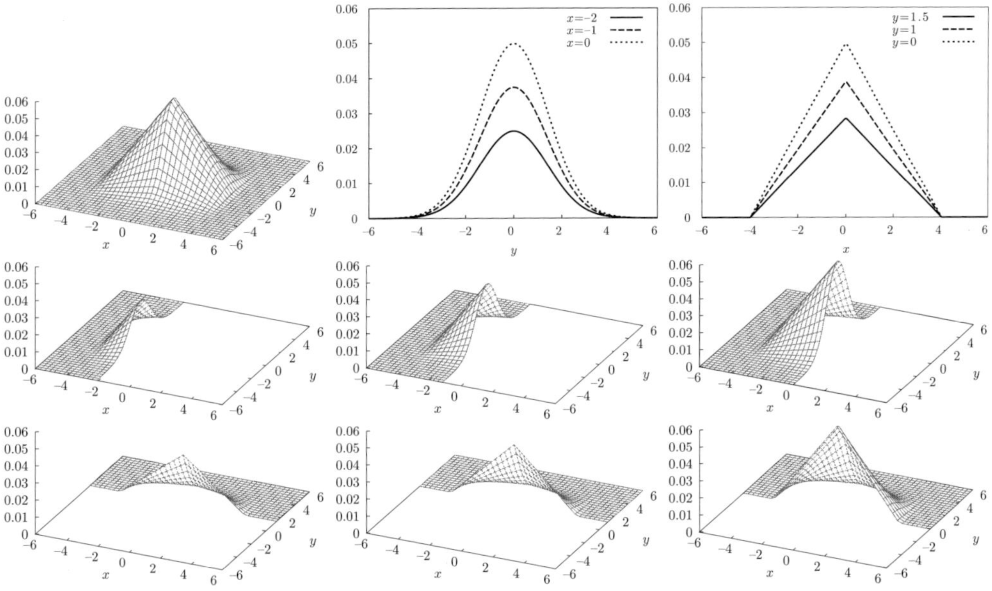

►図 4.37 独立な例。同時分布の確率密度関数 $f_{X,Y}(x,y)$ の切口（$x=$ 一定、または $y=$ 一定）が、どこで切っても比例（→ 条件つき分布が条件によらない）

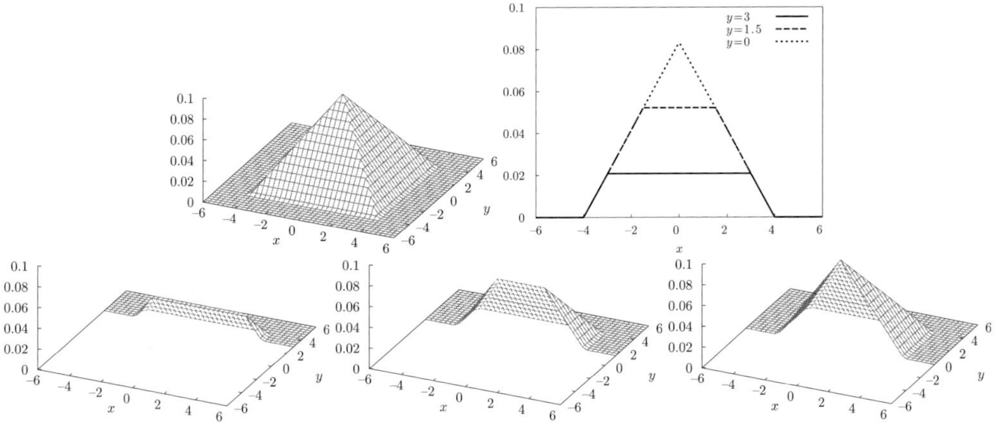

►図 4.38 独立でない例（その一）。同時分布の確率密度関数 $f_{X,Y}(x,y)$ の切口が比例しない（→ 条件つき分布は条件により変わる。実際、$Y=3$ の条件では X は一様分布に近く、$Y=0$ の条件だと X は 0 付近が出やすい）

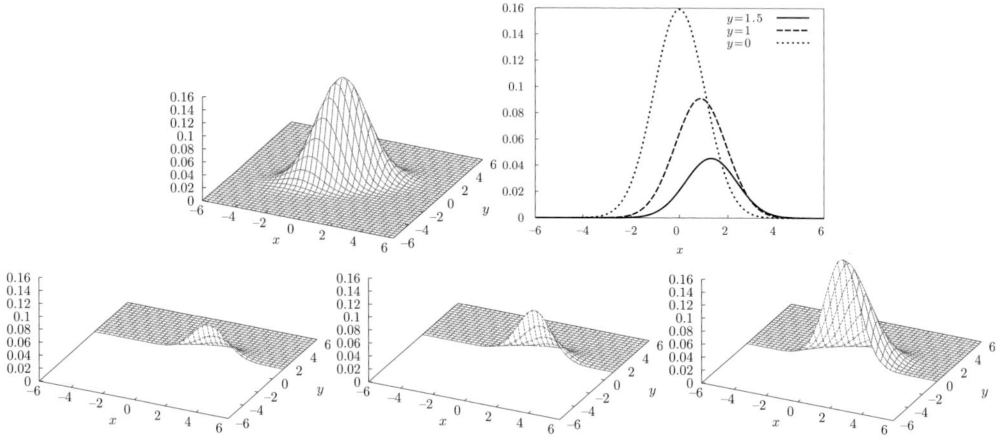

▶図 4.39 独立でない例（その二）。やはり切口が比例しない（→ 条件つき分布は条件により変わる。実際、$Y=0$ の条件だと X は 0 付近が出やすく、$Y=1.5$ の条件だと X はもっと大きな値が出やすい）

結局、離散値版と同じような格好で $\sum$ が $\int$ に化けるだけという原則がここでも通用しました。$\sum$ が元々いなかったので化けるも何もありませんが。

4.4.7　任意領域の確率・一様分布・変数変換

実数値の確率変数のからみ具合について特に力説したかったことは以上です。からみ具合と言えば同時分布・周辺分布・条件つき分布がまず大切。これらへ早くたどりつきたかったために、4.4.1 項 (p.136)「同時分布」では一部の話題をあえてとばしました。本項で補足としてそれを回収します。同時分布の確率密度関数についての話です。

任意領域の確率

(X,Y) が指定された長方形領域に入る確率は 4.4.1 項 (p.136)「同時分布」で説明しました。実は長方形に限らず任意の図形でも、(X,Y) がそこへ入る確率は図 4.40 のような柱の体積になります。理由は、図 4.41 みたいに長方形で近似したと思っていただけば結構です。

式では次のようにスキャンして計算します。

$$\mathrm{P}((X,Y)\text{ が図 4.42 のアミがけの範囲に入る})$$
$$= \int_c^d \left(\int_{a(y)}^{b(y)} f_{X,Y}(x,y)\,dx \right) dy = \int_a^b \left(\int_{c(x)}^{d(x)} f_{X,Y}(x,y)\,dy \right) dx$$

この積分で柱の体積が求められるわけは解析学の教科書を参照してください。

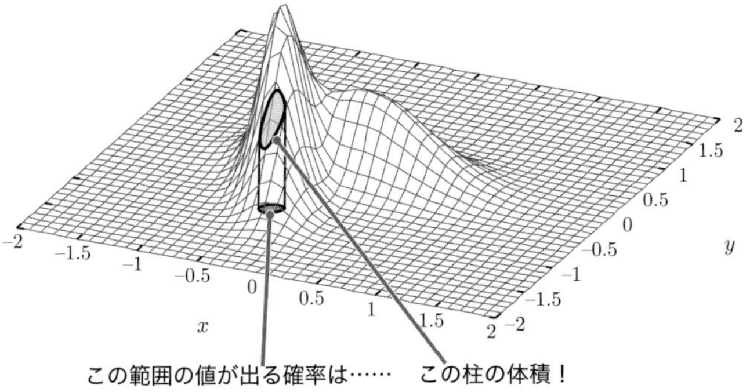

▶ 図 4.40 アミがけの範囲の値が出る確率は、確率密度関数 $f_{X,Y}(x, y)$ のグラフからその範囲上を切り出してできた柱の体積

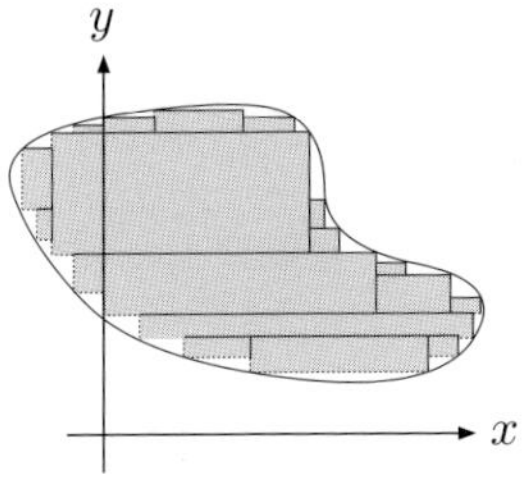

▶ 図 4.41　長方形に入る確率がわかれば、任意の図形に入る確率も極限として得られる

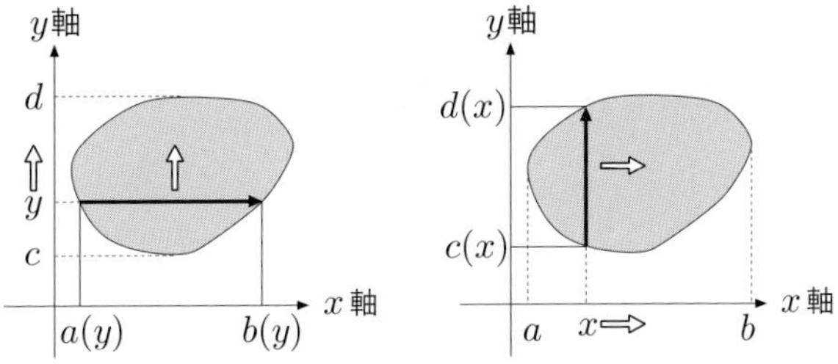

▶ 図 4.42　確率を求めるための積分範囲

一様分布

平面上の領域 C が一つ指定されたら、それに対応して

$$f_{X,Y}(x,y) \equiv \begin{cases} \frac{1}{C\text{ の面積}} & ((x,y)\text{ が } C \text{ 上}) \\ 0 & ((x,y)\text{ が } C \text{ の外}) \end{cases}$$

という確率密度関数を考えることができます（ただし領域 C の面積は有限とします）。たとえば図 4.43 のような具合です。C 上ではどの点でも出やすさは同じ。C の外は出ない。これを領域 C 上の**一様分布**と呼びます。3 変数以上の場合も同様です。

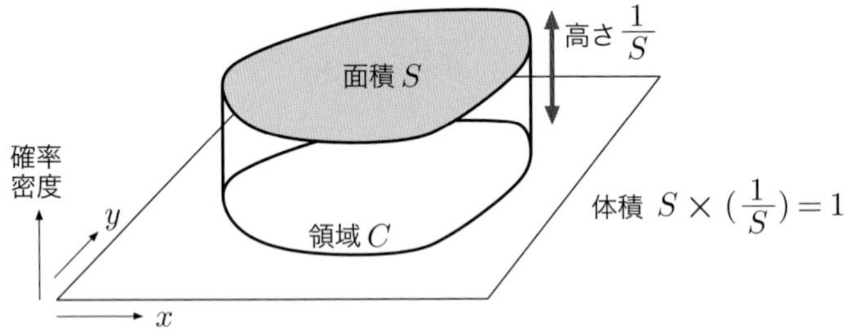

▶ 図 4.43　領域 C 上の一様分布

この $f_{X,Y}(x,y)$ が確率密度関数の資格を満たしていることを確認してください。$f_{X,Y}(x,y) \geq 0$ だし、グラフの体積も 1 になっているから、確かに大丈夫ですね。

変数変換

最後の補足は変数変換です。一変数の話を思い出すと、要はのばせば薄まり縮めれば濃くなるというのが根本の原理でした（4.3.3 項 (p.132)）。それは多変数でも変わりません。

シンプルな例から順に見ていきましょう。

■ 横のばし　確率変数 X, Y を

$$Z \equiv 2X, \qquad W \equiv Y$$

のように変換したとします。同時分布の確率密度関数はどう変換されるでしょうか？　つまり、$f_{X,Y}(x,y)$ が与えられたとして $f_{Z,W}(z,w)$ はどう表されるでしょうか？

図 4.44 のとおり、例によって $f_{X,Y}(x,y)$ を透明ゴムシート上の濃淡模様だとイメージしてください。これの横方向を 2 倍に引きのばしたものがいまの $f_{Z,W}(z,w)$ です。位置 (z,w) のインクの濃さはどうなっているでしょう。―― 元の位置 (x,y) は、引きのばしによって $(z,w) = (2x,y)$ に移ります。ということは、逆に変換後の位置 (z,w) に対応する元の位置は、$(x,y) = (z/2,w)$ だとわかります。そこの元々の濃さは $f_{X,Y}(z/2,w)$。だからといってこれがそのまま (z,w) の濃さではありません。引きのばした分だけインクが薄まっているからです。いまの例では 2 倍に引きのばしたのだから、濃さは元の 1/2 になってしまいます。したがって答は

$$f_{Z,W}(z,w) = \frac{1}{2} f_{X,Y}(z/2,w)$$

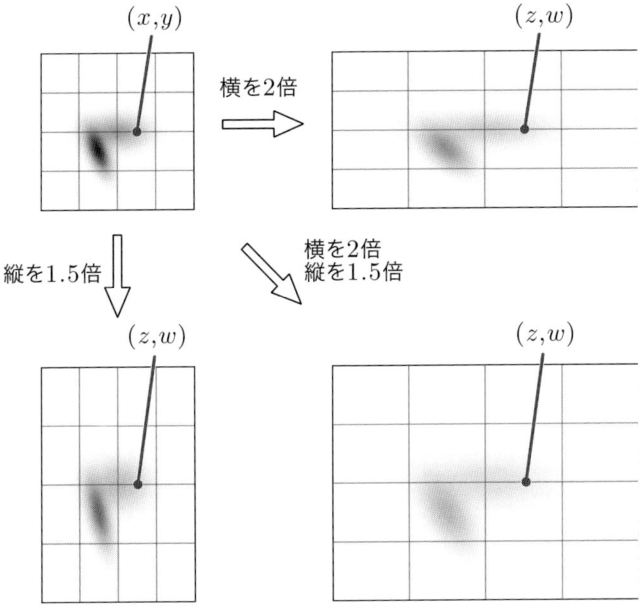

▶図 4.44 面積が拡大した分だけインクが薄まる

■ 縦のばし 次の例は $Z \equiv X,\ W \equiv 1.5Y$ です。今度は縦を 1.5 倍に引きのばすことになります。図 4.44 を見ながらさっきと同様に考えて、

$$f_{Z,W}(z,w) = \frac{1}{1.5} f_{X,Y}(z, w/1.5)$$

を導いてみてください。

■ 縦横のばし 次の例は $Z \equiv 2X,\ W \equiv 1.5Y$。図 4.44 のとおりこれは、横を 2 倍、縦を 1.5 倍に引きのばす変換です。面積は $2 \cdot 1.5 = 3$ 倍にのばされますから、その分インクの濃さは 1/3 になってしまいます。よって

$$f_{Z,W}(z,w) = \frac{1}{3} f_{X,Y}(z/2, w/1.5)$$

■ 裏返し ひっかけ問題もやっておきましょう。$Z \equiv -2X,\ W \equiv 1.5Y$ なら？

横方向は、裏返しにして 2 倍に引きのばす格好。図 4.45 を見ると面積は $|(-2) \cdot 1.5| = 3$ 倍です。もしこの絶対値を忘れると、確率密度関数が負というまちがった答が出てしまいます。正解は

$$f_{Z,W}(z,w) = \frac{1}{3} f_{X,Y}(-z/2, w/1.5)$$

思い返せば一変数のときもこんなふうに絶対値がついていましたね（❓4.3(p.121)）。

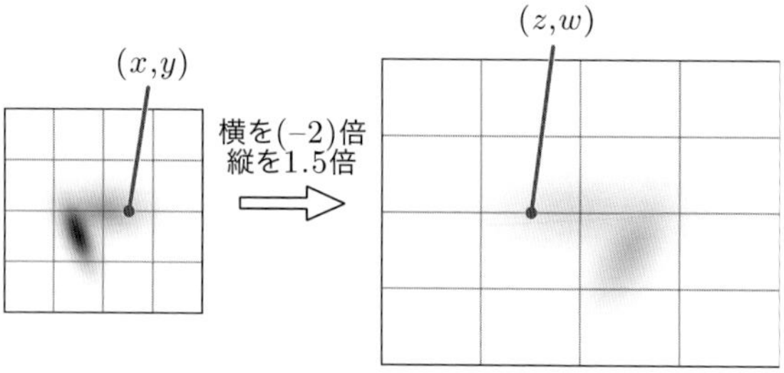

▶ 図 4.45　裏返しに注意。面積は $|(-2)\cdot 1.5| = 3$ 倍

■ 斜め伸縮　ここからが本番です。

$$
\begin{aligned}
Z &\equiv 3X + Y \\
W &\equiv X + 2Y
\end{aligned}
$$

だとどうなるでしょうか。

Z, W が与えられたとして、いまの変換式を X, Y の連立方程式だと思って解けば、

$$
\begin{aligned}
X &= \frac{2Z - W}{5} \\
Y &= \frac{3W - Z}{5}
\end{aligned}
$$

が得られます。ですから、変換後の位置 (z, w) に対応する元の位置は $(x, y) = (\frac{2z-w}{5}, \frac{3w-z}{5})$ だとわかります。そこの元の濃さは $f_{X,Y}(\frac{2z-w}{5}, \frac{3w-z}{5})$。ここまでは上と同様です。

あとはインクの濃さが変換でどうなったかですが……図 4.46 を描いて測ってみると、実は面積が 5 倍になっていることがわかります。するとインクはその分薄まって、

$$
f_{Z,W}(z, w) = \frac{1}{5} f_{X,Y}\left(\frac{2z - w}{5}, \frac{3w - z}{5}\right)
$$

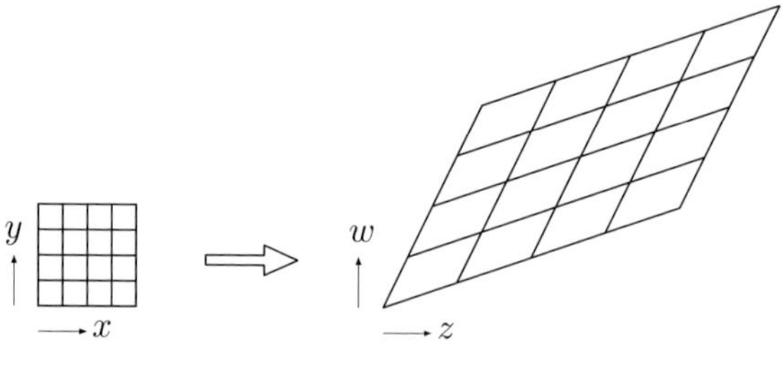

▶ 図 4.46　この変換では面積が 5 倍になる

■ **線形変換**　いまの例を一般化して

$$Z \equiv aX + bY$$
$$W \equiv cX + dY$$

の場合も考えておきます（a, b, c, d は定数）。これには線形代数の知識が必要です。

ベクトルや行列を使えば、この変換は

$$\begin{pmatrix} Z \\ W \end{pmatrix} = A \begin{pmatrix} X \\ Y \end{pmatrix}, \qquad A \equiv \begin{pmatrix} a & b \\ c & d \end{pmatrix}$$

と表せます。そのとき変換によって面積が何倍になるかというと、$|\det A|$ 倍です（**行列式** det については参考文献 [32] などを参照）。実際、前の例でも

$$A = \begin{pmatrix} 3 & 1 \\ 1 & 2 \end{pmatrix} \qquad \to \qquad |\det A| = |3 \cdot 2 - 1 \cdot 1| = 5$$

のように面積拡大率が求められます。だから答は

$$f_{Z,W}(z, w) = \frac{1}{|\det A|} f_{X,Y}(x, y), \qquad \text{ただし} \begin{pmatrix} x \\ y \end{pmatrix} \equiv A^{-1} \begin{pmatrix} z \\ w \end{pmatrix}$$

変数がもっと増えても同様です。

■ **曲げ**　いよいよ佳境です。$Z \equiv Xe^Y$, $W \equiv Y$ のように格子を曲げてしまったらどうなるでしょう。

いまの変換式から X, Y を Z, W で表すと、$X = Ze^{-W}$, $Y = W$ が得られます。ですから、変換後の位置 (z, w) に対応する元の位置は、$(x, y) = (ze^{-w}, w)$ だとわかります。そこの元の濃さは $f_{X,Y}(ze^{-w}, w)$。ここまではいつもどおりです。

問題はインクの濃さが変換でどう希釈・濃縮されたか。それは面積がどれだけ拡大縮小されたかで決まるのでした。いまの例では図 4.47 のように面積拡大率が場所によって違っています。(x, y) を (z, w) へ移す変換について、各点 (x, y) における面積拡大率を調べましょう。縦方向は $w = y$ なので伸縮なし。横方向は x から $z = xe^y$ になるので、e^y 倍です。そうすると面積は $1 \cdot e^y = e^y$ 倍だとわかります。(z, w) で表せば e^w 倍。

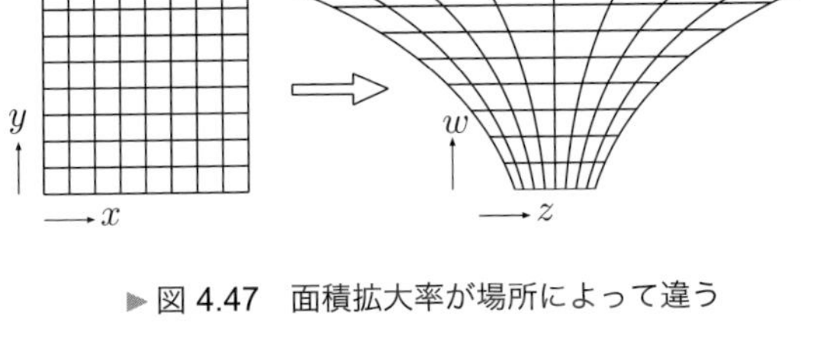

▶図 4.47　面積拡大率が場所によって違う

したがってインクはその分薄まり、答は

$$f_{Z,W}(z, w) = \frac{1}{e^w} f_{X,Y}(ze^{-w}, w)$$

となります。

■ 一対一の非線形変換　いまの例を一般化すれば、$Z \equiv g(X,Y)$, $W \equiv h(X,Y)$ という任意の変換を扱うことができます。ただし簡単のため、変換は図 4.48 のように一対一の対応だとします。つまり、(Z,W) の値を一つ指定したら対応する (X,Y) が必ず一つだけあるとします。ゴムシートのイメージで言えば、シートが二枚以上重なったりすることはなく、しかも全体をくまなく覆っているという前提です。

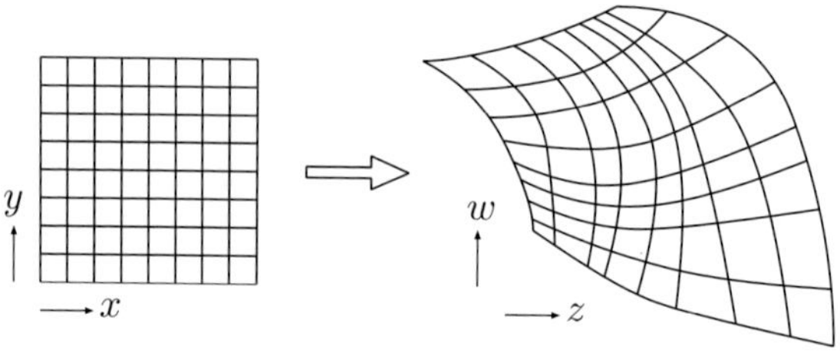

▶図 4.48　任意の変換

ここで今度は解析学の知識が必要になります。多変数の微積分を習っていない読者は、線形変換の例からの類推で我慢してください。

(x,y) を (z,w) に移す変換について、各点 (x,y) における面積拡大率は、**ヤコビアン**と呼ばれる量

$$\frac{\partial(z,w)}{\partial(x,y)} \equiv \det\begin{pmatrix} \frac{\partial z}{\partial x} & \frac{\partial z}{\partial y} \\ \frac{\partial w}{\partial x} & \frac{\partial w}{\partial y} \end{pmatrix}$$

の絶対値 $|\partial(z,w)/\partial(x,y)|$ で表されます（解析学の教科書を参照）[*12]。したがって前と同じように考えれば

$$f_{Z,W}(z,w) = \frac{1}{|\partial(z,w)/\partial(x,y)|} f_{X,Y}(x,y), \qquad \text{ただし } z = g(x,y),\ w = h(x,y)$$

となることがわかるでしょう。これが確率密度関数の変換公式です。教科書には

$$f_{Z,W}(z,w) = \left|\frac{\partial(x,y)}{\partial(z,w)}\right| f_{X,Y}(x,y), \qquad \text{ただし } z = g(x,y),\ w = h(x,y)$$

という形で載っているかもしれません。一般に $\frac{1}{\partial(z,w)/\partial(x,y)} = \partial(x,y)/\partial(z,w)$ が成り立つので、どちらの式も同じです。

試しに一つ前の例 $z \equiv xe^y$, $w \equiv y$ で計算してみると、

$$\left|\frac{\partial(z,w)}{\partial(x,y)}\right| = \left|\det\begin{pmatrix} e^y & xe^y \\ 0 & 1 \end{pmatrix}\right| = |e^y|$$

ここで、e^y は必ず正だから絶対値はつけてもつけなくても同じことです。というわけで確かに面積拡大率 e^y が求められました。

変数がもっと多くなっても同様です。$Z_1 = g_1(X_1, \ldots, X_n)$, …, $Z_n = g_n(X_1, \ldots, X_n)$ に対して、

[*12] ∂ は**偏微分**を表します。$\partial f/\partial x$ とは、「x 以外の変数はすべて固定して（つまりただの定数とみなして）、f を x で微分する」という意味です。

$$f_{Z_1,\ldots,Z_n}(z_1,\ldots,z_n) = \left|\frac{\partial(x_1,\ldots,x_n)}{\partial(z_1,\ldots,z_n)}\right| f_{X_1,\ldots,X_n}(x_1,\ldots,x_n)$$

ただし $z_1 \equiv g_1(x_1,\ldots,x_n), \ldots, z_n \equiv g_n(x_1,\ldots,x_n)$

$$\frac{\partial(x_1,\ldots,x_n)}{\partial(z_1,\ldots,z_n)} \equiv \det\begin{pmatrix} \frac{\partial x_1}{\partial z_1} & \cdots & \frac{\partial x_1}{\partial z_n} \\ \vdots & & \vdots \\ \frac{\partial x_n}{\partial z_1} & \cdots & \frac{\partial x_n}{\partial z_n} \end{pmatrix} = \frac{1}{\partial(z_1,\ldots,z_n)/\partial(x_1,\ldots,x_n)}$$

多変数関数の解析学をしっかり勉強した方なら、これが多重積分の変数変換に直結する話だと気づいたことでしょう。多重積分で出てきたつじつまあわせのためのヤコビアンが、まさに確率密度関数でも現れるわけです。一変数のときの変数変換とも比較してください（4.3.3 項 (p.132)）。

例題 4.14

X, Y の同時分布の確率密度関数を $f_{X,Y}(x,y)$ とし、$Z \equiv 2Xe^{X-Y}$ と $W \equiv X - Y$ の同時分布の確率密度関数を $f_{Z,W}(z,w)$ とする。$f_{Z,W}(6,0)$ の値を $f_{X,Y}$ で表せ。

答

$(Z,W) = (6,0)$ に対応する (X,Y) をまず求める。このとき $W = 0$ より $X = Y$ なので、$Z = 2Xe^0 = 2X$ となるから、対応するのは $(X,Y) = (3,3)$。また、変換 $z = 2xe^{x-y}$, $w = x - y$ のヤコビアンは

$$\frac{\partial(z,w)}{\partial(x,y)} = \det\begin{pmatrix} 2(e^{x-y} + xe^{x-y}) & -2xe^{x-y} \\ 1 & -1 \end{pmatrix} = -2(e^{x-y} + xe^{x-y}) - (-2xe^{x-y}) = -2e^{x-y}$$

よって

$$f_{Z,W}(6,0) = \frac{1}{|-2e^{3-3}|} f_{X,Y}(3,3) = \frac{1}{2} f_{X,Y}(3,3)$$

■

4.4.8 実数値と離散値の混在

応用では実数値と離散値とが混在した状況を扱いたい場面もあります。X と Y が実数値で Z が離散値（たとえば $1,2,3,4,5,6$ のどれかをとる）といった場合の**同時分布**を定義するには、xy 平面を 6 枚考えて本文と同じような扱いをしてください。

X が離散値で Y が実数値の場合、**Bayes の公式**は次のようになります。

$$\mathrm{P}(X = a|Y = b) = \frac{f_{Y|X}(b|a)\,\mathrm{P}(X = a)}{\sum_x f_{Y|X}(b|x)\,\mathrm{P}(X = x)}$$

$$f_{Y|X}(b|a) = \frac{\mathrm{P}(X = a|Y = b) f_Y(b)}{\int_{-\infty}^{\infty} \mathrm{P}(X = a|Y = y) f_Y(y)\,dy}$$

ややマニアックですが後ほど推定論の説明に使うので挙げておきました（例題 6.4(p.241)）。

4.5 期待値と分散・標準偏差

「整数値の話の実数値版を作ろう」シリーズをさらに続けます。次は期待値と分散・標準偏差です。

先を急ぎたい方は、また下の対応表だけ確認して 4.6 節 (p.161)「正規分布と中心極限定理」へ飛んでください。対応表は例によって、確率の $\sum$ を確率密度の $\int$ に読みかえろということです。

離散値（確率）	実数値（確率密度）
期待値 $\mathrm{E}[X] \equiv$「$X(\omega)$ のグラフの体積」 $\mathrm{E}[X] = \sum_x x\,\mathrm{P}(X=x)$ $\mathrm{E}[g(X)] = \sum_x g(x)\,\mathrm{P}(X=x)$ $\mathrm{E}[h(X,Y)] = \sum_y \sum_x h(x,y)\,\mathrm{P}(X=x, Y=y)$ $\mathrm{E}[aX+b] = a\,\mathrm{E}[X]+b$ など	 全く同じ $\mathrm{E}[X] = \int_{-\infty}^{\infty} x f_X(x)\,dx$ $\mathrm{E}[g(X)] = \int_{-\infty}^{\infty} g(x) f_X(x)\,dx$ $\mathrm{E}[h(X,Y)] = \int_{-\infty}^{\infty}\int_{-\infty}^{\infty} h(x,y) f_{X,Y}(x,y)\,dx\,dy$ 全く同じ
分散 $\mathrm{V}[X] \equiv \mathrm{E}[(X-\mu)^2], \quad \mu \equiv \mathrm{E}[X]$ $\mathrm{V}[aX+b] = a^2\,\mathrm{V}[X]$ など	 全く同じ 全く同じ
標準偏差 $\sigma_X \equiv \sqrt{\mathrm{V}[X]}$ $\sigma_{aX+b} = \lvert a\rvert\sigma_X$ など	 全く同じ 全く同じ
条件つき期待値 $\mathrm{E}[Y\vert X=a] \equiv \sum_b b\,\mathrm{P}(Y=b\vert X=a)$	 $\mathrm{E}[Y\vert X=a] \equiv \int_{-\infty}^{\infty} y f_Y(y\vert X=a)\,dy$
条件つき分散 $\mathrm{V}[Y\vert X=a] \equiv \mathrm{E}[(Y-\mu(a))^2\vert X=a]$	 全く同じ

4.5.1 期待値

整数値版の期待値の定義（3.3 節 (p.76)）をそのまま流用して、実数値の確率変数 X についても、関数 $X(\omega)$ のグラフの体積を X の**期待値** $\mathrm{E}[X]$ と定義します。この図の底面（面積 1 の正方形）はパラレルワールド全体 Ω を表し、鉛直軸が各世界 ω における関数値 $X(\omega)$ を表すのでした。

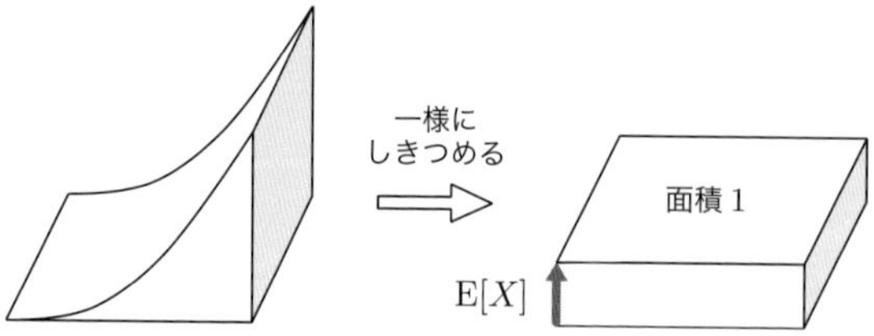

X の確率密度関数 f_X を使えば、この体積は

$$\mathrm{E}[X] = \int_{-\infty}^{\infty} x f_X(x)\,dx$$

という式で計算できます。理由は次の図を見てください。

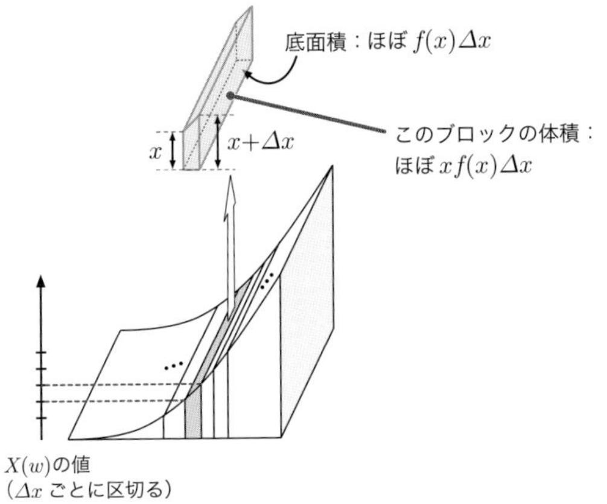

このオブジェの体積を測りたいわけですが、そのままでは手が出にくいので、ブロックに分割して測ります。Δx を小さな正の数として、高さが x から $x+\Delta x$ までの部分を切り出してみましょう*13。このブロックの底面積は、X が x から $x+\Delta x$ までの値になる確率を表しているのでした。だから底面積はおおよそ $f_X(x)\Delta x$ のはずです（それが確率密度関数 f_X というものでした）。すると、このブロックの体積はおおよそ

$$\text{高さ} \times \text{底面積} = x f_X(x)\Delta x$$

となります*14。この図で幅 Δx を小さくしていけば、極限は

$$\text{「各ブロックの体積 } x f_X(x)\Delta x \text{」の合計} \to \int_{-\infty}^{\infty} x f_X(x)\,dx \qquad (\Delta x \to +0)$$

となります。

結局、得られた結論 $\mathrm{E}[X] = \int_{-\infty}^{\infty} x f_X(x)\,dx$ は、$\sum$ が $\int$ に化けたといういつもの格好でした。同様に、任意の関数 g に対して

$$\mathrm{E}[g(X)] = \int_{-\infty}^{\infty} g(x) f_X(x)\,dx$$

も成り立ちます。離散値のときと比較すれば納得いただけるはずです（→ 3.3 節 (p.76)）。

さらに、二変数関数 h に対しても

$$\mathrm{E}[h(X,Y)] = \int_{-\infty}^{\infty} \left(\int_{-\infty}^{\infty} h(x,y) f_{X,Y}(x,y)\,dx \right) dy = \int_{-\infty}^{\infty} \left(\int_{-\infty}^{\infty} h(x,y) f_{X,Y}(x,y)\,dy \right) dx$$

のように計算できます。理由は、「X が x から $x+\Delta x$ までの値、かつ、Y が y から $y+\Delta y$ までの値」となる確率がおおよそ $f_{X,Y}(x,y)\Delta x \Delta y$ だからです。この事実を使って先ほどと同様の考察をすれば上式が得られます。詳細は省略。三変数関数なら

---

*13 Δx で一文字のように読んでください、と前にも脚注*6(p.135) で説明しました。Δx という記号はいろいろな場面でいろいろな意味に使われますから、人に見せる資料や答案では、何を Δx と置くのかそのつど断らないといけません。

*14 もうちょっと正確に言うと、ブロックの体積は少なめに見て $x f_X(x)\Delta x$ くらい、多めに見て $(x+\Delta x) f_X(x)\Delta x$ くらい。ですが、Δx が小さければ $(\Delta x)^2$ はさらに小さいので、少なめと多めとの誤差はここでは気にしません。

$$\mathrm{E}[h(X,Y,Z)] = \int_{-\infty}^{\infty} \left(\int_{-\infty}^{\infty} \left(\int_{-\infty}^{\infty} h(x,y,z) f_{X,Y,Z}(x,y,z)\, dx \right) dy \right) dz$$

という具合です。

例題 4.15

確率変数 X の確率密度関数 $f_X(x)$ が次式で与えられるとき、$\mathrm{E}[X]$ と $\mathrm{E}[X^2]$ を求めよ。

$$f_X(x) = \begin{cases} 2x & (0 \le x \le 1) \\ 0 & (\text{他}) \end{cases}$$

答

$$\mathrm{E}[X] = \int_{-\infty}^{\infty} x f_X(x)\, dx = \int_0^1 x(2x)\, dx = \left[\frac{2}{3} x^3 \right]_0^1 = \frac{2}{3}$$

また、$g(x) = x^2$ とおいて

$$\mathrm{E}[X^2] = \mathrm{E}[g(X)] = \int_{-\infty}^{\infty} g(x) f_X(x)\, dx = \int_0^1 x^2 (2x)\, dx = \left[\frac{2}{4} x^4 \right]_0^1 = \frac{1}{2}$$

■

例題 4.16

確率変数 X, Y の同時分布の確率密度関数 $f_{X,Y}(x,y)$ が次式で与えられるとき、$\mathrm{E}[XY]$ を求めよ。

$$f_{X,Y}(x,y) = \begin{cases} x + y & (0 \le x \le 1 \text{ かつ } 0 \le y \le 1) \\ 0 & (\text{他}) \end{cases}$$

答

$h(x,y) \equiv xy$ とおいて、

$$\begin{aligned} \mathrm{E}[XY] = \mathrm{E}[h(X,Y)] &= \int_{-\infty}^{\infty} \left(\int_{-\infty}^{\infty} h(x,y) f_{X,Y}(x,y)\, dx \right) dy = \int_0^1 \left(\int_0^1 xy(x+y)\, dx \right) dy \\ &= \int_0^1 \left(\int_0^1 (x^2 y + xy^2)\, dx \right) dy \qquad \cdots\cdots \text{内側の積分（}x\text{ での積分）では、}y\text{ はただの定数扱い} \\ &= \int_0^1 \left[\frac{y}{3} x^3 + \frac{y^2}{2} x^2 \right]_{x=0}^{x=1} dy = \int_0^1 \left(\frac{y}{3} + \frac{y^2}{2} \right) dy = \left[\frac{y^2}{6} + \frac{y^3}{6} \right]_0^1 = \frac{1}{3} \end{aligned}$$

■

例題 4.17

次の性質を積分計算から導け。

- $\mathrm{E}[3X] = 3\,\mathrm{E}[X]$
- $\mathrm{E}[X+3] = \mathrm{E}[X] + 3$

答

積分の一般的な性質から

$$\begin{aligned}
\mathrm{E}[3X] &= \int_{-\infty}^{\infty} 3x f_X(x)\,dx = 3\int_{-\infty}^{\infty} x f_X(x)\,dx = 3\,\mathrm{E}[X] \\
\mathrm{E}[X+3] &= \int_{-\infty}^{\infty} (x+3) f_X(x)\,dx = \int_{-\infty}^{\infty} x f_X(x)\,dx + 3\int_{-\infty}^{\infty} f_X(x)\,dx \\
&= \mathrm{E}[X] + 3\cdot 1 = \mathrm{E}[X] + 3 \qquad (\textstyle\int_{-\infty}^{\infty} f_X(x)\,dx = 1 \text{ を使った})
\end{aligned}$$

■

例題 4.18

次の性質を積分計算から導け。(多重積分を習っていない方は、この性質が離散値のときと同じだということだけ確認いただければ結構です)

- $\mathrm{E}[X+Y] = \mathrm{E}[X] + \mathrm{E}[Y]$
- X と Y が独立なら $\mathrm{E}[XY] = \mathrm{E}[X]\,\mathrm{E}[Y]$

答

関数 $h(X,Y) \equiv X+Y$ を考えれば、

$$\begin{aligned}
\mathrm{E}[X+Y] = \mathrm{E}[h(X,Y)] &= \int_{-\infty}^{\infty}\int_{-\infty}^{\infty} h(x,y) f_{X,Y}(x,y)\,dx\,dy = \int_{-\infty}^{\infty}\int_{-\infty}^{\infty} (x+y) f_{X,Y}(x,y)\,dx\,dy \\
&= \int_{-\infty}^{\infty}\int_{-\infty}^{\infty} x f_{X,Y}(x,y)\,dx\,dy + \int_{-\infty}^{\infty}\int_{-\infty}^{\infty} y f_{X,Y}(x,y)\,dx\,dy
\end{aligned}$$

この第 1 項は、$s(x,y) \equiv x$ に対する $\mathrm{E}[s(X,Y)]$ を求める式になっているので、要するに $\mathrm{E}[X]$ です。同様に第 2 項は $\mathrm{E}[Y]$ ですから、$\mathrm{E}[X+Y] = \mathrm{E}[X] + \mathrm{E}[Y]$ が得られました*15。

また、関数 $h(X,Y) \equiv XY$ を考えれば、

$$\mathrm{E}[XY] = \mathrm{E}[h(X,Y)] = \int_{-\infty}^{\infty}\int_{-\infty}^{\infty} h(x,y) f_{X,Y}(x,y)\,dx\,dy = \int_{-\infty}^{\infty}\int_{-\infty}^{\infty} xy f_{X,Y}(x,y)\,dx\,dy$$

ここで X と Y が独立なら、$f_{X,Y}(x,y) = f_X(x) f_Y(y)$ だから、上式は

$$\mathrm{E}[XY] = \int_{-\infty}^{\infty}\int_{-\infty}^{\infty} xy f_X(x) f_Y(y)\,dx\,dy$$

と書き直されます。積分の中身が「x のみの式」と「y のみの式」とのかけ算であることに着目してさらに変形すれば、

$$\mathrm{E}[XY] = \left(\int_{-\infty}^{\infty} x f_X(x)\,dx\right)\left(\int_{-\infty}^{\infty} y f_Y(y)\,dy\right) = \mathrm{E}[X]\,\mathrm{E}[Y]$$

■

*15 この説明がもしわかりにくければ、積分の順序入れかえなどを使って

$$\begin{aligned}
\int_{-\infty}^{\infty}\int_{-\infty}^{\infty} x f_{X,Y}(x,y)\,dx\,dy &= \int_{-\infty}^{\infty}\int_{-\infty}^{\infty} x f_{X,Y}(x,y)\,dy\,dx = \int_{-\infty}^{\infty} x \left(\int_{-\infty}^{\infty} f_{X,Y}(x,y)\,dy\right) dx \\
&= \int_{-\infty}^{\infty} x f_X(x)\,dx = \mathrm{E}[X]
\end{aligned}$$

のように地道に示しても構いません。

いまの例題 4.17 と例題 4.18 でお見せした期待値の性質は、離散値でも連続値でも成り立つものです。今後はいちいち断わらずにこれらの性質をどんどん使っていきます。

4.5.2　分散・標準偏差

期待値さえ定義されれば分散や標準偏差はストレートです。それらは期待値を使って定義されていたからです。具体的には、$\mathrm{E}[X] = \mu$ のとき

- **分散** $\mathrm{V}[X] = \mathrm{E}[(X-\mu)^2]$
- **標準偏差** $\sigma = \sqrt{\mathrm{V}[X]}$

でした。3.4 節 (p.89)「分散と標準偏差」で述べた性質は実数値でも成り立ちます。理由は、離散値のときの証明をまったく同じようになぞれるからです。証明の際に使う公式は前項の例題 4.17 や例題 4.18 ですでに示しました。

例題 4.19

確率変数 X の確率密度関数 $f_X(x)$ が次式で与えられるとき、分散 $\mathrm{V}[X]$ と標準偏差 σ を求めよ。

$$f_X(x) = \begin{cases} 2x & (0 \le x \le 1) \\ 0 & (\text{他}) \end{cases}$$

答

例題 4.15(p.158) で計算したとおり $\mathrm{E}[X] = 2/3$。よって、分散・標準偏差の定義から

$$\begin{aligned}
\mathrm{V}[X] &= \mathrm{E}\left[\left(X - \frac{2}{3}\right)^2\right] = \int_{-\infty}^{\infty} \left(x - \frac{2}{3}\right)^2 f_X(x)\,dx = \int_0^1 \left(x - \frac{2}{3}\right)^2 (2x)\,dx \\
&= \int_0^1 \left(2x^3 - \frac{8}{3}x^2 + \frac{8}{9}x\right) dx = \left[\frac{1}{2}x^4 - \frac{8}{9}x^3 + \frac{4}{9}x^2\right]_0^1 \\
&= \frac{1}{2} - \frac{8}{9} + \frac{4}{9} = \frac{1}{18} \\
\sigma &= \sqrt{\mathrm{V}[X]} = \sqrt{\frac{1}{18}} = \frac{1}{3\sqrt{2}}
\end{aligned}$$

（別解）$\mathrm{E}[X] = 2/3$ と $\mathrm{E}[X^2] = 1/2$ は例題 4.15(p.158) で計算済。すると分散の性質より、

$$\mathrm{V}[X] = \mathrm{E}[X^2] - \mathrm{E}[X]^2 = \frac{1}{2} - \frac{4}{9} = \frac{1}{18}$$

■

連続値の条件つき期待値や条件つき分散も、3.6 節 (p.107) と同様に定義されます。式で書けば $\mathrm{E}[Y|X=a] \equiv \int_{-\infty}^{\infty} y f_Y(y|X=a)\,dy$。$\mathrm{V}[Y|X=a]$ のほうは 3.6.4 項 (p.110) と全く同じです。

整数値の話の実数値版を作ろうシリーズはここまでで終了。結局、確率の $\sum$ を確率密度の $\int$ に書き直すだけで、整数値のときの話はあらかた通用します。表しているものの違い（確率と確率密度の違い）には気をつけないといけませんが、格好自体はそのままですから頭は楽ですね。

4.6 正規分布と中心極限定理

ここからは新しい話題に移ります。実数値の最も重要な確率分布である**正規分布**の紹介です。分野によっては **Gauss 分布**（**ガウス分布**）と呼ぶほうが多いかもしれません。

正確な定義は後にして、まず例を見ておきます。図 4.49 は代表的な正規分布です。

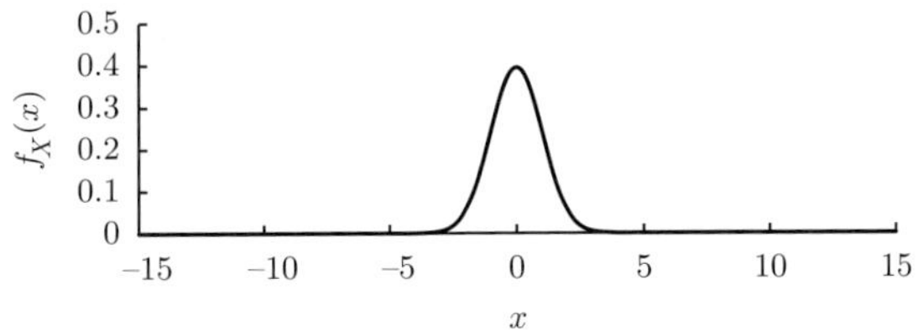

▶図 4.49 標準正規分布の確率密度関数。中心付近が出やすく、極端に外れた値は出にくい（ただしどこまで行っても完全にはゼロでなく、$x \to \pm\infty$ でゼロに漸近）

また、図 4.50 もそれぞれ正規分布です。

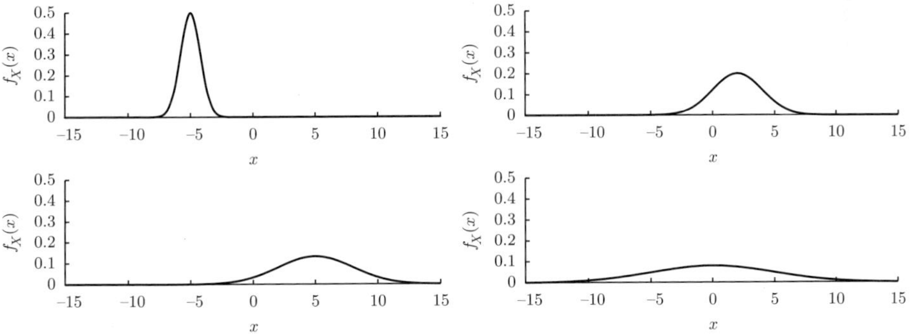

▶図 4.50 いろいろな正規分布の確率密度関数

確率・統計に少しでも関心があれば、正規分布という言葉はやたらと耳にしたことでしょう。また、いまの図のような釣り鐘型の分布を何度となく目にしたことでしょう。なぜこんなに正規分布がちやほやされるのか。理由は大きく二つあります。

- 理論派への人気：いろいろな計算がしやすく、結果がきれいな数式になる
- 実用派への人気：現実の対象で、正規分布になっている（と近似できる）ものが多い

本節では正規分布の定義と性質を述べ、前者の一端を紹介します。そして最後に、後者について、なぜこの世は正規分布だらけなのかという問いへの一つの回答である中心極限定理を解説します。

4.6.1 標準正規分布

いま見せたように正規分布にもいろいろあります。その中で代表を一つ選ぶとしたら、最初に挙げた図 4.49 の**標準正規分布**です。標準正規分布の確率密度関数は

$$f(z) = \frac{1}{\sqrt{2\pi}} \exp\left(-\frac{z^2}{2}\right)$$

と表されます[*16]。

……逃げないで。こういう数式が多くの人に拒絶反応を引き起してしまうのは知っています。それでも、本書がめざすレベルの確率・統計を語るには数式を避けるわけにいきません。いまの式のポイントポイントをゆっくり見ていきますからおつきあいください。

いまの式の前半部分はひとまずざっくり無視しましょう。後半部分の $\exp(\cdots)$ が本体です。さらに本体の中身では分母より分子のほうが肝心。そんなわけでこういうふうに見てください。

$$f(z) = \square \exp\left(-\frac{z^2}{\triangle}\right)$$

係数□と分母△は正の定数ですが今は興味ありません。exp の中が

- 左右対称（$z = c$ でも $z = -c$ でも同じ値）
- $z = 0$ のとき 0
- z が 0 から離れるにつれてどんどんマイナスになる
- $z \to +\infty$ や $z \to -\infty$ のときは $-\infty$ へふっとぶ

となっていることに気づいたでしょうか。これらの事実と exp の性質とをあわせれば、$f(z)$ について次のことが言えます（図 4.51 に示した exp のグラフも参照ください）。

- 左右対称（$f(c) = f(-c)$）
- $z = 0$ のときに $f(z)$ は最大値をとる
- z が 0 から離れるにつれて $f(z)$ はどんどん小さくなる（でも負にはならない）
- $z \to +\infty$ や $z \to -\infty$ のときは $f(z)$ は 0 へ収束する

だから f のグラフがあんな釣り鐘形になるのでした。

次は□が何者なのかを片づけましょう。なぜこんなところに π やら $\sqrt{}$ やらが出てくるのでしょうか。—— これは $f(z)$ が確率密度関数となるために必要な部分です。確率密度関数は、

- 値が 0 以上
- 積分したら 1（つまりグラフの面積は 1）

のはずでした。前者はいいのですが、後者を成り立たせるためには□を上手に設定しないといけません。実は、

$$\int_{-\infty}^{\infty} \exp\left(-\frac{z^2}{2}\right) dz = \sqrt{2\pi}$$

という公式（ガウス積分）が知られています（付録 A.5.2(p.328)）。この公式と、「積分したら 1」という条件式

$$\int_{-\infty}^{\infty} f(z)\, dz = \int_{-\infty}^{\infty} \square \exp\left(-\frac{z^2}{2}\right) dz = 1$$

---

*16　$\exp t$ は e^t のことです。くわしくは付録 A.5(p.326)「指数と対数」を参照。$\pi = 3.14\ldots$ は円周率です。

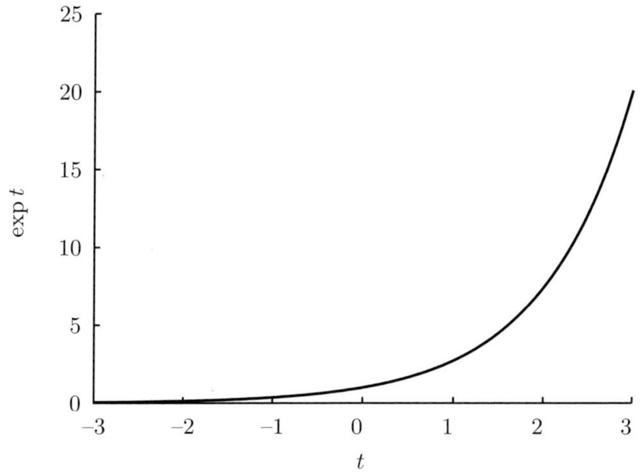

▶図 4.51 指数関数 $\exp t$ のグラフ。t が大きくなるほど $\exp t$ はぐんぐん大きくなる。$t \to +\infty$ のとき $\exp t \to +\infty$、$t \to -\infty$ のとき $\exp t \to 0$

とを見比べれば、定数□の値は $1/\sqrt{2\pi}$ が必然だとわかります。結局□は、積分が 1 という要請から自動的に決まった値というだけのこと。あくまで主役は本体 $\exp(\cdots)$ であり、係数□はそれに付随して定まる脇役にすぎません。

残るは分母△ですが、その話の準備として、標準正規分布の期待値が 0 であることをまず指摘しておきます（→ 付録 A.5.2(p.328)）。期待値が正でも負でもなくぴったり 0 というのは代表にふさわしいですね。

続けて分散も調べましょう。期待値が 0 なので、分散は

$$\mathrm{V}[Z] = \mathrm{E}[Z^2] = \int_{-\infty}^{\infty} z^2 \square \exp\left(-\frac{z^2}{\triangle}\right) dz$$

という積分で計算されます。……と言ってもこの積分を自分で計算するのはきついので、また公式を紹介します。さっきの公式との違いは z^2 がかかっているところです：

$$\int_{-\infty}^{\infty} z^2 \exp\left(-\frac{z^2}{2}\right) dz = \sqrt{2\pi}$$

この公式と、いま計算している分散（の□や△を埋めたもの）

$$\mathrm{V}[Z] = \int_{-\infty}^{\infty} z^2 \frac{1}{\sqrt{2\pi}} \exp\left(-\frac{z^2}{2}\right) dz$$

とを見比べたら、$\mathrm{V}[Z] = 1$ が得られます。

分散がぴったり 1 というのもこれまた代表にふさわしいですね*17。実は、分母△が 2 なのは、分散がぴったり 1 になるようにという意図で設定された値です。

---

*17 分散は負にはならないこと、分散が 0 だと「確定値」になってしまうこと、も思い出してください（3.4.2 項(p.90)「分散 = 「期待値からの外れ具合」の期待値」）。

4.6.2　一般の正規分布

一般の正規分布は、標準正規分布をずらしたり伸縮したりして得られます。確率変数 Z の分布が標準正規分布だったとして、好きな定数 μ や σ を使って

- μ ずらす：$Y \equiv Z + \mu$
- σ 倍伸縮：$W \equiv \sigma Z$ （ただし $\sigma > 0$ とする）

のような変換をするわけです。こうしてできた新しい確率変数 Y や W は図 4.52 のような確率密度関数を持ちます（→ 4.3.3 項 (p.132)「確率密度関数の変数変換」）。伸縮とずらしを両方やることもできます。

- σ 倍して μ ずらす：$X \equiv \sigma Z + \mu$

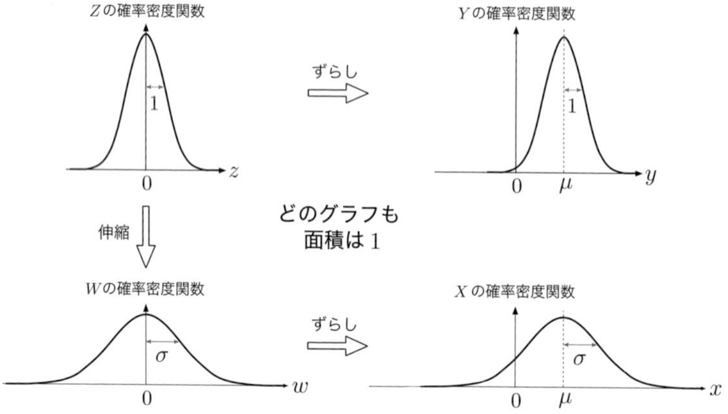

▶ 図 4.52　標準正規分布をずらしたり伸縮したり

こうしてできた X の期待値・分散は

$$\begin{aligned} \mathrm{E}[X] &= \mathrm{E}[\sigma Z + \mu] = \sigma\,\mathrm{E}[Z] + \mu = \mu \qquad (\because \mathrm{E}[Z] = 0) \\ \mathrm{V}[X] &= \mathrm{V}[\sigma Z + \mu] = \sigma^2\,\mathrm{V}[Z] = \sigma^2 \qquad (\because \mathrm{V}[Z] = 1) \end{aligned}$$

となっています。そこで、この X の確率分布を「期待値 μ、分散 σ^2 の正規分布 (normal distribution)」と呼びます。記号では

$$X \sim \mathrm{N}(\mu, \sigma^2)$$

と書き、「X は期待値 μ、分散 σ^2 の正規分布に従う」と読みます。この記号を使えば、もとの Z のほうは $Z \sim \mathrm{N}(0, 1)$ と書けます。

では X の確率密度関数は求められるでしょうか。変数変換の練習問題として自分で一度やってみてください。

例題 4.20

$X \sim \mathrm{N}(\mu, \sigma^2)$ のとき X の確率密度関数を求めよ。

答

$g(z) \equiv \sigma z + \mu$ とおけば

$$X = g(Z), \qquad Z \sim \mathrm{N}(0,1)$$

と表せて、$x = g(z)$ のとき $dx/dz = \sigma$ および $z = (x-\mu)/\sigma$。よって、

$$f_X(x) = \frac{1}{|\sigma|} \cdot \frac{1}{\sqrt{2\pi}} \exp\left(-\frac{1}{2}\left(\frac{x-\mu}{\sigma}\right)^2\right) = \frac{1}{\sqrt{2\pi\sigma^2}} \exp\left(-\frac{(x-\mu)^2}{2\sigma^2}\right)$$

∎

作り方から当然ではありますが、次のことを指摘しておきます。

- 正規分布は、期待値 μ と分散 σ^2 を指定すれば決まります。この事実を意識しておくと便利な場面がときどきあります。ある確率変数がもし正規分布に従うとわかっていたら、その期待値と分散を知るだけで確率密度関数が決定できるからです。後の例題 4.22 でこの事実を活用します。
- X が正規分布に従うなら、それに定数を足したり、(ゼロでない) 定数をかけたりしたものも正規分布に従います。具体的には、$X \sim \mathrm{N}(\mu, \sigma^2)$ に対して $Y \equiv aX + b$ とおくと、$Y \sim \mathrm{N}(a\mu + b, a^2\sigma^2)$ になります。Y の期待値や分散がこうなることは、慣れればひとめでわかるはずです (3.3 節 (p.76) や 4.5 節 (p.156) を参照)。
- $X \sim \mathrm{N}(\mu, \sigma^2)$ が与えられたとき、$(X-\mu)/\sigma$ は標準正規分布 $\mathrm{N}(0,1)$ に従います。これは 3.4.4 項 (p.94) で述べた正規化の一例です。統計学では、このようにして標準正規分布に換算する操作が多用されます。
- $X \sim \mathrm{N}(\mu, \sigma^2)$ に対して、X が $\mu \pm k\sigma$ の範囲に入る確率は、μ や σ によらず定数 k だけで決まります。特に次の値は有名です。

$$\mathrm{P}(\mu - 2\sigma \leq X \leq \mu + 2\sigma) \approx 0.954$$
$$\mathrm{P}(\mu - 3\sigma \leq X \leq \mu + 3\sigma) \approx 0.997$$

  グラフで言うと図 4.53 のとおり。

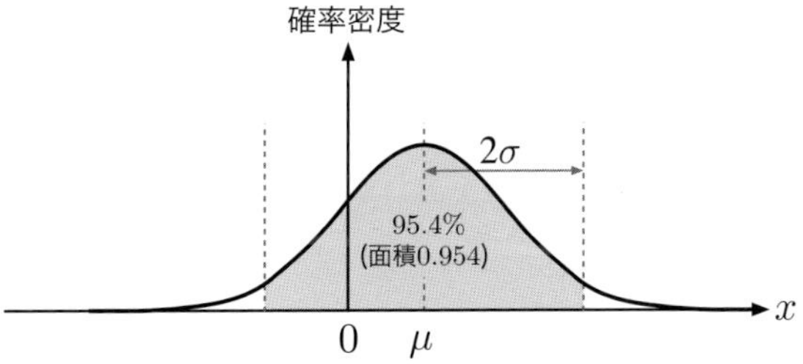

▶図 4.53 正規分布では、$\mu \pm 2\sigma$ 内に 95.4%、$\mu \pm 3\sigma$ 内に 99.7%

さらに、実は以下の性質も成り立ちます。

- 確率変数 X の確率密度関数が

$$f_X(x) = \text{定数} \cdot \exp(x \text{ の 2 次式}) \qquad (-\infty < x < \infty) \tag{4.7}$$

という格好だったら、それだけでもう X は正規分布だと判断できます[*18]。

- 独立な確率変数 X と Y がどちらも正規分布に従うなら、その合計値 $W \equiv X + Y$ もまた正規分布に従います。標語的に言えば、「独立な正規分布の足し算は正規分布」です。

例題 4.21

本文は「σ 倍して μ ずらす」だったが、もし「μ ずらして σ 倍」だったらどうなるか。つまり、$Z \sim \mathrm{N}(0,1)$ に μ を足してから σ 倍するとどんな分布になるか（$\sigma \neq 0$）。

答

$$\sigma(Z+\mu) = \sigma Z + \sigma\mu \sim \mathrm{N}(\sigma\mu, \sigma^2)$$

∎

例題 4.22

X_1, X_2, X_3, X_4, X_5 が独立で、いずれも同じ正規分布 $\mathrm{N}(\mu, \sigma^2)$ に従うとする。それらの平均 $Y \equiv (X_1 + X_2 + X_3 + X_4 + X_5)/5$ はどんな分布に従うか？

答

独立な正規分布の足し算が正規分布になることをくり返し使うと、$X_1 + X_2 + X_3 + X_4 + X_5$ は正規分布に従うことがわかる。したがって、その定数倍である Y の分布も正規分布である。だからあとは Y の期待値と分散を求めれば、分布が完全に特定される。

$$\begin{aligned}
\mathrm{E}[Y] &= \mathrm{E}\left[\frac{X_1 + X_2 + X_3 + X_4 + X_5}{5}\right] = \frac{\mathrm{E}[X_1] + \mathrm{E}[X_2] + \mathrm{E}[X_3] + \mathrm{E}[X_4] + \mathrm{E}[X_5]}{5} \\
&= \frac{\mu + \mu + \mu + \mu + \mu}{5} = \mu \\
\mathrm{V}[Y] &= \mathrm{V}\left[\frac{X_1 + X_2 + X_3 + X_4 + X_5}{5}\right] = \frac{\mathrm{V}[X_1] + \mathrm{V}[X_2] + \mathrm{V}[X_3] + \mathrm{V}[X_4] + \mathrm{V}[X_5]}{5^2} \\
&= \frac{\sigma^2 + \sigma^2 + \sigma^2 + \sigma^2 + \sigma^2}{5^2} = \frac{\sigma^2}{5}
\end{aligned}$$

よって $Y \sim \mathrm{N}(\mu, \sigma^2/5)$。

∎

[*18] x の **2 次式**とは、$\bigcirc x^2 + \triangle x + \square$ という格好の式のことです（$\bigcirc\triangle\square$ は定数）。

?4.8 なぜ $f_X(x) =$ 定数 $\cdot \exp(x$ の 2 次式) なら X は正規分布だと言えるの？

まず exp の中の 2 次式を平方完成すれば、

$$f_X(x) = 定数 \cdot \exp(a(x-\mu)^2 + c)$$

という格好に書きかえられるはずです[*19]。しかも $a < 0$ のはずです[*20]。そこで $a = -1/(2\sigma^2)$ とおけば、

$$f_X(x) = (定数 \cdot \exp c) \exp\left(-\frac{(x-\mu)^2}{2\sigma^2}\right)$$

になりました。これは要するに $f_X(x) = \square \exp(\cdots)$ の形で、しかも「$\cdots$」は $\mathrm{N}(\mu, \sigma^2)$ の確率密度関数と同じです。さらに、$f_X(x)$ のグラフの面積が 1 という条件から定数 □ の値は自動的に決まるのでした。したがって □ も $\mathrm{N}(\mu, \sigma^2)$ と同じになります。

4.6.3 中心極限定理

正規分布は扱いやすい。それはいいのですが、それだけでは有益とは言えません。正規分布がもてはやされるのは、現実の世の中に正規分布とみなされる（あるいは近似される）対象が多くあるからです。確かに、

- ある値 μ を中心として
- その付近は出やすく
- そこから外れた値ほど出にくくなる（極端に外れた値も可能性は 0 ではないが、ほとんどめったに出ることはない）

という分布は、自然なものと感じられます。

ではなぜこんなに都合よく世界は正規分布に満ちているのでしょうか。一つの説は、小さなゆらぎの積み重ねだから。イメージをつかんでもらうためにバスケットボールのフリースローを想像してみてください。同じフォームで同じように投げているつもりでも、投げるたびにボールの飛び先はどうしてもゆらいでしまいます。なぜゆらぐかというと、細かい違いがそのたびごとに生じてしまうせいでしょう。ひざの曲げ具合が少し違っていたり、肩の力が少し違っていたり、指をはなすタイミングが少し違っていたり……。細かいゆらぎが無数に合わさった結果として目に見えるゆらぎが起きるという想定は、この例に限らず多くの場合にあてはまりそうです。

実は、ある条件のもとで、小さなゆらぎの積み重ねは正規分布になることが知られています。これが本項のテーマです。

では本題へ向かいます。上で言うゆらぎとして、n 個の i.i.d. な確率変数 $X_1, \ldots, X_n$ を考えましょう（i.i.d. という言葉については 3.5.1 項(p.102)「独立同一分布」を復習）。i.i.d. なのですから、期待値や分散もすべて共通です。さらに、ゆらぎという言葉のイメージに合わせて、期待値は 0、分散は正としておきます。

---

*19 厳密に言えば **1 次式**（$\triangle x + \square$）も「2 次式」の一種ですが、いまの話では相手にしなくて構いません。もし仮に 1 次式だと、「$f_X(x)$ のグラフの面積は 1」という掟に反してしまうからです。

*20 もし仮に $a \geq 0$ だったら、やはりグラフの面積が掟に反します。

$$\mathrm{E}[X_1] = \cdots = \mathrm{E}[X_n] = 0$$
$$\mathrm{V}[X_1] = \cdots = \mathrm{V}[X_n] \equiv \sigma^2 > 0 \qquad (\sigma \text{ は標準偏差})$$

いま気になっているのは、ゆらぎの積み重ね $X_1 + \cdots + X_n$ のふるまいでした。特に、n が大きいときに興味があります。

ただし、そのまま単に $n \to \infty$ としたのでは、分散が発散してしまいます（3.5.4 項 (p.106)「大数の法則に関する注意」）。

$$\mathrm{V}[X_1 + \cdots + X_n] = n\sigma^2 \to \infty \qquad (n \to \infty)$$

これでは図 4.54 のとおり、格好もなにもありません。

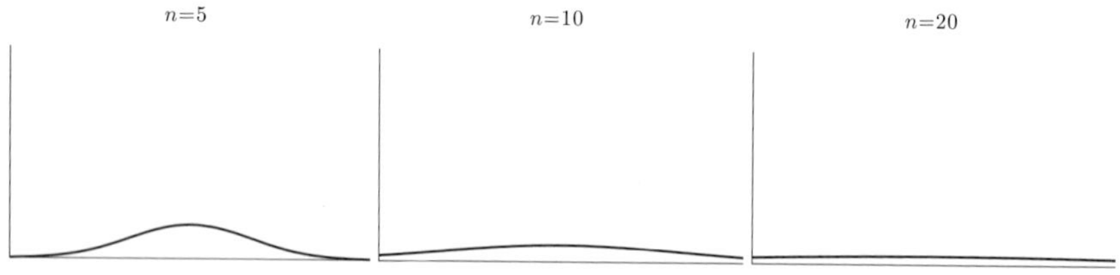

▶図 4.54　$X_1 + \cdots + X_n$ の確率密度関数の例。個数 n が増えるにつれ、分布は薄く薄く広がってしまう

分布の格好をもっとくわしく見比べるために、3.4.4 項 (p.94) の正規化を施し、広がり具合をそろえて観察しましょう。それには標準偏差 $\sqrt{\mathrm{V}[X_1 + \cdots + X_n]} = \sqrt{n}\,\sigma$ で割ってやればよいのでした。というわけで、

$$W_n \equiv \frac{X_1 + \cdots + X_n}{\sqrt{n}\,\sigma}$$

の分布が $n \to \infty$ のときどうなるかが、本節のテーマです。

実はこの W_n の分布は正規分布へと収束することが知られています。図 4.55 や図 4.56 でそのことを観察してください。式で書けば、

$$\mathrm{P}(W_n \leq a) \to \text{「標準正規分布 N}(0,1)\text{ で } a \text{ 以下の値が出る確率」} \qquad (n \to \infty) \tag{4.8}$$

が任意の数 a に対して成り立ちます（**中心極限定理**）。付録 C.1.4(p.349) の用語で言えば、W_n は $Z \sim \mathrm{N}(0,1)$ へ法則収束する。これが、小さなゆらぎの積み重ねは正規分布になるという標語の正確な主張です。なんとも強力な主張ですね。元がどんな分布だろうと、正規分布という一定の分布へ収束するというのですから。

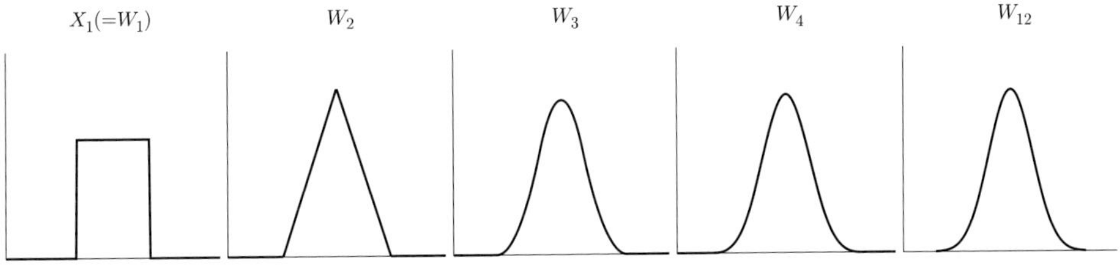

▶図 4.55 中心極限定理の例（その 1）。$W_n \equiv (X_1 + \cdots + X_n)/(\sqrt{n}\,\sigma)$ の確率密度関数を示す（$\sigma = 1$）。左端が個々の X_i の確率密度関数。個数 n が増えるにつれて正規分布に近づく

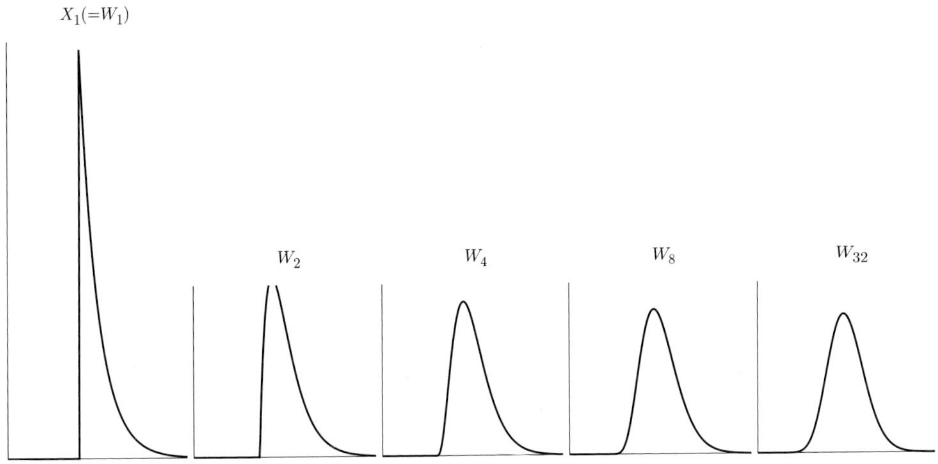

▶図 4.56 中心極限定理の例（その 2）。見方は前図と同様

もし期待値が 0 でない場合も、期待値を差し引いて考えれば同じことが成り立ちます。つまり、$X_1, \ldots, X_n$ (i.i.d) に対して $\mu \equiv \mathrm{E}[X_i]$, $\sigma^2 \equiv \mathrm{V}[X_i]$ とおくとき ($i = 1, \ldots, n$)、

$$W_n \equiv \frac{(X_1 - \mu) + \cdots + (X_n - \mu)}{\sqrt{n}\,\sigma}$$

の分布が標準正規分布 N(0, 1) へと収束します。同じことですが、3.4.4 項 (p.94) の正規化を $S_n \equiv X_1 + \cdots + X_n$ へそのままあてはめて、

$$W_n \equiv \frac{S_n - \mathrm{E}[S_n]}{\sqrt{\mathrm{V}[S_n]}} = \frac{(X_1 + \cdots + X_n) - n\mu}{\sqrt{n}\,\sigma}$$

を計算したと解釈しても構いません。

例題 4.23

標準正規分布 N(0, 1) において w 以下の値が出る確率を $F(w)$ とおく。確率半々で表か裏かが出るコインを 100 回ふるとき、表の回数が 60 回以下になる確率を中心極限定理で近似的に見積り、この F で表せ。（後ほど検定論の例題 6.5 (p.245) で使います）

答

i 回目に表が出たら $X_i \equiv 1$、裏が出たら $X_i \equiv 0$ とおく ($i = 1, \ldots, 100$)。$X_1, \ldots, X_{100}$ は i.i.d. であり、

$$\mathrm{E}[X_i] = 1/2, \quad \mathrm{V}[X_i] = 1/4 \qquad \text{(例題 3.10}^{\text{(p.98)}}\text{ を参照)}$$

だから、$W \equiv \sum_{i=1}^{100}(X_i - 1/2)/\sqrt{100 \cdot 1/4}$ の分布は $\mathrm{N}(0,1)$ で近似される。問題の条件 $\sum_i X_i \leq 60$ は $W \leq (60 - 100/2)/\sqrt{100 \cdot 1/4} = 2$ ということなので、その確率はおよそ $F(2) \approx 0.977$ と見積られる（正解は約 0.982)。■

中心極限定理の証明には付録 C.2(p.350) の特性関数を使うのですが、技巧的なので割愛します。

中心極限定理の意義は、冒頭で述べたとおり、世界が正規分布に満ちていることの理由づけがまず一つです。他にも、中心極限定理を根拠として正規分布で近似する方法が、さまざまな分野でよくとられます（→ 検定論の例題 6.5(p.245))。正規分布だと何がうれしいのかは前項まででいろいろお話しました。

3.5.4 項 (p.106)「大数の法則に関する注意」と同様に、中心極限定理についても前提条件をゆるめた拡張が知られています。また、ベクトル値版も知られています。必要になったときは確率論の教科書を探してください。

? 4.9　大数の法則（3.5.3 項 (p.105)）と中心極限定理とはどこが違うのでしたっけ？

分母の違い（個数 n で割るか $\sqrt{n}$ で割るか）に注目してください。大数の法則では、合計を n で割ったものが期待値に収束することを述べていました。中心極限定理は、それを $\sqrt{n}$ 倍に拡大して、期待値のまわりでのゆらぎの格好をくわしく観察したものだと解釈できます。付録 C.3(p.352) の大偏差原理も参照。

最後に少し釘をさして、本節を終わりにしたいと思います。正規分布は便利だし使える範囲も広いのですが、無批判になんでもかんでも正規分布と思い込む濫用はいけません。たとえば、正の値しか出ないはずのものに正規分布をあてはめるのは、厳密に考えれば不合理です。近似と割り切るにしても、図 4.57 のように、許せる程度かどうかの検討が必要です。また、実測データには、一見すると釣り鐘型で正規分布風でも実際にはたちが悪いもの（期待値から大きく外れた値が、正規分布の場合より多く出現するもの）があります。よく調べずにそれを正規分布扱いしてしまうのは危険です (→ 例題 C.1(p.351))。もっと言えば次のような考え方もしばしば聞かれます：正規分布なんて、いろんな変動がごちゃまぜになったノイズだ。むしろ正規分布っぽくない成分を探せ。意味のある情報はそこにいる。たとえば、2.5 節 (p.58)「独立性」の冒頭でちらっと挙げた独立成分分析にも、この考え方がとり入れられています。

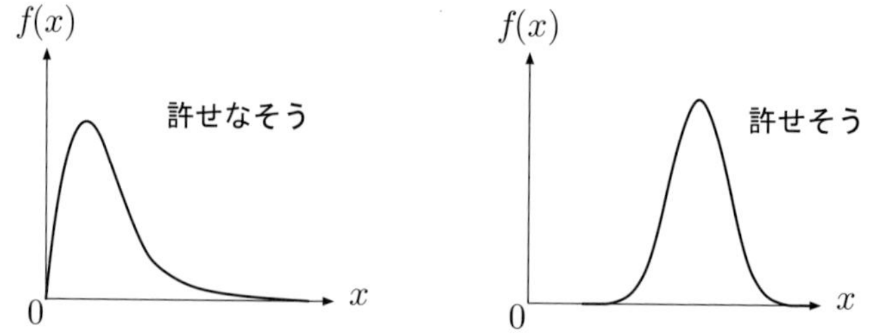

▶ 図 4.57　正の値しか出ないのに正規分布で近似してよいか？

コラム：ケーキ

ホールケーキ

図 4.58 のように円いケーキを兄弟で分けます。お兄さんはケーキの 12 時の位置にフォークをさし、こう言いました。「中心から全くでたらめな方向にナイフを二回入れて、ケーキを二つに分ける。フォークのあるほうがおれの、残ったほうがおまえのだ」

これは公平でしょうか？　コンピュータシミュレーションで検証してみました。

▶ 図 4.58　ケーキをランダムに分ける

```
$ cd cake↲
$ make long↲
./cake.rb 10000 | ../histogram.rb -w=0.1 -u=100
  0.9<= | * 106 (1.1%)
  0.8<= | *** 306 (3.1%)
  0.7<= | ***** 505 (5.1%)
  0.6<= | ******* 701 (7.0%)
  0.5<= | ******** 858 (8.6%)
  0.4<= | ********** 1088 (10.9%)
  0.3<= | ************* 1321 (13.2%)
  0.2<= | *************** 1538 (15.4%)
  0.1<= | ***************** 1711 (17.1%)
    0<= | ****************** 1866 (18.7%)
total 10000 data (median 0.291384, mean 0.333657, std dev 0.235988)
```

このルールで 1 万回の試行を集計し、弟がもらった分け前（ケーキ全体を 1 としての割合）のヒストグラムを表示しています。どうも公平ではなさそうですね。

この題材は「黄金のフラフープ」

http://blog.beetama.com/blog-entry-557.html

を参考にさせていただきました。

ロールケーキ

図 4.59 のように、長いロールケーキを一郎、二郎、三郎、四郎、五郎の 5 人で分けます。全くでたらめに（前にどこを切ったかも見ずに）ナイフを 4 回入れてロールケーキを輪切りにし、左から順に一郎、二郎、……、五郎がもらうことにしました。これは公平でしょうか？

コンピュータシミュレーションで、一郎と三郎の分け前（ケーキ全体を 1 としての割合）をそれぞれ 1 万試行にわたって集計しました。ヒストグラムは次のとおりです。

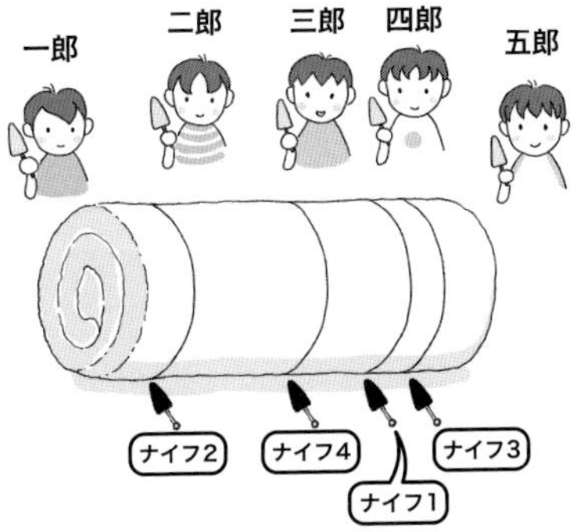

▶ 図 4.59　ロールケーキをランダムに分ける

```
$ make rlong↲
(1st piece)
./cake.rb -r=5 10000 | ./cut.rb -f=1 | ../histogram.rb -w=0.1 -u=100
  0.9<= |  3 (0.0%)
  0.8<= |  13 (0.1%)
  0.7<= |  65 (0.7%)
  0.6<= | * 154 (1.5%)
  0.5<= | *** 382 (3.8%)
  0.4<= | ****** 684 (6.8%)
  0.3<= | *********** 1119 (11.2%)
  0.2<= | ***************** 1721 (17.2%)
  0.1<= | ************************ 2454 (24.5%)
    0<= | ********************************** 3405 (34.1%)
total 10000 data (median 0.160145, mean 0.200375, std dev 0.162916)
(3rd piece)
./cake.rb -r=5 10000 | ./cut.rb -f=3 | ../histogram.rb -w=0.1 -u=100
  0.8<= |  15 (0.1%)
  0.7<= |  83 (0.8%)
  0.6<= | * 161 (1.6%)
  0.5<= | *** 374 (3.7%)
  0.4<= | ****** 674 (6.7%)
  0.3<= | ********** 1085 (10.8%)
  0.2<= | ***************** 1703 (17.0%)
  0.1<= | ************************ 2494 (24.9%)
    0<= | ********************************** 3411 (34.1%)
total 10000 data (median 0.159986, mean 0.200335, std dev 0.163917)
```

上が一郎、下が三郎です。どうやら公平そう（分布は同じっぽい）ですが、公平な理由を数式なしで説明できますか？

第 **5** 章

共分散行列と多次元正規分布と楕円

A： 去年の入試データが届いてさっそく分析したのですが、この統計ソフトにはバグがありますね。

B： どういうこと？

A： 模試で 700 点だった人の本番得点をこのデータから推定したら 650 点と出ました。確認のために逆向きもやってみて、本番が 650 点だった人の模試得点を推定したら 600 点と出ました。ここは 700 点でないと辻褄が合わないでしょう。

B： ええと、つっこみ所がありすぎて困るんだけど。とりあえず多次元正規分布の性質あたりから調べ直してくれない？（→ 図 5.19(p.208)）

本章では確率変数 X, Y, Z の間の関係がふたたびテーマとなります。2 章(p.27)「複数の確率変数のからみあい」でもうやったじゃないかと思うかもしれませんが、

- あのときの話題：どんな形であれともかく何かかかわりがあるか、それとも完全に無関係か
- 本章の話題：片方が大きいと他方も大きい、のような特定の傾向がどれくらいあるか

という違いがあります。前者はすべてを気にしているのに対し、後者はある側面だけに着目しています。また、前者は表裏のようなものまで含めて何でも扱えますが、後者は数にしか適用できません。確率の理論において決定的に重要なのは前者。一方、わかりやすさや扱いやすさから、基礎的なデータ解析で多用されるのは後者です（共分散・相関係数)。……これだけ読んだらナンノコッチャでも本文で具体的に説明しますからご心配なく。

そして、

- 確率変数たちのすべてのペアに対して上のような傾向の度合を測る
- 結果を一覧表にする
- その一覧表を行列とみなす（共分散行列）

という手続きをとることにより、単なる「一覧表」以上の顔が何やら見えてきます。ここまででまずひと区切りです。

次に多次元正規分布の話をします。入門クラスでは省かれることも多いようですが、確率・統計を応用した手法では多次元正規分布が頻出します。そういう手法の解説を読むためにもここまでは知っておくべきでしょう。上の一覧表が飛び交うおっかなそうな数式も、幾何学的イメージを持って進めば恐れることはありません。実際、多くの結果は楕円や楕円体の絵でビジュアルに説明されます。

多次元正規分布の楕円っぷりを十分鑑賞したら最後はまた一般の分布の話に戻ります。一般の分布では多次元正規分布ほど何もかも楕円というわけにはいきません。それでもなお、ある意味での目安として楕円のイメージは強力です。本章を学べば、上の一覧表を「ごちゃごちゃした数字の羅列」ではなく楕円としてすっきり解釈できるようになります。

なお、この本における本章の位置づけは主に 8.1 節(p.271)「回帰分析と多変量解析から」や 8.2 節(p.284)

「確率過程から」への準備です。それ以外の章を早く読みたい方は本章を飛ばして先を急いでもさほど支障はありません。

5.1 共分散と相関係数

5.1.1 共分散

本項では二つの確率変数 X, Y に対する共分散 $\mathrm{Cov}[X, Y]$ というものを導入します。式の格好は分散と似ているのですが、それを測ることで何がわかるかは分散とはちょっと違います。X も Y もゆらぐ量であり、運しだいで大きい値が出たり小さい値が出たりするわけですが……

- 共分散が正 → 片方が大きいともう片方も大きい傾向がある
- 共分散が負 → 片方が大きいともう片方は逆に小さい傾向がある
- 共分散が 0 → 片方が大きいからといってもう片方が大きいだとか小さいだとかの傾向はない

これをおさえるのが目標です。

では具体的に。確率変数 X, Y の期待値がそれぞれ μ, ν だったとします。このとき、X と Y との**共分散**（covariance）を

$$\mathrm{Cov}[X, Y] \equiv \mathrm{E}[(X - \mu)(Y - \nu)]$$

と定義します。分散の定義 $\mathrm{V}[X] \equiv \mathrm{E}[(X - \mu)^2]$ を拡張した格好なことをまず確かめてください（→ 3.4 節 (p.89)「分散と標準偏差」)。

定義はそれでいいとして、$\mathrm{Cov}[X, Y]$ を求めたら一体何がわかるのか。こんなふうに意味が気になる場面では、人間視点に戻って X や Y をゆらぐ量と考えるのがいいでしょう。X はゆらぎますから、期待値 μ ぴったりが必ずしも出るわけではなく、たまたま μ より大きかったり小さかったりします。そういう「X が μ よりどれくらい大きいか小さいか」を表すのが、上の定義式中の $(X - \mu)$ です。Y に対する $(Y - \nu)$ も同様です。これらについて、

$$\begin{cases} (X - \mu) \text{ と } (Y - \nu) \text{ の符号が同じ} \to (X - \mu)(Y - \nu) \text{ は正（図 5.1 のアとウの部分）} \\ (X - \mu) \text{ と } (Y - \nu) \text{ の符号が反対} \to (X - \mu)(Y - \nu) \text{ は負（図 5.1 のイとエの部分）} \end{cases}$$

のどちらが優勢かで共分散の正負が決まります。

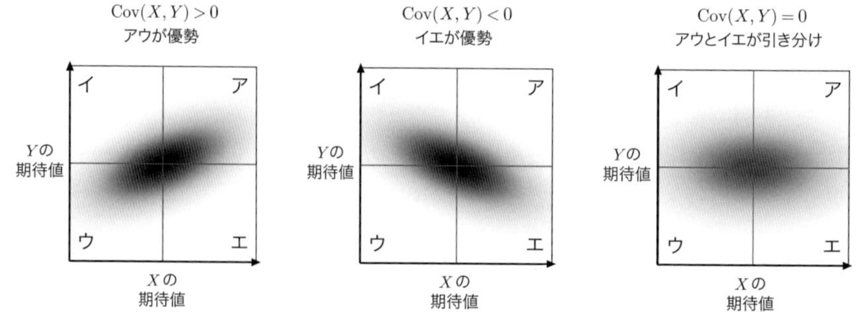

▶ 図 5.1 分布の傾向と共分散の符号。濃淡模様は確率密度関数 $f_{X,Y}(x, y)$ を表す

つまり、共分散が正になるのは

- 片方が（期待値より）大きい値なら、もう片方も（期待値より）大きい値が出がち
- 片方が（期待値より）小さい値なら、もう片方も（期待値より）小さい値が出がち

という傾向があるときです。反対に、共分散が負になるのは

- 片方が（期待値より）大きい値なら、もう片方は（期待値より）小さい値が出がち
- 片方が（期待値より）小さい値なら、もう片方は（期待値より）大きい値が出がち

という傾向のときです。上のような傾向がないときは共分散はゼロになります。これが本項で言いたかったこと。

$\mathrm{Cov}[X, Y]$ が正のとき、X と Y は**正の相関**を持つと言います。負のときは**負の相関**を持つ、です。両方をまとめて単に**相関**を持つと言うこともあります。一方、$\mathrm{Cov}[X, Y]$ がゼロのときには、X と Y は相関を持たないと言ったり、X と Y は**無相関**だと言ったりします。

例題 5.1

$(X, Y) = (-6, -7), (8, -5), (-4, 7), (10, 9)$ がいずれも確率 $1/4$ で出る。$\mathrm{Cov}[X, Y]$ を求めよ。

答

X, Y の期待値をそれぞれ μ, ν とおく。

$$\mu \equiv \mathrm{E}[X] = \sum_i i\,\mathrm{P}(X = i) = (-6) \cdot \frac{1}{4} + 8 \cdot \frac{1}{4} + (-4) \cdot \frac{1}{4} + 10 \cdot \frac{1}{4} = 2$$
$$\nu \equiv \mathrm{E}[Y] = \sum_j j\,\mathrm{P}(Y = j) = (-7) \cdot \frac{1}{4} + (-5) \cdot \frac{1}{4} + 7 \cdot \frac{1}{4} + 9 \cdot \frac{1}{4} = 1$$

すると、

$$\begin{aligned}\mathrm{Cov}[X, Y] &= \mathrm{E}[(X - 2)(Y - 1)] \\ &= (-6 - 2)(-7 - 1) \cdot \frac{1}{4} + (8 - 2)(-5 - 1) \cdot \frac{1}{4} + (-4 - 2)(7 - 1) \cdot \frac{1}{4} + (10 - 2)(9 - 1) \cdot \frac{1}{4} \\ &= 14\end{aligned}$$

（期待値の計算でとまどった方は例題 3.5(p.84) を復習してください） ∎

例題 5.2

実数値確率変数 X, Y の同時分布の確率密度関数 $f_{X,Y}(x, y)$ が次式で与えられるとき、$\mathrm{Cov}[X, Y]$ を求めるための積分式を書き下せ。気合があれば $\mathrm{Cov}[X, Y]$ の値まで求めよ。

$$f_{X,Y}(x, y) = \begin{cases} x + y & (0 \leq x \leq 1 \text{ かつ } 0 \leq y \leq 1) \\ 0 & (\text{他}) \end{cases}$$

答

X, Y の期待値をそれぞれ μ, ν とおく。

$$\mu \equiv \mathrm{E}[X] = \int_{-\infty}^{\infty} \left(\int_{-\infty}^{\infty} x f_{X,Y}(x,y)\,dx \right) dy = \int_0^1 \left(\int_0^1 x(x+y)\,dx \right) dy$$
$$= \int_0^1 \left[\frac{1}{3}x^3 + \frac{y}{2}x^2 \right]_{x=0}^{x=1} dy = \int_0^1 \left(\frac{1}{3} + \frac{y}{2} \right) dy = \left[\frac{y}{3} + \frac{y^2}{4} \right]_0^1 = \frac{1}{3} + \frac{1}{4} = \frac{7}{12}$$

また、対称性から ν も 7/12 のはず。すると、

$$\mathrm{Cov}[X,Y] = \mathrm{E}\left[\left(X - \frac{7}{12} \right) \left(Y - \frac{7}{12} \right) \right] = \int_{-\infty}^{\infty} \left(\int_{-\infty}^{\infty} \left(x - \frac{7}{12} \right) \left(y - \frac{7}{12} \right) f_{X,Y}(x,y)\,dx \right) dy$$
$$= \int_0^1 \left(\int_0^1 \left(x - \frac{7}{12} \right) \left(y - \frac{7}{12} \right) (x+y)\,dx \right) dy$$
$$= \int_0^1 \left(\int_0^1 xy(x+y)\,dx \right) dy - \frac{7}{12} \int_0^1 \left(\int_0^1 x(x+y)\,dx \right) dy - \frac{7}{12} \int_0^1 \left(\int_0^1 y(x+y)\,dx \right) dy$$
$$+ \left(\frac{7}{12} \right)^2 \int_0^1 \left(\int_0^1 (x+y)\,dx \right) dy$$

ここでよく見たら、第1項の積分は例題 4.16(p.158) で 1/3 と求まったし、第2項と第3項の積分はついさっき計算済。また、第4項の積分は、確率密度関数そのものの積分だから1になるはず（問題文を信じれば。もちろん実際に計算してもすぐ確かめられる）。よって

$$\mathrm{Cov}[X,Y] = \frac{1}{3} - \frac{7}{12} \cdot \frac{7}{12} - \frac{7}{12} \cdot \frac{7}{12} + \left(\frac{7}{12} \right)^2 \cdot 1 = -\frac{1}{144}$$

■

5.1.2　共分散の性質

この後の説明に必要なので、共分散の性質をここでまとめておきます。まず先ほどの定義

$$\mathrm{Cov}[X,Y] = \mathrm{E}[(X-\mu)(Y-\nu)] \qquad \text{ただし } \mu = \mathrm{E}[X],\ \nu = \mathrm{E}[Y]$$

からひとめで

$$\mathrm{Cov}[X,Y] = \mathrm{Cov}[Y,X]$$
$$\mathrm{Cov}[X,X] = \mathrm{V}[X]$$

がわかります。

共分散は期待値からのずれ $(X-\mu)$, $(Y-\nu)$ を使って定義される量ですので、定数 a, b を足しても変わりません。

$$\mathrm{Cov}[X+a, Y+b] = \mathrm{Cov}[X,Y]$$

実際、$X' \equiv X + a$ の期待値は $\mu' \equiv \mu + a$ だからどちらも同じようにシフトするわけで、差 $(X' - \mu')$ は元の $(X-\mu)$ と変わらないですね。Y のほうも同様ですから、$\mathrm{Cov}[X+a, Y+b]$ は $\mathrm{Cov}[X,Y]$ と同じものになります。

一方、定数 a, b をかけたら、これはその分だけ効いてきます。

$$\mathrm{Cov}[aX, bY] = ab\,\mathrm{Cov}[X,Y]$$

実際、

- $X'' \equiv aX$ の期待値は $\mu'' \equiv a\mu$
- $Y'' \equiv bY$ の期待値は $\nu'' \equiv b\nu$

のように同じだけ拡大されるのですから、

$$\begin{aligned}\mathrm{Cov}[aX, bY] &= \mathrm{Cov}[X'', Y''] = \mathrm{E}[(X'' - \mu'')(Y'' - \nu'')] \\ &= \mathrm{E}[(aX - a\mu)(bY - b\nu)] = ab\,\mathrm{E}[(X-\mu)(Y-\nu)] = ab\,\mathrm{Cov}[X, Y]\end{aligned}$$

となります。特に $\mathrm{V}[X] = \mathrm{Cov}[X, X]$ に対しては

$$\mathrm{V}[aX] = \mathrm{Cov}[aX, aX] = aa\,\mathrm{Cov}[X, X] = a^2\,\mathrm{V}[X] \qquad (a \text{ 倍ではない！})$$

となって、3.4.4 項 (p.94) で述べた性質とも話が合います。

また、もし X と Y が独立だったときには、それぞれの期待値 μ, ν を差し引いた $X - \mu$ と $Y - \nu$ もやはり独立ですから、

$$\begin{aligned}\mathrm{Cov}[X, Y] &= \mathrm{E}[(X-\mu)(Y-\nu)] \qquad \text{…… 独立なら、かけ算の期待値は期待値のかけ算} \\ &= \mathrm{E}[X-\mu]\,\mathrm{E}[Y-\nu] = (\mu-\mu)(\nu-\nu) = 0\end{aligned}$$

のように共分散は必ずゼロです。短く言えば、「独立なら無相関」。これは意味を考えたら当然のことです。X に何が出ようが Y の条件つき分布は変わらないのですから、X の大小に応じた傾向が Y に生じるわけはありません。

ただし言えるのはあくまで「独立 $\Rightarrow$ 無相関」の向きだけです。逆は保証されません。無相関だからといってそれだけで独立だと即断しないように。例は後ほど示します（→ 5.1.4 項 (p.183)「共分散や相関係数では測れないこと」)。

例題 5.3

$\mathrm{Cov}[X, Y] = 3$ のとき、$\mathrm{Cov}[2X+1, Y-4]$ は？

答

$$\mathrm{Cov}[2X+1, Y-4] = \mathrm{Cov}[2X, Y] = 2\,\mathrm{Cov}[X, Y] = 6$$

■

例題 5.4

次の公式を示せ[*1]。

$$\mathrm{Cov}[X, Y] = \mathrm{E}[XY] - \mathrm{E}[X]\,\mathrm{E}[Y]$$

[*1] 3.4.6 項 (p.98)「自乗期待値と分散」で紹介した公式 $\mathrm{V}[X] = \mathrm{E}[X^2] - \mathrm{E}[X]^2$ とも見比べましょう。

答

$\mathrm{E}[X] = \mu$, $\mathrm{E}[Y] = \nu$ とおく。μ, ν がゆらがないただの数であることに注意して、

$$\begin{aligned}
\mathrm{Cov}[X,Y] &= \mathrm{E}[(X-\mu)(Y-\nu)] = \mathrm{E}[XY - \nu X - \mu Y + \mu\nu] \\
&= \mathrm{E}[XY] - \mathrm{E}[\nu X] - \mathrm{E}[\mu Y] + \mathrm{E}[\mu\nu] \\
&= \mathrm{E}[XY] - \nu\,\mathrm{E}[X] - \mu\,\mathrm{E}[Y] + \mu\nu \\
&= \mathrm{E}[XY] - \nu\mu - \mu\nu + \mu\nu = \mathrm{E}[XY] - \mu\nu
\end{aligned}$$

■

5.1.3　傾向のはっきり具合と相関係数

5.1.1 項 (p.174) で述べたように、

イ．X が大きいと Y も大きい傾向 → $\mathrm{Cov}[X,Y] > 0$
ロ．X が大きいと Y は小さい傾向 → $\mathrm{Cov}[X,Y] < 0$
ハ．そんな傾向なし → $\mathrm{Cov}[X,Y] = 0$

のはずでした。いくつか例を挙げますから、図 5.2 を見て確認してください。

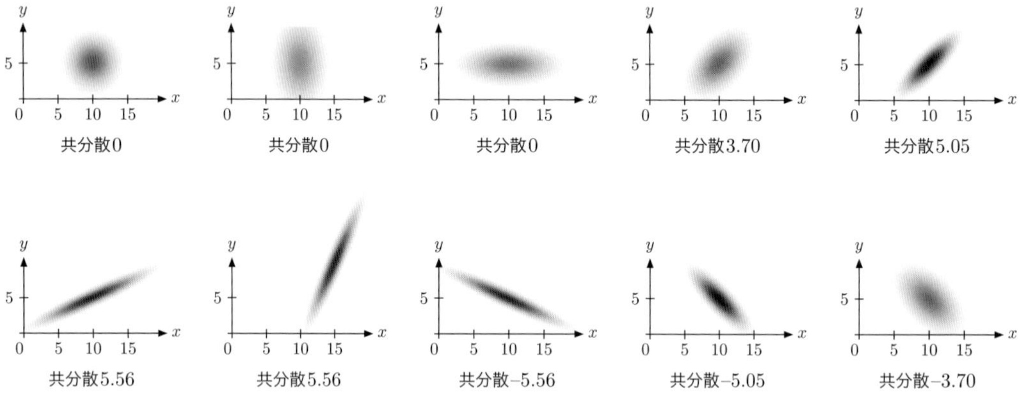

▶図 5.2　分布の傾向と共分散

「$\mathrm{Cov}[X,Y]$ の符号の意味はわかった。じゃあ値の意味は何なのか。たとえば、正の値にしても、$\mathrm{Cov}[X,Y] = 3.70$ と $\mathrm{Cov}[X,Y] = 5.05$ とでは何がどう違うのか」という疑問がきっとそろそろ沸いてきたことでしょう。 —— これが本項の興味です。

ここまでの例だけだと、

- イの傾向がはっきりしているほど、$\mathrm{Cov}[X,Y]$ はより正の値？
- ロの傾向がはっきりしているほど、$\mathrm{Cov}[X,Y]$ はより負の値？

つまり、絶対値 $|\mathrm{Cov}[X,Y]|$ は傾向のはっきり具合を表している……のかな？

と思ってしまうかもしれません。でもそれはまちがいです。

極端な例を考えれば、まちがいなことがすぐ露呈します。いま $\mathrm{Cov}[X,Y] = 3.70$ だったとしましょう。X と Y にはイの傾向があるわけです。この X, Y をどちらも 100 倍して $Z \equiv 100X$ と $W \equiv 100Y$ を考えてみます。Z と W の共分散は、

$$\mathrm{Cov}[Z, W] = \mathrm{Cov}[100X, 100Y] = 100 \cdot 100 \cdot \mathrm{Cov}[X, Y] = 37000$$

というずいぶん大きな値になりました。これは Z と W にものすごくはっきりイの傾向があることを意味しているでしょうか？ そんなわけはありません。実際、図 5.3 を見れば「X と Y」でも「Z と W」でもイの傾向のはっきり具合は変わりません。目盛をつけかえただけなのですから当然のことです。

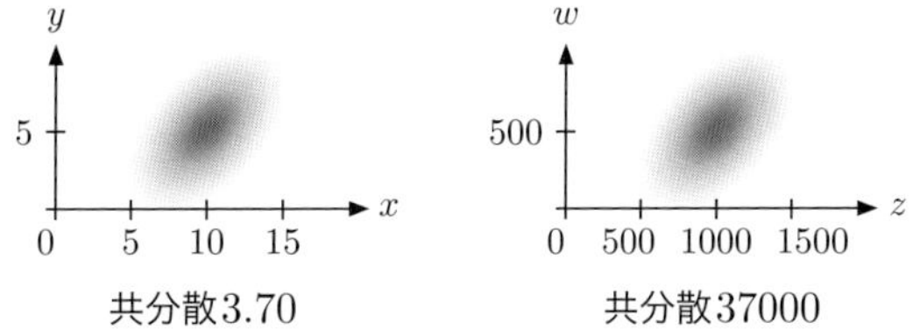

▶図 5.3 共分散の大きさは「はっきり具合」ではない。左は $f_{X,Y}(x, y)$、右は $f_{Z,W}(z, w)$

結局、共分散の値を見ても傾向のはっきり具合は判断できないのでした。では、はっきり具合を調べるには何を見ればいいでしょうか。いまの失敗を教訓にすれば次のような方針が考えられます。

> X や Y の縮尺を変えるのは見せかけだけの変化にすぎない。両者の関係がそれで本質的に変わるわけではない。だから縮尺に惑わされないよう、縮尺をいつも一定にそろえてから比較することにしてはどうか。

実行してみましょう。分布の広がり具合をそろえるには、3.4.4 項 (p.94) の正規化をしてやればよいのでした。今の場合、期待値のシフトはしてもしなくても共分散に影響がないので、スケーリングだけすれば十分です。だから分散の平方根（つまり標準偏差）でただ割ることにします。

$$\tilde{X} \equiv \frac{X}{\sigma_X}, \quad \tilde{Y} \equiv \frac{Y}{\sigma_Y} \qquad \text{ただし } \sigma_X \equiv \sqrt{\mathrm{V}[X]}, \quad \sigma_Y \equiv \sqrt{\mathrm{V}[Y]}$$

こう変換すれば $\mathrm{V}[\tilde{X}]$ も $\mathrm{V}[\tilde{Y}]$ も 1 になります。そして $\tilde{X}, \tilde{Y}$ の共分散を求めてみると、

$$\mathrm{Cov}[\tilde{X}, \tilde{Y}] = \mathrm{Cov}\left[\frac{X}{\sigma_X}, \frac{Y}{\sigma_Y}\right] = \frac{\mathrm{Cov}[X, Y]}{\sigma_X \sigma_Y} = \frac{\mathrm{Cov}[X, Y]}{\sqrt{\mathrm{V}[X]}\sqrt{\mathrm{V}[Y]}}$$

いま得られた「縮尺に惑わされない指標」を**相関係数** ρ_{XY} と呼びます[*2]。

$$\rho_{XY} \equiv \frac{\mathrm{Cov}[X, Y]}{\sqrt{\mathrm{V}[X]}\sqrt{\mathrm{V}[Y]}}$$

相関係数は、データどうしのかかわりを探るための基本的な道具として統計解析で多用されます。先ほどの図 5.2 の相関係数は図 5.4 のとおりです。

[*2] ρ はギリシャ文字「ロー」です。

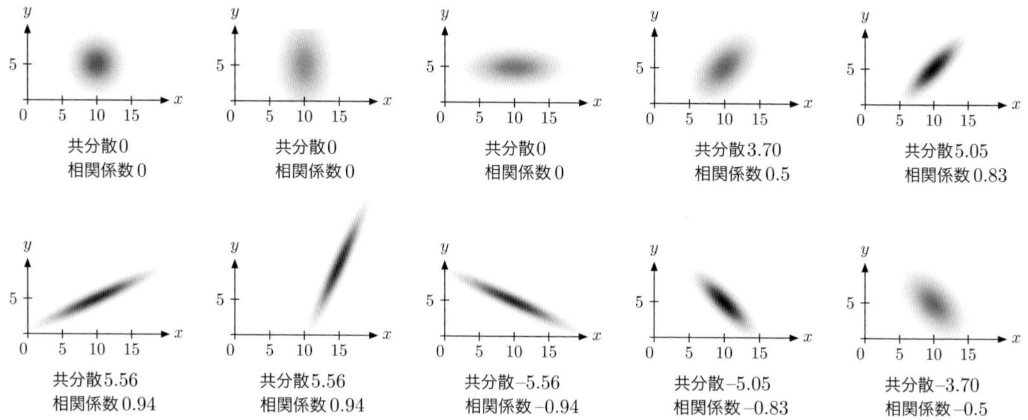

▶ 図 5.4　分布の傾向と共分散・相関係数

例題 5.5

例題 5.1(p.175) の X, Y の相関係数 ρ_{XY} を求めよ。

答

$\mathrm{E}[X] = 2$, $\mathrm{E}[Y] = 1$, $\mathrm{Cov}[X, Y] = 14$ は計算済。あとは

$$\begin{aligned}
\mathrm{V}[X] &= \mathrm{E}[(X-2)^2] \\
&= (-6-2)^2 \cdot \frac{1}{4} + (8-2)^2 \cdot \frac{1}{4} + (-4-2)^2 \cdot \frac{1}{4} + (10-2)^2 \cdot \frac{1}{4} = 50 \\
\mathrm{V}[Y] &= \mathrm{E}[(Y-1)^2] \\
&= (-7-1)^2 \cdot \frac{1}{4} + (-5-1)^2 \cdot \frac{1}{4} + (7-1)^2 \cdot \frac{1}{4} + (9-1)^2 \cdot \frac{1}{4} = 50
\end{aligned}$$

から

$$\rho_{XY} = \frac{\mathrm{Cov}[X, Y]}{\sqrt{\mathrm{V}[X]}\sqrt{\mathrm{V}[Y]}} = \frac{14}{\sqrt{50}\sqrt{50}} = \frac{14}{50} = 0.28$$

■

例題 5.6

例題 5.2(p.176) の X, Y について、相関係数 ρ_{XY} を求めるための積分式を書き下せ。気合があれば相関係数の値まで求めよ。

答

$\mathrm{E}[X] = \mathrm{E}[Y] = 7/12$ と $\mathrm{Cov}[X, Y] = -1/144$ は計算済。あとは

$$\begin{aligned}
\mathrm{V}[X] &= \mathrm{E}[X^2] - \mathrm{E}[X]^2 \\
&= \int_0^1 \left(\int_0^1 x^2(x+y)\,dx \right) dy - \left(\frac{7}{12}\right)^2 = \int_0^1 \left[\frac{1}{4}x^4 + \frac{y}{3}x^3 \right]_{x=0}^{x=1} dy - \left(\frac{7}{12}\right)^2 \\
&= \int_0^1 \left(\frac{1}{4} + \frac{y}{3} \right) dy - \left(\frac{7}{12}\right)^2 = \left[\frac{y}{4} + \frac{y^2}{6} \right]_0^1 - \left(\frac{7}{12}\right)^2 = \frac{1}{4} + \frac{1}{6} - \left(\frac{7}{12}\right)^2 = \frac{11}{144}
\end{aligned}$$

および、同様に $\mathrm{V}[Y] = 11/144$ となることから、

$$\rho_{XY} = \frac{\mathrm{Cov}[X,Y]}{\sqrt{\mathrm{V}[X]}\sqrt{\mathrm{V}[Y]}} = \frac{-1/144}{\sqrt{11/144}\sqrt{11/144}} = -\frac{1/144}{11/144} = -\frac{1}{11}$$

■

例題 5.7

相関係数が本当に縮尺に惑わされない指標となっているか、縮尺を変えてみて確かめよ。

答

確率変数 X, Y の縮尺を変えて $Z \equiv aX,\ W \equiv bY$ としてみよう（a, b は正の定数)。このとき

$$\rho_{ZW} = \frac{\mathrm{Cov}[Z,W]}{\sqrt{\mathrm{V}[Z]}\sqrt{\mathrm{V}[W]}} = \frac{\mathrm{Cov}[aX,bY]}{\sqrt{\mathrm{V}[aX]}\sqrt{\mathrm{V}[bY]}} = \frac{ab\,\mathrm{Cov}[X,Y]}{\sqrt{a^2\,\mathrm{V}[X]}\sqrt{b^2\,\mathrm{V}[Y]}} = \frac{\mathrm{Cov}[X,Y]}{\sqrt{\mathrm{V}[X]}\sqrt{\mathrm{V}[Y]}} = \rho_{XY}$$

■

例題 5.8

定数を足しても相関係数が変化しないことを確かめよ。つまり、定数 a, b に対して $Z \equiv X + a,\ W \equiv Y + b$ とおくとき、$\rho_{ZW} = \rho_{XY}$ が成り立つことを示せ。

答

分散や共分散の性質から、

$$\rho_{ZW} = \frac{\mathrm{Cov}[Z,W]}{\sqrt{\mathrm{V}[Z]}\sqrt{\mathrm{V}[W]}} = \frac{\mathrm{Cov}[X+a,Y+b]}{\sqrt{\mathrm{V}[X+a]}\sqrt{\mathrm{V}[Y+b]}} = \frac{\mathrm{Cov}[X,Y]}{\sqrt{\mathrm{V}[X]}\sqrt{\mathrm{V}[Y]}} = \rho_{XY}$$

■

相関係数には次のような性質があります。前の図 5.4 とも見比べてください。

- 相関係数は -1 から $+1$ までの値をとる
- 相関係数が $+1$ に近いほど、(X, Y) は右上りの直線上にほぼのる[*3]
- 相関係数が -1 に近いほど、(X, Y) は右下りの直線上にほぼのる
- X, Y が独立なら相関係数は 0

最後の性質は、独立なら $\mathrm{Cov}[X, Y] = 0$ でしたから当然です。他の性質については、やや技巧的ですが離散値の場合を次の例題で検証してみましょう。

例題 5.9

(X, Y) は $(a_1, b_1), (a_2, b_2), \ldots, (a_9, b_9)$ という値を等確率でとるとする。つまり、確率 1/9 で「$X = a_1$ かつ $Y = b_1$」となり、確率 1/9 で「$X = a_2$ かつ $Y = b_2$」となり、……、確率 1/9 で「$X = a_9$ かつ $Y = b_9$」となる。相関係数が -1 以上 $+1$ 以下であることをこの場合について証明せよ。相関係数が -1 や $+1$ になるのはどんな場合か？

［ヒント］$\mathrm{E}[X] \equiv \mu,\ \mathrm{E}[Y] \equiv \nu$ とおき、$\Delta a_i \equiv a_i - \mu,\ \Delta b_i \equiv b_i - \nu\ (i = 1, \ldots, 9)$ をそれぞれ並べて 9 次元ベクトルを作る。

---

*3 「+1 に近いほど右上がり」ではなく「+1 に近いほどはっきりのる」。

答
ヒントにしたがって

$$\Delta\boldsymbol{a} \equiv \begin{pmatrix} \Delta a_1 \\ \vdots \\ \Delta a_9 \end{pmatrix}, \qquad \Delta\boldsymbol{b} \equiv \begin{pmatrix} \Delta b_1 \\ \vdots \\ \Delta b_9 \end{pmatrix}$$

とおく。すると

$$\mathrm{Cov}[X,Y] = \frac{1}{9}\Delta\boldsymbol{a}\cdot\Delta\boldsymbol{b}, \quad \mathrm{V}[X] = \frac{1}{9}\Delta\boldsymbol{a}\cdot\Delta\boldsymbol{a} = \frac{1}{9}\|\Delta\boldsymbol{a}\|^2, \quad \mathrm{V}[Y] = \frac{1}{9}\Delta\boldsymbol{b}\cdot\Delta\boldsymbol{b} = \frac{1}{9}\|\Delta\boldsymbol{b}\|^2$$

のように内積を使って分散や共分散が表される（$\cdot$ は内積、$\|\cdots\|$ はベクトルの長さ）。したがって相関係数は

$$\rho_{XY} = \frac{\frac{1}{9}\Delta\boldsymbol{a}\cdot\Delta\boldsymbol{b}}{\sqrt{\frac{1}{9}\|\Delta\boldsymbol{a}\|^2}\sqrt{\frac{1}{9}\|\Delta\boldsymbol{b}\|^2}} = \frac{\Delta\boldsymbol{a}\cdot\Delta\boldsymbol{b}}{\|\Delta\boldsymbol{a}\|\|\Delta\boldsymbol{b}\|}$$

と表されるので、シュワルツの不等式より $-1 \le \rho_{XY} \le 1$ が成り立つ（→ 付録 A.6(p.333)「内積と長さ」）。$\rho_{XY} = 1$ となるのは $\Delta\boldsymbol{a}$ と $\Delta\boldsymbol{b}$ とが全く同じ向きのとき。言いかえれば、$a_i - \mu = c(b_i - \nu)$ という比例関係があるとき $(c > 0)$。また、$\rho_{XY} = -1$ となるのは $\Delta\boldsymbol{a}$ と $\Delta\boldsymbol{b}$ とが全く逆向きのとき。言いかえれば、$a_i - \mu = -c(b_i - \nu)$ という比例関係があるとき $(c > 0)$。

まとめると要するに、$\rho_{XY} = \pm 1$ となるのは、図 5.5 のように $(a_1, b_1), \ldots, (a_9, b_9)$ が一直線上にあるとき。符号 $\pm$ は、直線が右上がりなら $+$、右下がりなら $-$ です。

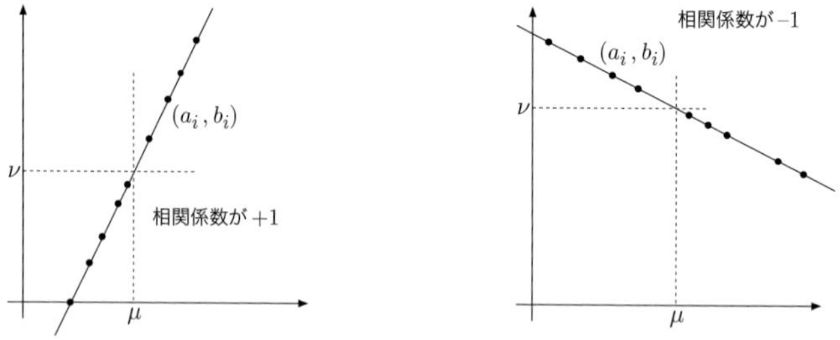

▶ 図 5.5　相関係数が ±1 になるのは一直線上にのっているとき

■

例題 5.10
前問で、$(X,Y) = (a_i, b_i)$ となる確率 p_i が i ごとに違っていた場合はどうか？　ただし $p_i > 0$ とする $(i = 1, \ldots, 9)$。

［ヒント］ $\mathrm{E}[X] \equiv \mu$, $\mathrm{E}[Y] \equiv \nu$ とおき、$\tilde{a}_i \equiv \sqrt{p_i}(a_i - \mu)$ や $\tilde{b}_i \equiv \sqrt{p_i}(b_i - \nu)$ $(i = 1, \ldots, 9)$ をそれぞれ並べて 9 次元ベクトルを作る。

答
ヒントにしたがって

$$\tilde{\boldsymbol{a}} \equiv \begin{pmatrix} \tilde{a}_1 \\ \vdots \\ \tilde{a}_9 \end{pmatrix}, \qquad \tilde{\boldsymbol{b}} \equiv \begin{pmatrix} \tilde{b}_1 \\ \vdots \\ \tilde{b}_9 \end{pmatrix}$$

とおく。するとやはり、

$$\mathrm{Cov}[X, Y] = \tilde{\boldsymbol{a}} \cdot \tilde{\boldsymbol{b}}, \quad \mathrm{V}[X] = \|\tilde{\boldsymbol{a}}\|^2, \quad \mathrm{V}[Y] = \|\tilde{\boldsymbol{b}}\|^2$$

のように分散や共分散を表すことができる。あとは前問と同様にして $-1 \leq \rho_{XY} \leq +1$ が示される。$\rho_{XY} = \pm 1$ となる条件も前問と全く同じ。 ■

5.1.4 共分散や相関係数では測れないこと

共分散や相関係数を見れば、同時分布に右上がり・右下がりの傾向があるかや、それがどれくらいはっきりしているか（一直線状に近いか）を測ることができます。これは大変便利な特性で、実際のデータ解析でも相関係数を求めてみることは基本中の基本です。

しかし度を越えて盲信してはいけません。相関係数が何を測っているのか、そしてどんなことは測れていないのか、という位置づけ・限界をわきまえてご使用ください。

極端な例をお見せしましょう。図 5.6 のような分布では、いずれも相関係数はほとんど 0 になってしまいます。全体として右上がりの傾向も右下がりの傾向も見られないからです。だからといって、X と Y にかかわりがないわけではありません。左の分布でもし $X = 5$ だと教えられたら、Y はほぼ 5 かほぼ 15 だと自信を持って言うことができます。右の分布なら、$X = 5$ だと教えられたら Y はほぼ 15 です。一方、X を教えてもらわなかったらこれほど自信を持って答えることはできません。つまりどちらの例でも $f_{Y|X}(b|a)$ と $f_Y(b)$ とは全然違っています。したがって X と Y は独立とはほど遠い。

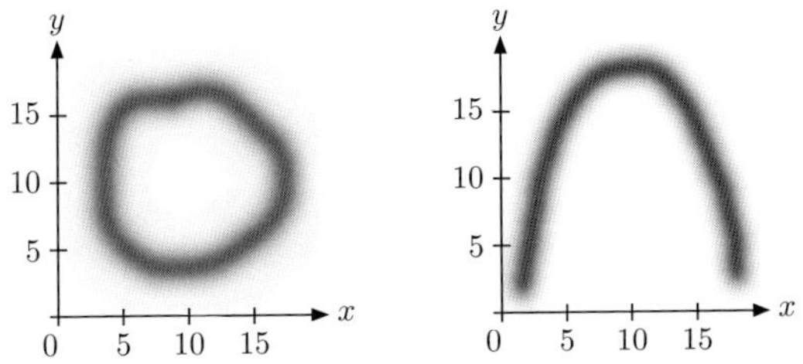

▶図 5.6　相関係数が 0 でも、かかわりがないとは限らない（両図とも濃淡模様は確率密度関数 $f_{X,Y}(x, y)$ を表す）

こんな例もありますから相関係数だけで判断してしまうのは危険です。データを解析する際にはできるだけまず図 5.7 のような**散布図**をプロットして眺めてみるようにしましょう。もし前の図 5.4(p.180) などとは明らかに様子が違うようなら、相関係数では測れない情報が隠れている疑いがあります。

(学籍番号)	中間試験の得点	期末試験の得点
1	59	37
2	64	72
3	30	68
⋮	⋮	⋮

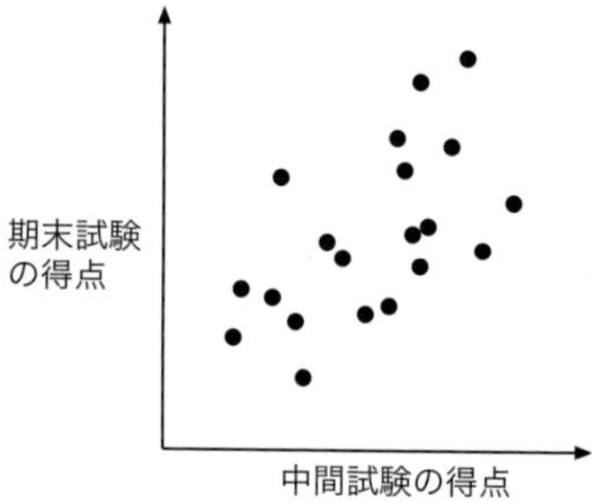

▶ 図 5.7　散布図

また、相関係数が $+1$ や -1 に近かったとしてもそれが直接の関係を表すとは限りません。たとえば、ある大学で食堂のカレーの売上げと事務室へ届く忘れものの件数とに正の相関が見られたとして、カレーと忘れものとは何か直接かかわりがあるのか？　たぶんそうではなく、夏休み中は学生がいないからカレーも売れないし忘れものもないというだけのことでしょう。つまり、登校人数という共通の要因を介して、間接的な見かけ上の相関が生じているのではないかと疑われます。

$$\text{カレーの売上げ} \overset{\text{関係}}{\longleftrightarrow} \text{登校人数} \overset{\text{関係}}{\longleftrightarrow} \text{忘れものの件数}$$

後ほど図 5.21(p.209) でも、似た話を違う表現（切口と影）でお見せします。ついでに、?2.7(p.45) の因果関係に関する注意もあわせて参照ください。

5.2　共分散行列

ここまでは 2 つの確率変数 X, Y について、X が大きいと Y も大きい（あるいは逆に小さい）のような傾向を議論しました。この議論を、たとえば 4 つの確率変数 X, Y, Z, W に拡張したらどうなるか。それが本節のテーマです。

5.2.1　共分散行列 ＝ 分散と共分散の一覧表

いま n 個の確率変数 $X_1, \ldots, X_n$ があるとしましょう。これらについて、○が大きいと△も大きい（あるいは逆に小さい）のような傾向を調べ出すにはどうするか。一番素朴なのは、「X_1 と X_2」や「X_1 と X_3」などあらゆるペアについて共分散 Cov[○, △] を計算して、$n \times n$ の一覧表にすることでしょう。たとえば $n = 3$ ならこんなふうになります。

	X_1	X_2	X_3
X_1	$\mathrm{Cov}[X_1, X_1]$	$\mathrm{Cov}[X_1, X_2]$	$\mathrm{Cov}[X_1, X_3]$
X_2	$\mathrm{Cov}[X_2, X_1]$	$\mathrm{Cov}[X_2, X_2]$	$\mathrm{Cov}[X_2, X_3]$
X_3	$\mathrm{Cov}[X_3, X_1]$	$\mathrm{Cov}[X_3, X_2]$	$\mathrm{Cov}[X_3, X_3]$

ではこの表を詳細に見て、どれとどれがどんな傾向か地道に調べていく……と予想したかもしれませんが、本節の興味はそんな地味な話ではありません。予想を裏切り、ここからもっとおもしろい方向に舵を切ります。

表中の個々の数値にとらわれるよりも、全体として結局どんな絵になっているのか調べたい、という観点でこの先は進んでいきます。そのための突破口が、いまの一覧表を 3×3 の行列とみなすことです。この行列を X_1, X_2, X_3 の**共分散行列**と呼びます。人によっては**分散共分散行列**と呼んだり**分散行列**と呼んだりもします。一般に、n 個の確率変数 $X_1, X_2, \ldots, X_n$ があったら、それらの共分散行列は $n \times n$ の正方行列になります。

共分散行列の (i, j) 成分は

- $i = j$（**対角成分**）なら分散 $\mathrm{V}[X_i]$ $(= \mathrm{Cov}[X_i, X_i])$、
- $i \neq j$（**非対角成分**）なら共分散 $\mathrm{Cov}[X_i, X_j]$ $(= \mathrm{Cov}[X_j, X_i])$

です。だから X_1, X_2, X_3 の共分散行列はこうも書けます。

$$\begin{pmatrix} \mathrm{V}[X_1] & \mathrm{Cov}[X_1, X_2] & \mathrm{Cov}[X_1, X_3] \\ \mathrm{Cov}[X_1, X_2] & \mathrm{V}[X_2] & \mathrm{Cov}[X_2, X_3] \\ \mathrm{Cov}[X_1, X_3] & \mathrm{Cov}[X_2, X_3] & \mathrm{V}[X_3] \end{pmatrix}$$

こんなふうに書き直してみれば、

- 共分散行列は**対称行列**（転置しても同じ）
- 共分散行列の対角成分はどれも ≥ 0

がはっきりわかるはずです。

分散を σ^2 で表す慣習に対応して、共分散行列にはしばしば Σ という文字（σ の大文字）が使われます。でも総和とまぎらわしいので本書では大文字 Σ は使いません。

5.2.2 ベクトルでまとめて書くと

前項まででではまだ行列だと宣言したにすぎず、たいしてうれしさは味わえません。行列に話をもってくる狙いは、確率変数たちを並べて一本のベクトルにまとめて扱うことにあります。$X_1, X_2, \ldots, X_n$ を縦に並べてできる縦ベクトルを $\boldsymbol{X}$ としましょう。

$$\boldsymbol{X} \equiv \begin{pmatrix} X_1 \\ X_2 \\ \vdots \\ X_n \end{pmatrix}$$

数ではなく縦ベクトルだということを見失わないために、本章ではベクトルはすべて太字で書きます。ノートをとるときは、$\mathbb{X}, \mathbb{Z}, \mathbb{A}$ のようにいわゆる黒板ボールド体で書いてください（手書きの場合、塗りつぶすとかえって見分けにくくなります）。また、縦ベクトルと横ベクトルを混ぜると混乱しますから、本章ではベクトル $\boldsymbol{X}$ と言ったら原則としていつも縦ベクトルだということにしましょう[*4]。横ベクトルは $\boldsymbol{X}^T$ のように縦ベクトルの転置で書きます。記号 $\bigcirc^T$ は「○の**転置**」を表します[*5]。

[*4] 他の章では細字のまま $X = (X_1, \ldots, X_n)$ などと横ベクトルで書いたりもしています。行列演算を使わない場合には横ベクトルのほうが書きやすいからです。不統一で申し訳ないですが、この混用は本書に限った話ではありません。一般に、大学レベル以降の勉強をしているとしばしばこういった不統一に遭遇します。どの記法が便利かは場面ごとに違う。それにいちいち腹をたてていてもきりがないので、我慢して慣れてください。

[*5] スペースを節約するため、$\boldsymbol{X} = (X_1, X_2, \ldots, X_n)^T$ のように書くこともあります。これも「$X_1, X_2, \ldots, X_n$ を縦に並べた縦ベクトルが $\boldsymbol{X}$ だ」と言っていることになります。転置は本によって $\bigcirc^t$ や $\bigcirc^\top$ や ${}^T\bigcirc$ や ${}^t\bigcirc$ などとも書かれます。さらに、統計学では転置を単に $\bigcirc'$ で表す先生も多いようです。

? 5.1　$\boldsymbol{X}$ は「ランダムにゆらぐベクトル」だと思えばいいですか？

はい。人間視点ではそう思えば結構です。神様視点では、Ω 内の各パラレルワールド ω に何かベクトル $\boldsymbol{X}(\omega)$ を指定するベクトル値関数と解釈されます。必要に応じて両方のイメージを使いわけてください。$\boldsymbol{X}$ の**期待値**は成分ごとの期待値で定義されます。

$$\mathrm{E}[\boldsymbol{X}] = \mathrm{E}\left[\begin{pmatrix} X_1 \\ X_2 \\ \vdots \\ X_n \end{pmatrix}\right] \equiv \begin{pmatrix} \mathrm{E}[X_1] \\ \mathrm{E}[X_2] \\ \vdots \\ \mathrm{E}[X_n] \end{pmatrix}$$

多次元であることを強調したいときは**期待値ベクトル**とも言いますが、同じ意味です。1 次元のときと同様、ベクトルに対しても図 5.8 のように期待値は重心だと解釈できます。? 3.4 (p.87) のような考察を各座標軸の方向について行ったと思っていただけば結構です。

さらに、ランダムにゆらぐ行列 R というものも考えることができます。R の期待値は、やはり成分 R_{ij} ごとの期待値で定義されます。

$$\mathrm{E}[R] = \mathrm{E}\left[\begin{pmatrix} R_{11} & \cdots & R_{1n} \\ \vdots & & \vdots \\ R_{m1} & \cdots & R_{mn} \end{pmatrix}\right] \equiv \begin{pmatrix} \mathrm{E}[R_{11}] & \cdots & \mathrm{E}[R_{1n}] \\ \vdots & & \vdots \\ \mathrm{E}[R_{m1}] & \cdots & \mathrm{E}[R_{mn}] \end{pmatrix}$$

もっと詳しい話は、5.2.3 項 (p.187)「ベクトル・行列の演算と期待値」で。

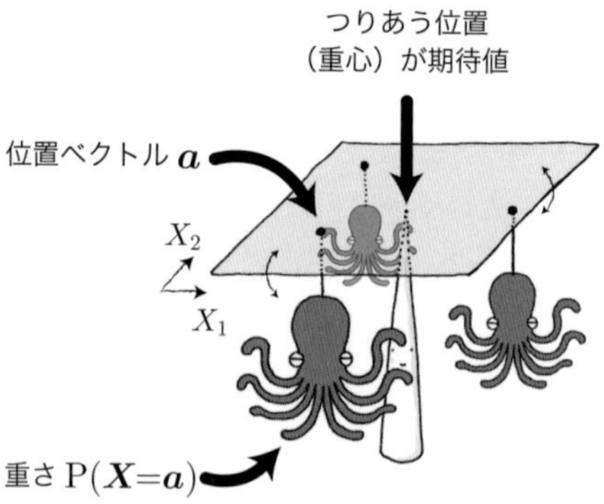

▶ 図 5.8　期待値は重心

$\boldsymbol{X}$ を使えば、共分散行列をベクトル・行列の式としてまとめて書くことができます。

$$\mathrm{V}[\boldsymbol{X}] = \mathrm{E}\left[(\boldsymbol{X}-\boldsymbol{\mu})(\boldsymbol{X}-\boldsymbol{\mu})^T\right] \qquad \text{ただし } \boldsymbol{\mu} \equiv \mathrm{E}[\boldsymbol{X}]$$

右辺の $(\boldsymbol{X}-\boldsymbol{\mu})(\boldsymbol{X}-\boldsymbol{\mu})^T$ が、縦ベクトルかける横ベクトルで行列になることをよく注意しましょう（あやしければ線形代数を復習）。ベクトルや行列の期待値についてはすぐ上の ? 5.1 で説明しました。ベクトル $\boldsymbol{X}$ に対して $\mathrm{V}[\boldsymbol{X}]$ と書いたら、分散ではなく共分散行列を表すことにします。記号は同じ V ですが、中身が数かベクトルかで意味を区別してください。

? 5.2 なぜそんなふうにまとめて書けるのかわかりません。

成分で書いてみればそのまんまですよ。たとえば $n = 3$ の場合に、

$$\boldsymbol{\mu} = \begin{pmatrix} \mu_1 \\ \mu_2 \\ \mu_3 \end{pmatrix} \equiv \mathrm{E}\left[\begin{pmatrix} X_1 \\ X_2 \\ X_3 \end{pmatrix}\right] = \mathrm{E}[\boldsymbol{X}]$$

とおいて先ほどのまとめた式の右辺を書き下すと、

$$\begin{aligned}
&\mathrm{E}\left[(\boldsymbol{X} - \boldsymbol{\mu})(\boldsymbol{X} - \boldsymbol{\mu})^T\right] \\
&= \mathrm{E}\left[\begin{pmatrix} X_1 - \mu_1 \\ X_2 - \mu_2 \\ X_3 - \mu_3 \end{pmatrix} (X_1 - \mu_1, X_2 - \mu_2, X_3 - \mu_3)\right] \\
&= \mathrm{E}\left[\begin{pmatrix} (X_1 - \mu_1)^2 & (X_1 - \mu_1)(X_2 - \mu_2) & (X_1 - \mu_1)(X_3 - \mu_3) \\ (X_2 - \mu_2)(X_1 - \mu_1) & (X_2 - \mu_2)^2 & (X_2 - \mu_2)(X_3 - \mu_3) \\ (X_3 - \mu_3)(X_1 - \mu_1) & (X_3 - \mu_3)(X_2 - \mu_2) & (X_3 - \mu_3)^2 \end{pmatrix}\right] \\
&= \begin{pmatrix} \mathrm{V}[X_1] & \mathrm{Cov}[X_1, X_2] & \mathrm{Cov}[X_1, X_3] \\ \mathrm{Cov}[X_1, X_2] & \mathrm{V}[X_2] & \mathrm{Cov}[X_2, X_3] \\ \mathrm{Cov}[X_1, X_3] & \mathrm{Cov}[X_2, X_3] & \mathrm{V}[X_3] \end{pmatrix} = \mathrm{V}[\boldsymbol{X}]
\end{aligned}$$

以上のように、ベクトルや行列を活用すれば共分散行列をひとまとめに書けることを、本項で述べました。しかしまだ早合点しないでください。行列に話をもってきたことの真価は、単なる紙とインクの節約ではなくて、もっと先にあります。行列からもうひとがんばりすれば、成分の呪縛を脱して図形的な解釈が可能になる。そちらのほうが真骨頂です。

5.2.3 ベクトル・行列の演算と期待値

いま予告した図形的な解釈をすぐにでもお見せしたいのは山々ですが、そこへたどりつくためにはまだ基礎体力が足りません。地味だけど絶対に必要な準備を、がんばって本項で済ませましょう。

「ランダムにゆらぐベクトル」や「ランダムにゆらぐ行列」を扱うために、? 5.1(p.186) でベクトル値や行列値の確率変数というものを導入しました。この先では、ベクトル・行列の演算と期待値とが入り混った式が当り前のように出てきます。別に本書がマニアックなわけではなくて、統計の○○分析やパターン認識や信号処理などの応用でも、そんな式の計算は頻出します。この計算の訓練が本項の目的です。

$\boldsymbol{X}$ を n 次元のゆらぐ縦ベクトルとします（n がいやなら具体的に 2 次元や 3 次元を想定しても構いません）。$\boldsymbol{X}$ の期待値は、すでに述べたとおり成分ごとの期待値で定義されました。

$$\mathrm{E}[\boldsymbol{X}] = \mathrm{E}\left[\begin{pmatrix} X_1 \\ X_2 \\ \vdots \\ X_n \end{pmatrix}\right] \equiv \begin{pmatrix} \mathrm{E}[X_1] \\ \mathrm{E}[X_2] \\ \vdots \\ \mathrm{E}[X_n] \end{pmatrix}$$

定数 c や定ベクトル $\boldsymbol{a}$ やベクトル値確率変数 $\boldsymbol{Y}$ に対していつもどおり

$$\mathrm{E}[c\boldsymbol{X}] = c\,\mathrm{E}[\boldsymbol{X}], \quad \mathrm{E}[\boldsymbol{X} + \boldsymbol{a}] = \mathrm{E}[\boldsymbol{X}] + \boldsymbol{a}, \quad \mathrm{E}[\boldsymbol{X} + \boldsymbol{Y}] = \mathrm{E}[\boldsymbol{X}] + \mathrm{E}[\boldsymbol{Y}], \quad \mathrm{E}[\boldsymbol{a}] = \boldsymbol{a}$$

となることは、この定義からひとめでわかります（$\boldsymbol{a}$ や $\boldsymbol{Y}$ の次元は $\boldsymbol{X}$ と同じだとして）。

ゆらがないただの縦ベクトル $\boldsymbol{a}$ が与えられたとき、$\boldsymbol{a}$ と $\boldsymbol{X}$ との内積の期待値は

$$\mathrm{E}[\boldsymbol{a} \cdot \boldsymbol{X}] = \mathrm{E}[\boldsymbol{a}^T \boldsymbol{X}] = \boldsymbol{a}^T \mathrm{E}[\boldsymbol{X}] = \boldsymbol{a} \cdot \mathrm{E}[\boldsymbol{X}]$$

と計算できます。「えっ」という人は付録 A.6(p.333)「内積と長さ」を参照。ただしもちろん、$\boldsymbol{a}$ と $\boldsymbol{X}$ は同じサイズという前提です（そうでないと内積が定義されません）。また、横ベクトルかける縦ベクトルが数になることにも気をつけてください[*6]。成分で書き下してみれば、いまの式が成り立つことは明らかです。実際、$\boldsymbol{X} \equiv (X_1, \ldots, X_n)^T$ と $\boldsymbol{a} \equiv (a_1, \ldots, a_n)^T$ に対して

$$\begin{cases} \mathrm{E}[\boldsymbol{a}^T \boldsymbol{X}] = \mathrm{E}\left[(a_1, \ldots, a_n) \begin{pmatrix} X_1 \\ \vdots \\ X_n \end{pmatrix}\right] = \mathrm{E}[a_1 X_1 + \cdots + a_n X_n] = a_1 \mathrm{E}[X_1] + \cdots + a_n \mathrm{E}[X_n] \\ \boldsymbol{a}^T \mathrm{E}[\boldsymbol{X}] = (a_1, \ldots, a_n)\ \mathrm{E}\left[\begin{pmatrix} X_1 \\ \vdots \\ X_n \end{pmatrix}\right] = (a_1, \ldots, a_n) \begin{pmatrix} \mathrm{E}[X_1] \\ \vdots \\ \mathrm{E}[X_n] \end{pmatrix} = a_1 \mathrm{E}[X_1] + \cdots + a_n \mathrm{E}[X_n] \end{cases}$$

と変形できますから、この両者は一致します。

ゆらがないただの行列 A に対しても、同様に

$$\mathrm{E}[A\boldsymbol{X}] = A\,\mathrm{E}[\boldsymbol{X}] \tag{5.1}$$

が成り立ちます。ただしもちろん、行列とベクトルのかけ算が定義されるよう、A の列数（横幅）は n だという前提です。サイズについてのこういうただし書きは以後省略しますから、常に「演算が定義されるよう適切なサイズであることが前提」と補って読んでください。いまの式が成り立つ理由は、行列 A を横に切って「横ベクトルをつみ重ねたもの」と見ればわかります。すなわち、

$$A = \begin{pmatrix} \boldsymbol{a}_1^T \\ \hline \vdots \\ \hline \boldsymbol{a}_m^T \end{pmatrix}$$

とおくとき、前の結果を使って

$$\begin{cases} \mathrm{E}[A\boldsymbol{X}] = \mathrm{E}\left[\begin{pmatrix} \boldsymbol{a}_1^T \\ \hline \vdots \\ \hline \boldsymbol{a}_m^T \end{pmatrix} \begin{pmatrix} \boldsymbol{X} \end{pmatrix}\right] = \mathrm{E}\left[\begin{pmatrix} \boldsymbol{a}_1^T \boldsymbol{X} \\ \vdots \\ \boldsymbol{a}_m^T \boldsymbol{X} \end{pmatrix}\right] = \begin{pmatrix} \mathrm{E}[\boldsymbol{a}_1^T \boldsymbol{X}] \\ \vdots \\ \mathrm{E}[\boldsymbol{a}_m^T \boldsymbol{X}] \end{pmatrix} = \begin{pmatrix} \boldsymbol{a}_1^T \mathrm{E}[\boldsymbol{X}] \\ \vdots \\ \boldsymbol{a}_m^T \mathrm{E}[\boldsymbol{X}] \end{pmatrix} \\ A\,\mathrm{E}[\boldsymbol{X}] = \begin{pmatrix} \boldsymbol{a}_1^T \\ \hline \vdots \\ \hline \boldsymbol{a}_m^T \end{pmatrix} \mathrm{E}\left[\begin{pmatrix} \boldsymbol{X} \end{pmatrix}\right] = \begin{pmatrix} \boldsymbol{a}_1^T \mathrm{E}[\boldsymbol{X}] \\ \vdots \\ \boldsymbol{a}_m^T \mathrm{E}[\boldsymbol{X}] \end{pmatrix} \end{cases}$$

[*6] なにげないことのようですが、もしちょっとでもあやしければ線形代数を復習。初心者は、どれが数でどれがベクトルでどれが行列かを、常に指差し確認するくらいの気持ちで取り組んでください。数式中の各文字・各部分が数かベクトルか行列か、すべて即答できるまで先へ進んではいけません。字面だけをなんとなく眺めていたのではすぐに遭難してしまいます。ここはそういう難所なのです。

が得られます。だから両者は同じです。$\boldsymbol{X}$ が縦ベクトルなことを忘れないように、格好を強調して書きました。「えっ」という人は行列とベクトルのかけ算のしかたを復習してください。

ゆらぐ行列 R に対しても、その期待値はやはり成分ごとで定義されました。上の結果の行列版は、A をゆらがないただの行列とするとき

$$\mathrm{E}[AR] = A\,\mathrm{E}[R]$$

となることです。どれがゆらぐ量でどれがゆらがない量なのかしっかり意識しながら読んでください。それを見失うと何が何だかわからなくなってしまいますから。さて、これが成り立つ理由は、R を縦切りして縦ベクトルに分けてやるとわかります。すなわち、

$$R = \left(\boldsymbol{R}_1 \middle| \cdots \middle| \boldsymbol{R}_k \right) \qquad (\boldsymbol{R}_1, \ldots, \boldsymbol{R}_k \text{ は } k \text{ 本のゆらぐ縦ベクトル})$$

とおくとき、前の結果を使って

$$\begin{cases} \mathrm{E}[AR] = \mathrm{E}\left[\left(\quad A \quad \right) \left(\boldsymbol{R}_1 \middle| \cdots \middle| \boldsymbol{R}_k \right) \right] = \mathrm{E}\left[\left(A\boldsymbol{R}_1 \middle| \cdots \middle| A\boldsymbol{R}_k \right) \right] \\ \quad = \left(\mathrm{E}[A\boldsymbol{R}_1] \middle| \cdots \middle| \mathrm{E}[A\boldsymbol{R}_k] \right) = \left(A\,\mathrm{E}[\boldsymbol{R}_1] \middle| \cdots \middle| A\,\mathrm{E}[\boldsymbol{R}_k] \right) \\ A\,\mathrm{E}[R] = \left(\quad A \quad \right) \left(\mathrm{E}[\boldsymbol{R}_1] \middle| \cdots \middle| \mathrm{E}[\boldsymbol{R}_k] \right) = \left(A\,\mathrm{E}[\boldsymbol{R}_1] \middle| \cdots \middle| A\,\mathrm{E}[\boldsymbol{R}_k] \right) \end{cases}$$

だから両者は一致します。A が行列なことを忘れないように格好を強調して書きました。「えっ」という人は行列のかけ算のしかたを復習してください。

感じがつかめてきたでしょうか。要するに、ゆらがない量のかけ算は期待値の外に出してよいという毎度の話です。ただし次はちょっと注意。B をゆらがないただの行列とするとき

$$\mathrm{E}[RB] = \mathrm{E}[R]B$$

です。これをうっかり $B\,\mathrm{E}[R]$ だと勘違いしてはいけません。数ではなく行列の話なのだから、かけ算の左右を入れかえると答が変わってしまいます。

左右の結果を両方を適用して、ゆらがないただの行列 A, B に対し

$$\mathrm{E}[ARB] = A\,\mathrm{E}[R]B$$

と変形するのも OK です。また、すぐわかるので飛ばしてしまいましたが、定数 c やゆらがない行列 A やゆらぐ行列 S に対して

$$\mathrm{E}[cR] = c\,\mathrm{E}[R], \quad \mathrm{E}[R+A] = \mathrm{E}[R] + A, \quad \mathrm{E}[R+S] = \mathrm{E}[R] + \mathrm{E}[S], \quad \mathrm{E}[A] = A$$

となることもいつもどおりです（成分ごとに確かめてみましょう）。さらに $\mathrm{E}[R^T] = \mathrm{E}[R]^T$ も言うま

でもないでしょう。この右辺は $(\mathrm{E}[R])^T$ という意味です。たとえば、

$$\mathrm{E}\left[\begin{pmatrix} ア & イ & ウ \\ カ & キ & ク \end{pmatrix} の転置\right] \quad も \quad \mathrm{E}\left[\begin{pmatrix} ア & イ & ウ \\ カ & キ & ク \end{pmatrix}\right] の転置 \quad も結局 \quad \begin{pmatrix} \mathrm{E}[ア] & \mathrm{E}[カ] \\ \mathrm{E}[イ] & \mathrm{E}[キ] \\ \mathrm{E}[ウ] & \mathrm{E}[ク] \end{pmatrix}$$

例題 5.11

縦ベクトル値の確率変数 $\boldsymbol{X}$ に対し、次の公式を示せ*7。

$$\mathrm{V}[\boldsymbol{X}] = \mathrm{E}[\boldsymbol{X}\boldsymbol{X}^T] - \mathrm{E}[\boldsymbol{X}]\,\mathrm{E}[\boldsymbol{X}]^T$$

答

$\mathrm{E}[\boldsymbol{X}] \equiv \boldsymbol{\mu}$ とおく。$\boldsymbol{\mu}$ がゆらがないただのベクトルであることに注意して、

$$\begin{aligned}
\mathrm{V}[\boldsymbol{X}] &= \mathrm{E}[(\boldsymbol{X}-\boldsymbol{\mu})(\boldsymbol{X}-\boldsymbol{\mu})^T] = \mathrm{E}[(\boldsymbol{X}-\boldsymbol{\mu})(\boldsymbol{X}^T-\boldsymbol{\mu}^T)] = \mathrm{E}[\boldsymbol{X}\boldsymbol{X}^T - \boldsymbol{X}\boldsymbol{\mu}^T - \boldsymbol{\mu}\boldsymbol{X}^T + \boldsymbol{\mu}\boldsymbol{\mu}^T] \\
&= \mathrm{E}[\boldsymbol{X}\boldsymbol{X}^T] - \mathrm{E}[\boldsymbol{X}\boldsymbol{\mu}^T] - \mathrm{E}[\boldsymbol{\mu}\boldsymbol{X}^T] + \mathrm{E}[\boldsymbol{\mu}\boldsymbol{\mu}^T] \\
&= \mathrm{E}[\boldsymbol{X}\boldsymbol{X}^T] - \mathrm{E}[\boldsymbol{X}]\boldsymbol{\mu}^T - \boldsymbol{\mu}\,\mathrm{E}[\boldsymbol{X}]^T + \boldsymbol{\mu}\boldsymbol{\mu}^T \\
&= \mathrm{E}[\boldsymbol{X}\boldsymbol{X}^T] - \boldsymbol{\mu}\boldsymbol{\mu}^T - \boldsymbol{\mu}\boldsymbol{\mu}^T + \boldsymbol{\mu}\boldsymbol{\mu}^T = \mathrm{E}[\boldsymbol{X}\boldsymbol{X}^T] - \boldsymbol{\mu}\boldsymbol{\mu}^T
\end{aligned}$$

■

5.2.4　ベクトル値の確率変数についてもう少し

よい機会なのでベクトル値の確率変数についてもう少しお話しておきます。

ベクトル値確率変数 $\boldsymbol{X} = (X_1, \ldots, X_n)^T$ の**確率密度関数**については 4.4.1 項 (p.136)「同時分布」ですでに紹介しました。せっかくベクトルを使っているので、だらだら成分を書くかわりに $f_{\boldsymbol{X}}(\boldsymbol{x})$ のような表記を導入しましょう：

$$f_{\boldsymbol{X}}(\boldsymbol{x}) \equiv f_{X_1,\ldots,X_n}(x_1, \ldots, x_n) \qquad ただし\ \boldsymbol{x} \equiv \begin{pmatrix} x_1 \\ \vdots \\ x_n \end{pmatrix}$$

このとき、4.4.7 項 (p.148)「任意領域の確率・一様分布・変数変換」で述べたように

$$\mathrm{P}(\boldsymbol{X}\ がある範囲\ D\ に入る) = \int \cdots \int f_{\boldsymbol{X}}(\boldsymbol{x})\,dx_1 \cdots dx_n \qquad (ただし積分範囲は\ D)$$

でした*8。それを

$$\mathrm{P}(\boldsymbol{X}\ がある範囲\ D\ に入る) = \int_D f_{\boldsymbol{X}}(\boldsymbol{x})\,d\boldsymbol{x}$$

と略記するのも理工系ではよく見られます。同じ流儀を使えば、期待値も

$$\mathrm{E}[\boldsymbol{X}] = \int_{\mathbf{R}^n} \boldsymbol{x} f_{\boldsymbol{X}}(\boldsymbol{x})\,d\boldsymbol{x}$$

---

*7 例題 5.4(p.178) で示した公式 $\mathrm{Cov}[X,Y] = \mathrm{E}[XY] - \mathrm{E}[X]\,\mathrm{E}[Y]$ とも見比べましょう。

*8 D は集合だから大文字で書いているだけ。別に D がゆらぐわけではありません。なお本書では、こんなふうに積分範囲を別途明記したら、$\int$ だけでも定積分を表すことにさせてください。

のように書けます。$\mathbf{R}^n$ は $\boldsymbol{x}$ の住む n 次元実ベクトル空間全体を表します。与えられた関数 g に対して $g(\boldsymbol{X})$ の期待値を求めたいときも

$$\mathrm{E}[g(\boldsymbol{X})] = \int_{\mathbf{R}^n} g(\boldsymbol{x}) f_{\boldsymbol{X}}(\boldsymbol{x})\, d\boldsymbol{x}$$

で結構です。(いずれも 4.5.1 項 (p.156) のすなおな拡張になっています)

ベクトル値確率変数 $\boldsymbol{X}, \boldsymbol{Y}, \boldsymbol{Z}$ の独立性は、

$$\mathrm{P}(\text{「}\boldsymbol{X}\text{ の条件」かつ「}\boldsymbol{Y}\text{ の条件」かつ「}\boldsymbol{Z}\text{ の条件」}) = \mathrm{P}(\boldsymbol{X}\text{ の条件})\,\mathrm{P}(\boldsymbol{Y}\text{ の条件})\,\mathrm{P}(\boldsymbol{Z}\text{ の条件})$$

が必ず成り立つこととして定義されます。この言い方ならベクトルでも実数でも離散値でも汎用的に**独立**を定義できますね。$\boldsymbol{X}, \boldsymbol{Y}, \boldsymbol{Z}$ の分布が確率密度関数で表されるときは、それぞれの成分を $X_1, \ldots, X_l$、$Y_1, \ldots, Y_m$、$Z_1, \ldots, Z_n$ として、

$$\begin{aligned} & f_{X_1,\ldots,X_l,Y_1,\ldots,Y_m,Z_1,\ldots,Z_n}(x_1,\ldots,x_l,y_1,\ldots,y_m,z_1,\ldots,z_n) \\ &= f_{X_1,\ldots,X_l}(x_1,\ldots,x_l)\, f_{Y_1,\ldots,Y_m}(y_1,\ldots,y_m)\, f_{Z_1,\ldots,Z_n}(z_1,\ldots,z_n) \end{aligned}$$

が成り立つことを独立性は意味しています。この左辺を $f_{\boldsymbol{X},\boldsymbol{Y},\boldsymbol{Z}}(\boldsymbol{x},\boldsymbol{y},\boldsymbol{z})$ と短く書くことにすれば、

$$\boldsymbol{X}, \boldsymbol{Y}, \boldsymbol{Z} \text{ が独立} \quad \Leftrightarrow \quad f_{\boldsymbol{X},\boldsymbol{Y},\boldsymbol{Z}}(\boldsymbol{x},\boldsymbol{y},\boldsymbol{z}) = f_{\boldsymbol{X}}(\boldsymbol{x}) f_{\boldsymbol{Y}}(\boldsymbol{y}) f_{\boldsymbol{Z}}(\boldsymbol{z}) \quad (\text{任意の } \boldsymbol{x},\boldsymbol{y},\boldsymbol{z} \text{ で成立})$$

というおなじみの格好です（→ 4.4.6 項 (p.146)）。変数が 2 個や 4 個などでも同様。

実数値のときに成り立った各種の性質がベクトル値にどう拡張されるかは、定義に戻れば各自で判断できるはずです。たとえば、実数値の確率変数 W とベクトル値の確率変数 $\boldsymbol{X}$ に対して、両者がもし独立なら $\mathrm{E}[W\boldsymbol{X}] = \mathrm{E}[W]\,\mathrm{E}[\boldsymbol{X}]$ が成り立ちます。独立でないときはこれは保証されません。ゆらぐベクトルどうしの内積や外積の期待値についても似たような結果が得られます。もしぴんとこなければ成分で書き下してみてください。

5.2.5 変数変換すると共分散行列がどう変わるか

必要な基礎体力が準備できたので本筋に戻ります。前に予告したとおり成分の呪縛を脱して図形的な解釈をすることがここからの目標です。そのための手段として変数変換が鍵になります。

$\boldsymbol{X}$ を n 次元のゆらぐ縦ベクトルとします。$\boldsymbol{X}$ の期待値ベクトルを $\boldsymbol{\mu} \equiv \mathrm{E}[\boldsymbol{X}]$ とおくとき、$\boldsymbol{X}$ の共分散行列は

$$\mathrm{V}[\boldsymbol{X}] = \mathrm{E}[(\boldsymbol{X}-\boldsymbol{\mu})(\boldsymbol{X}-\boldsymbol{\mu})^T]$$

と表されるのでした（? 5.2(p.187)）。いま、ゆらがないただの数 a を $\boldsymbol{X}$ にかけると、その共分散行列は

$$\mathrm{V}[a\boldsymbol{X}] = a^2\,\mathrm{V}[\boldsymbol{X}]$$

となります。理由は次のとおりです。

$$\begin{aligned} & \mathrm{E}[a\boldsymbol{X}] = a\,\mathrm{E}[\boldsymbol{X}] = a\boldsymbol{\mu} \text{ だから、} \\ & \mathrm{V}[a\boldsymbol{X}] = \mathrm{E}[(a\boldsymbol{X}-a\boldsymbol{\mu})(a\boldsymbol{X}-a\boldsymbol{\mu})^T] = \mathrm{E}[a^2(\boldsymbol{X}-\boldsymbol{\mu})(\boldsymbol{X}-\boldsymbol{\mu})^T] = a^2\,\mathrm{E}[(\boldsymbol{X}-\boldsymbol{\mu})(\boldsymbol{X}-\boldsymbol{\mu})^T] \\ & \phantom{\mathrm{V}[a\boldsymbol{X}]} = a^2\,\mathrm{V}[\boldsymbol{X}] \end{aligned}$$

また、ゆらがないただの縦ベクトル $\boldsymbol{a}$ に対しては

$$\mathrm{V}[\boldsymbol{a}^T \boldsymbol{X}] = \boldsymbol{a}^T \, \mathrm{V}[\boldsymbol{X}] \boldsymbol{a}$$

が成り立ちます。左辺の $\boldsymbol{a}^T \boldsymbol{X}$ が「横ベクトルかける縦ベクトル」で数になることや、右辺も「横ベクトルかける正方行列かける縦ベクトル」でやはり数になることを、しっかり意識しましょう。はじめて見ると予想外の姿かもしれませんが、$\boldsymbol{a}$ が2回かかるというあたりにはこれまでの結果との共通性が感じられるはずです。

最後はその行列版です。A をゆらがないただの行列とするとき

$$\mathrm{V}[A\boldsymbol{X}] = A \, \mathrm{V}[\boldsymbol{X}] A^T \tag{5.2}$$

となります。A は正方行列でなくても構いません。この公式は次のようにして導かれます（行列のかけ算の性質を使います）。

$$\begin{aligned}
&\mathrm{E}[A\boldsymbol{X}] = A \, \mathrm{E}[\boldsymbol{X}] = A\boldsymbol{\mu} \text{ だから、} \\
&\mathrm{V}[A\boldsymbol{X}] = \mathrm{E}[(A\boldsymbol{X} - A\boldsymbol{\mu})(A\boldsymbol{X} - A\boldsymbol{\mu})^T] \quad \cdots\cdots \text{上式を代入した} \\
&\qquad = \mathrm{E}\left[\{A(\boldsymbol{X} - \boldsymbol{\mu})\}\{A(\boldsymbol{X} - \boldsymbol{\mu})\}^T\right] \quad \cdots\cdots \text{分配法則で共通項をくくりだし} \\
&\qquad = \mathrm{E}\left[\{A(\boldsymbol{X} - \boldsymbol{\mu})\}\{(\boldsymbol{X} - \boldsymbol{\mu})^T A^T\}\right] \quad \cdots\cdots \text{一般に } (\bigcirc\triangle)^T = \triangle^T \bigcirc^T \\
&\qquad = \mathrm{E}\left[A\{(\boldsymbol{X} - \boldsymbol{\mu})(\boldsymbol{X} - \boldsymbol{\mu})^T\} A^T\right] \quad \cdots\cdots \text{一般に } (\bigcirc\triangle)(\square\star) = \bigcirc\,(\triangle\square)\,\star \\
&\qquad = A \, \mathrm{E}\left[(\boldsymbol{X} - \boldsymbol{\mu})(\boldsymbol{X} - \boldsymbol{\mu})^T\right] A^T \quad \cdots\cdots \text{ゆらがない行列は E の外へ} \\
&\qquad = A \, \mathrm{V}[\boldsymbol{X}] A^T \quad \cdots\cdots \text{まん中はまさに } \mathrm{V}[\boldsymbol{X}]
\end{aligned}$$

前のベクトル版 $\mathrm{V}[\boldsymbol{a}^T \boldsymbol{X}] = \boldsymbol{a}^T \, \mathrm{V}[\boldsymbol{X}] \boldsymbol{a}$ はこれの特別な場合（A が $1 \times n$ 行列）です。

5.2.6　任意方向のばらつき具合

分散・共分散の話を行列へ移すことによってどんな図形的解釈ができるか、いよいよその一端に触れるときがきました。

いつもどおり、$\boldsymbol{X} = (X_1, \ldots, X_n)^T$ をゆらぐ n 次元縦ベクトルとします。共分散行列 $\mathrm{V}[\boldsymbol{X}]$ の対角成分には、各成分の分散 $\mathrm{V}[X_1], \mathrm{V}[X_2], \ldots, \mathrm{V}[X_n]$ が並んでいるのでした（5.2.1 項 (p.184)）。図 5.9（$n = 2$ の例）で言えば、$\mathrm{V}[X_1]$ は横方向のばらつき具合、$\mathrm{V}[X_2]$ は縦方向のばらつき具合ということになります。この例だと $\mathrm{V}[X_1] > \mathrm{V}[X_2]$ で、横のほうが縦より広くばらついています。

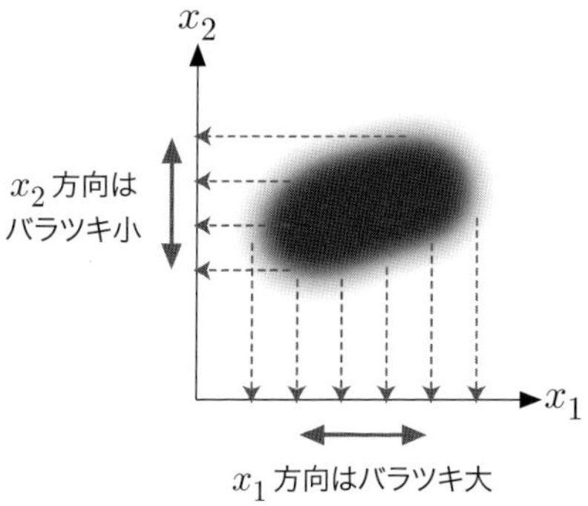

▶図 5.9 座標軸方向のばらつき具合（濃淡模様は確率密度関数 $f_{X_1,X_2}(x_1,x_2)$ を表す）

では、図 5.10 のような斜め方向のばらつき具合を知りたければ？ —— 実はそれも共分散行列から求めることができます。共分散行列には、座標軸の方向だけでなくあらゆる方向のばらつき具合が情報として含まれているのです。このことを今から示します。

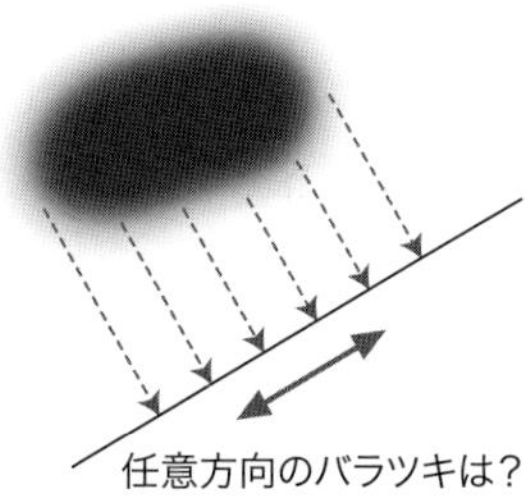

▶図 5.10 斜め方向のばらつき具合を求めたい

方向は、長さが 1 のベクトル $\boldsymbol{u}$ を使って図 5.11 のように指定することにします。この $\boldsymbol{u}$ はゆらがないふつうのベクトルです。

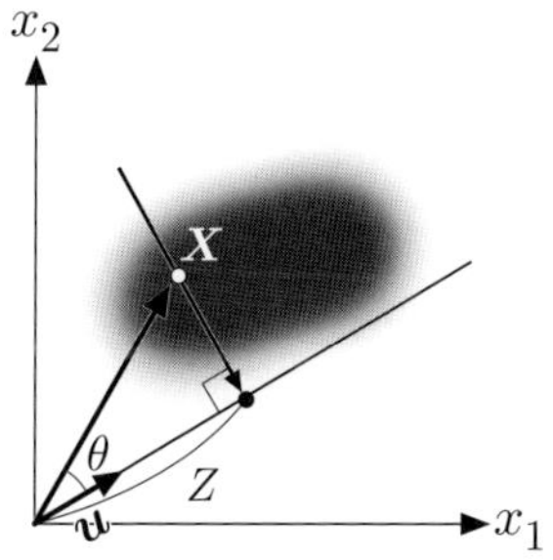

▶図 5.11 任意方向のばらつき具合を測るために、その方向へ射影してやる

やりたいことをかみくだいて言えばこうなります。ゆらぐベクトル $\boldsymbol{X}$ を図 5.11 のように $\boldsymbol{u}$ 方向の

直線へ射影して、直線上の位置を Z とします。Z は原点から測った影の長さで、$\boldsymbol{u}$ と同じ向きは正、$\boldsymbol{u}$ と逆の向きは負としておきます。$\boldsymbol{X}$ がゆらぐベクトルなので、Z はゆらぐ数（実数値の確率変数）になります。こうしてできた Z に対して、その分散 $\mathrm{V}[Z]$ を求めたい。そのためにまず、$\boldsymbol{X}$ と Z との関係が

$$Z = \boldsymbol{u}^T \boldsymbol{X}$$

となっていることを確認してください。実際、図 5.11 を見ると $Z = \|\boldsymbol{X}\| \cos\theta$ のはず（$\|\boldsymbol{X}\|$ はベクトル $\boldsymbol{X}$ の長さ、θ は $\boldsymbol{X}$ と $\boldsymbol{u}$ のなす角）[*9]。また、内積の定義と性質（→ 付録 A.6(p.333)）から

$$\boldsymbol{u}^T \boldsymbol{X} = \boldsymbol{u} \cdot \boldsymbol{X} = \|\boldsymbol{u}\| \|\boldsymbol{X}\| \cos\theta$$

ですが、$\|\boldsymbol{u}\| = 1$ という前提により $\boldsymbol{u}^T \boldsymbol{X} = \|\boldsymbol{X}\| \cos\theta$。これはまさに Z に一致します。

したがって問題は、

長さが 1 の指定されたベクトル $\boldsymbol{u}$ に対して、$\mathrm{V}[\boldsymbol{u}^T \boldsymbol{X}]$ を求めよ

ということになります。この変換則は前に調べました。

$$\mathrm{V}[\boldsymbol{u}^T \boldsymbol{X}] = \boldsymbol{u}^T \, \mathrm{V}[\boldsymbol{X}] \boldsymbol{u}$$

が答です。こうして確かに、共分散行列 $\mathrm{V}[\boldsymbol{X}]$ から「任意の方向のばらつき具合」を計算することができました。後ほど 5.4 節 (p.214)「共分散行列を見たら楕円と思え」では、いまの結果を手がかりにして共分散行列を図示してみせます。

5.3 多次元正規分布

共分散行列の話はここまででひと区切り。次は多次元正規分布についてお話します。

多次元正規分布は名前のとおり正規分布の多次元版です（**多変量正規分布**とも呼ばれます）。正規分布は基礎的で重要な分布でした（4.6 節 (p.161)）。多次元正規分布もそれは同じです。

- 数式として扱いやすく、きれいな理論的結果を得やすい
- 現実の対象で、多次元正規分布になっている（と考えられる／近似できる）ものが多くある

という二点から多次元正規分布は多用されます。理論でも応用でも、とりあえず多次元正規分布の場合を考えてみて、それで不満なら違う分布の場合にとりかかるという段取りが常道です。

そういうわけで確率・統計を応用した手法には多次元正規分布が頻出します。確率の入門クラスだと多次元正規分布まで届かないことも多いようですが、いつまでも逃げているわけにはいきません。数式ではおっかなく見えても、多くの結果は楕円や楕円体の図で説明できますから、幾何学的イメージを思い浮かべながら進みましょう。

[*9] 角度にはギリシャ文字 θ（シータ）がよく使われます。また、6 章脚注*1(p.234) のように未知パラメータにも θ が使われます。

5.3.1 多次元標準正規分布

手はじめに、標準正規分布に従う i.i.d. な確率変数たち $Z_1, \ldots, Z_n$ を並べた縦ベクトル $\boldsymbol{Z} \equiv (Z_1, \ldots, Z_n)^T$ を考えましょう。こんな $\boldsymbol{Z}$ が従う分布を **$\boldsymbol{n}$ 次元標準正規分布**と呼びます。

2 次元標準正規分布を図 5.12 に示します。原点周辺が出やすくて、原点から離れるにしたがって出にくい。—— 何かを測定したときの誤差の分布はこんな格好になりがちです。標的である原点（つまり誤差ゼロ）を中心として、そこから極端に外れた値は出にくい。これは自然な姿だと感じることでしょう。しかも、上とか右下とか特定の方向にずれやすいのではなくて、どの方向も均等。設定にもよりますが、これが自然な場面は多いでしょう。

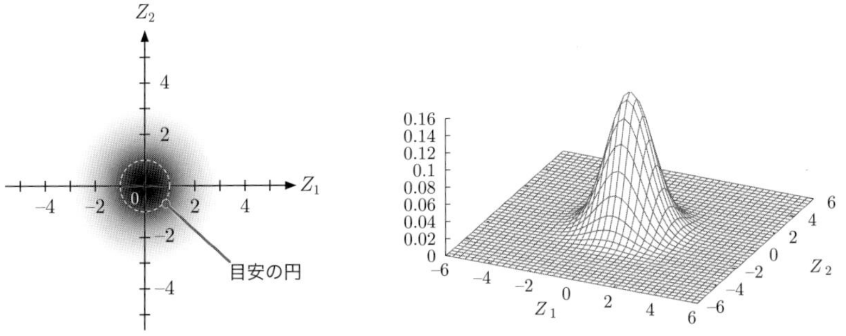

▶図 5.12　2 次元標準正規分布の確率密度（左）と確率密度関数（右）

$Z_1, \ldots, Z_n$ が独立という前提から、$\boldsymbol{Z}$ の確率密度関数は

$$f_{\boldsymbol{Z}}(\boldsymbol{z}) = g(z_1)g(z_2)\ldots g(z_n) \qquad \text{ただし}\, \boldsymbol{z} \equiv (z_1, z_2, \ldots, z_n)^T, \quad g\ \text{は標準正規分布の確率密度関数}$$

となります。具体的には

$$f_{\boldsymbol{Z}}(\boldsymbol{z}) = c \exp\left(-\frac{z_1^2}{2}\right) \cdot c \exp\left(-\frac{z_2^2}{2}\right) \cdots c \exp\left(-\frac{z_n^2}{2}\right)$$

という格好です。c は「確率の総計が 1」という条件から定まるある定数でした。整理すると

$$f_{\boldsymbol{Z}}(\boldsymbol{z}) = d \exp\left(-\frac{1}{2}\|\boldsymbol{z}\|^2\right)$$

が得られます。これが n 次元標準正規分布の確率密度関数です。d はやはり「確率の総計が 1」という条件から定まるある定数[*10]、

$$\|\boldsymbol{z}\| = \sqrt{z_1^2 + z_2^2 + \cdots + z_n^2} = \sqrt{\boldsymbol{z}^T \boldsymbol{z}}$$

はベクトル $\boldsymbol{z}$ の長さを表します。この結果から特に、確率密度関数 $f_{\boldsymbol{Z}}(\boldsymbol{z})$ の**等高線**が円（あるいは**等位面**が球や超球）であることがわかりました[*11]。

[*10] 具体的には、$c = 1/\int_{-\infty}^{\infty} \exp(-z^2/2)dz = 1/\sqrt{2\pi}$ より $d = c^n = 1/\sqrt{2\pi}^n$。でもこれを覚えたり自分で出せるようになったりするのは後で結構。入門段階では「(なんとか倍の) $\exp(-\|\boldsymbol{z}\|^2/2)$」という本体を注目してください。

[*11] 等位面とは等高線の高次元版です。どちらも要するに、関数の値が同じな点をつないでできる図形のこと。

? 5.3　なぜ円だとわかるの？

$f_{\boldsymbol{Z}}(\boldsymbol{z})$ が $\|\boldsymbol{z}\|$ の式になっているからです。ベクトル $\boldsymbol{z}$ 自体を知らなくても $\boldsymbol{z}$ の長ささえ知れば $f_{\boldsymbol{Z}}(\boldsymbol{z})$ が計算できる。この事実は、ベクトルの長さが同じなら $f_{\boldsymbol{Z}}$ の値も同じなことを意味しています。つまり、（原点を中心とする）円周上ではどこでも $f_{\boldsymbol{Z}}$ が一定なわけです。したがって等高線は円になります。関数 $f_{\boldsymbol{Z}}$ の等高線とは、$f_{\boldsymbol{Z}}$ の値が同じになる点をつないだものだからです。

$\boldsymbol{Z}$ の期待値ベクトルと共分散行列は次のように計算されます。$Z_1, \ldots, Z_n$ はそれぞれ標準正規分布に従い、しかも互いに独立という設定だったことを思い出してください。たとえば $n=3$ なら

$$\mathrm{E}[\boldsymbol{Z}] = \begin{pmatrix} \mathrm{E}[Z_1] \\ \mathrm{E}[Z_2] \\ \mathrm{E}[Z_3] \end{pmatrix} = \begin{pmatrix} 0 \\ 0 \\ 0 \end{pmatrix} = \boldsymbol{o}$$

$$\mathrm{V}[\boldsymbol{Z}] = \begin{pmatrix} \mathrm{V}[Z_1] & \mathrm{Cov}[Z_1, Z_2] & \mathrm{Cov}[Z_1, Z_3] \\ \mathrm{Cov}[Z_2, Z_1] & \mathrm{V}[Z_2] & \mathrm{Cov}[Z_2, Z_3] \\ \mathrm{Cov}[Z_3, Z_1] & \mathrm{Cov}[Z_3, Z_2] & \mathrm{V}[Z_3] \end{pmatrix} = \begin{pmatrix} 1 & 0 & 0 \\ 0 & 1 & 0 \\ 0 & 0 & 1 \end{pmatrix}$$

一般の n 次元でも同じ調子で、期待値は n 次元ゼロベクトル $\boldsymbol{o}$、共分散行列は n 次**単位行列** I となります（単位行列を E で表す人もいますが、本書では I を使います）。

$$I = \begin{pmatrix} 1 & & \\ & \ddots & \\ & & 1 \end{pmatrix} \qquad \text{（空欄はすべて 0）}$$

以上をふまえて、$\boldsymbol{Z}$ の分布が n 次元標準正規分布であることを $\boldsymbol{Z} \sim \mathrm{N}(\boldsymbol{o}, I)$ と書き表します。これは 1 次元のときの記法をすなおに拡張した格好です。

図 5.12 には目安として**単位円**（原点中心で半径 1 の円）も描き加えました。この円を見ながら次の事実を指摘しておきます。

- 各成分の標準偏差はどれも 1（これは作り方から当然）
- さらに、座標軸方向に限らず任意の方向の標準偏差もすべて 1

実際、多次元標準正規分布の等高線は円（つまりどの方向も分布の様子は同じ）なので、前者から後者が導かれます。「典型的なふれ幅」がどの方向も 1 なのだから、半径 1 の円を目安として描くのは自然ですよね。もししっくりこなければ、標準偏差について ? 3.6 (p.93) もふり返ってみてください。

5.3.2　一般の多次元正規分布

1 次元のときは、標準正規分布に従う確率変数 $Z \sim \mathrm{N}(0,1)$ をスケーリングしたりシフトしたりすることで、いろいろな正規分布に従う確率変数 $X \equiv \sigma Z + \mu \sim \mathrm{N}(\mu, \sigma^2)$ が作られました（4.6.2 項 (p.164)）。それと同じように、n 次元標準正規分布に従う確率変数 $\boldsymbol{Z} \sim \mathrm{N}(\boldsymbol{o}, I)$ を変換していろいろなバリエーションを作っていきます。

スケーリングとシフト

まずは 1 次元のときと全く同じスケーリングとシフトを施して $\boldsymbol{X} \equiv \sigma \boldsymbol{Z} + \boldsymbol{\mu}$ を作ってみましょう。σ は正の定数、$\boldsymbol{\mu}$ は n 次元の定ベクトルです。すると $\boldsymbol{X}$ の期待値や分散は

$$\mathrm{E}[\boldsymbol{X}] = \sigma\,\mathrm{E}[\boldsymbol{Z}] + \boldsymbol{\mu} = \boldsymbol{\mu}$$

$$\mathrm{V}[\boldsymbol{X}] = \sigma^2\,\mathrm{V}[\boldsymbol{Z}] = \sigma^2 I = \begin{pmatrix} \sigma^2 & & \\ & \ddots & \\ & & \sigma^2 \end{pmatrix} \qquad \text{(空欄はすべてゼロ)}$$

になります。この $\boldsymbol{X}$ の分布を「期待値 $\boldsymbol{\mu}$、共分散行列 $\sigma^2 I$ の n 次元正規分布」と呼び、$\boldsymbol{X} \sim \mathrm{N}(\boldsymbol{\mu}, \sigma^2 I)$ と表します。分布の様子は図 5.13 のような具合です。確率密度関数の幅が広がってもグラフの体積は 1 のまま保たれないといけないので、その分高さが縮むことに注意しましょう。広げた分だけ薄くなるといういつもの理屈です。目安の円も同様にスケーリングとシフトをしてやれば、中心が $\boldsymbol{\mu}$ にずれて、半径が σ になります。

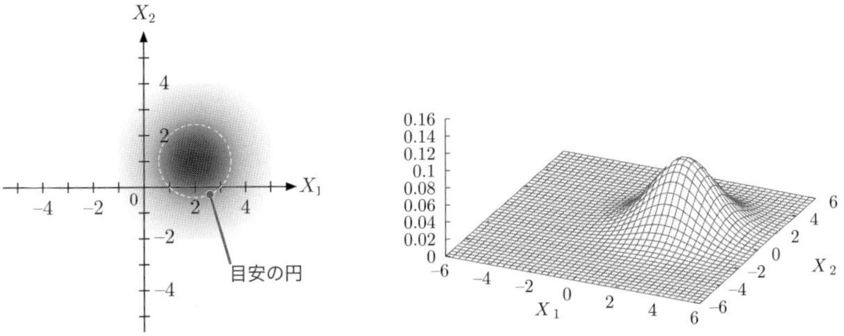

▶図 5.13　2 次元正規分布 $\mathrm{N}((2,1)^T, 1.4^2 I)$ の確率密度（左）と確率密度関数（右）

縦横伸縮

上のスケーリングでは全方向を均等に σ 倍していました。もし軸によって伸縮の倍率を変えると図 5.14 のような楕円状の分布が得られます。目安の円も連動して**楕円**に変換されます。

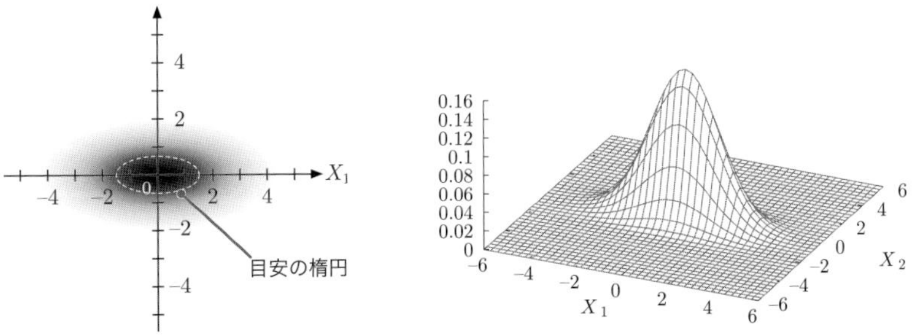

▶図 5.14　2 次元正規分布 $\mathrm{N}(\boldsymbol{o}, D^2)$ の確率密度（左）と確率密度関数（右）$D = \begin{pmatrix} 3/2 & 0 \\ 0 & 2/3 \end{pmatrix}$ の例

具体的には、$\boldsymbol{Z} \equiv (Z_1, \ldots, Z_n)^T$ から、$\boldsymbol{X} \equiv (\sigma_1 Z_1, \ldots, \sigma_n Z_n)^T$ のように各成分を別々の正定数

$\sigma_1, \ldots, \sigma_n$ で伸縮してやるわけです。行列を使って

$$\boldsymbol{X} = D\boldsymbol{Z}, \qquad D \equiv \begin{pmatrix} \sigma_1 & & \\ & \ddots & \\ & & \sigma_n \end{pmatrix} \qquad \text{(空欄はすべてゼロ)}$$

と書くこともできます。このとき $\boldsymbol{X}$ の共分散行列は

$$\mathrm{V}[\boldsymbol{X}] = D^2 = \begin{pmatrix} \sigma_1^2 & & \\ & \ddots & \\ & & \sigma_n^2 \end{pmatrix} \qquad \text{(空欄はすべてゼロ)}$$

という**対角行列**になります。

例題 5.12

$n = 3$ の場合に上式を導け。

答

$$\begin{aligned}\mathrm{V}[\boldsymbol{X}] &= \begin{pmatrix} \mathrm{V}[\sigma_1 Z_1] & \mathrm{Cov}[\sigma_1 Z_1, \sigma_2 Z_2] & \mathrm{Cov}[\sigma_1 Z_1, \sigma_3 Z_3] \\ \mathrm{Cov}[\sigma_1 Z_1, \sigma_2 Z_2] & \mathrm{V}[\sigma_2 Z_2] & \mathrm{Cov}[\sigma_2 Z_2, \sigma_3 Z_3] \\ \mathrm{Cov}[\sigma_1 Z_1, \sigma_3 Z_3] & \mathrm{Cov}[\sigma_2 Z_2, \sigma_3 Z_3] & \mathrm{V}[\sigma_3 Z_3] \end{pmatrix} \\ &= \begin{pmatrix} \sigma_1^2 \mathrm{V}[Z_1] & \sigma_1\sigma_2 \mathrm{Cov}[Z_1, Z_2] & \sigma_1\sigma_3 \mathrm{Cov}[Z_1, Z_3] \\ \sigma_1\sigma_2 \mathrm{Cov}[Z_1, Z_2] & \sigma_2^2 \mathrm{V}[Z_2] & \sigma_2\sigma_3 \mathrm{Cov}[Z_2, Z_3] \\ \sigma_1\sigma_3 \mathrm{Cov}[Z_1, Z_3] & \sigma_2\sigma_3 \mathrm{Cov}[Z_2, Z_3] & \sigma_3^2 \mathrm{V}[Z_3] \end{pmatrix} = \begin{pmatrix} \sigma_1^2 & 0 & 0 \\ 0 & \sigma_2^2 & 0 \\ 0 & 0 & \sigma_3^2 \end{pmatrix}\end{aligned}$$

（別解）式 (5.2)(p.192) より $\mathrm{V}[\boldsymbol{X}] = \mathrm{V}[D\boldsymbol{Z}] = D\,\mathrm{V}[\boldsymbol{Z}]D^T = DID^T = D^2$。最後の等号では $D^T = D$ を使った。 ∎

必要ならさらに定ベクトル $\boldsymbol{\mu}$ を足して、中心をずらしてやることもできます。$\tilde{\boldsymbol{X}} \equiv \boldsymbol{X} + \boldsymbol{\mu}$ の期待値は $\boldsymbol{\mu}$、共分散行列は $\mathrm{V}[\boldsymbol{X}]$ と同じです。$\tilde{\boldsymbol{X}}$ の分布も多次元正規分布と呼び、$\mathrm{N}(\boldsymbol{\mu}, D^2)$ という記号で表します。共分散行列が対角な多次元正規分布はこんなふうにして得られます。

さらに回転

いまのをさらに回転して得られる図 5.15 のような分布が、一般の多次元正規分布です。図形的に言えばただそれだけのことです。作り方から明らかではありますが、2 次元正規分布の確率密度関数の等高線は、目安の楕円と相似な同心楕円であることを指摘しておきます。3 次元正規分布なら等位面が目安の楕円体と相似です。

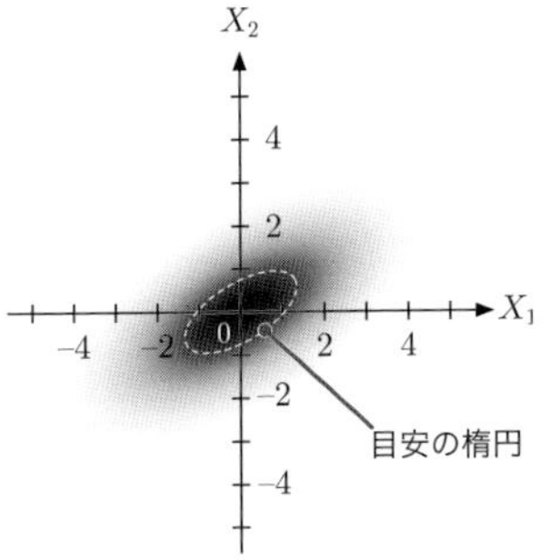

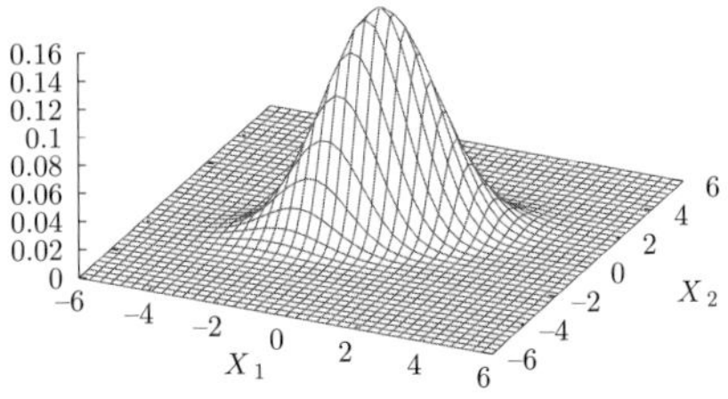

▶図 5.15　2 次元正規分布 $\mathrm{N}(\boldsymbol{o}, V)$ の確率密度（左）と確率密度関数（右）

回転という操作は一般に、直交行列をかけるという格好で表せます（「えっ」という人は線形代数の教科書を参照。**直交行列**とは $Q^T Q = QQ^T = I$ となるような正方行列 Q のことです）。それをふまえて組み立て方を数式で見ていきましょう。とりあえずは原点を中心とする（期待値が $\boldsymbol{o}$ の）多次元正規分布に専念します。

1. 多次元標準正規分布に従う $\boldsymbol{Z} \sim \mathrm{N}(\boldsymbol{o}, I)$ に何か対角行列 D をかけて、$\boldsymbol{X} \equiv D\boldsymbol{Z} \sim \mathrm{N}(\boldsymbol{o}, D^2)$ を作る。これは説明済。
2. $\boldsymbol{X}$ に何か直交行列 Q をかけて $\boldsymbol{Y} = Q\boldsymbol{X}$ を作る。すると

$$\mathrm{E}[\boldsymbol{Y}] = Q\,\mathrm{E}[\boldsymbol{X}] = \boldsymbol{o}$$
$$\mathrm{V}[\boldsymbol{Y}] = Q\,\mathrm{V}[\boldsymbol{X}]Q^T = QD^2Q^T \qquad \text{式 (5.2)}^{(\text{p.192})} \text{ より}$$

こうして作られた $\boldsymbol{Y}$ の分布が、（期待値 $\boldsymbol{o}$ の）一般の多次元正規分布です。対角とは限らない共分散行列 $V = QD^2Q^T$ を持つ多次元正規分布 $\mathrm{N}(\boldsymbol{o}, V)$ は、以上のようにして得られます。

逆に所望の共分散行列 V を持つ多次元正規分布を作りたかったら、

$$V = QD^2Q^T$$

となるようなうまい対角行列 D と直交行列 Q をみつけてくればよいわけです。どうすればみつけられるでしょうか。ヒントは、いまの $V = QD^2Q^T$ という条件が $Q^T VQ = D^2$ と同値なことです[*12]。また、共分散行列 V が対称行列であること（5.2.1 項 (p.184)）もヒントになります。まとめると、「与えられた対称行列 V に対し、うまい直交行列 Q をみつけて、$Q^T VQ$ が対角行列になればよい」。大学レベルの線形代数では、まさにそういう技として、対称行列の直交行列による対角化を習うはずです（すぐ後で説明します）。この技を使えば、$Q^T VQ = \mathrm{diag}(\lambda_1, \ldots, \lambda_n)$ の格好となる直交行列 Q をみつけることができます[*13]。diag は「……を対角成分に並べた対角行列」と読んでください。あとは $D^2 =$

---

*12 同値なことを示すには、直交行列の定義 $Q^T Q = QQ^T = I$ を使います。$V = QD^2Q^T$ の両辺に左から Q^T を、右から Q をかけると、

$$Q^T VQ = Q^T(QD^2Q^T)Q = (Q^T Q)D^2(Q^T Q) = ID^2I = D^2$$

逆も同様です。$Q^T VQ = D^2$ の両辺に左から Q を、右から Q^T をかけると、$V = QD^2Q^T$ が得られます。

*13 λ はギリシャ文字の「ラムダ」です。ちなみに、プログラミング言語 Lisp や Scheme に出てくる `lambda` は λ のことです。

$\mathrm{diag}(\lambda_1, \ldots, \lambda_n)$ になればよいのだから、

$$D \equiv \begin{pmatrix} \sqrt{\lambda_1} & & \\ & \ddots & \\ & & \sqrt{\lambda_n} \end{pmatrix} \qquad \text{空欄はすべてゼロ}$$

ととればOKです。この D と Q を用いて上の手順を行うことにより、多次元正規分布 $\mathrm{N}(\boldsymbol{o}, V)$ が得られます。

以上で $\boldsymbol{Y} \sim \mathrm{N}(\boldsymbol{o}, V)$ の作り方がわかりました。これに定ベクトル $\boldsymbol{\mu}$ を足してやれば、好きな位置へ中心をずらすこともできます。$\tilde{\boldsymbol{Y}} \equiv \boldsymbol{Y} + \boldsymbol{\mu}$ の期待値が $\boldsymbol{\mu}$、共分散行列が V となることは、もう言うまでもないでしょう。$\tilde{\boldsymbol{Y}}$ の分布を多次元正規分布 $\mathrm{N}(\boldsymbol{\mu}, V)$ と呼びます。前に挙げた $\mathrm{N}(\boldsymbol{o}, I)$ や $\mathrm{N}(\boldsymbol{\mu}, D^2)$ などはすべてその特別な場合だったのでした。

? 5.4 対称行列の直交行列による対角化ってどんな話でしたっけ？

一般に、対称行列は次のような強い性質を持っています[*14]。

H が対称行列なら、うまい直交行列 Q をとって、$Q^T HQ$ が対角行列となるように必ずできる。

そのようにして得られる対角行列を $\Lambda \equiv \mathrm{diag}(\lambda_1, \ldots, \lambda_n)$ とおきましょう（Λ は λ の大文字）。Q は直交行列なので $Q^T = Q^{-1}$。だから $Q^T HQ = \Lambda$ は $HQ = Q\Lambda$ と同値です（両辺に左から Q をかけた）。これは、「Q の各列ベクトル $\boldsymbol{q}_1, \ldots, \boldsymbol{q}_n$ が H の**固有ベクトル**である」という式になっているのでした。実際、

$$H \left(\boldsymbol{q}_1 \middle| \cdots \middle| \boldsymbol{q}_n \right) = \left(\boldsymbol{q}_1 \middle| \cdots \middle| \boldsymbol{q}_n \right) \begin{pmatrix} \lambda_1 & & \\ & \ddots & \\ & & \lambda_n \end{pmatrix}$$

を列ごとに見れば $H\boldsymbol{q}_i = \lambda_i \boldsymbol{q}_i$ となっています $(i = 1, \ldots, n)$。すなわち、$\boldsymbol{q}_i$ は H の固有ベクトル（**固有値**は λ_i）です。

いまの話を本文と見比べると、うまい変換を作るためのレシピがわかります。

1. 与えられた対称行列 V の固有値 $\lambda_1, \ldots, \lambda_n$ を求める。
2. 各固有値 λ_i の固有ベクトル $\boldsymbol{p}_i$ を求める。
3. 固有ベクトルの長さを1にそろえる。具体的には $\boldsymbol{q}_i \equiv \boldsymbol{p}_i / \|\boldsymbol{p}_i\|$ とおく。
4. 固有ベクトルを並べて Q を作る。

$$Q = \left(\boldsymbol{q}_1 \middle| \cdots \middle| \boldsymbol{q}_n \right)$$

できあがった Q は直交行列になることが保証されます。そして、この Q で V を変換すれば

$$Q^T V Q = \begin{pmatrix} \lambda_1 & & \\ & \ddots & \\ & & \lambda_n \end{pmatrix} \qquad \text{（空欄はすべてゼロ）}$$

のように対角行列となります。すばらしい！[*15]

[*14] 固有値・固有ベクトルや対称行列・直交行列について、必要なら線形代数の教科書を参照してください。参考文献 [32] だと付録Eで触れているあたりの話題です。

[*15] 本文ではきちんと述べませんでしたが、分布がぺちゃんこにつぶれてしまうような事態を避けるため、多次元正規分布 $\mathrm{N}(\boldsymbol{\mu}, V)$ の共分散行列 V の固有値 $\lambda_1, \ldots, \lambda_n$ はすべて > 0 という前提をおきます。

例題 5.13

2 次元標準正規分布に従う $\boldsymbol{Z} \sim \mathrm{N}(\boldsymbol{o}, I)$ を変換して、$\boldsymbol{X} \sim \mathrm{N}(\boldsymbol{\mu}, V)$ を作れ。ただし $\boldsymbol{\mu}$ と V は次のとおりとする。

$$\boldsymbol{\mu} \equiv \begin{pmatrix} 0 \\ 3 \end{pmatrix}, \qquad V \equiv \frac{1}{25}\begin{pmatrix} 34 & 12 \\ 12 & 41 \end{pmatrix}$$

（ヒント：V の固有値は 1 と 2）

答

V の固有値 1 の固有ベクトルは、たとえば $\boldsymbol{p}_1 \equiv (4, -3)^T$。長さを 1 にするために $\|\boldsymbol{p}_1\| = \sqrt{4^2 + (-3)^2} = 5$ で割って、$\boldsymbol{q}_1 \equiv (4/5, -3/5)^T$ とおく。同様に、固有値 2 の固有ベクトル $\boldsymbol{p}_2 \equiv (3, 4)^T$ から、長さが 1 の固有ベクトル $\boldsymbol{q}_2 \equiv (3/5, 4/5)^T$ を作る。これらを並べてできる直交行列

$$Q \equiv \left(\begin{array}{c|c} 4/5 & 3/5 \\ -3/5 & 4/5 \end{array}\right)$$

を使えば、

$$Q^T V Q = \begin{pmatrix} 1 & 0 \\ 0 & 2 \end{pmatrix} = D^2, \qquad D \equiv \begin{pmatrix} 1 & 0 \\ 0 & \sqrt{2} \end{pmatrix}$$

と対角化される。よって、

$$\boldsymbol{X} \equiv QD\boldsymbol{Z} + \boldsymbol{\mu} = \begin{pmatrix} 4/5 & (3/5)\sqrt{2} \\ -3/5 & (4/5)\sqrt{2} \end{pmatrix} \boldsymbol{Z} + \begin{pmatrix} 0 \\ 3 \end{pmatrix}$$

と変換すればよい。

なお、正解はこれ以外にもある。任意の 2×2 直交行列 R を持ってきて $QDR\boldsymbol{Z} + \boldsymbol{\mu}$ でも正解。 ■

? 5.5 直交行列は、変換としては回転や裏返しだったはず。裏返しはどうなってしまったの？

もし裏返しになってしまった場合は、直交行列の第 1 列 $\boldsymbol{q}_1$ を $-\boldsymbol{q}_1$ にとりかえればただの回転になります。さらにそもそも、多次元正規分布については、対称性から裏返してもやはり多次元正規分布です（楕円を裏返しても楕円）。だから裏返しっぱなしでも支障はありません。

5.3.3 多次元正規分布の確率密度関数

前項で作った多次元正規分布の確率密度関数を求めておきましょう。このあと多次元正規分布の便利な性質を調べるために必要だからです。

まずは期待値が $\boldsymbol{o}$ の場合から見ていきます。$\boldsymbol{Z}$ を n 次元標準正規分布 $\mathrm{N}(\boldsymbol{o}, I)$ に従う確率変数とするとき、その確率密度関数が

$$f_{\boldsymbol{Z}}(\boldsymbol{z}) = \frac{1}{\sqrt{2\pi}^n} \exp\left(-\frac{1}{2}\|\boldsymbol{z}\|^2\right)$$

になることは前に述べました。もしこの式に威圧されるようなら $\exp(\cdots)$ の部分だけを注目して見るようにしてください。exp の前にあやしげな定数がついているのは、積分（グラフの体積）が 1 になるよう調節しているだけです。さて、$V = QD^2Q^T$ という共分散行列を持つ n 次元正規分布 $\mathrm{N}(\boldsymbol{o}, V)$ は、

$$\boldsymbol{Y} \equiv A\boldsymbol{Z} \qquad (A \equiv QD)$$

という変換によって得られるのでした。Q は直交行列、D は対角成分がすべて正の対角行列です。すると Q も D も正則なはずなので、かけ算 $A = QD$ も正則行列です。そんなふうに「正則行列 A をかける」という変数変換で確率密度関数がどう変わるか、我々はすでに知っています（→ 4.4.7 項 (p.148)「任意領域の確率・一様分布・変数変換」）：

$$f_{\boldsymbol{Y}}(\boldsymbol{y}) = \frac{1}{|\det A|} f_{\boldsymbol{Z}}(A^{-1}\boldsymbol{y}) = \frac{1}{|\det A|} \cdot \frac{1}{\sqrt{2\pi}^n} \exp\left(-\frac{1}{2}\|A^{-1}\boldsymbol{y}\|^2\right)$$

この右辺を整理して V の式で表したいのですが、それには行列計算の腕が必要です。まず

$$V = \mathrm{V}[A\boldsymbol{Z}] = A\,\mathrm{V}[\boldsymbol{Z}]A^T = AIA^T = AA^T \qquad \cdots\cdots \text{式 (5.2)}^{(\text{p.192})} \text{ より}$$

という関係に着目しましょう。すると

$$\det V = \det(AA^T) = (\det A)(\det A^T) = (\det A)^2$$

より $|\det A| = \sqrt{\det V}$ と表せます。また、

$$V^{-1} = (AA^T)^{-1} = (A^T)^{-1}A^{-1} = (A^{-1})^T A^{-1}$$

より

$$\|A^{-1}\boldsymbol{y}\|^2 = (A^{-1}\boldsymbol{y})^T(A^{-1}\boldsymbol{y}) = \boldsymbol{y}^T(A^{-1})^T A^{-1}\boldsymbol{y} = \boldsymbol{y}^T V^{-1}\boldsymbol{y}$$

と表せます。以上を使えば

$$f_{\boldsymbol{Y}}(\boldsymbol{y}) = \frac{1}{\sqrt{(2\pi)^n \det V}} \exp\left(-\frac{1}{2}\boldsymbol{y}^T V^{-1}\boldsymbol{y}\right)$$

これが期待値 $\boldsymbol{o}$ の n 次元正規分布 $\mathrm{N}(\boldsymbol{o}, V)$ の確率密度関数です。

期待値 $\boldsymbol{\mu}$ の n 次元正規分布は、$\tilde{\boldsymbol{Y}} \equiv \boldsymbol{Y} + \boldsymbol{\mu}$ のように $\boldsymbol{Y}$ を $\boldsymbol{\mu}$ だけずらせば得られるのでした。この変換は単なるシフトですから面積や体積の拡大縮小は生じません。よってそのまま

$$f_{\tilde{\boldsymbol{Y}}}(\tilde{\boldsymbol{y}}) = f_{\boldsymbol{Y}}(\tilde{\boldsymbol{y}} - \boldsymbol{\mu}) = \frac{1}{\sqrt{(2\pi)^n \det V}} \exp\left(-\frac{1}{2}(\tilde{\boldsymbol{y}} - \boldsymbol{\mu})^T V^{-1}(\tilde{\boldsymbol{y}} - \boldsymbol{\mu})\right)$$

これが n 次元正規分布 $\mathrm{N}(\boldsymbol{\mu}, V)$ の確率密度関数です。重要な式なので、文字を使い慣れた $\boldsymbol{x}$ に直して清書しておきます。n 次元正規分布 $\mathrm{N}(\boldsymbol{\mu}, V)$ の確率密度関数は次のとおり。

$$f(\boldsymbol{x}) = \frac{1}{\sqrt{(2\pi)^n \det V}} \exp\left(-\frac{1}{2}(\boldsymbol{x} - \boldsymbol{\mu})^T V^{-1}(\boldsymbol{x} - \boldsymbol{\mu})\right) \tag{5.3}$$

これは格好としては

$$f(\boldsymbol{x}) = \square \exp(\boldsymbol{x} \text{ の成分の 2 次式}) \qquad \square \text{は } \boldsymbol{x} \text{ を含まない定数} \tag{5.4}$$

です。逆に、もし確率密度関数が式 (5.4) の格好だったら、それだけでもう $\boldsymbol{X}$ の分布は正規分布だとわかります。この理屈は 1 次元のときの式 (4.7)(p.166) と同様です。

? 5.6 なぜ □ exp($\boldsymbol{x}$ の成分の 2 次式) なら多次元正規分布なの？

ベクトル $\boldsymbol{x}$ の成分の 2 次式 $g(\boldsymbol{x})$ が与えられたら、対称行列 H（とベクトル $\boldsymbol{b}$ と定数 c）をうまく作って $g(\boldsymbol{x}) = \boldsymbol{x}^T H\boldsymbol{x} + \boldsymbol{b}^T\boldsymbol{x} + c$ の形に表すことができます。すると、? 4.8(p.167) のような平方完成のベクトル版を考えれば、あとはあの 1 次元のときの理屈と同様です。その際、共分散行列にあたるところが脚注*15(p.200) の前提（固有値 > 0）を満たすことも自動的に保証されます。もし仮にそうなっていないとしたら、確率密度関数のグラフの体積が発散してしまうからです。このグラフの体積は必ず 1 のはずでした。

5.3.4 多次元正規分布の性質

確率密度関数の格好から、多次元正規分布はいろいろ都合のよい性質を持っていることがわかります。

- 期待値ベクトルと共分散行列を指定すれば分布が定まる
- 相関がないだけで独立だと断言できる
- 多次元正規分布を線形変換したらまた多次元正規分布になる

などです。順に見ていきましょう。

期待値ベクトルと共分散行列を指定すれば分布が定まる

これは式 (5.3) から明らかでしょう。相手が多次元正規分布だとわかっているなら、期待値ベクトルと共分散行列だけ計算して式 (5.3) に代入すれば確率密度関数が求まります。1 次元の正規分布について、4.6.2 項 (p.164)「一般の正規分布」でそんなショートカットをしてみせましたね。同じようなテクニックが多次元でも使えるというわけです。

相関がないだけで独立だと断言できる

一般の確率変数 X, Y に対しては、

- X, Y が独立なら $\mathrm{Cov}[X, Y] = 0$（つまり相関係数 $\rho_{XY} = 0$）。
- その逆は言えない。$\mathrm{Cov}[X, Y] = 0$（つまり $\rho_{XY} = 0$）だからといって、X, Y が独立だとは限らない。

ということに注意が必要でした。しかし、$\boldsymbol{X} \equiv (X, Y)^T$ が 2 次元正規分布の場合は、$\mathrm{Cov}[X, Y] = 0$ ならただちに X と Y が独立だと断言できます。

理由は次のとおり。$\mathrm{Cov}[X, Y] = 0$ なら、共分散行列 $V \equiv \mathrm{V}[\boldsymbol{X}]$ は

$$V = \begin{pmatrix} \mathrm{V}[X] & \mathrm{Cov}[X, Y] \\ \mathrm{Cov}[X, Y] & \mathrm{V}[Y] \end{pmatrix} = \begin{pmatrix} \sigma^2 & 0 \\ 0 & \tau^2 \end{pmatrix}, \qquad \text{ただし } \sigma^2 \equiv \mathrm{V}[X], \quad \tau^2 \equiv \mathrm{V}[Y]$$

のように対角行列となり、その逆行列

$$V^{-1} = \begin{pmatrix} 1/\sigma^2 & 0 \\ 0 & 1/\tau^2 \end{pmatrix}$$

も対角です[*16]。すると、確率密度関数は

---

*16 τ はギリシャ文字「タウ」です。σ の次の文字なので相棒として使いました。他にも、時刻や時間を表したい（けど t は避けたい）ときに τ という文字がよく使われます。

$$
\begin{aligned}
f_{\boldsymbol{X}}(\boldsymbol{x}) &= \square \exp\Bigl(-\square\ (\boldsymbol{x}-\boldsymbol{\mu})^T V^{-1}(\boldsymbol{x}-\boldsymbol{\mu})\Bigr) = \square \exp\Bigl(-\square\frac{(x-\mu)^2}{\sigma^2} - \square\frac{(y-\nu)^2}{\tau^2}\Bigr) \\
&= \square \exp\Bigl(-\square\frac{(x-\mu)^2}{\sigma^2}\Bigr)\exp\Bigl(-\square\frac{(y-\nu)^2}{\tau^2}\Bigr) \\
&\quad \text{ただし } \boldsymbol{x} = \begin{pmatrix} x \\ y \end{pmatrix}, \quad \boldsymbol{\mu} = \mathrm{E}[\boldsymbol{X}] = \begin{pmatrix} \mu \\ \nu \end{pmatrix} \quad \text{（興味のない定数はすべて□と略した）}
\end{aligned}
$$

の形で、「x のみの式」と「y のみの式」とのかけ算に分解されます（→ 付録 A.5(p.326)「指数と対数」）。これは X と Y が独立なことを意味するのでした（→ 4.4.6 項 (p.146)「独立性」）。

もっと次元が増えても同様です。$\boldsymbol{X} \equiv (X_1, \ldots, X_n)^T$ が n 次元正規分布の場合、$\mathrm{Cov}[X_i, X_j]$（ただし $i \neq j$）がもしすべて 0 だったら、ただちに $X_1, \ldots, X_n$ が独立だと断言できます。つまり、$\mathrm{V}[\boldsymbol{X}]$ が対角行列なら $X_1, \ldots, X_n$ が独立だというわけです。

多次元正規分布を線形変換したらまた多次元正規分布になる

$\boldsymbol{X} \sim \mathrm{N}(\boldsymbol{\mu}, V)$ に対し、ゆらがない正則行列 A を持ってきて $\boldsymbol{Y} = A\boldsymbol{X}$ と変数変換したら、$\boldsymbol{Y}$ はまた多次元正規分布 $\mathrm{N}(\boldsymbol{\nu}, W)$ になります。変換後の期待値ベクトル $\boldsymbol{\nu}$ と共分散行列 W は

$$
\begin{aligned}
\boldsymbol{\nu} &\equiv \mathrm{E}[\boldsymbol{Y}] = A\,\mathrm{E}[\boldsymbol{X}] = A\boldsymbol{\mu} \\
W &\equiv \mathrm{V}[\boldsymbol{Y}] = A\,\mathrm{V}[\boldsymbol{X}]A^T = AVA^T
\end{aligned}
$$

です。

期待値ベクトルと共分散行列がこうなることは、正規分布に限らず一般に式 (5.1)(p.188) と式 (5.2)(p.192) で示しました。だからあとは本当に多次元正規分布になるかだけ確かめましょう。$\boldsymbol{Y}$ の確率密度関数は

$$
\begin{aligned}
f_{\boldsymbol{Y}}(\boldsymbol{y}) &= \frac{1}{|\det A|} f_{\boldsymbol{X}}(A^{-1}\boldsymbol{y}) \\
&= \square \exp\left(-\frac{1}{2}(A^{-1}\boldsymbol{y}-\boldsymbol{\mu})^T V^{-1}(A^{-1}\boldsymbol{y}-\boldsymbol{\mu})\right) = \square \exp\left(\boldsymbol{y} \text{ の成分の 2 次式}\right)
\end{aligned}
$$

の格好なので、多次元正規分布だとわかります（□は興味のない定数）。

特に、多次元標準正規分布に従う $\boldsymbol{Z}$ に対して、$A\boldsymbol{Z}$ は多次元正規分布 $\mathrm{N}(\boldsymbol{o}, AA^T)$ に従います。5.3.2 項 (p.196)「一般の多次元正規分布」では伸縮や回転といった手順に分けて説明していましたが、実際は「何か正則行列をかける」と単純に言ってしまってもよかったということです。

5.3.5　切口と影

多次元正規分布には、都合のいい性質がまだあります。

- 多次元正規分布の条件つき分布は多次元正規分布
- 多次元正規分布の周辺分布は多次元正規分布

順に見ていきましょう。

切口（条件つき分布）

まず条件つき分布について。いま、$\boldsymbol{X} \equiv (X_1, X_2, \ldots, X_n)^T$ が n 次元正規分布 $\mathrm{N}(\boldsymbol{o}, V)$ に従うとします。このとき、$X_1 = c$（c は定数）という条件のもとで、のこりの $\tilde{\boldsymbol{X}} \equiv (X_2, \ldots, X_n)^T$ の条件つ

き分布はやはり $(n-1)$ 次元正規分布になります。実際にすぐ計算してみせますが、例によって興味のないところは□と省略することにしましょう（以後、中身が別物でも同じ記号□を使い回します）。また、V^{-1} の (i,j) 成分を r_{ij} とおきます。すると、$\tilde{\boldsymbol{X}}$ の条件つき確率密度関数は

$$
\begin{aligned}
&f_{\tilde{\boldsymbol{X}}|X_1}(x_2,\ldots,x_n|c)\\
&= \square \exp\left(-\frac{1}{2}(c,x_2,\ldots,x_n)\begin{pmatrix} r_{11} & r_{12} & \cdots & r_{1n}\\ r_{21} & r_{22} & \cdots & r_{2n}\\ \vdots & \vdots & & \vdots\\ r_{n1} & r_{n2} & \cdots & r_{nn}\end{pmatrix}\begin{pmatrix} c\\ x_2\\ \vdots\\ x_n\end{pmatrix}\right)\\
&= \square \exp\left(x_2,\ldots,x_n \text{ の 2 次式}\right)
\end{aligned}
$$

という $(n-1)$ 次元正規分布の格好です。いまのは $\boldsymbol{X}$ の期待値ベクトルが $\boldsymbol{o}$ の例でしたが、一般の場合も同様です。

同じ理屈をくり返し適用することにより、たとえば X_1 と X_2 と X_4 の値を指定したとき、残りの $(X_3,X_5,X_6,\ldots,X_n)^T$ の条件つき分布も多次元正規分布だとわかります。

多次元正規分布になることがわかってしまえば、あとはどんな多次元正規分布になるかというだけ。図形的には図 5.16 のように、$n=3$ 次元の場合について、楕円体の**切口**は楕円だということをイメージするとよいでしょう。ここで言う楕円体は、確率密度関数の等位面に対応します。

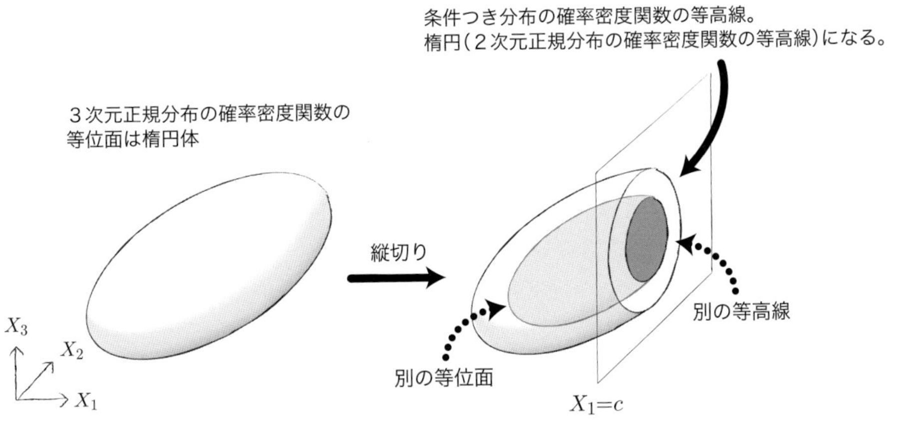

▶図 5.16 楕円体の切口は楕円（$n=3$ 次元の例）

$n = 2$ 次元の場合は図 5.17 のとおりです。切口を定数倍して面積が 1 になるようにすれば、条件つき分布の確率密度関数が得られるのでした（4.4.4 項 (p.142)）。実はこれがまた正規分布になります。

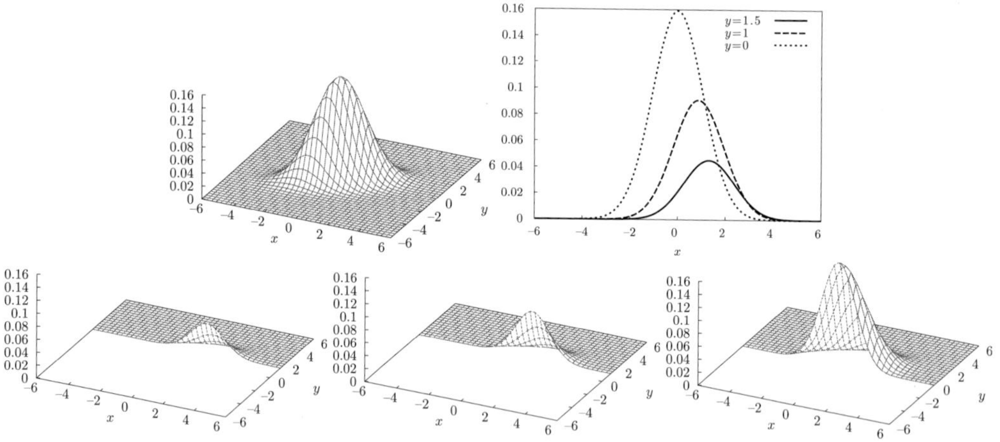

▶ 図 5.17　2 次元正規分布の確率密度関数 $f_{X,Y}(x,y)$ の切口（図 5.17(p.206) の再掲）

条件つき分布の期待値ベクトルや共分散行列を具体的に計算することも、がんばればできます。結果を一般的に書くと次のとおりです。太字はベクトル、かなは行列を表すことにして、

$$\begin{pmatrix} \boldsymbol{X} \\ \boldsymbol{Y} \end{pmatrix} \sim \mathrm{N}\left(\begin{pmatrix} \boldsymbol{\mu} \\ \boldsymbol{\nu} \end{pmatrix}, \begin{pmatrix} あ & い \\ い^T & え \end{pmatrix} \right)$$

に対し、$\boldsymbol{X} = \boldsymbol{c}$ が与えられたときの $\boldsymbol{Y}$ の条件つき分布は $\mathrm{N}(\tilde{\boldsymbol{\nu}}, \tilde{W})$ となります。ここに、

$$\tilde{\boldsymbol{\nu}} \equiv \boldsymbol{\nu} + い^T あ^{-1} (\boldsymbol{c} - \boldsymbol{\mu})$$
$$\tilde{W} \equiv え - い^T あ^{-1} い$$

とおきました。統計・制御・信号処理・パターン認識などではこんな計算がしばしば必要になります。

例題 5.14

$(X, Y)^T$ が 2 次元正規分布

$$\mathrm{N}\left(\begin{pmatrix} \mu \\ \nu \end{pmatrix}, \begin{pmatrix} a & b \\ b & d \end{pmatrix} \right)$$

に従うとする。$X = c$ が与えられたときの Y の条件つき分布を答えよ。

答

上の結果にあてはめると

$$\mathrm{N}\left(\nu + \frac{b}{a}(c - \mu),\ d - \frac{b^2}{a} \right)$$

（別解）$f_{Y|X}(y|c)$ を計算してこの正規分布になることを示してもよい。定義どおり計算するには付録 A.5.2(p.328) のガウス積分を、近道するには ? 4.8(p.167) を参照。 ■

影（周辺分布）

次は周辺分布について。周辺分布の確率密度関数は積分で計算されるのでした（4.4.3 項 (p.139)）。その積分をぐっとにらむと、実は周辺分布も多次元正規分布であることが見えてきます。

多次元正規分布になることがわかってしまえば、あとはどんな多次元正規分布になるかだけ。それはつまり、期待値ベクトルと共分散行列がどうなるかということでした（→ 5.3.4 項 (p.203)「多次元正規分布の性質」）。これは簡単です。たとえば $\boldsymbol{X} = (X_1, X_2, X_3, X_4)^T$ に対して $\tilde{\boldsymbol{X}} \equiv (X_2, X_3, X_4)^T$ とおくと、

$$
\mathrm{E}[\boldsymbol{X}] = \begin{pmatrix} \mathrm{E}[X_1] \\ \hline \mathrm{E}[X_2] \\ \mathrm{E}[X_3] \\ \mathrm{E}[X_4] \end{pmatrix} = \begin{pmatrix} * \\ \hline \\ \mathrm{E}[\tilde{\boldsymbol{X}}] \\ \\ \end{pmatrix}
$$

$$
\mathrm{V}[\boldsymbol{X}] = \left(\begin{array}{c|ccc} \mathrm{V}[X_1] & \mathrm{Cov}[X_1, X_2] & \mathrm{Cov}[X_1, X_3] & \mathrm{Cov}[X_1, X_4] \\ \hline \mathrm{Cov}[X_2, X_1] & \mathrm{V}[X_2] & \mathrm{Cov}[X_2, X_3] & \mathrm{Cov}[X_2, X_4] \\ \mathrm{Cov}[X_3, X_1] & \mathrm{Cov}[X_3, X_2] & \mathrm{V}[X_3] & \mathrm{Cov}[X_3, X_4] \\ \mathrm{Cov}[X_4, X_1] & \mathrm{Cov}[X_4, X_2] & \mathrm{Cov}[X_4, X_3] & \mathrm{V}[X_4] \end{array}\right) = \left(\begin{array}{c|ccc} * & * & * & * \\ \hline * & & & \\ * & & \mathrm{V}[\tilde{\boldsymbol{X}}] & \\ * & & & \end{array}\right)
$$

のように、$\mathrm{E}[\boldsymbol{X}]$, $\mathrm{V}[\boldsymbol{X}]$ から対応する範囲をただ取り出したものが $\mathrm{E}[\tilde{\boldsymbol{X}}]$, $\mathrm{V}[\tilde{\boldsymbol{X}}]$ です。

図形的には図 5.18 のように、楕円体の**影**は楕円だということをイメージするとよいでしょう。ここで言う楕円体や楕円は、前に述べた目安の図形に対応します。

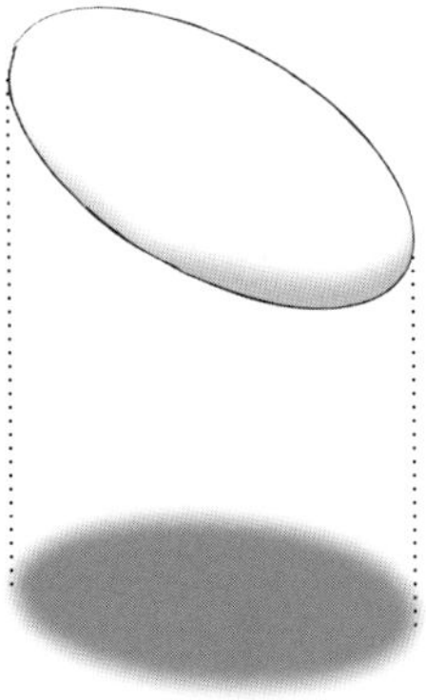

▶図 5.18　楕円体の影は楕円

同じ理屈をくり返し適用すれば、$(X_1, \ldots, X_n)^T \sim \mathrm{N}(\boldsymbol{\mu}, V)$ に対して、たとえば $(X_3, X_4, X_8)^T$ だけ抜き出してもやはり多次元正規分布になるとわかります。特に、多次元正規分布の各成分 $X_1, \ldots, X_n$ は、それぞれが（1 次元の）正規分布に従います。後者は作り方からも当然ですが（∵独立な正規分布の足し算は正規分布→ 4.6.2 項 (p.164)「一般の正規分布」）。

切口と影に関する注意

「楕円体の切口も影も楕円になる」というイメージで、多次元正規分布の条件つき分布や周辺分布を直感的にとらえることができました。ここで少し注意を述べておかないといけません。それは、主軸にそった切口、座標軸にそった切口、座標軸にそった影、がそれぞれ違う形の楕円になるということです。これにからむ、勘違いしやすい事柄がいくつかあります。

ひとつめは、切口が主軸からずれる現象です。$\boldsymbol{X} \equiv (X, Y)^T$ が 2 次元正規分布だったとして、X の値を見て Y の値を当てたいとしましょう。図 5.19 を見てください。$X = c$ という値を見たとき、Y の条件つき分布は、ある正規分布 $\mathrm{N}(\nu, \tau^2)$ になります。するとその確率密度が一番高いところは $Y = \nu$。あるいは、条件つき期待値を答えるとしてもやはり $\mathrm{E}[Y|X = c] = \nu$。どちらにせよ ν という予想値を答えるのが一番自然です。ここで注意すべきは、いまの ν が主軸からずれていること。そのせいで、X を見て Y を当てるのか、それとも Y を見て X を当てるのかによって、同図のとおり食い違いが生じます。3 次元の場合も図 5.20 のとおり、切口の中心と主軸とは一致しません。

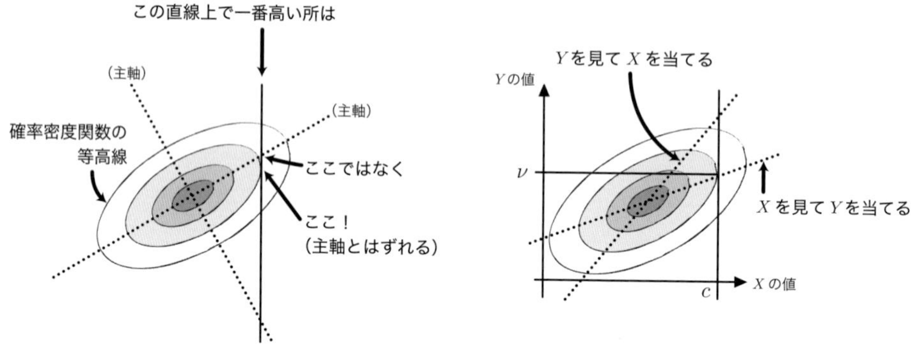

▶図 5.19　縦切りの切口は、主軸からずれる（2 次元の例）

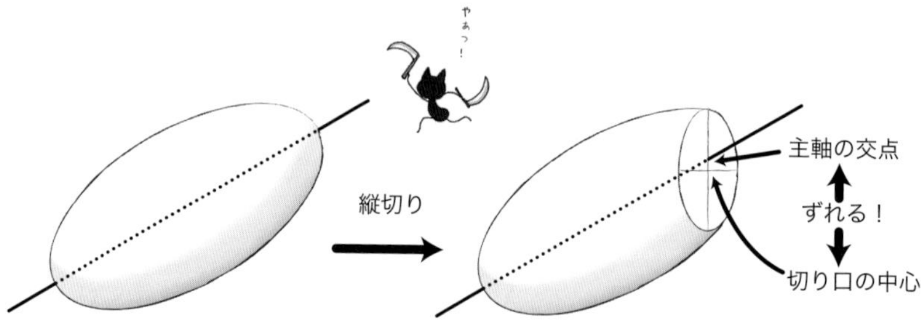

▶図 5.20　縦切りの切口は、主軸からずれる（3 次元の例）

ふたつめは、切口と影の違いです。図 5.21 のような分布では X と Y には相関があります（影はななめ）。しかしこの例の場合、もし $Z = c$ という条件をつけたら、条件つき分布では X と Y には相関がありません（切口はまっすぐ）。データを解析する際には、これらを混同しないよう注意が必要です。

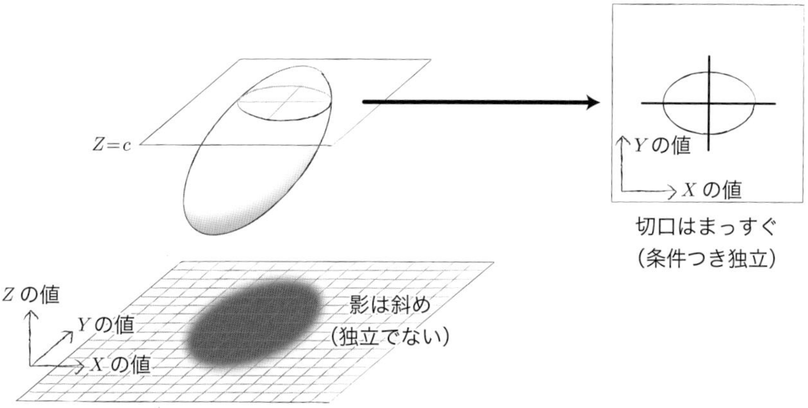

▶図 5.21　切口と影は違う

以上のような話は、実は多次元正規分布に限ったことではありません。たとえば 5.1.4 項 (p.183)「共分散や相関係数では測れないこと」で述べたカレー問題も、切口と影の話だと解釈できます（カレーの売上げが X、忘れものの件数が Y、登校人数が Z)。でも楕円の形として話すほうがぴんと来やすいでしょうから、本書ではここで紹介しました。

ついでに、楕円の主軸という概念自体のあやうさもこの機会に指摘しておきます。図 5.22 からわかるとおり、座標軸を伸縮した場合、それに合わせて元の主軸を伸縮した結果はもはや主軸ではなくなります。そもそも主軸どうしは直交するはずだったのに、こんなふうに引きのばしたら直交が崩れてしまいます。だから主軸でいられるわけはありません。この図は後の 8.1.2 項 (p.278)「主成分分析」でもう一度登場します（図 8.11(p.283))。

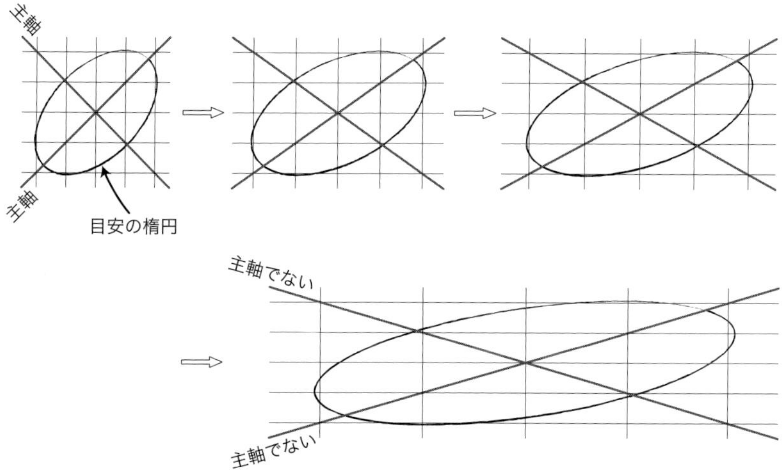

▶図 5.22　座標軸を伸縮すると主軸がずれる

? 5.7　正規分布に従う確率変数 X_1, X_2 を並べたベクトル $(X_1, X_2)^T$ はいつも 2 次元正規分布に従いますよね？

いいえ。たとえばこんな反例が作れます。

2 次元標準正規分布に従う確率変数 $\boldsymbol{Z} \equiv (Z_1, Z_2)^T$、および、$\boldsymbol{Z}$ と独立に $+1$ か -1 かをそれぞれ確率 $1/2$ でとる確率変数 S を用意して、

$$X_1 \equiv S|Z_1|, \quad X_2 \equiv S|Z_2|$$

と置いてみましょう。X_1, X_2 の同時分布は図 5.23 のようになります。

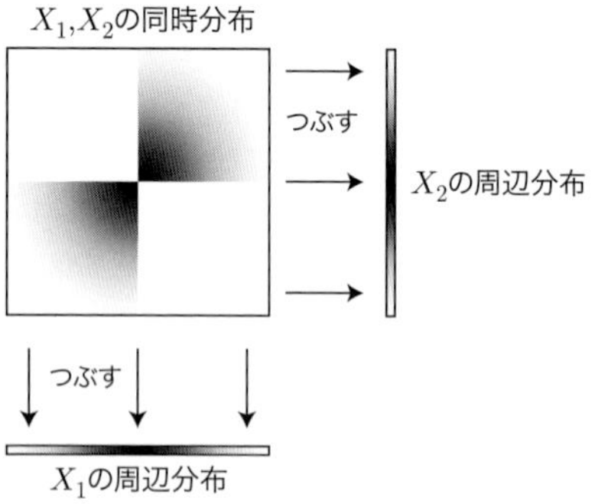

▶図 5.23　X_1 も X_2 もそれぞれ正規分布。しかし同時分布は 2 次元正規分布ではない

正規分布の左右対称性から、X_1 も X_2 も正規分布です。でもベクトル $\boldsymbol{X} = (X_1, X_2)^T$ は 2 次元正規分布ではありません。($\boldsymbol{X}$ の値は第一象限と第三象限に限定されています。2 次元正規分布ならそんなはずはありません)

要するに、周辺分布だけ指定しても同時分布は定まらないということです。

? 5.8　(前の ? から続く) じゃあ X_1 と X_2 が独立だったらどうですか？

その場合は $(X_1, X_2)^T$ も 2 次元正規分布に従うと保証されます。実際、$X \equiv X_1 \sim \mathrm{N}(\mu, \sigma^2)$ と $Y \equiv X_2 \sim \mathrm{N}(\nu, \tau^2)$ とが互いに独立なら、同時分布の確率密度関数は

$$\begin{aligned}
f_{X,Y}(x,y) = f_X(x) f_Y(y) &= \frac{1}{\sqrt{2\pi\sigma^2}} \exp\left(-\frac{(x-\mu)^2}{2\sigma^2}\right) \cdot \frac{1}{\sqrt{2\pi\tau^2}} \exp\left(-\frac{(y-\nu)^2}{2\tau^2}\right) \\
&= \frac{1}{2\pi\sqrt{\sigma^2\tau^2}} \exp\left(-\frac{1}{2}\left(\frac{(x-\mu)^2}{\sigma^2} + \frac{(y-\nu)^2}{\tau^2}\right)\right) \\
&= \frac{1}{2\pi\sqrt{\sigma^2\tau^2}} \exp\left(-\frac{1}{2}(x-\mu, y-\nu)\begin{pmatrix} 1/\sigma^2 & 0 \\ 0 & 1/\tau^2 \end{pmatrix}\begin{pmatrix} x-\mu \\ y-\nu \end{pmatrix}\right)
\end{aligned}$$

これは期待値ベクトル $(\mu, \nu)^T$、共分散行列 $\mathrm{diag}(\sigma^2, \tau^2)$ の 2 次元正規分布の確率密度関数に一致します。

あるいは、別解として次のように考えても結構です：$\tilde{X} \equiv (X-\mu)/\sigma$ および $\tilde{Y} \equiv (Y-\nu)/\tau$ とおけば、$\tilde{X}$ も $\tilde{Y}$ も $\mathrm{N}(0,1)$ に従う独立な確率変数となる。したがって、$\tilde{\boldsymbol{W}} \equiv (\tilde{X}, \tilde{Y})^T$ は定義により 2 次元標準正規分布に従う。そして、$\boldsymbol{W} \equiv (X, Y)^T = \mathrm{diag}(\sigma, \tau)\tilde{\boldsymbol{W}} + (\mu, \nu)^T$ と書けることから、$\boldsymbol{W} \sim N\big((\mu, \nu)^T, \mathrm{diag}(\sigma^2, \tau^2)\big)$ がわかる。

5.3.6 おまけ：カイ自乗分布

多次元正規分布の話のおまけとして、そこから派生する分布のことを最後に少し紹介します。

多次元標準正規分布に従う $\boldsymbol{Z}$ では、原点周辺が出やすくて、原点から離れるにしたがって出にくいと図 5.12(p.195) で述べました。だからといって、長さ $\|\boldsymbol{Z}\|$ の分布が図 5.24 みたいになると早合点してはいけません。

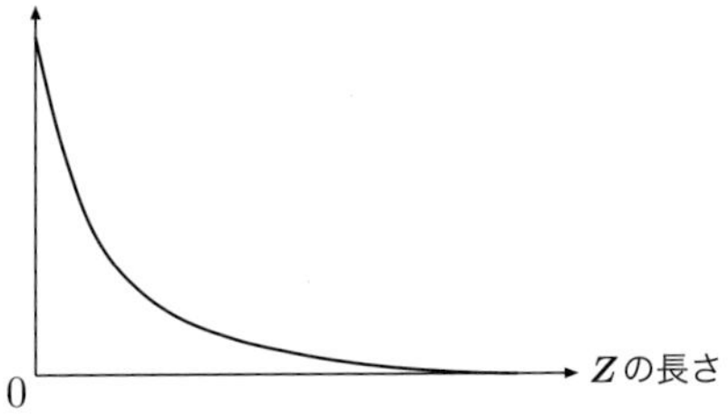

▶図 5.24　$\boldsymbol{Z} \sim \mathrm{N}(\boldsymbol{o}, I)$ の長さ $\|\boldsymbol{Z}\|$ の確率密度関数はこんな感じだろうか？

長さが u から $u+\epsilon$ までの値となる確率は、

$$\mathrm{P}(u \le \|\boldsymbol{Z}\| \le u+\epsilon) = \int_{u \le \|\boldsymbol{z}\| \le u+\epsilon} f_{\boldsymbol{Z}}(\boldsymbol{z})\, d\boldsymbol{z}$$

で求められるのでした*17。u が大きいほど個々の $f_{\boldsymbol{Z}}(\boldsymbol{z})$ は確かに小さくなります。しかし、「$u \le \|\boldsymbol{z}\| \le u+\epsilon$」という条件に相当する領域は、図 5.25 のように u が大きいほど広い。このため、$\|\boldsymbol{Z}\|$ の確率密度関数は実際には図 5.26 のようになります。

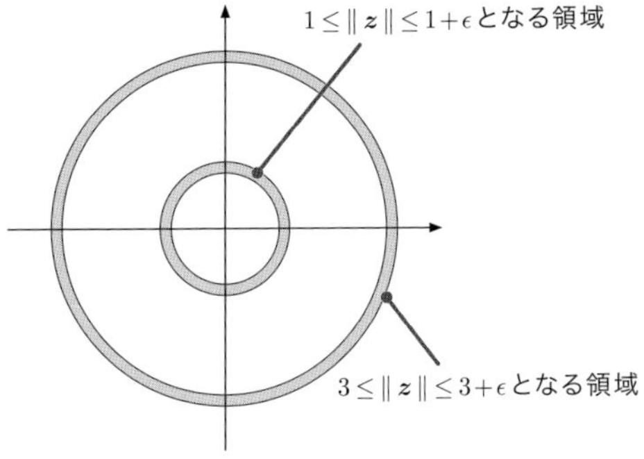

▶図 5.25　$u \le \|\boldsymbol{z}\| \le u+\epsilon$ となる領域は、u が大きいほど広い

---

*17 5.2.4 項 (p.190)「ベクトル値の確率変数についてもう少し」で述べた記法の変種です。積分の範囲を、集合のかわりにこんなふうに条件で指定する書き方もよく見られます。また、ギリシャ文字 ϵ（イプシロン）は、「微小な値」というニュアンスでよく使われます。

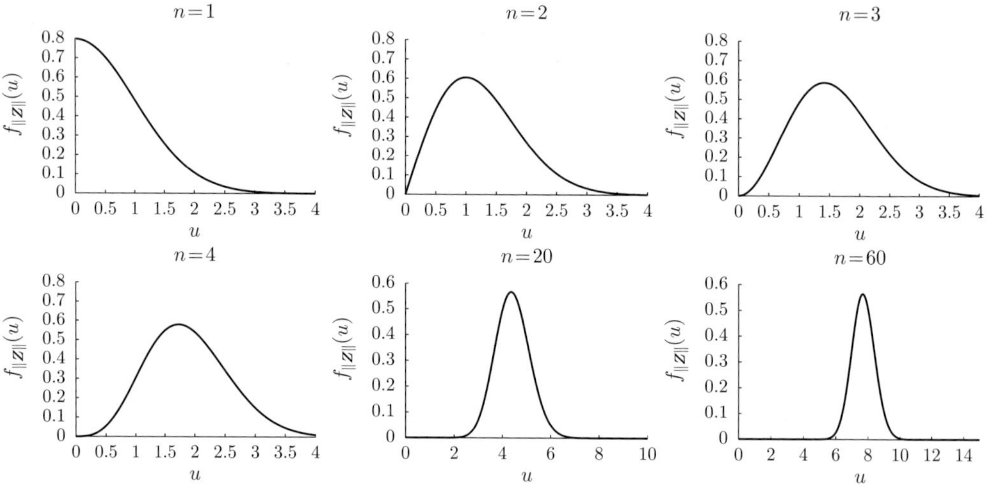

▶図 5.26　n 次元標準正規分布 $\boldsymbol{Z} \sim \mathrm{N}(\boldsymbol{o}, I)$ の長さ $\|\boldsymbol{Z}\|$ の確率密度関数

なお、ベクトルの長さそのものよりも長さの 2 乗のほうが一般に扱いやすいことは、これまでの経験からも感じていただけるでしょう。n 次元標準正規分布の「長さの 2 乗」の確率密度関数は、図 5.27 のとおりです。この分布には、**自由度** n の**カイ自乗分布**という名前がついています（**カイ 2 乗分布**や $\boldsymbol{\chi^2}$ **分布**のように書く人もいます。χ はエックスではなくてギリシャ文字のカイです）。統計解析でのカイ自乗分布の活躍ぶりについては参考文献 [31] などを参照。

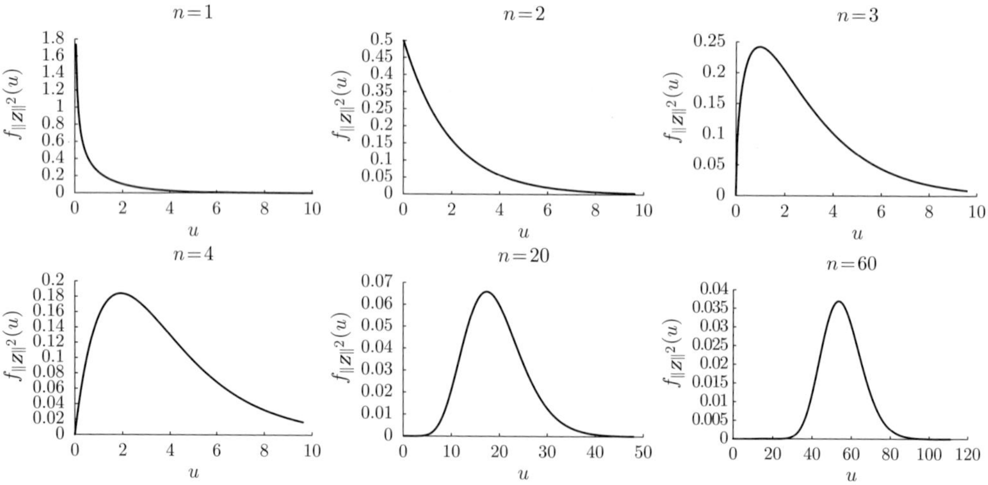

▶図 5.27　n 次元標準正規分布 $\boldsymbol{Z} \sim \mathrm{N}(\boldsymbol{o}, I)$ の長さの 2 乗 $\|\boldsymbol{Z}\|^2$ の確率密度関数（カイ自乗分布）

自由度 n のカイ自乗分布の確率密度関数は、具体的には次のとおり。

$$f(x) = \begin{cases} \frac{1}{2\Gamma(n/2)} \left(\frac{x}{2}\right)^{n/2-1} \exp\left(-\frac{x}{2}\right) & (x \geq 0) \\ 0 & (x < 0) \end{cases}$$

Γ は **Γ 関数**です[*18]。

特に、$n = 2$ のときは $f(x) = (1/2)\exp(-x/2)$ というただの指数関数の格好ですから、それを積分した累積分布関数も具体的に書き下すことが可能です。この事実は、正規分布に従う擬似乱数を生成するために後ほど 7.2.3 項(p.263) で使われます。

例題 5.15

$\boldsymbol{X} = (X, Y)^T \sim \mathrm{N}(\boldsymbol{o}, I)$ に対して $U \equiv X^2 + Y^2$ とおき、ベクトル $\boldsymbol{X}$ の偏角（x 軸となす角）を S とおく。つまり、

$$X = \sqrt{U}\cos S, \quad Y = \sqrt{U}\sin S, \qquad (U \geq 0,\ 0 \leq S < 2\pi)$$

のように変数変換する。このとき (U, S) の同時分布の確率密度関数を求めよ。

答

変換 $x \equiv \sqrt{u}\cos s$, $y \equiv \sqrt{u}\sin s$ のヤコビアンは、

$$\frac{\partial(x,y)}{\partial(u,s)} = \det\begin{pmatrix} \frac{\partial x}{\partial u} & \frac{\partial x}{\partial s} \\ \frac{\partial y}{\partial u} & \frac{\partial y}{\partial s} \end{pmatrix} = \det\begin{pmatrix} \frac{1}{2\sqrt{u}}\cos s & -\sqrt{u}\sin s \\ \frac{1}{2\sqrt{u}}\sin s & \sqrt{u}\cos s \end{pmatrix}$$

$$= \left(\frac{1}{2\sqrt{u}}\cos s\right)(\sqrt{u}\cos s) - \left(\frac{1}{2\sqrt{u}}\sin s\right)(-\sqrt{u}\sin s) = \frac{1}{2}(\cos^2 s + \sin^2 s) = \frac{1}{2}$$

よって、

$$f_{U,S}(u,s) = f_{X,Y}(x,y)\left|\frac{\partial(x,y)}{\partial(u,s)}\right| = \frac{1}{2\pi}\exp\left(-\frac{x^2+y^2}{2}\right)\cdot\frac{1}{2} = \frac{1}{4\pi}\exp\left(-\frac{u}{2}\right)$$

最後の等式には $x^2 + y^2 = u\cos^2 s + u\sin^2 s = u$ を使った。ただし上式は $u \geq 0$ かつ $0 \leq s < 2\pi$ の範囲の話。それ以外では $f_{U,S}(u,s) = 0$。

ちなみに、この結果から次のことが言える。

- U と S は独立
- S は一様分布
- U の確率密度関数は

$$f_U(u) = \int_0^{2\pi} f_{U,S}(u,s)\,ds = \frac{1}{2}\exp\left(-\frac{u}{2}\right), \qquad (u \geq 0)$$

（つまり、自由度 2 のカイ自乗分布の確率密度関数は、確かに指数関数の格好） ■

[*18] 具体的な値は、$\Gamma(1) = 1$、$\Gamma(1/2) = \sqrt{\pi}$、および法則 $\Gamma(x+1) = x\Gamma(x)$ により計算してください。たとえば $\Gamma(6) = 5\cdot4\cdot3\cdot2\cdot1 = 120$、$\Gamma(\frac{9}{2}) = \frac{7}{2}\cdot\frac{5}{2}\cdot\frac{3}{2}\cdot\frac{1}{2}\cdot\sqrt{\pi} = \frac{105}{16}\sqrt{\pi}$。

5.4 共分散行列を見たら楕円と思え

前の 5.3 節 (p.194) では、多次元正規分布が楕円状であることや、その楕円が共分散行列と対応していることを鑑賞しました。この経験をふまえた上で、本節では、一般の分布における共分散行列をふたたび考察します。一般の分布は、多次元正規分布のように楕円状だとは限りません。それでもあえて目安として楕円を描くことは何かと便利です。

そこで、多次元正規分布のときに描いていたあの「目安の楕円」を本節でも流用します。つまり、ベクトル値の確率変数 $\boldsymbol{X}$ に対して

1. $\boldsymbol{\mu} \equiv \mathrm{E}[\boldsymbol{X}]$ と $V \equiv \mathrm{V}[\boldsymbol{X}]$ を求める
2. それと同じ期待値と共分散行列を持つ多次元正規分布 $\mathrm{N}(\boldsymbol{\mu}, V)$ を考える
3. $\mathrm{N}(\boldsymbol{\mu}, V)$ に対する「目安の楕円」を描く

という手順をとり、これをもって $\boldsymbol{X}$ の「目安の楕円」とみなします。本当は楕円状ではない分布に対して、「仮に楕円に換算したらこんなですよ」を求めると解釈すればよいでしょう。

本質的な話はいまの説明でもう言いつくしました。でもせっかくなので、本節では、少し言い方を変えて「目安の楕円」を説明し直そうと思います。いろいろな言い方を聞けば理解も深まりますから、おつきあいください。共分散行列の成分を見ていただけでは把握しづらい幾何学的性質が楕円からひとめで見えたりして、なかなか痛快なはずです。

では改めて、ベクトル値確率変数 $\boldsymbol{X} \equiv (X_1, \ldots, X_n)^T$ の共分散行列 $\mathrm{V}[\boldsymbol{X}]$ について考えていきましょう。

5.4.1 (ケース 1)単位行列の場合 —— 円

まずは一番単純なケースとして、共分散行列 $\mathrm{V}[\boldsymbol{X}]$ が単位行列 I だったときを調べます。このときの著しい特徴は、

どんな方向でも、その方向の分散は 1

という事実です。実際、5.2.6 項 (p.192)「任意方向のばらつき具合」でやったように、長さ 1 の任意のベクトル $\boldsymbol{u}$ に対してその方向の分散を求めると、

$$\mathrm{V}[\boldsymbol{u}^T \boldsymbol{X}] = \boldsymbol{u}^T \mathrm{V}[\boldsymbol{X}]\boldsymbol{u} = \boldsymbol{u}^T I \boldsymbol{u} = \boldsymbol{u}^T \boldsymbol{u} = \boldsymbol{u} \cdot \boldsymbol{u} = \|\boldsymbol{u}\|^2 = 1$$

になります。分散(と標準偏差)の意味を思い出して言い直せば、

どんな方向でも、その方向の典型的なふれ幅は $\sqrt{1}$

ということ(→ 3.4 節 (p.89)「分散と標準偏差」)。こんなふうに、典型的なふれ幅という観点からは、どの方向も全く同じだというわけです。

そこで本書では、この状況を図 5.28 のように半径 1 の円で表現することにします。円の中心は期待値 $\mathrm{E}[\boldsymbol{X}]$ です。ただし誤解しがちな点が二つあるので注意しておきます。

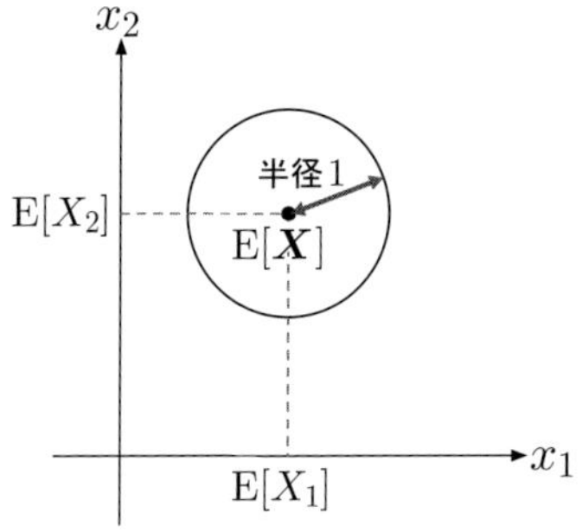

▶図 5.28　$\mathrm{V}[\boldsymbol{X}] = I$ の状況を円で表現

一つは、この中にほぼおさまるといった範囲をいまの円が表すわけではない点です。各方向の典型的なふれ幅なのですから、それよりふれ幅が大きいことも小さいこともあって当然。これは前にも注意しました。

もう一つは、$\boldsymbol{X}$ の確率密度関数の等高線が円になることを保証するわけではない点です。ここは多次元正規分布と大きく違うところ。図 5.29 に例を示しました。「えっ」と思った読者は次の事実を思い出してください。――分散という量はあくまで、分布の形状の一側面を測ったものにすぎません。たとえ分散が 1、つまり典型的なふれ幅が $\sqrt{1}$ だったとしても、図 5.30 のとおり分布にはいろいろな格好があり得ます。

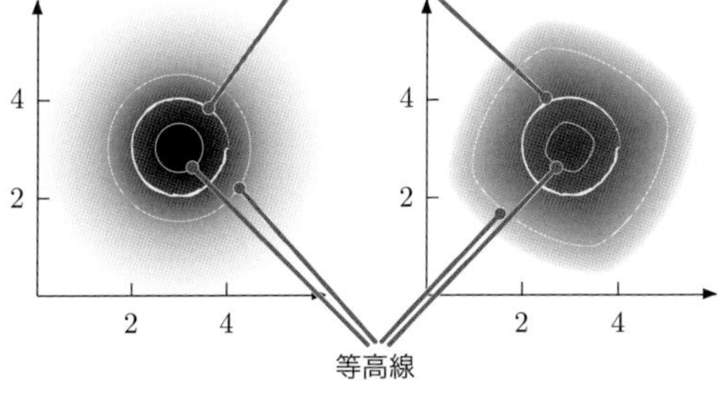

▶図 5.29 どちらも共分散行列は I。だからといって確率密度関数の等高線が円になるとは限らない。左は多次元正規分布の例、右は一般の分布の例

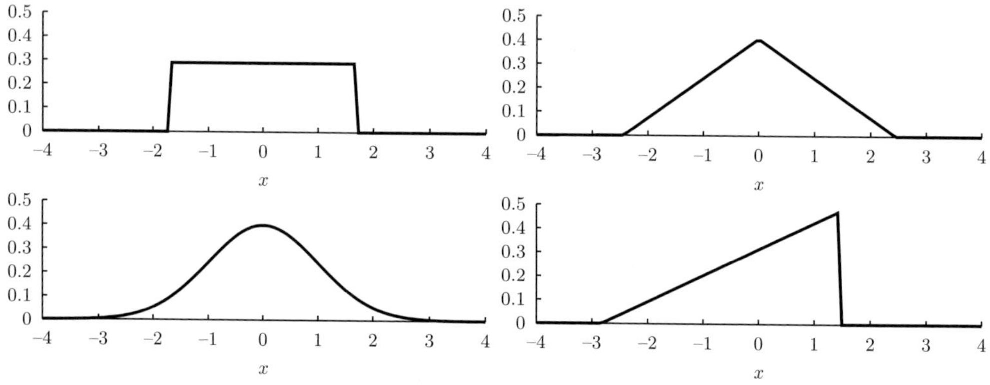

▶図 5.30 分散が 1 の確率密度関数の例。分散が同じでも形はいろいろ

以上の二点があるので解釈には注意が必要ですが、それでもおおまかな目安としてこの円は便利です。各方向の典型的なふれ幅がどうこうという意味もさることながら、とにかく図形としてイメージできるうれしさが大きい。共分散行列が単位行列だと言われたらこの円をイメージするようになってください。

なお、円と言っているのは $n = 2$ 次元を想定しているからです。$n = 3$ 次元ならもちろん球、$n = 4$ 次元以上のときは対応した次元の超球と読みかえてください。

5.4.2 （ケース 2）対角行列の場合 —— 楕円

段階的に進むことにして、次は共分散行列が対角行列だった場合です[*19]。式で書けば

$$\mathrm{V}[\boldsymbol{X}] = \mathrm{diag}(v_1, v_2, \ldots, v_n) = \begin{pmatrix} v_1 & & & \\ & v_2 & & \\ & & \ddots & \\ & & & v_n \end{pmatrix} \qquad \text{（空欄はすべてゼロ）}$$

こんな場合はどう思えばいいでしょうか？ ヒントは、さきほどの単位行列の結論を活用することです。

- 共分散行列が単位行列になるように $\boldsymbol{X}$ をなんとか変換する
- 変換後の空間に円（あるいは球や超球）を描く
- 変換を戻してどんな図形になるか見る

という方針で行きましょう。図 5.31 はその様子を示したものです（いまから順に説明します）。

$$\begin{array}{ccccccc} \boldsymbol{X} & \longrightarrow & \mathrm{V}[\boldsymbol{X}] & = & \text{対角} & & ? \\ \text{変換}\downarrow & & \downarrow & & & & \uparrow\text{戻す} \\ \boldsymbol{Z} & \longrightarrow & \mathrm{V}[\boldsymbol{Z}] & = & I & \longrightarrow & \text{円} \end{array}$$

*19 ただし対角成分 $v_1, v_2, \ldots, v_n$ はすべて > 0 だと想定します。

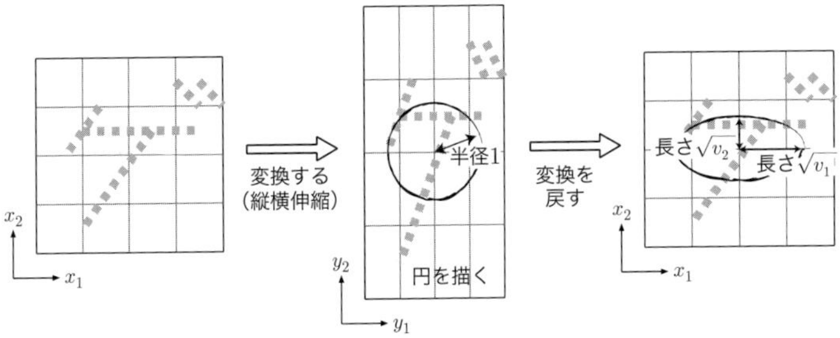

▶図 5.31 変換して、円を描いて、変換を戻す。背景の「ゲ」は、変換の様子をわかりやすくするための単なる飾り

■ 変換する　最初の仕事は、$\boldsymbol{X}$ を上手に変換することです。どう変換したら共分散行列を単位行列にできるか。今までに学んだ話をふり返れば、

$$Z_i \equiv \frac{X_i}{\sqrt{v_i}}$$

と置くことで $\mathrm{V}[Z_i] = 1$ となることに思い至ります。これで対角成分は OK。また、このとき非対角成分も

$$\mathrm{Cov}[Z_i, Z_j] = \frac{\mathrm{Cov}[X_i, X_j]}{\sqrt{v_i v_j}} = \frac{0}{\sqrt{v_i v_j}} = 0 \qquad (i \neq j)$$

でちゃんと 0 のまま。ですから、$Z_1, Z_2, \ldots, Z_n$ を並べた縦ベクトルを $\boldsymbol{Z}$ と置けば、めでたく $\mathrm{V}[\boldsymbol{Z}] = I$ となります。空間の変換としては、これは各座標軸にそって伸縮をすることに相当します（コピー機で言うところの縦横独立倍率、テレビで言うところのアスペクト比修正）。第 i 軸は $1/\sqrt{v_i}$ 倍です。

■ 円を描く　次の仕事は、変換後の空間に円を描くこと。これはふつうに描けばよい。

■ 変換を戻す　最後の仕事は、変換を戻して円がどんな図形になるか見ること。変換を戻すにはやはり各軸を伸縮することになります。前の変換の逆をするわけですから、第 i 軸は $\sqrt{v_i}$ 倍され、結果として円は**楕円**に化けました。楕円の各軸の長さが図 5.31 のようになることも話の流れから自明でしょう。

これが結論です。共分散行列が対角行列 $\mathrm{diag}(v_1, v_2, \ldots, v_n)$ だと言われたら、すかさず図の楕円をイメージしてください。もちろん、楕円なのは $n = 2$ 次元のときの話。$n = 3$ 次元なら、球が伸縮されて図 5.32 のような形になります。

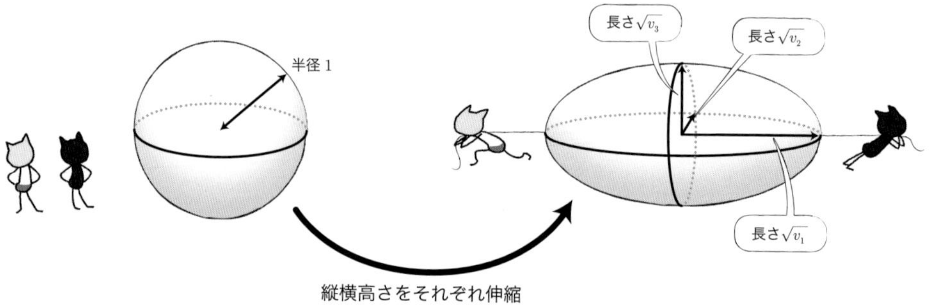

▶図 5.32　3 次元で、共分散行列が対角行列 $\mathrm{diag}(v_1, v_2, v_3)$ の場合

楕円が何を示しているのかには注意が必要なこと、それでも目安としてこの楕円が便利なこと、といった補足は円の場合と同じですからくり返しません。図 5.33 に例を示します。

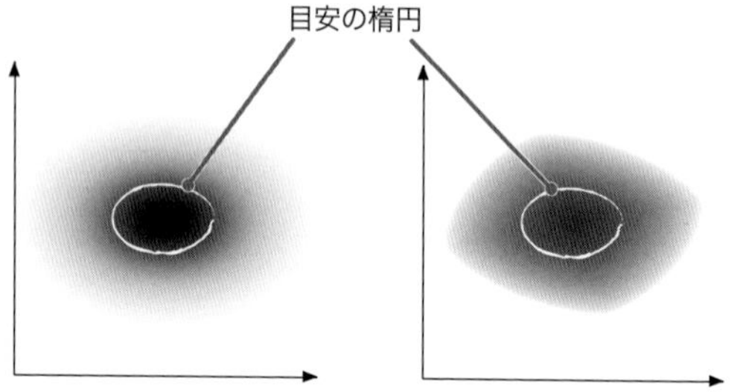

▶図 5.33　「目安」が楕円でも、確率密度関数の等高線が楕円になるとは限らない。左は多次元正規分布の例、右は一般の分布の例

実は、5.2.6 項 (p.192) でやったような任意方向のばらつき具合も、図 5.34 のようにこの楕円から読みとることができます。また逆に、各方向の標準偏差が与えられたら、それにもとづいて図 5.35 のようにこの楕円を再現することもできます。

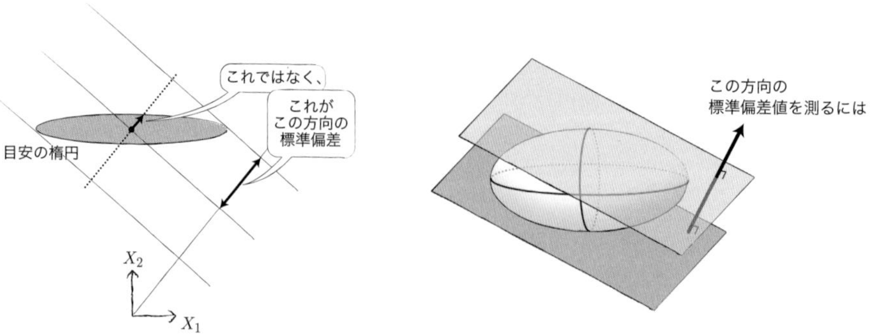

▶図 5.34　(左) 楕円の影の長さから、その方向の標準偏差がわかる。(右) 3 次元の場合は、楕円体を 2 枚の平行な板で挟み、すきまの幅の半分が標準偏差

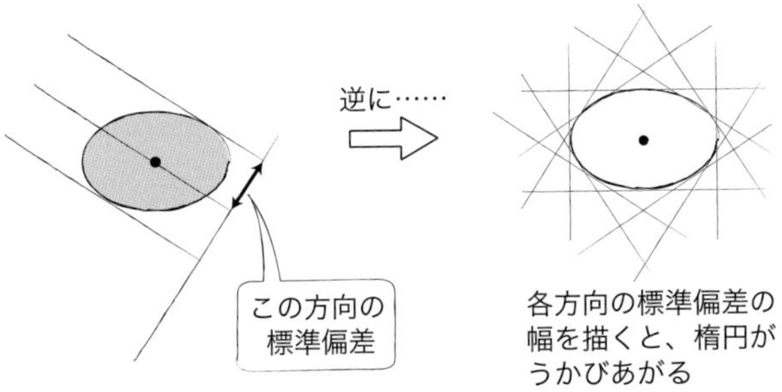

▶図 5.35　標準偏差から楕円を再現する

5.4.3　（ケース 3）一般の場合 —— 傾いた楕円

いよいよ一般の場合です。

方針は先ほどと同じ。共分散行列 $\mathrm{V}[\boldsymbol{X}] = V$ が対角行列でなかったときでも、$\boldsymbol{X}$ をどうにか上手に変換して $\boldsymbol{W}$ にします。上手にというのは、$\boldsymbol{W}$ の共分散行列 $\mathrm{V}[\boldsymbol{W}]$ が対角行列になるようにです。

$$\begin{array}{rcccccl} \boldsymbol{X} & \longrightarrow & \mathrm{V}[\boldsymbol{X}] & = & V & & ? \\ \text{変換}\downarrow & & \downarrow & & & & \uparrow \text{戻す} \\ \boldsymbol{W} & \longrightarrow & \mathrm{V}[\boldsymbol{W}] & = & \text{対角} & \longrightarrow & \text{楕円} \end{array}$$

そうできてしまえば、あとは

- 変換後の空間に楕円を描く
- 変換を戻してどんな図形になるか見る

というお決まりの手続きを踏むだけのこと。ですから勝負は、対角行列に変換できるかにあります。

この勝負へ挑む前に、鍵となる変換則を思い出しておきましょう。（ゆらがないふつうの）行列 A をもってきて $\boldsymbol{W} \equiv A\boldsymbol{X}$ と変換したら、共分散行列は $\mathrm{V}[\boldsymbol{W}] = A\,\mathrm{V}[\boldsymbol{X}]A^T$ と変換されました（式 (5.2)(p.192)）。この変換行列 A を上手に選んで、$\mathrm{V}[\boldsymbol{W}]$ を対角行列にできればこちらのものです[*20]。

そんな変換行列のみつけ方は、**?**5.4(p.200) でやったとおり。$\mathrm{V}[\boldsymbol{X}]$ の固有値 $\lambda_1, \ldots, \lambda_n$ と、長さ 1 の対応する固有ベクトル $\boldsymbol{q}_1, \ldots, \boldsymbol{q}_n$ を求めて、直交行列 $Q = (\boldsymbol{q}_1, \ldots, \boldsymbol{q}_n)$ を作ってやれば、$Q^T\,\mathrm{V}[\boldsymbol{X}]Q = \mathrm{diag}(\lambda_1, \ldots, \lambda_n)$ になるのでした。だから $A = Q^T$ ととればよい[*21]。

ではこのレシピを適用するとどんな「目安の図形」が得られるでしょうか。線形代数で習うとおり、直交行列は変換としては回転（や裏返し）を表します。だから実質的にやっていることは、

1. 共分散行列が対角行列となるように回転する
2. その対角行列に応じた楕円を描く
3. 回転を戻す

こうして最終的に、図 5.36 のような傾いた楕円が得られます。

---

*20 ただしこの A は**正則行列**でないといけません。ちゃんと逆変換もできないと、$\boldsymbol{W} = A\boldsymbol{X}$ 側に描いた図形を $\boldsymbol{X}$ に戻せなくなって具合が悪いからです。詳しくは線形代数の教科書を参照。

*21 ただし固有値 $\lambda_1, \ldots, \lambda_n$ はすべて > 0 だと想定します。

- 固有ベクトル $\boldsymbol{q}_1, \ldots, \boldsymbol{q}_n$ が、楕円の**主軸**の方向
- 固有値 λ_i が大きい固有ベクトルの方向ほど、楕円の幅が広い
- ただし楕円の各主軸の「半径」は、固有値そのものではなくその平方根 $\sqrt{\lambda_i}$

というポイントをおさえてください。いつものように分布と「目安の図形」とを重ねた絵も図 5.37 に載せておきます。この楕円の影の長さから「任意方向の標準偏差」が読みとれることも前と同様です。前の話を回転しただけなので当然ですね。

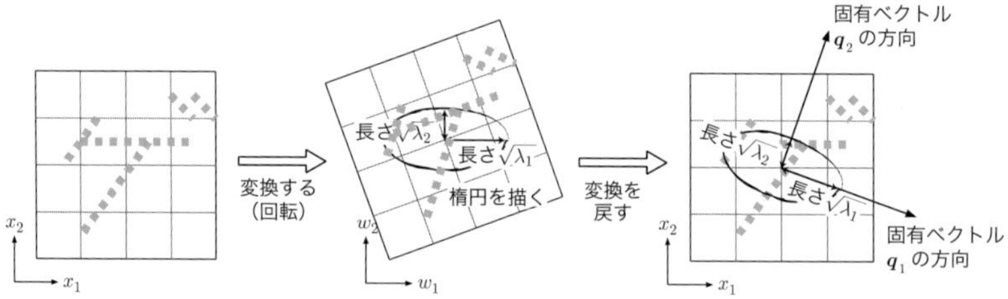

▶ 図 5.36　回転して、楕円を描いて、回転を戻す。背景の「ゲ」は、変換の様子をわかりやすくするための単なる飾り

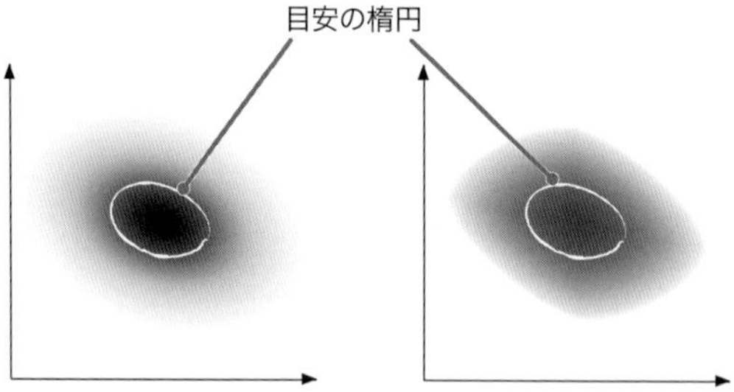

▶ 図 5.37　目安の楕円。左は多次元正規分布の例、右は一般の分布の例

? 5.9　主軸の長さについてはわかったけど、主軸の方向が固有ベクトルになるのはなぜ？

$\boldsymbol{W} = Q^T \boldsymbol{X}$ ということは、両辺に左から Q をかけると $\boldsymbol{X} = Q\boldsymbol{W}$。これが $\boldsymbol{W}$ を $\boldsymbol{X}$ に戻す変換です。さて $\boldsymbol{W}$ のほうの空間では、図 5.36 中央のとおり楕円の主軸はすべて座標軸の方向でした。$\boldsymbol{W}$ の空間における各座標軸方向の単位ベクトルを $\boldsymbol{e}_1, \ldots, \boldsymbol{e}_n$ とします。つまり $\boldsymbol{e}_i$ は、第 i 成分のみが 1 で他はすべて 0 の縦ベクトルです（$i = 1, \ldots, n$）。これを Q で $\boldsymbol{X}$ の空間へ移すとどうなるか考えてください。答は $Q\boldsymbol{e}_i = \boldsymbol{q}_i$。だから、$\boldsymbol{q}_1, \ldots, \boldsymbol{q}_n$ が楕円の主軸の方向となります。

がんばって登った甲斐あって、我々は爽快な見晴らしを手に入れました。気分のいいところでちょっと一服しましょう。お茶でも飲みながら眼下の景色を楽しんでください。思えばずいぶん高くまで来たものです。地上で見たときはごちゃごちゃいかめしかった 5.2.1 項 (p.184) 冒頭のような一覧表も、上から眺めたら正体はただの楕円でした。もうちっとも怖くありません。

共分散行列は楕円だ！

例題 5.16

例題 5.1[(p.175)] の X, Y を並べてベクトル値確率変数 $\boldsymbol{X} = (X, Y)^T$ を作る。$\boldsymbol{X}$ の分布について、目安の楕円を図示せよ（例題 5.5[(p.180)] も参照）。

答

次の値は計算済。

$$\mathrm{E}[\boldsymbol{X}] = \begin{pmatrix} \mathrm{E}[X] \\ \mathrm{E}[Y] \end{pmatrix} = \begin{pmatrix} 2 \\ 1 \end{pmatrix}, \qquad \mathrm{V}[\boldsymbol{X}] = \begin{pmatrix} \mathrm{V}[X] & \mathrm{Cov}[X, Y] \\ \mathrm{Cov}[X, Y] & \mathrm{V}[Y] \end{pmatrix} = \begin{pmatrix} 50 & 14 \\ 14 & 50 \end{pmatrix}$$

楕円を描くには $\mathrm{V}[\boldsymbol{X}]$ の固有値・固有ベクトルがわかればよいのだった。$\mathrm{V}[\boldsymbol{X}]$ の固有値は、**特性方程式** $\det(\lambda I - \mathrm{V}[\boldsymbol{X}]) = 0$ を解くことで求められる。具体的には、

$$\det \begin{pmatrix} \lambda - 50 & -14 \\ -14 & \lambda - 50 \end{pmatrix} = (\lambda - 50)^2 - (-14)^2 = 0$$

を整理して、

$$\lambda^2 - 100\lambda + 2304 = (\lambda - 64)(\lambda - 36) = 0$$

よって $\mathrm{V}[\boldsymbol{X}]$ の固有値は 64 と 36。固有値 64 の固有ベクトルを求めるには、$\boldsymbol{r} = (r, s)^T \neq \boldsymbol{o}$ とでもおいて $\mathrm{V}[\boldsymbol{X}]\boldsymbol{r} = 64\boldsymbol{r}$ を解けばよい。答はたとえば $\boldsymbol{r} = (1, 1)^T$。同様に、固有値 36 の固有ベクトルはたとえば $\boldsymbol{r} = (1, -1)^T$。以上から楕円の形状は次のとおり。

- 中心は $\mathrm{E}[\boldsymbol{X}] = (2, 1)^T$
- 主軸の片方は $(1, 1)^T$ 方向で、その方向の「半径」は $\sqrt{64} = 8$
- 主軸の他方は $(1, -1)^T$ 方向で、その方向の「半径」は $\sqrt{36} = 6$

これを描くと図 5.38 のようになります。

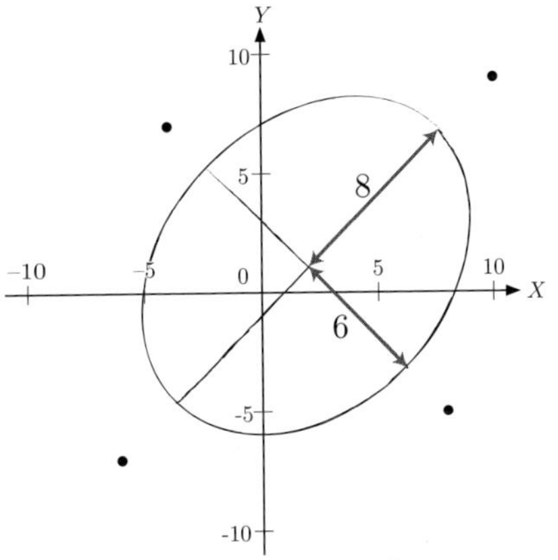

▶ 図 5.38　目安の楕円。参考に、$(X, Y)^T$ のとり得る値（4 つの黒点）も示した

∎

? 5.10　いまの図 5.38 は変です。$(X,Y)^T$ の値がすべて楕円の外側にきてるじゃないですか。楕円は典型的なふれ幅を表していたはずなのに。

それは解釈を勘違いしています。目安の楕円は、各方向の典型的なふれ幅を、図 5.39 のように影の長さで表すものでした。こう見れば、ふれ幅が典型より大きい人も小さい人もちゃんといますから、矛盾は感じないはず。

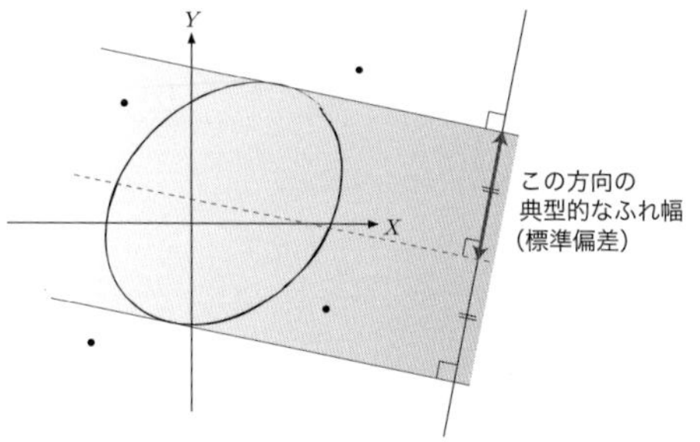

▶図 5.39　目安の楕円は、各方向の典型的なふれ幅を表す

5.4.4　共分散行列では測れないこと

共分散行列は、分布がどの方向にどれくらい広がっているかという目安を与えてくれます。しかしそれはあくまで目安にすぎず、分布の具体的な形まではわかりません。すでにそのことは折に触れ述べてきました。

共分散行列の話の最後に、ここでもう一つ指摘を加えます。「X_1 と X_2 が両方とも大きいときは X_3 も大きい」のように 3 つ以上の確率変数を同時に観測してはじめてわかる傾向（**高次相関**）は、共分散行列からは判断できません。その極端な例が図 5.40 です。この分布はまさにいま挙げたような傾向を持っていますが、共分散行列を見てもそのことはわかりません。$\mathrm{Cov}[X_2, X_3]$ を測るときには、X_1 を無視して X_2, X_3 だけを観測してしまっているからです。2.5.4 項 (p.66)「3 つ以上の独立性（要注意）」も思い出してください。ペアどうしの関係をすべて調べたとしてもそれだけでは全体のからみ具合は断言できません。

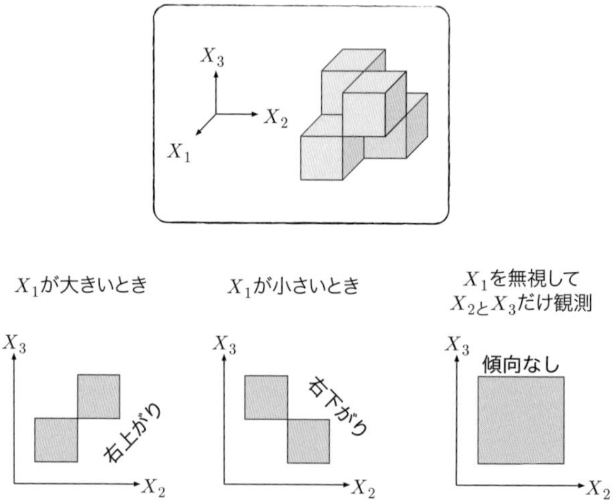

▶図 5.40　共分散行列では高次相関は判断できない（各図は、塗られた領域内の一様分布を表す）

コラム：次元の呪い

一辺の長さが 1 の d 次元立方体を舞台として、その中に 100 個の点を独立な一様分布でランダムに打ちます。たとえば $d=2$ 次元（つまり正方形）なら図 5.41 のような具合です。このとき、最初に打った点 $\boldsymbol{X}_1$ から他の点 $\boldsymbol{X}_2, \ldots, \boldsymbol{X}_{100}$ までの最短距離

$$R = \min \|\boldsymbol{X}_j - \boldsymbol{X}_1\| \qquad (j = 2, \ldots, 100)$$

はどれくらいになるでしょうか。

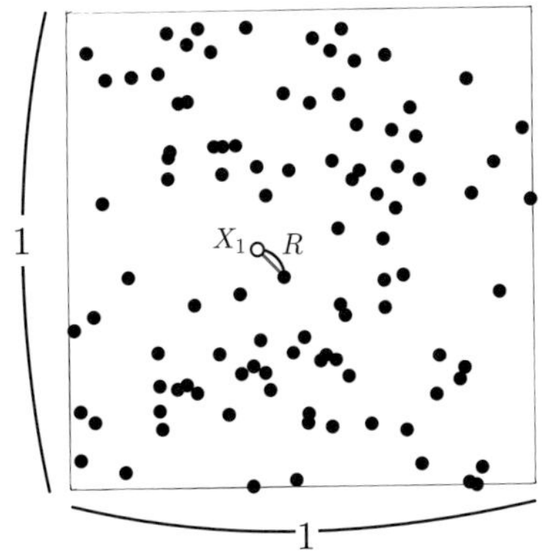

▶図 5.41　$\boldsymbol{X}_1$ に最も近い点までの距離 R

$d=2$ の実験を 50 回くり返し行ったときの R のヒストグラムはこんなふうになりました。まあ妥当そうな感じでしょうか。

```
$ make run2↲
./nearest.rb -d=2 50 | ../histogram.rb -w=0.02
  0.1<= | ** 2 (4.0%)
 0.08<= | ***** 5 (10.0%)
 0.06<= | ************* 13 (26.0%)
 0.04<= | ************* 13 (26.0%)
 0.02<= | ********* 9 (18.0%)
    0<= | ******** 8 (16.0%)
total 50 data (median 0.0504992, mean 0.0522141, std dev 0.0263934)
```

一方、$d=20$ で同様に実験するとこんなふうでした。

```
$ make run↲
./nearest.rb 50 | ../histogram.rb -w=0.1
  1.5<= | * 1 (2.0%)
  1.4<= | ******* 7 (14.0%)
  1.3<= | ***** 5 (10.0%)
  1.2<= | **************** 16 (32.0%)
  1.1<= | ******** 8 (16.0%)
    1<= | ********** 10 (20.0%)
  0.9<= | ** 2 (4.0%)
  0.8<= | * 1 (2.0%)
total 50 data (median 1.22427, mean 1.21449, std dev 0.151975)
```

これはイメージよりもずいぶん大きな値だと感じるのではないでしょうか（示されているのが最短距離だということをお忘れなく）。

次元が増えるにつれて点がまばらになるという今の結果は、**次元の呪い**と呼ばれる現象の一例です。高次元データの解析・予測・パターン認識などの際には次元の呪いがやっかいな問題となります。

第II部

確率を役立てる話

第 6 章

推定と検定

本章では推定と検定の理論的枠組についてお話しします。個々の○○法の具体的手順は統計の教科書にまかせることにして、それらがどんな考え方に立脚しているのかを紹介していきたいと思います。

推定論については、記述統計と推測統計の区別を前置きとして述べてから、後者の独特のものの見方をまず説明します。その上で、推定は一筋縄では解けない多目的問題であることを述べ、そこをどう扱うか三通りの策を挙げます。さらに、それぞれの策に該当する手法として最小分散不偏推定、最尤推定、Bayes 推定を紹介します。

検定論については、検定の独特の論法をのみこむことが当面の最重要目標です。対立仮説と帰無仮説、棄却と受容、あわてものの誤りとぼんやりものの誤り、のように検定論にはペアとなる用語がいろいろ出てきます。大切なのは、ペアであってもその扱いは全く対等ではないという点です。どう非対称なのかをしっかり頭に刻んでください。

統計を現実に活用する際には、本当は上のようなデータ解析以前にまずデータをどう集めるかから吟味する必要があります。調査のしかたの違いで誤差や偏りが生じてしまうからです。不注意にせよ下心にせよ、こういったまずいデータのとり方が問題になる例は後をたちません。そんなわけでこちらも大切なのですが、「数学」からはだいぶはみ出た話が多くなってしまいますから、本書では扱いません。

6.1 推定論

何かデータを集めたら、その中での割合を調べて「○○率」を出したり、あるいは平均値を計算したりといったことがあたりまえのように行われます。しかし深く考えてみると、なぜこんな処理をするのかという議論はそう一筋縄でいくものではありません。

6.1.1 記述統計と推測統計

まず、統計学の立場は**記述統計**と**推測統計**の二つに大きく分けられます。記述統計はデータの縮約という話です。たとえば国勢調査を考えてください。

- 全データを入手
- でも膨大なリストを羅列してもわけがわからない
- そこで、少ない個数の「特徴量」を使ってデータの様子を観察しよう
- どんな特徴量を使うのがいいだろう？

小学校などで習うのはこちらの立場だと思います。一方、推測統計は、データからの推測という話です。たとえば視聴率調査を考えてください。

- 全データは入手できない
- かわりにその一部だけを入手
- これをもとに全体の性質を推測しよう
- どんな推測法を使うのがいいだろう？

統計を実際に使いたくなる場面はこちらの立場のほうが多そうに思います。

本章では、まず記述統計について少しだけ述べたあと、主に推測統計を説明していきます。

6.1.2 記述統計

本書では**記述統計**について網羅的には述べません。気に留めておいてほしいことをここでいくつか挙げるだけにしておきます。

- データをどんなふうに処理して縮約するか考える前に、何はともあれまずデータを眺めてみましょう。たとえば図 6.1 のようなデータなら、**散布図**を描いて分布の様子を把握してください。
- 分布の様子を表すためによく**平均・分散**が使われますが、これらは**外れ値**に引っぱられやすく、実態と違う印象を与えることがあります。しばしば指摘されるのが、「平均年収は実感と合わない。少数の富裕者が平均を引き上げてしまい、代表的な値とは言い難い数字になっている」という問題です。平均・分散のかわりに**中央値・四分位数**の使用も検討してください。
- そもそも平均が意味をなすのは、数値データの目盛が等間隔とみなせる場合だけです。たとえばアンケートの 5 段階評価などだと、各段階が必ずしも等間隔とはみなせず、平均値をどうこう言っても理論的妥当性に疑問が残ります。参考文献 [31] の冒頭ではこの問題がやさしく解説されています。―― これは記述統計・推測統計の区別以前の話ですが。
- 同じデータでも見せ方しだいで印象を操作されてしまうことがあります。たとえば図 6.2 や図 6.3 などです。自分でグラフを描くときはそんなずるをしないように、また、他人の資料を見るときはこの手の細工にだまされないようにしましょう。参考文献 [3] にはもっといろいろな手口が紹介されています。
- 図 6.4 左のような**円グラフ**は避けるのが無難です。錯覚を誘いがちだし、見比べるにも不便だからです。比率を示したいならその右に描いたような**帯グラフ**を使いましょう。同様の理由から、立体棒グラフや立体折線グラフもおすすめしません。

（学籍番号）	中間試験の得点	期末試験の得点
1	59	37
2	64	72
3	30	68
⋮	⋮	⋮

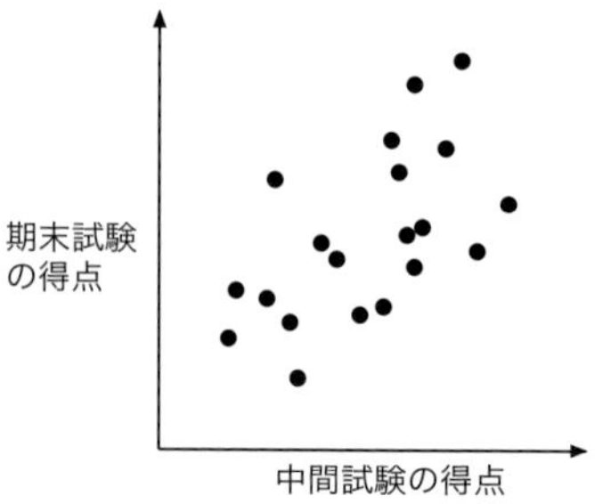

▶ 図 6.1 散布図（図 5.7(p.184) の再掲）

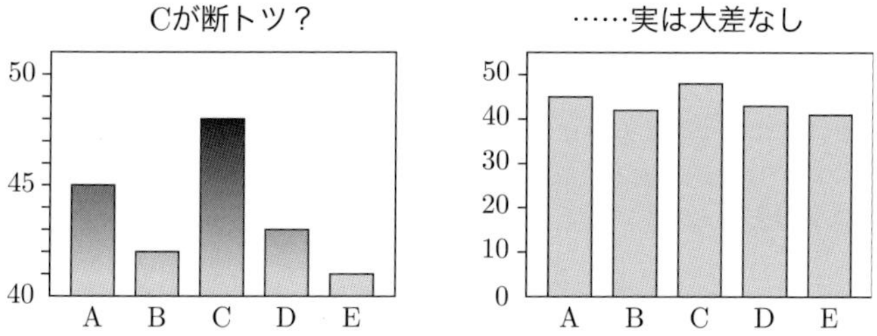

▶図 6.2 印象操作（1）：縦軸のゼロの位置

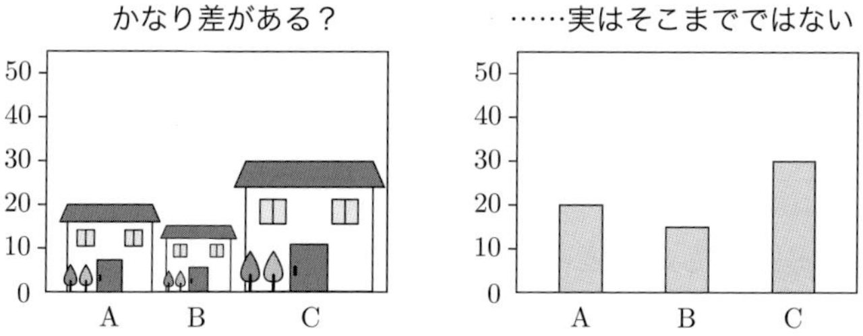

▶図 6.3 印象操作（2）：縦横を倍にすれば面積は 4 倍

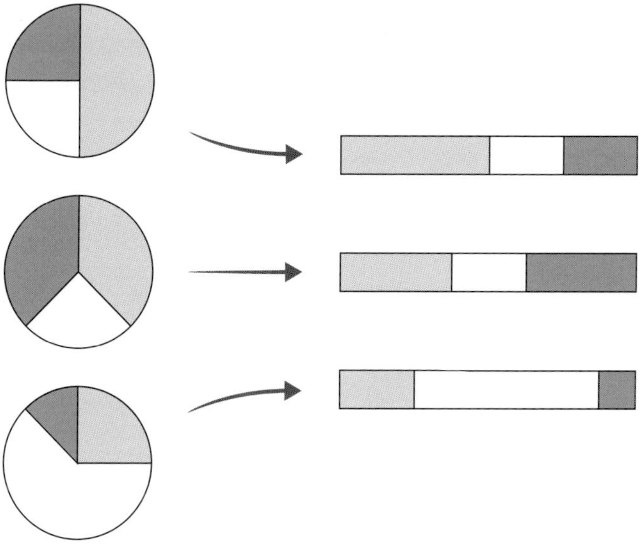

▶図 6.4 円グラフは避けて帯グラフを使おう

? 6.1　中央値とか四分位数って何ですか？

大きさ順に並べたときにちょうどまん中にくる値を中央値と呼びます。たとえば $1, 1, 2, 3, 5, 8, 13$ の中央値は 3 です。上から数えても下から数えても同じ 4 番目でちょうどまん中に来ていますね。もし偶数個のときにはまん中の二人の平均を答えます。たとえば $1, 1, 2, 3, 5, 8, 13, 21$ なら、3 と 5 の平均で 4 が中央値となります。

中央値のうれしい点は、大外れな値が多少混ざっても影響を受けにくいことです。いま仮に、何かのまちがいで上のデータの 5 が 500 に化けたとしましょう。すると全体の平均値は大きく変わってしまいます。一方、中央値（つまり $1, 1, 2, 3, 8, 13, 21, 500$ のまん中）は、3 と 8 の平均で $(3+8)/2 = 5.5$。元の中央値 4 からさほど変わっていません。

中央値は、全データを大きさ順に並べておいて二分割するときのボーダーラインと言いかえることもできます。四分位数とは、その四分割版、つまり四分割するときのボーダーラインです（ただし中央値は除き、残り 2 つのボーダーラインを指す)。データの個数が半端だったときの処理は、いくつか流儀があるようです。四分位数は分布のばらつきがどれくらい広いのかの目安になります。さらに、分布が対称的か歪んでいるかの目安にもなります。

6.1.3　推測統計におけるものごとのとらえかた

では本題に戻ります。ここからは記述統計でなく推測統計の立場で本節冒頭の問い（なぜそういう処理をするのか）を考えていきましょう。実は推測統計には、この分野独特のものごとのとらえかたや解釈のしかたがあります。まずはそこの説明から。

視聴率調査

全国に 1000 万台のテレビがあって、そのうち 200 万台でサッカー中継が映っていたとします。つまり視聴率は 200 万/1000 万 $= 0.2$ ($= 20\%$) です。これをたった 50 台の調査から推測しようとしたらどんなことになるでしょうか。

調査はこんな手順で行うことにします。

- 1000 万台のうちの 1 台を全くでたらめに等確率で選び、サッカー中継が映っていたら $X_1 = ○$、さもなくば $X_1 = ×$ とおく。
- 1000 万台のうちの 1 台をまた全くでたらめに等確率で選び直し、サッカー中継が映っていたら $X_2 = ○$、さもなくば $X_2 = ×$ とおく。
- 以下同様に $X_3, X_4, \ldots, X_{50}$ を定める。
- $X_1, \ldots, X_{50}$ の中での○の個数 Y を数え、$Z \equiv Y/50$ を推定視聴率として答える。

話が単純になるよう、毎回の選択はすべて独立とします（万一同じテレビが二回選ばれても、手順どおりに二回カウント)。

もちろんこの調査の結果は 20% ぴったりになるとは限りません。どのテレビが調査対象に選ばれるかが運しだいなので、Y や Z も運しだいでゆらぐ確率変数となるからです。極端な話、サッカーの映ったテレビばかりがたまたま選ばれれば、推定視聴率が 100% になる可能性すらあります。

ではどれくらい外れる確率がどれくらいあるのか。それは要するに Y や Z の確率分布がどうなるのかという話ですが、我々はすでにその答を知っています。各 X_i は独立であり、確率 0.2 で○、確率 0.8 で×が出る ($i = 1, 2, \ldots, 50$)。ということは、Y は 2 項分布 $\mathrm{Bn}(50, 0.2)$ に従うのでした（3.2

節 (p.74))。グラフを描けば図 6.5 左のとおり。Z のほうはその横軸を読みかえればよいだけです（同図右)。正解である 20% のまわりで Z がどれくらいゆらぐのかが、この図からわかります。

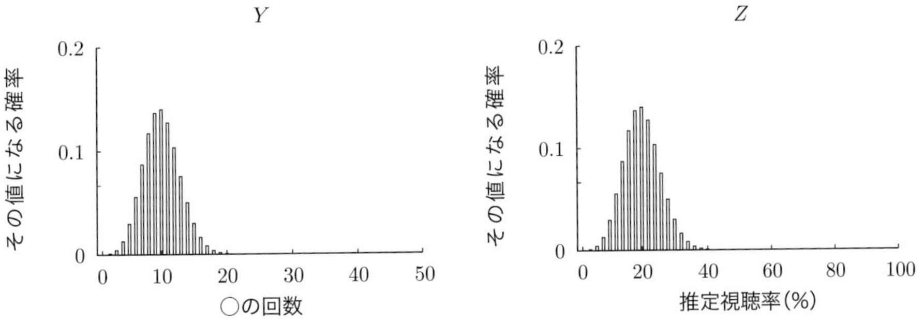

▶ 図 6.5 調査対象中の視聴数 Y の分布（左) と、推定視聴率 Z の分布（右）

いまの話で伝えたかったことは、本当の視聴率（20%）と推定視聴率（運しだいでゆらぐ）との区別です。両者の違いをしっかり意識してください。

コイントス

次はコイントスを題材にします。手元のコインをためしに 10 回投げてみたら、裏表裏表表裏裏裏裏裏となりました。表が出た割合は 3/10 です。しかし、この 3/10 というのはあくまで単に割合であって、「表が出る確率」ではありません。本書で確率と言ったら、図 6.6 のような神様視点でのパラレルワールドの面積を意味します。

そういう神様視点だと、いまの実験結果はこんな解釈になります：

> 確率変数 $X_1, X_2, \ldots, X_{10}$ は i.i.d. で、表と裏がそれぞれある確率 q と $(1-q)$ で出る。特に、私が住む世界 ω においてはこんな値になっていた。
>
> $$\begin{aligned} &X_1(\omega) = \text{裏}, \quad X_2(\omega) = \text{表}, \quad X_3(\omega) = \text{裏}, \quad X_4(\omega) = \text{表}, \quad X_5(\omega) = \text{表}, \\ &X_6(\omega) = \text{裏}, \quad X_7(\omega) = \text{裏}, \quad X_8(\omega) = \text{裏}, \quad X_9(\omega) = \text{裏}, \quad X_{10}(\omega) = \text{裏} \end{aligned}$$

最初のうちはなじみづらいかもしれませんが、これを拒んでいては先へ進めません。頭をやわらかくして受け入れてください。

いまの解釈に出てきた q の値を我々は知りたい。しかしそれを直接観測することはできません。人間は一つの世界 ω にとらわれているので、パラレルワールドを横断して面積を測ることなんて実際にはできないからです。そこで、観測されたデータである「裏表裏表表裏裏裏裏裏」にもとづいて q を推測しようとします。ずいぶん頼りない話ですが、これが人間にできる精一杯のこと。投げる回数さえ十分増やせば、これでもほぼ正確に q を推測できるはずです（3.5 節 (p.101)「大数の法則」)。

ここまでの整理を兼ねて用語を紹介しましょう。上の解釈に出てきた「表が確率 q、裏が確率 $(1-q)$」というのが、コイントスの**真の分布**です。これに対し、我々の世界 ω において観測された「裏表裏表表裏裏裏裏裏」は $X_1, \ldots, X_{10}$ の**実現値**と呼ばれます。実現値についての「表の割合が 3/10、裏の割合が 7/10」は**経験分布**と呼んで、真の分布と区別します。統計の議論についていくためには、これらの概念をごっちゃにしないことが大切です。

▶図 6.6　神様視点

? 6.2　パラレルワールドを横断して観察することはできないんだから、$X_1, \ldots, X_{10}$ が i.i.d. かどうかも人間には判断できないはずじゃないの？

はい。そこは実験のやり方からしてまあ i.i.d. だろうと考えました。そりゃものすごく厳密に言えば、投げているうちに刻印のすきまに汚れがたまってだんだんバランスが変わる（同一分布でなくなる）とか、コインが微妙に変形するせいで前回と同じ面が出やすくなる（独立でなくなる）とかもあるかもしれません。でもそんなのは無視しましょうよというわけです。実際に統計を使う際にも、データのとり方などについての知識から「まあ i.i.d. だろう」「まあ正規分布だろう」といった前提をおくことはしばしば行われます。

ところで、お気づきの読者もいらっしゃるでしょうが、前の視聴率調査と今のコイントスは数学としては同種の話です。視聴率調査では、真の分布は $\mathrm{P}(X_i = ○) = 0.2$, $\mathrm{P}(X_i = ×) = 0.8$ でした（$i = 1, \ldots, 50$）。

いまの話で伝えたかったことは、「現実の観測値の背後に真の分布というものを想定し、それを当てることをめざす」という考え方です。

期待値の推定

次は連続値の例です。確率変数 X_1, X_2, X_3 が i.i.d. で、それぞれの確率密度関数は図 6.7 のように

$$f_{X_i}(x) = \frac{1}{2} e^{-|x-5|} \qquad (i = 1, 2, 3)$$

だとします。このときそれぞれの期待値は $\mathrm{E}[X_i] = 5$ です。

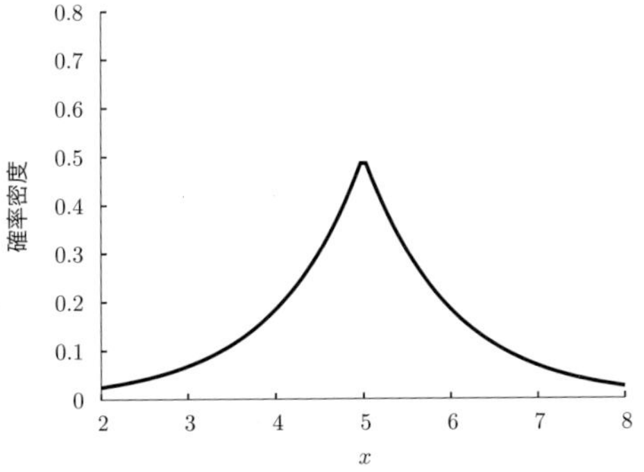

▶図 6.7　真の分布の確率密度関数 $f_{X_i}(x)$

さて、いまの真の分布 $f_{X_i}(x)$ を知らない人が、X_1, X_2, X_3 を見て $\mathrm{E}[X_i]$ を当てようとしている場面を想定してください。すなおな発想では、観測値を単純に平均して $\bar{X} \equiv (X_1 + X_2 + X_3)/3$ を推定値とすることがまず考えられます。また、別案として X_1, X_2, X_3 の中央値 $\tilde{X}$ を推定値とする方法も考えられます (→ ? 6.1(p.230))。$\bar{X}$ と $\tilde{X}$ は、推定値としての性質にどんな違いがあるでしょうか。

これまでの話と同様に、$\bar{X}$ も $\tilde{X}$ も運しだいでゆらぐ確率変数になります。データ X_1, X_2, X_3 自体が運しだいでゆらぐので、そこから計算された $\bar{X}$ も $\tilde{X}$ もゆらぐ。いつもの理屈です。ではどんな具合にゆらぐのか。それを観察するために両者の分布を計算してみました。結果をプロットすると図 6.8 のとおりです。どちらも正解 5 を中心にゆらぐこと、正解付近が出る確率は今の例だと $\tilde{X}$ のほうが高いこと、などがこの図から読みとれます。

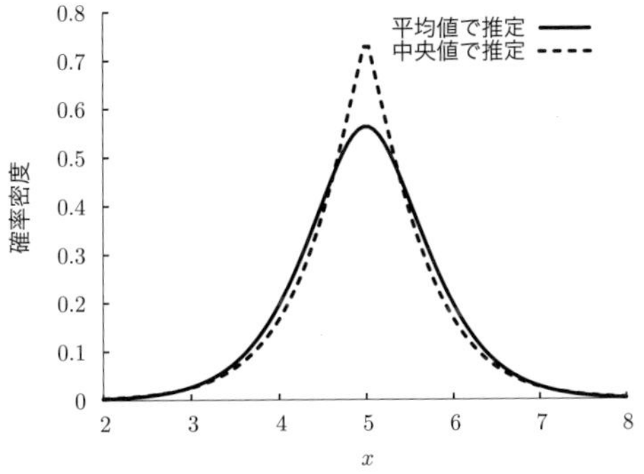

▶図 6.8　平均値 $\bar{X}$（実線）と中央値 $\tilde{X}$（点線）の確率密度関数

いまの話で伝えたかったのは、単純な平均以外にもいろいろな推定法が考えられること、そして推定法によってゆらぎ具合が違うことです。

6.1.4 問題設定

上のいくつかの例を通じて、

- 現実の観測値の背後に真の分布というものを想定し、それを当てることをめざす
- 観測値が運しだいでゆらぐので、そこから計算される推定値もゆらぐ
- いろいろな推定法を考えることができ、推定法によって推定値のゆらぎ具合が違う

というポイントを紹介しました。本項では、これをふまえた上で話を一般化し、推定論の問題設定を説明していきます。

得られるデータ $X_1, \ldots, X_n$ は i.i.d. な確率変数だとします。統計業界ではデータよりも**標本**という呼び方が普通ですが、いかめしくなるので本書ではデータで通しましょう。データの個数 n を**サンプルサイズ**と呼びます。データの真の分布は未知です。特に、この分布の具体的な関数形を決めつけない設定を**ノンパラメトリック**（**nonparametric**）と呼びます。一方、期待値や分散はわからないけれど正規分布だということは仮定できる、のように分布を制限した設定を**パラメトリック**（**parametric**）と呼びます。

ノンパラメトリック推定とパラメトリック推定は一長一短です。パラメトリック推定のほうが強い仮定が必要なので適用範囲は狭い。でもその分、仮定が正しければ精度のよい推定ができます。そんなわけで、過去の経験や、データがどう生成されるかについての知識（？6.2(p.232)）や、**中心極限定理**（4.6.3項(p.167)）などにもとづいて分布の格好を仮定することが多く行われます。本書でも、以下はパラメトリック推定について説明します。

たとえば、$X_1, \ldots, X_n$ がいずれもある正規分布 $\mathrm{N}(\mu, 1)$ に従うという前提のもとで、$X_1, \ldots, X_n$ を見て μ を当てるのがパラメトリック推定です。一般には、「有限次元のベクトル値パラメータ $\theta \equiv (\theta_1, \ldots, \theta_k)$ に応じてこれこれのようにデータの分布が定まる」という設定を与えた上で、データから θ を当てることを目標とします[*1]。

以下では n 個のデータをまとめて $X = (X_1, \ldots, X_n)$ と書くことにします。また、θ の推定値を $\hat{\theta}$ とおきます。推定値にはこんなふうにハットをつけるのが慣習です。データ X が運しだいでゆらぐのだから、それに応じて得られる推定結果もゆらぐ値（確率変数）となります。このことを強調したいときには $\hat{\theta}$ を**推定量**（estimator）と呼んだり、X に応じて決まることを明示して $\hat{\theta}(X)$ と書いたりします[*2]。本によっては、サンプルサイズが n だということを表すために $\hat{\theta}_n$ と書くこともあります。上の例なら、

$$\hat{\mu}(X) \equiv \frac{X_1 + \cdots + X_n}{n}$$

は推定量の一つです。また、

$$\tilde{\mu}(X) \equiv \text{「}X_1, \ldots, X_n \text{ の中央値」}$$

も推定量の一つです（前の $\hat{\mu}$ とは別の推定量なので別の記号にしました）。

[*1] 未知パラメータはギリシャ文字 θ（シータ）で表すのがならわしです。なお、推定には、推定値をピンポイントで答える**点推定**と、ここからここまでという範囲を答える**区間推定**とがあります。本書で扱うのは点推定のほうです。

[*2] 「データからどんなふうに推定結果を求めるか」のことも推定量と呼びます。たとえて言えば、「プログラム h」も、「ゆらぐデータ X を h に入力して得られる、ゆらぐ出力 $h(X)$」も、どちらも推定量と呼んでしまいます。

こんなふうに推定量はいくらでも考えることができます。というか、データ X に応じて決まるものはひとまず何でも推定量です。たとえて言えば、

- 明日の天気を予想すること自体は誰でもできる（あたるかどうかは別だが）
- データ X を入力すると「θ の値は○○だろう」と出力するようなプログラムは、どれも一種の推定プログラムだ（あたるかどうかは別だが）

のような立場をとると思ってください。こんなふうにまずは広く候補を募っておいて、その中でベストな推定量はどれか。これが本節で取り組むテーマです。

6.1.5 期待罰金

ベストな推定量を決めるための評価基準はいろいろ考えられます。その中でも扱いやすくてよく使われるのは、「正解が a なのに b と推定したら罰金 $\|b-a\|^2$ 円」という自乗誤差です（$\|\cdot\|$ はベクトルの長さ）。正解 a と推定 b とが離れているほど罰金は大きくなるし、ぴったり一致すれば罰金は 0。これが小さいほど良いとします。

しかし、この評価基準をいまの話にあてはめて罰金 $\|\hat{\theta}(X)-\theta\|^2$ を求めようとしたら、次のことが問題になります。

- 罰金は運しだいでゆらぐ
- 罰金は正解しだいで変わる

まず罰金が運しだいでゆらぐことについて。データ X が運しだいでゆらぐのだから、推定量 $\hat{\theta}(X)$ もゆらいで、罰金もゆらぐ。何度も念を押してきたとおりです。これについては期待値で勝負することにします。つまり、期待罰金

$$R_{\hat{\theta}}(\theta) \equiv \mathrm{E}[\|\hat{\theta}(X)-\theta\|^2]$$

ができるだけ小さくなるような推定量 $\hat{\theta}$ をめざします。

もう一つの、罰金が正解しだいで変わる問題については、次項で議論します。

例題 6.1

$X, \theta, \hat{\theta}(X), R_{\hat{\theta}}(\theta)$ はそれぞれ、ゆらぐ値（確率変数）か、ゆらがない値（ただの数やただのベクトル）か？

答

X と $\hat{\theta}(X)$ はゆらぐ値、θ と $R_{\hat{\theta}}(\theta)$ はゆらがない値。 ∎

6.1.6　多目的最適化

期待罰金 $R_{\hat{\theta}}(\theta)$ は正解 θ しだいで違ってきます。推定者は正解を知らない（だからこそ推定をしている）ので、これでは期待罰金を計算することができません。できるのは、「もし正解がこうだとしたら期待罰金はこう、正解がこうだとしたら期待罰金はこう」のような話だけです。つまり、推定量 $\hat{\theta}$ に対する評価は、単一の数値として与えられるのではなく図 6.9 のようなグラフとして与えられます。

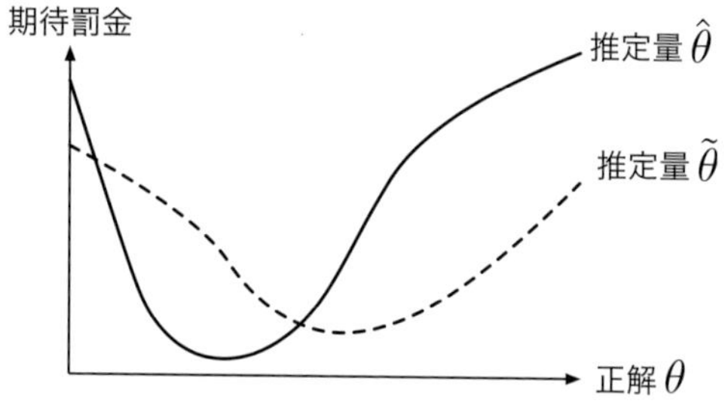

▶図 6.9　正解 θ に応じた期待罰金のグラフ

別の推定量 $\tilde{\theta}$ をもってくれば別の形のグラフ $R_{\tilde{\theta}}(\theta)$ が得られます。では、$\hat{\theta}$ と $\tilde{\theta}$ の優劣をどうつけるか。もしグラフの全域で期待罰金 $R_{\hat{\theta}} < R_{\tilde{\theta}}$ だったら、これは文句なしに $\hat{\theta}$ が $\tilde{\theta}$ より良いと言えるでしょう。でも、ある θ では $R_{\hat{\theta}}$ のほうが低い、別の θ では $R_{\tilde{\theta}}$ のほうが低い、となっていたら？　こうなると、$\hat{\theta}$ と $\tilde{\theta}$ のどちらが良いかは一概には言えなくなってしまいます。つまり、ある種目ではこちらの選手 $\hat{\theta}$ が勝ち、別の種目ではあちらの選手 $\tilde{\theta}$ が勝ちといった具合で、結着がつかないという状況です。

? 6.3　あらゆる種目 θ ですべてのライバルを凌駕する全種目征覇なスーパーチャンピオンの推定量 $\hat{\theta}$ を探さないといけないわけですか。がんばって探してみますね。

残念ながら、そんな超人はこの世に存在しません。極端な話、どんなデータだろうが無視していつも「推定値は 0.7」と答えるナンセンスな推定量 $\tilde{\theta}$ を考えてみてください。こいつは見るからにふまじめな選手ですが、正解が $\theta = 0.7$ の場合だけは、$R_{\tilde{\theta}}(0.7) = 0$ という最良記録を達成してしまいます。それぞれの種目にこういう一発屋がいるので全種目征覇は不可能です。

評価基準が単一の数値なら単純にそれが最良な推定量がベストだと言えるのですが、今はそうではありません。$R_{\hat{\theta}}(0.7)$ も良くしたいし、$R_{\hat{\theta}}(0.5)$ も良くしたいし、$R_{\hat{\theta}}(0.843191)$ も $R_{\hat{\theta}}(0.543217)$ も、あれもこれも良くしたい、という**多目的最適化**の話になっているのです。この状況で推定量たちのチャンピオンを決めるには、何か規定が必要です。

策はいくつか考えられます。

(ア)　参加資格に条件を設け、候補をしぼった中で文句なしのチャンピオンを期待する
(イ)　「ベスト」の意味を弱める
(ウ)　グラフからどうにかして、単一の数値として評価基準を定める

順番に見ていきましょう。

6.1.7 （策ア）候補をしぼる —— 最小分散不偏推定

悩みの種は、？6.3 で述べた一発屋みたいなふまじめな推定量が混ざっていたことでした。こんなやつらを追い出してまじめな推定量だけに参加を限れば、全種目征覇者が現れるかもしれません。

よく使われる参加資格は不偏性です。入力データ X 自体が運しだいでゆらぐのだから、出力される推定値 $\hat{\theta}(X)$ がゆらぐのは仕方ない。それでもせめて正解のまわりでゆらいでくれ。つまり、期待値 $\mathrm{E}[\hat{\theta}(X)]$ は常に正解 θ に一致してくれ。

$$\mathrm{E}[\hat{\theta}(X)] = \theta \qquad \text{（どんな } \theta \text{ でもこれが成り立つことを要求）}$$

こんな要求をすれば一発屋は排除できます。この要求で参加者をしぼった上での全種目征覇者を**一様最小分散不偏推定量**（uniformly minimum variance unbiased estimator; **UMVUE**）と呼びます。たとえば、正規分布 $\mathrm{N}(\mu, \sigma^2)$ に従う i.i.d. なデータ $X_1, \ldots, X_n$（ただし μ, σ^2 は未知、$n \geq 2$）から、その平均 $\bar{X} \equiv (X_1 + \cdots + X_n)/n$ によって期待値 μ を推定するのは UMVUE です。また、

$$S^2 \equiv \frac{1}{n-1} \sum_{i=1}^{n} (X_i - \bar{X})^2$$

という量によって分散 σ^2 を推定するのも UMVUE です。奇妙に感じる読者がいるかもしれませんが、n ではなく $(n-1)$ で割ってはじめて不偏になります。UMVUE であることの証明も含め、詳しくは参考文献 [14] などを参照してください。この S^2 を**不偏分散**と呼んだりします[*3]。

例題 6.2

上の本文に関して、$\mathrm{E}[\bar{X}] = \mu$ および $\mathrm{E}[S^2] = \sigma^2$ を示せ。また、

$$\tilde{S}^2 \equiv \frac{1}{n} \sum_{i=1}^{n} (X_i - \bar{X})^2$$

の期待値 $\mathrm{E}[\tilde{S}^2]$ を求め、σ^2 に一致しないことを確かめよ。

答

期待値の性質から $\mathrm{E}[\bar{X}] = (\mathrm{E}[X_1] + \cdots + \mathrm{E}[X_n])/n = n\mu/n = \mu$。$S^2$ のほうはまず、

$$\mathrm{E}[S^2] = \mathrm{E}\left[\frac{1}{n-1} \sum_{i=1}^{n} (X_i - \bar{X})^2\right] = \frac{1}{n-1} \sum_{i=1}^{n} \mathrm{E}\left[(X_i - \bar{X})^2\right] \qquad \cdots\cdots \text{（ア）}$$

と変形できることに注意する。計算しやすいように $Y_i \equiv X_i - \mu$ とおこう $(i = 1, \ldots, n)$。このとき $Y_1, \ldots, Y_n \sim N(0, \sigma^2)$ (i.i.d.) である。また、$\bar{Y} \equiv (Y_1 + \cdots + Y_n)/n$ は $\bar{X} - \mu$ に等しい。すると、

$$\begin{aligned} \mathrm{E}\left[(X_i - \bar{X})^2\right] &= \mathrm{E}[(Y_i - \bar{Y})^2] = \mathrm{E}[Y_i^2 - 2Y_i\bar{Y} + \bar{Y}^2] \\ &= \mathrm{E}[Y_i^2] - 2\,\mathrm{E}[Y_i\bar{Y}] + \mathrm{E}[\bar{Y}^2] \qquad \cdots\cdots \text{（イ）} \end{aligned}$$

さらに、$\mathrm{E}[Y_i^2] = \sigma^2$ と $\mathrm{E}[Y_i Y_j] = \mathrm{E}[Y_i]\,\mathrm{E}[Y_j] = 0 \cdot 0 = 0\ (i \neq j)$ と $\bar{Y} \sim \mathrm{N}(0, \sigma^2/n)$（例題 4.22(p.166)）

---

*3 **標本分散**という言葉もありますが、人によって用法が統一されていません。

- $(n-1)$ で割ったものを標本分散と呼ぶ先生もいる
- $(n-1)$ で割ったものは不偏分散、n で割ったものは標本分散、と呼び分ける先生もいる

とを使って、

$$
\begin{aligned}
(イ) &= \mathrm{E}[Y_i^2] - 2\,\mathrm{E}\left[\frac{Y_i Y_1 + \cdots + Y_i Y_n}{n}\right] + \mathrm{E}[\bar{Y}^2] \\
&= \sigma^2 - 2 \cdot \frac{\sigma^2}{n} + \frac{\sigma^2}{n} \qquad (Y_i Y_1 + \cdots + Y_i Y_n \text{ の中に一人 } Y_i^2 \text{ がいる}) \\
&= \left(1 - \frac{2}{n} + \frac{1}{n}\right)\sigma^2 = \left(1 - \frac{1}{n}\right)\sigma^2 = \frac{n-1}{n}\sigma^2
\end{aligned}
$$

よって

$$
(ア) = \frac{1}{n-1} \cdot \sum_{i=1}^{n} \frac{n-1}{n}\sigma^2 = \sigma^2
$$

これで $\mathrm{E}[S^2] = \sigma^2$ が言えた。そのとき $\tilde{S}^2$ のほうは、

$$
\mathrm{E}[\tilde{S}^2] = \mathrm{E}\left[\frac{n-1}{n}S^2\right] = \frac{n-1}{n}\,\mathrm{E}[S^2] = \frac{n-1}{n}\sigma^2
$$

となるので、σ^2 と一致しない。 ∎

参加者をしぼったとはいえ、全種目を一人で征覇することは容易ではありません。いつでも全種目征覇者がみつかるとは期待しないでください。

6.1.8　（策イ）「ベスト」の意味を弱める —— 最尤推定

次の策は、「ベスト」の意味を弱めるというものです。唯一無二のチャンピオンでなくても、たとえば

- **一致性**
  サンプルサイズ $n \to \infty$ のとき推定結果が正解に収束する
- **漸近有効性**
  サンプルサイズ $n \to \infty$ のとき $n\,\mathrm{E}[(\text{推定結果} - \text{正解})^2]$ が理論的限界に収束する

のような性質を持つならそれで妥協しようというわけです。これらを満たす推定量は無数に存在しますが、中でも注目すべきは**最尤推定**と呼ばれるものです。最尤は「さいゆう」と読みます。最も尤（もっと）もらしい、という意味です。

データ $X_1, \ldots, X_n$ の実現値として $\check{x}_1, \ldots, \check{x}_n$ を得たとき、確率

$$
\mathrm{P}(X_1 = \check{x}_1,\ \ldots,\ X_n = \check{x}_n) \tag{6.1}
$$

が最大となるパラメータ θ を答えるのが最尤推定です[*4]。ただし連続値の確率変数に対しては、(6.1) だとべったり 0 になってしまうので、かわりに確率密度

$$
f_{X_1,\ldots,X_n}(\check{x}_1, \ldots, \check{x}_n) \tag{6.2}
$$

を最大化します。未知パラメータ θ に対する (6.1) ないし (6.2) のことを θ の**尤度**と呼びます。だから短かく言うと、尤度が最大になる θ を答えるのが最尤推定です。

前項で説明した UMVUE と比べて、最尤推定の自慢は次のような点です。

[*4] 実際に観測された特定の値（6.1.3 項 (p.230) の実現値）だということを強調するためにチェック「ˇ」をつけました。これは本書内だけの我流記法です。

- 機械的に計算すれば求まる。
  ——UMVUE ではこうはいきません。
- パラメータを変換しても推定結果のつじつまが合う。
  σ^2 の最尤推定を $\widehat{\sigma^2}(X)$ とおくとき、σ の最尤推定はすなおに $\sqrt{\widehat{\sigma^2}(X)}$ になります。
  ——UMVUE ではこうはいきません。
- 適当な仮定のもとで一致性や漸近有効性が成り立つ。
  だから、サンプルサイズ n が十分大きくなれば UMVUE とほぼ同等です。

最尤推定を実際に求めるときには、(6.1) や (6.2) の対数を考えるのが定石です。$X_1, \ldots, X_n$ は i.i.d. という仮定だったので、

$$\begin{aligned}
\log \mathrm{P}(X_1 = \check{x}_1, \ldots, X_n = \check{x}_n) &= \log \mathrm{P}(X_1 = \check{x}_1) \cdots \mathrm{P}(X_n = \check{x}_n) \\
&= \log \mathrm{P}(X_1 = \check{x}_1) + \cdots + \log \mathrm{P}(X_n = \check{x}_n) \\
\log f_{X_1,\ldots,X_n}(\check{x}_1, \ldots, \check{x}_n) &= \log f_{X_1}(\check{x}_1) \cdots f_{X_n}(\check{x}_n) \\
&= \log f_{X_1}(\check{x}_1) + \cdots + \log f_{X_n}(\check{x}_n)
\end{aligned}$$

のように足し算に分解されて、扱いやすくなるからです（→ 付録 A.5(p.326)「指数と対数」)。「○○の最大化」と「log ○○ の最大化」とは等価なことに注意しましょう。x が大きいほど $\log x$ は大きくなるから、どちらの最大化も等価です。尤度の対数は**対数尤度**と呼ばれます。

例題 6.3

正規分布 $N(\mu, \sigma^2)$ に従う i.i.d. なデータ $X_1, \ldots, X_n$ の実現値として $\check{x}_1, \ldots, \check{x}_n$ を得た。期待値 μ と分散 σ^2 がともに未知だとして、μ と σ^2 の最尤推定を求めよ。

答

対数尤度 l は

$$\begin{aligned}
l &= \log f_{X_1}(\check{x}_1) + \cdots + \log f_{X_1}(\check{x}_n) \\
&= \log\left(\frac{1}{\sqrt{2\pi\sigma^2}} \exp\left(-\frac{(\check{x}_1 - \mu)^2}{2\sigma^2}\right)\right) + \cdots + \log\left(\frac{1}{\sqrt{2\pi\sigma^2}} \exp\left(-\frac{(\check{x}_n - \mu)^2}{2\sigma^2}\right)\right)
\end{aligned}$$

と計算されるが、log の性質より各項は

$$\log\left(\frac{1}{\sqrt{2\pi\sigma^2}} \exp\left(-\frac{(\check{x}_i - \mu)^2}{2\sigma^2}\right)\right) = -\frac{1}{2}\log(2\pi) - \frac{1}{2}\log(\sigma^2) - \frac{(\check{x}_i - \mu)^2}{2\sigma^2}$$

のように分解される（$i = 1, \ldots, n$）。したがって、

$$l = -\frac{n}{2}\log(2\pi) - \frac{n}{2}\log(\sigma^2) - \frac{(\check{x}_1 - \mu)^2 + \cdots + (\check{x}_n - \mu)^2}{2\sigma^2}$$

最尤推定とは、この l が最大となる μ および σ^2 を求めることだった。

まずは σ^2 をひとまず固定しておいて、μ だけの調節により l の最大化をめざしてみる。それには、「σ^2 を定数だとみなして l を μ で微分した値」を観察すればよい。すなわち、$\partial l/\partial\mu$ を見ればよい（偏微分については 4 章脚注*12(p.154) を参照)。具体的に計算すると

$$\frac{\partial l}{\partial \mu} = -\frac{(\mu - \check{x}_1) + \cdots + (\mu - \check{x}_n)}{\sigma^2} = -\frac{n\mu - (\check{x}_1 + \cdots + \check{x}_n)}{\sigma^2} = -\frac{n}{\sigma^2}(\mu - \bar{x})$$

$$\text{ただし } \bar{x} \equiv \frac{\check{x}_1 + \cdots + \check{x}_n}{n} \text{ は } \check{x}_1, \ldots, \check{x}_n \text{ の平均値}$$

なので、μ が $\bar{x}$ より大きければ $\partial l/\partial\mu < 0$、小さければ $\partial l/\partial\mu > 0$、等しければ $\partial l/\partial\mu = 0$ となっている。したがって、対数尤度 l が最大となるのは $\mu = \bar{x}$ のときだから、μ の最尤推定は $\bar{x}$ である。

いま求まったように $\mu = \bar{x}$ と設定した上で、さらに σ^2 を調節して l を最大化しよう。混乱を避けるため $\sigma^2 = s$ とおき、

$$l = -\frac{n}{2}\log(2\pi) - \frac{n}{2}\log s - \frac{(\check{x}_1 - \bar{x})^2 + \cdots + (\check{x}_n - \bar{x})^2}{2s} \equiv g(s)$$

と書き直しておく。この $g(s)$ が最大となる s を求めるには、dg/ds を観察すればよい。

$$\frac{dg}{ds} = -\frac{n}{2s} + \frac{(\check{x}_1 - \bar{x})^2 + \cdots + (\check{x}_n - \bar{x})^2}{2s^2} = -\frac{n}{2s^2}\left(s - \frac{(\check{x}_1 - \bar{x})^2 + \cdots + (\check{x}_n - \bar{x})^2}{n}\right)$$

より、先ほどと同様にして、s が

$$\frac{(\check{x}_1 - \bar{x})^2 + \cdots + (\check{x}_n - \bar{x})^2}{n} = \frac{1}{n}\sum_{i=1}^{n}(\check{x}_i - \bar{x})^2$$

に等しいとき $g(s)$ が最大となることがわかる。よってこれが σ^2 の最尤推定である。■

いまの例題6.3で求まった「分散の最尤推定」を前の不偏分散と見比べると、違いは n で割るか $(n-1)$ で割るかだけです。この違いは、サンプルサイズ n が大きければほとんど無視できます。「サンプルサイズが大きくなれば最尤推定はUMVUEとほぼ同等」であることがこの例でも伺われますね。

6.1.9　（策ウ）単一の数値として評価基準を定める —— Bayes 推定

第三の策は、単一の数値として何か評価基準を定めることです。「種目ごとに勝ったり負けたりして優勝者が決められない？ そんなの総合得点で決めればいいじゃないか」という案は、たぶん読者も真っ先に考えたでしょう。でもこんどは各種目への配点をめぐるもめごとが巻き起こったりもします。本項ではこの案に相当する手法として **Bayes 推定**を紹介します。

Bayes 推定ではパラメータ θ も確率変数だと想定します。つまり θ にも何か確率分布を想定するわけです。これを**事前分布**と呼びます。いままで「パラメータ θ に応じたデータ X の確率分布」と言っていたものは、「θ が与えられたときの X の条件つき分布」と解釈し直されます。

ここまでを受け入れてしまえば後はもう迷うことはありません。データ X の実現値として $\check{x}$ が得られたとき、条件つき期待罰金

$$\mathrm{E}[(\hat{\theta} - \theta)^2 | X = \check{x}]$$

を最小にしたければ

$$\hat{\theta} = \mathrm{E}[\theta | X = \check{x}]$$

ととればよいのでした（→ 3.6 節 (p.107)「おまけ：条件つき期待値と最小自乗予測」の脚注*18(p.109)）。あるいは一点賭けにこだわらず、$X = \check{x}$ が与えられたときの θ の条件つき分布自体を答えるような方式も考えられます。θ の推定値をずばりと一つ答えるのではなく、図6.10みたいにどの付近の可能性がどれくらい高いよという分布の格好で回答するわけです。こういう文脈では、条件つき分布を事後分布と呼ぶのでした[*5]。事後分布の広がりが「狭い」場合は、それだけ自信を持って推定値を使うことが

*5　事後分布については 2.4 節 (p.51)「Bayes の公式」を参照。事後分布の具体的な計算式は、4.4.5 項 (p.145) の連続値版「Bayes の公式」を復習してください。

できます。一方、「広い」事後分布になっていたら、あまりはっきりしたことは言えません。この方式だと、そんなふうに自信の程度も結果から読み取ることができます。

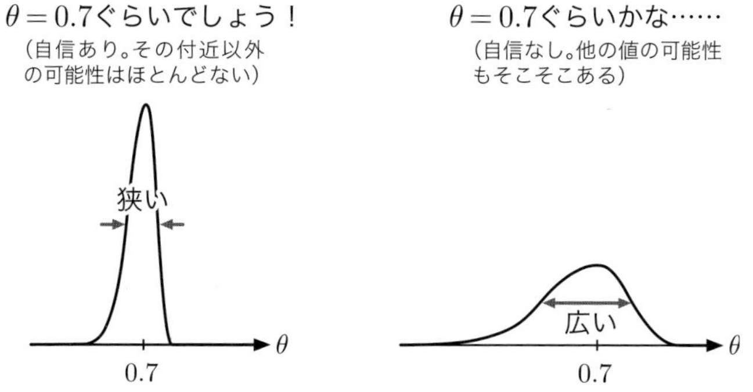

▶図 6.10　データ $X = \tilde{x}$ が与えられたときの、未知パラメータ θ の条件つき分布（事後分布）

例題 6.4

未知の確率 R で表が出るコインを n 回投げたら n 回とも表だった。R の事前分布の確率密度関数が図 6.11 のように

$$f_R(r) = \begin{cases} 6r(1-r) & (0 \le r \le 1) \\ 0 & (\text{他}) \end{cases}$$

だとして、R の事後分布とその（条件つき）期待値を求めよ。（離散値と連続値とが混ざった Bayes の公式は 4.4.8 項 (p.155) を参照）

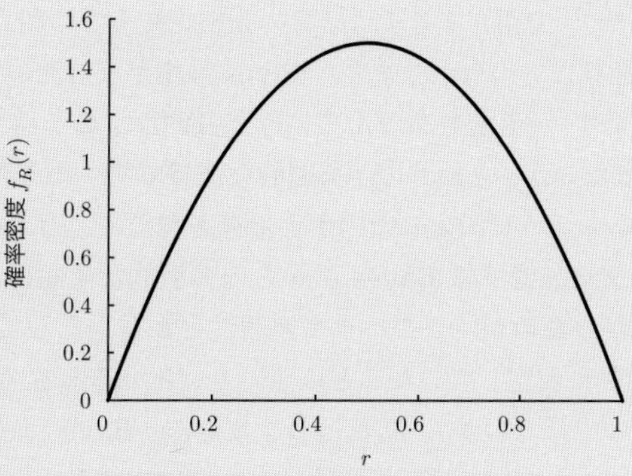

▶図 6.11　R の事前分布

答

表の回数を S とおく。R の事後分布の確率密度関数は、$0 \le r \le 1$ に対して

$$\begin{aligned} f_{R|S}(r|n) &= \frac{\mathrm{P}(S=n|R=r) f_R(r)}{\int_0^1 \mathrm{P}(S=n|R=u) f_R(u)\,du} \\ &= \frac{r^n \cdot 6r(1-r)}{\int_0^1 u^n \cdot 6u(1-u)\,du} = \frac{r^{n+1}(1-r)}{\int_0^1 u^{n+1}(1-u)\,du} \end{aligned}$$

と計算される。ここで

$$\int_0^1 u^{n+1}(1-u)\,du = \int_0^1 (u^{n+1}-u^{n+2})\,du = \left[\frac{1}{n+2}u^{n+2} - \frac{1}{n+3}u^{n+3}\right]_0^1$$
$$= \frac{1}{n+2} - \frac{1}{n+3} = \frac{(n+3)-(n+2)}{(n+2)(n+3)} = \frac{1}{(n+2)(n+3)}$$

より、

$$f_{R|S}(r|n) = (n+2)(n+3)r^{n+1}(1-r) \qquad (0 \le r \le 1)$$

その（条件つき）期待値は、

$$\mathrm{E}[R|S=n] = \int_0^1 r f_{R|S}(r|n)\,dr = (n+2)(n+3)\int_0^1 r^{n+2}(1-r)\,dr$$
$$= (n+2)(n+3)\cdot\frac{1}{(n+3)(n+4)} = \frac{n+2}{n+4}$$

（定積分の計算のしかたは前と同様なので省略しました） ■

Bayes 推定のわかりやすい利点として、事前知識を推定にとり入れられることが挙げられます。もしパラメータは正だと知っているなら、負になる確率が 0 な事前分布を設定すればよい。パラメータがおおよそ 10 前後だと知っているなら、自信の程度に応じて、10 付近の確率が高いような事前分布を設定すればよい。たとえば上の例題 6.4 の事前分布 $f_R(r)$ は、「表の確率が 0 とか 1 とかいう極端なことはまずなくて、確率はおそらく 1/2 前後だろう」という「常識」を具体化させた一例でした。そのご利益は最尤推定などと比べてみればはっきりします。もし最尤推定を使うと、「このコインは 5 回中 5 回とも表が出た。だから表の確率は 1 だろう」のような推定結果になりますが、これは我々の日常感覚からすると非常識ですよね。そんなコインはおそらくないはずですから。一方 Bayes 推定なら、「確率は $(5+2)/(5+4) \approx 0.78$ だろう」。読者のみなさんもこのくらいのほうが常識的だと感じるのではないでしょうか。後ほど 8.1.1 項 (p.271) で紹介するチコノフの正則化でもこの利点が活用されます。

しかしこの利点はそのまま批判にもつながります。Bayes 推定が反対派からまず批判されるのは、答が事前分布しだいになることです。「事前分布なんていう恣意的なものを持ち込むのはけしからん。客観性・公平性が損なわれるではないか」というのが典型的な文句です。たとえば先ほどの例題 6.4 でも、事前分布の具体的な式をなぜあのように設定したのかと追究されたら、万人を納得させるほどの根拠は示せないでしょう。そういう文句に対する Bayes 派からの典型的な反論は、「待て。推定誤差を小さくしたいと言ってたんじゃなかったのか。ここへきて客観性とか言いだして目標がすりかわってるぞ」「しかも客観性にしたって、暗黙に仮定していたことは他にもいろいろある（i.i.d. など）。なのにここにだけやたら噛みつくのも不合理ではないか」。結着はつきません。Bayes 派の中でも、主観性を積極的に良しとする立場がある一方で、主観性を排して事前分布を選ぶ方法といった話もあります。なお、サンプルサイズ n が増えるにつれて一般に事前分布の影響は小さくなっていくことを補足しておきます。先ほどの例題 6.4 でも、n が増えるにつれて、「おそらく 1/2 前後だろう」という事前の常識からはだんだんと離れていきますね（常識には反するけれど、これだけ実際のデータを積んで見せられたら信じざるをえない……といったところです）。

事後分布の計算が大変なことも Bayes 推定の問題点です。一般にはサンプルサイズ n が増えるにつれて事後分布がどんどん複雑になってしまうからです。この問題点は、巧妙な事前分布（**共役事前分布**）を選ぶことで回避できる場合があります。上の例題 6.4 はこれに該当します。また、後ほど 8.2.2

項 (p.289)「カルマンフィルタ」でも例をお見せします。カルマンフィルタでは、事前分布として正規分布を選ぶおかげで、事後分布もずっと正規分布のまま。複雑化しません。

実はさらに、もっと根本的なところで Bayes 推定を受け入れない（もしくは Bayes 推定を推測統計とは全く異なる問題設定だと考える）統計学者も多くいます。議論の焦点は、「パラメータ θ を確率変数とみなしてその確率分布を考えること」が合理的かどうかです。これを言いだすと、例の「1192 年 6 月 6 日にここが雨だった確率」みたいな論争がまた燃えあがってしまいます（→ 1.1 節 (p.3)「数学の立場」)。そんなものに対してゆらぐ値だの確率だのと言うことに意味があるのか。これは「確率とは何か」にもからみ、数学の中ではっきり結着がつくような問題ではありません。Bayes 推定のユーザも、このあたりに強い主義主張を持つ人から、思想にはこだわらず単に便利さや性能に魅かれて使う人までいろいろです。

コンピュータの処理能力の向上や計算手法の発展（マルコフ連鎖モンテカルロ法など → 参考文献 [37]）にともない、近年は Bayes 法が活気づいています。いわゆる「統計学」以外の分野でもこのところは Bayes 法が積極的に応用されている印象です。たとえば、機械に学習能力を持たせようという研究では、本書で触れていない観点からも Bayes 推定の利点が評価されています。迷惑メールを自動判定するソフトウェアではベイジアンフィルタと呼ばれる手法が広く使われるようになりました。このあたりの統計的手法に興味のある読者ならベイジアンネットワークやノンパラメトリックベイズ法といった名前も耳にしたことがあるかもしれません。

6.1.10　手法の選択に関する注意

最後に一つ注意を述べます。本当はこれは本節のテーマとちょっとずれているのですが、一般的な話として重要なのであえてここに入れておきます。いくつかの推定手法の中からどれかを選ぶときにはこの注意を思い出してください。特に、推定した分布を使って予測などをしようという場合にはこれが大切になります。

? 6.4　予備実験で最強だった手法を実戦へ投入したらひどい目にあいました。

どの手法がよく当たるかの実験のしかたには注意を要します。手持ちのデータで手法をチューニングしておいて、その同じデータで成績をテストしたのでは、実力が測れないからです。授業中にやったのと同じ問題で試験するなら丸暗記が最強。でもそれは実力ではありません。見たことのない問題にどれくらい正解できるかこそが、我々の求めている実力というものです。ではどうするか。素朴なのは、授業中に見せていない実力テスト用問題を別途確保してそちらで勝負をつける方法です。もっとうまい方法については**モデル選択**という話題を調べてください。**CV**（cross validation; **交差検定法・交差検証法**）や **AIC**（Akaike's information criterion; **赤池情報量規準**)、さらに**ブートストラップ法**、**BIC**（Bayesian information criterion; **ベイズ情報量規準**)、**MDL**（minimum description length; **最小記述長**）といったあたりがキーワードです。図 8.5(p.276) の小学生流折線グラフについての議論も参照。

6.2 検定論

6.2.1 検定の論法

A さんが B さんに 100 番勝負を挑んで、61 勝 39 敗という結果になりました。

A ： おれのほうが強い。
B ： 偶然だ。
A ： 偶然でこんなに偏るものか。実力の差だ。
B ： いや、実力が五分五分でも偶然これぐらい偏ることだってあるだろ。
A ： そんな確率はほとんどない。
B ： ほとんど？ 具体的に言ってみろ。
A ： 今から計算してやる。そのかわり確率が 5% より小さかったらすなおに実力差を認めろよ。

これが**検定**の考え方です。すなわち、

帰無仮説 H_0 : A さんが勝つ確率 $= 1/2$　　……倒したい主張
対立仮説 H_1 : A さんが勝つ確率 $> 1/2$　　……アピールしたい主張

のように二つの仮説を立てた上で、「もし H_0 だとしたら、こんなに H_1 っぽいデータが偶然出てしまう確率はたったの△△しかない。だから H_0 だなんていう説は受け入れ難い」と訴えるわけです（「H_1 っぽい」を具体的にどう定義するかは、後ほど 6.2.3 項(p.247)「単純仮説」で）。

ちょっと回りくどいところのある論法ですから、よく噛みしめてください。あなたが言いたい本音は「H_1 だ」。でも比較対象がないと主張がはっきりしないので、ライバルとして別の仮説 H_0 を何か立てて、「H_0 じゃなく H_1 だ」という結論をめざします。しかし、運しだいでゆらぐデータからこの結論を断言することは依然難しそうです。そこでさらに後退し、「だって H_0 だなんて思えないでしょう？」という間接的な主張で説得を試みます。相手は当然、「なぜ H_0 を否定するのか」と聞いてくるはず。それに対する返答こそが先ほどのセリフでした。もう一度書きます。

> もし H_0 だとしたら、こんなに H_1 っぽいデータが偶然出てしまう確率はたったの△△しかない。だから H_0 だなんていう説は受け入れ難い。

本音は「H_1 だ」と言いたいくせに、セリフでは直接そう言わず、かわりにライバル説 H_0 の悪口ばかり訴えます。本音とセリフとのねじれに惑わされないようにしましょう。

上のセリフに出てきた確率△△のことを ***p* 値** (*p*-value) と呼びます。十分小さな値 α をあらかじめ決めておき、p 値が α 未満におさまっているかどうかによって判定を線引きするわけです。α としては伝統的に 0.05 や 0.01 がよく使われてきました。この閾値 α を**有意水準**と呼びます。

- p 値 $< \alpha \rightarrow H_0$ を**棄却**（**reject**）
- p 値 $\geq \alpha \rightarrow H_0$ を棄却できない（**accept**）

さきほど述べた「セリフと本音とのねじれ」にご注意。ライバル説 H_0 を棄却したということは、「だからきっと H_1 でしょう」と言外に強くアピールしているわけです。一方、H_0 を棄却できないということは、先ほどのセリフがうまくあてはまらなかったわけです。H_0 だとしても、いまのようなデータが出る確率がそこそこあった。だから H_0 でないとも言い切れない。

- p 値 $< \alpha \to$ ライバル説 H_0 を棄却（reject）…… H_1 のアピールに成功！
- p 値 $\geq \alpha \to$ ライバル説 H_0 を棄却できない（accept）…… 結論は「どちらとも言えない」

こういう非対称性をよく頭に刻むことが、検定を学ぶにあたって第一に大切です。字面と逆で棄却のほうが前向きな判定結果ですからまちがえないように*6。なお、accept のことは**受容**や**採択**とも言います。

有意水準は % で表記することが多いようです（$\alpha = 0.05$ のかわりに有意水準 5% と書く）。有意水準 α が小さいほど判定は厳しくなります。つまり、よほど顕著なデータでないとライバル説 H_0 が棄却されません。その分、もし棄却できた場合には非常に強く H_1 をアピールできることになります。

昔は p 値を計算するのは大変だったので、数表と見比べて、p 値が α 未満かどうかだけを答えていました。いまはコンピュータで簡単に p 値が求まりますから、棄却できるかできないかという判定結果だけでなく、p 値自体を提示することが多くなっています。

例題 6.5

冒頭の問答の結末はどうなるか？

答

第 i 戦の結果を

$$X_i = \begin{cases} 1 & (\text{A さんの勝ち}) \\ 0 & (\text{A さんの負け}) \end{cases} \tag{6.3}$$

と表すことにしましょう（$i = 1, \ldots, 100$）。このとき $S \equiv \sum_{i=1}^{100} X_i$ が A さんの合計勝ち数となります。さて、A さんの主張は次のとおりでした：

> $X_1, \ldots, X_{100}$ が独立で、それぞれ 1 が出るか 0 が出るかは確率半々だと仮定しよう（$\mathrm{P}(X_i = 0) = \mathrm{P}(X_i = 1) = 1/2$）。このとき、$S$ が 61 以上になる確率 $\mathrm{P}(S \geq 61)$ を計算する。もし答が 5%（= 0.05）以下だったら実力差を認めろ。

S の確率分布は 2 項分布 $\mathrm{Bn}(100, 1/2)$ になるのでしたね（3.2 節 (p.74)）。計算してみると、$\mathrm{P}(S \geq 61)$ は約 0.02 だとわかります（例題 4.23(p.170)）。これは設定した有意水準 0.05 より小さいので、「実力差を認めろ」が結論です。 ■

例題 6.6

次表のそれぞれの場合について、例のセリフはどんなふうになるか？

倒したい主張 H_0	アピールしたい主張 H_1
○○の期待値は 7 だ	○○の期待値は 7 ではない
○○の期待値と××の期待値は等しい	○○の期待値は××の期待値より大きい
○○と××の相関係数は 0 だ	○○と××の相関係数は 0 ではない
○○と××は独立だ	○○と××は独立ではない
この薬を塗っても治る確率は変わらない	この薬を塗ったほうが治る確率は高い

*6 「帰無仮説 H_0」「対立仮説 H_1」という建前側の用語がまた、このねじれに拍車をかけています。本音としては、アピールを試みている説が H_1、それに対する倒すべきライバル説が H_0 です。

答

一番上の場合：「もし○○の期待値が 7 だとしたら、こんなに期待値が 7 でないっぽいデータが偶然出てしまう確率はたったの△△しかない。だから期待値が 7 だなんていう説は受け入れ難い」。残りも同様なので略（練習としてぜひいま、声に出して答えてみてください）。 ■

? 6.5　有意水準の「有意」ってどういう意味？

帰無仮説 H_0：「○○は××と等しい」が検定で棄却されたときに、「有意に大きい」「有意に差がある」のような言い回しが使われます。前者は対立仮説が H_1：「○○は××より大きい」の場合（**片側検定**）、後者は対立仮説が H_1：「○○は××と異なる」の場合（**両側検定**）です[*7]。たとえば先ほどの例題 6.5 では、A さんの勝率は 5 割よりも有意に大きい。

有意という言葉を聞いたら、「偶然とはとても思えないほど」と頭の中でおきかえてください[*8]。そして、おきかえてもし意味が通らないようだったら、相手が内容を理解せずに発言している可能性も念のため疑ってみてください。たとえば差（引き算）の話でないものまで何でも有意差と言ってしまったり、もっとひどいと H_0, H_1 をきちんと定めずに有意有意と言いたてたりという人がときどきいるようです。

こういう困った発言をしないために、読者の皆さんは有意という言葉を封印して、「……という仮説が棄却された」「……という仮説を棄却できなかった」のような表現を習慣づけてはいかがでしょうか。

6.2.2　検定の理論的枠組

前項では検定論の骨子をざっと説明しました。本項からは、検定をはっきりした数学へ落としこむためにもう一度改めて理論的枠組を構築していきます。

推定の理論的枠組を構築したときには、「データを入力すると推定値を出力するプログラム」をひとまずすべて考えて、その中で最もよいものを探しました。検定についても同様のアプローチをとります。つまり、データを入力すると「受容」か「棄却」かを出力するようなプログラムを、ひとまずすべて考えます。

その中での優劣を議論するために言葉を導入しましょう。

- **あわてものの誤り（false reject）**：
  本当は H_0 なのに H_0 を棄却してしまう誤り。**第一種の過誤**とも呼ぶ。
- **ぼんやりものの誤り（false accept）**：
  本当は H_0 でないのに H_0 を受容してしまう誤り。**第二種の過誤**とも呼ぶ。

プログラムの判定ミスはこの二種類に分類されます。どちらも迷惑なので、どちらもできるだけ少ないほうがもちろんうれしい。しかし両者はトレードオフの関係にありますから、ひたすら両方とも少なくしてくれというのは無理な注文です。

ではどう考えるかですが、次のような両者の違いを思いおこしましょう。あわてものは自信満々で「H_0 は違う！」とアピールします。一方、ぼんやりものは「何とも言えませんねえ……」と判断を留保するだけ。口調を比べると、まちがっていたときのインパクトはあわてもののほうが強烈そうです。だから我々としては、あわてものの誤りについての品質保証がまずほしくなります。

[*7] 片側検定についても「有意に差がある」と言ってしまうこともありますが。
[*8] この「偶然とはとても思えない」かどうかの線引きを決めるのが有意水準です。

というわけで、さっそくこの観点からプログラムの選別を行います:「あわてものの誤り」の確率が α より高いプログラムは去れ! α は前項で設定した有意水準です。残ったプログラムはどれも α という品質基準をクリアしています。その中での優劣は、もう片方の基準である「ぼんやりものの誤り」の確率 β がいかに低いかで勝負することにしましょう。優勝プログラム δ が決まったら、あとは δ の出力どおりに棄却か受容かを判定すればよい。以上が検定の第一原則です[*9]。

6.2.3 単純仮説

いまの第一原則だけで済むならすっきりしてわかりやすいのですが、実際は残念ながら悩ましい問題がまだ控えています。この先は、すっきりした議論で済む場合を本項でまず紹介し、悩ましい場合を次項で述べることにします。

ではここからは数学的にきちんと説明します。n 個の実数値データをまとめて $X = (X_1, \ldots, X_n)$ と表しましょう。X の分布はずばりこれだ、という格好の仮説を**単純仮説**と呼びます。ですから、g_0, g_1 を何か具体的に指定して

帰無仮説 H_0 : X の確率密度関数は $g_0(x)$ だ ……倒したい主張
対立仮説 H_1 : X の確率密度関数は $g_1(x)$ だ ……アピールしたい主張

と設定すれば、帰無仮説も対立仮説も単純仮説となります。ポイントは、H_0 も H_1 も、X の分布をただ一つずつ指定していることです。たとえば、本節冒頭の問答は単純仮説ではありません。あの問答の H_1 は、「勝つ確率が 0.7」とか「勝つ確率が 0.5897932…」とか、複数の分布を含んでいるからです。

我々の目標は、「データを入力すると『受容』か『棄却』かを出力するプログラム」の中からベストなものを選び出すことでした。そんなプログラム δ にデータ X を入力したときの出力を $\delta(X)$ と表します。データ X が運しだいでゆらぐため、出力 $\delta(X)$ も運しだいでゆらぐ確率変数となります。このあたりの事情は推定のときと同じです。

上のような単純仮説に対して、前項で述べた品質保証はこう表されます。

$$H_0 \text{ の場合に、} \quad \mathrm{P}(\delta(X) = \text{「棄却」}) \leq \alpha \tag{6.4}$$

言いかえれば、$x = (x_1, \ldots, x_n)$ として

$$\int_A g_0(x)\,dx \leq \alpha \qquad (\text{積分範囲 } A \text{ は、} \delta(x) = \text{「棄却」となるような } x \text{ 全体}) \tag{6.5}$$

です[*10]。これを満たす δ のうちで、「ぼんやりものの誤り」の確率 β が最も小さいものをみつけたいのでした。β とは

$$H_1 \text{ の場合の } \mathrm{P}(\delta(X) = \text{「受容」}) \tag{6.6}$$

のことです。それは

$$\int_B g_1(x)\,dx \qquad (\text{積分範囲 } B \text{ は、} \delta(x) = \text{「受容」となるような } x \text{ 全体}) \tag{6.7}$$

[*9] あわてものが α でぼんやりものが β という頭文字の対応がしゃれてますよね(文献によっては文字 β を別の意味に使うこともありますが)。δ はギリシャ文字「デルタ」です。

[*10] ベクトルに対する積分の記法は、5.2.4 項 (p.190)「ベクトル値の確率変数についてもう少し」を参照。なお、積分の中に出てくる x は確率変数ではなくただの変数ですから、X でなく小文字の x にしました。

という式で求められます。まとめると、「(6.5) を満たすような δ のうち (6.7) が最小になるものをみつけよ」が我々に与えられた問題です。

このままだとぴんとこないかもしれないのでたとえ話に翻訳しましょう。

> 主人公は青虫です。葉っぱをどんどん食べて栄養をとり大きくなりたいのですが、この葉っぱには軽い毒があります。我慢できる毒の量は α mg まで。それより多く毒を摂取するとおなかが痛くなってしまいます。我慢できる範囲でできるだけたくさん栄養分を摂取するには、葉っぱのどこを食べればよいでしょうか。葉っぱは場所によって毒も栄養分も濃度が違います。場所 x における毒の濃度は $g_0(x)$ mg/cm^2、栄養分の濃度は $g_1(x)$ mg/cm^2 です。

青虫が食べた場所 x を $\delta(x) =$「棄却」に、食べなかった場所 x を $\delta(x) =$「受容」に、と対応づければこれは元の問題と同じになります。青虫が食べずに残した栄養分の量が β であることに注意してください。β を最小化することは、摂取する栄養分を最大化することと同値です。

ではまず図 6.12 のような具体例から考えていきます。$\alpha = 0.05$ mg、葉っぱ全体の面積は 10 cm^2 として、そのうち

- 根元の 4 cm^2 は毒濃度 0.225 mg/cm^2、栄養分濃度 0.15 mg/cm^2
- 中央の 4 cm^2 は毒濃度 0.02 mg/cm^2、栄養分濃度 0.075 mg/cm^2
- 葉先の 2 cm^2 は毒濃度 0.01 mg/cm^2、栄養分濃度 0.05 mg/cm^2

だったら、どこを食べるとよいでしょうか。栄養分濃度に目がくらんで根元にかぶりついたりすると、あっというまに毒がたまってしまいます。それは賢くありません。

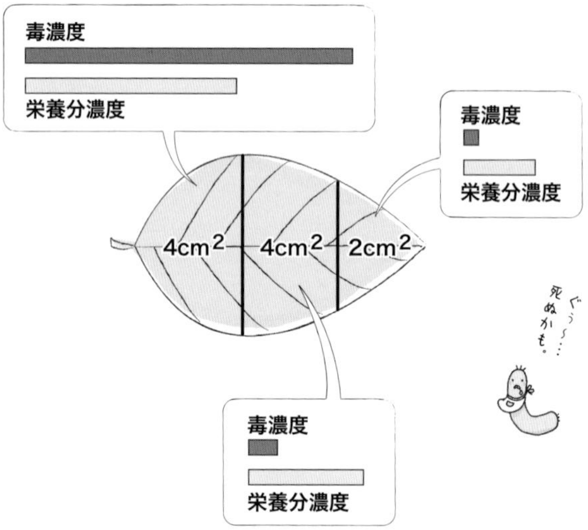

▶図 6.12　根元・中央・葉先それぞれの毒濃度と栄養濃度

- 根元は、毒を r mg 摂取する間に栄養分を $(0.15/0.225)r \sim 0.67r$ mg 摂取できる
- 中央は、毒を r mg 摂取する間に栄養分を $(0.075/0.02)r = 3.75r$ mg 摂取できる
- 葉先は、毒を r mg 摂取する間に栄養分を $(0.05/0.01)r = 5.00r$ mg 摂取できる

こう見れば葉先が一番得だとわかるはずです。そこで葉先から食べていきます。葉先を全部食べ終えても毒は $0.01 \times 2 = 0.02$ mg ですから、限界値 0.05mg までまだまだ余裕があります。次は中央が得なので続けて中央を食べていくと、1.5 cm^2 食べたところで毒が計 0.05 mg に達しギブアップ。これが最適な食べ方です。

では次の例。葉っぱが 20 個の領域に分かれていて、i 番目の領域の面積は s_i、毒濃度は a_i、栄養分濃度は b_i だったとしましょう。考え方は先ほどと同じです。各領域の b_i/a_i を求めて、それが大きい領域から順に食べていきます。そうやって毒が限界 α に達したところで食べるのを止めればよい。これが最適です。

最後の例は一般の場合です。毒濃度 $g_0(x)$ も栄養分濃度 $g_1(x)$ も、場所 x に応じて連続的に変化する設定です。もう答は読めますね。$g_1(x)/g_0(x)$ が大きい場所を優先しながら、毒が α に達するまで食べればよいのです。食べるのをやめた時点の $g_1(x)/g_0(x)$ の値を c とすれば、$g_1(x)/g_0(x) > c$ であるような場所 x をすべて食べたことになります。

検定の話に戻せば、最適なプログラムは

$$\delta(x) = \begin{cases} \text{「棄却」} & (g_1(x)/g_0(x) > c) \\ \text{「受容」} & (g_1(x)/g_0(x) \leq c) \end{cases}$$

という格好をしていることになります。閾値 c は、「あわてものの誤り」の確率が α となるように調節して決めます。この結論は**ネイマン・ピアソンの補題**と呼ばれます。

6.2.1 項 (p.244)「検定の論法」で言っていた「データ x が H_1 っぽい」とは結局、今の場合「$g_1(x)/g_0(x)$ が大きい」という意味でした。この $g_1(x)/g_0(x)$ は**尤度比**と呼ばれます。尤度比がどれくらい大きかったら棄却とするかは、有意水準 α に応じて決まります。α が小さいほど検定は厳しくなりますから、閾値 c は大きくなります。$g_1(x)/g_0(x)$ が相当露骨に大きくないと棄却してもらえないわけです。α を徐々に下げていったときにいつまで棄却され続けるか、そのぎりぎりの α の値をデータ x の p 値と呼ぶのでした。

6.2.4 複合仮説

単純仮説でない仮説は**複合仮説**と呼ばれます。つまり、複数の分布を含んでいる仮説が複合仮説です。たとえば冒頭の問答の対立仮説 H_1：「A さんが勝つ確率 $> 1/2$」は複合仮説です。

帰無仮説と対立仮説がどちらも単純仮説の場合には、式 (6.4) や (6.6) で見たとおり、

$$\begin{aligned} \text{「あわてものの誤り」の確率} &= H_0 \text{ の場合の } \mathrm{P}(\delta(X) = \text{「棄却」}) \\ \text{「ぼんやりものの誤り」の確率} &= H_1 \text{ の場合の } \mathrm{P}(\delta(X) = \text{「受容」}) \end{aligned}$$

とずばり表せました。だから各プログラム δ に対してこれらの値がちゃんと一つずつ定まり、文句なく優劣を競うことができました。しかし複合仮説だと一般にそうはいきません。H_0 や H_1 が複数の分布を含んでいたら、その中のどの分布かによってこれらの誤りの確率が変わってしまうからです。こうなると、6.1.6 項 (p.236)「多目的最適化」で味わった悩みにふたたびおそわれてしまいます。

ではどうするのか。詳細は略しますが、推定のときと似たような位置づけの概念や手法が、検定についても考えられています。最小分散不偏推定（UMVUE）に対して**一様最強力不偏検定**（uniformly most powerful unbiased test; **UMPUT**）、最尤推定に対して**尤度比検定**、という具合です。

コラム：ともえ戦

ともえ戦のシミュレーションをします。ともえ戦とは、A, B, C の三人から次のようにして優勝者を決める方式のことです。

- 「負けたほうが交代」でぐるぐる戦い続ける
- 誰かが連勝したらその人が優勝

たとえば……

1. まず A と B で戦う → A が勝った
2. 勝者 A が、待機していた C と戦う → C が勝った
3. 勝者 C が、待機していた B と戦う → B が勝った
4. 勝者 B が、待機していた A と戦う → A が勝った
5. 勝者 A が、待機していた C と戦う → A が勝った…… 連勝したので A が優勝

A, B, C の間の勝率をいろいろ設定してコンピュータシミュレーションを行った結果は次のとおりです。ともえ戦による優勝決定を 1000 回くり返し、誰が何回優勝したかを数えました。

```
$ cd tomoe↲
$ make↲
=========== 50%, 50%, 50%
./tomoe.rb 1000 | ../count.rb
A: 362 (36.2%)
B: 364 (36.4%)
C: 274 (27.4%)
=========== 50%, 45%, 55%
./tomoe.rb -p=50,45,55 1000 | ../count.rb
A: 338 (33.8%)
B: 319 (31.9%)
C: 343 (34.3%)
=========== 50%, 40%, 60%
./tomoe.rb -p=50,40,60 1000 | ../count.rb
A: 288 (28.8%)
B: 287 (28.7%)
C: 425 (42.5%)
=========== 50%, 35%, 65%
./tomoe.rb -p=50,35,65 1000 | ../count.rb
A: 277 (27.7%)
B: 268 (26.8%)
C: 455 (45.5%)
=========== 50%, 30%, 70%
./tomoe.rb -p=50,30,70 1000 | ../count.rb
A: 213 (21.3%)
B: 245 (24.5%)
C: 542 (54.2%)
```

最初に表示されているのは、誰と誰が戦っても勝敗の確率は五分五分という設定での各人の優勝率で

す。ともえ戦は順番により有利不利があることが知られています。

その次の表示は、下記のような設定（C が少し強い）での結果です。

- A が B に勝つ確率は 50%
- B が C に勝つ確率は 45%
- C が A に勝つ確率は 55%

そこから下は、C をさらにだんだん強くしています。C がはっきり強い設定でも、優勝率はなかなか上がらないものですね。

第 7 章

擬似乱数

確率にからむコンピュータシミュレーションを行うときには、多くの場合に擬似乱数が使われます。擬似乱数についてまず心すべきなのは次のことです：

自分で作るな

擬似乱数は素人の思いつきで何とかなるような浅いものではありません。これに関して教訓的な話が参考文献 [30] に載っています。「いろんなかきまぜルーチンをめちゃめちゃに組みあわせて、わけのわからない我流スーパー乱数発生関数を作ってみたら、結果はちっともでたらめにならなかった」という話です。「でたらめ」を作るには細心の注意と精密な考察が必要です。その道の専門家にまかせましょう。

本章では、ユーザの立場に徹して擬似乱数というものを説明します。たとえばメルセンヌツイスターのような擬似乱数生成法の中身には踏み込みません。次のようなもっと外側の話に我々は専念しましょう：

- 擬似乱数の種とは何か、どう活用すればよいか
- 擬似乱数の典型的な用途（モンテカルロ法）
- 擬似乱数が適さない場合（暗号論的擬似乱数列や超一様分布列との対比）
- 既存の擬似乱数ルーチンで得られる一様分布を、正規分布などに変換する方法

7.1 位置づけ

7.1.1 乱数列

本書では、i.i.d. な確率変数の列 $X_1, X_2, \ldots$（もしくはその実現値）を**乱数列**と呼ぶことにします。後述の擬似乱数列とはっきり区別したいときは**真の乱数列**とも呼びます。

乱数列を用いてシミュレーションを行いたい場面が、いろいろな分野で多くあります。たとえば、交通や通信ネットワークのシミュレーションでは、各自の目的地や各端末の接続相手をランダムに設定して全体の挙動を観察する。あるいは、信号処理のシミュレーションでは、入力信号に不規則なノイズを加えてみて出力への影響を調べる。などなどです。

しかし、確率変数の列を実際に準備するのは手間がかかります。人手でサイコロをふったりコイントスをしたりでは大規模な用途にとてもまにあいません。放射線などの物理的なゆらぎを用いる専用ハードウェアもありますが、広くは普及していません。そこで、もっと手軽に実験するための手段として、次項で述べる擬似乱数列が使われます。

? 7.1　数列 $1, 1, 2, 3, 5$ は乱数列ですか？

本文の立場からすると、こういう具体的な数列に対して乱数列かどうかを問うのはナンセンスです。サイコロをふってたまたま出た $1, 1, 2, 3, 5$ は乱数列だし、「直前の 2 つの値を足して次の値を決める」という規則で作った数列 $1, 1, 2, 3, 5$（フィボナッチ数列）は乱数列ではない、ということになります。乱数列というのは、数列に関する概念ではなくて、数列の作り方に関する概念なのです。

ただし、乱数列という言葉の使い方には他の流儀もあります。そちらの立場をとれば、与えられた特定の数列（ゆらがない、確定したただの数列）が乱数列かどうかを議論することもできなくはありません。

7.1.2　擬似乱数列

乱数列ほど大量にサイコロをふらなくても生成できて、しかも乱数列のかわりになりそうなものがほしい。それを意図して作られたものが**擬似乱数列**です。どうなっていたら擬似乱数列かというきっちりした決定版の定義はありません。

歴史的にはいろいろな擬似乱数列の生成法が考案されてきました。この分野は進歩が続いているので、教科書に載るおすすめ手法もその教科書が書かれた時期によって変わります。

個々の手法の詳細は本書では述べませんが、使用者が理解しておくべき共通する概念だけはここで説明しておきましょう。擬似乱数列 $x_1, x_2, x_3, \ldots$ はおおむね次のような処理により生成されます。

$$s_{t+1} \equiv g(s_t), \qquad x_t \equiv h(s_t), \qquad (t = 1, 2, 3, \ldots)$$

つまり

- 何らかの関数 g により内部状態 s_t を更新していく
- 内部状態から何らかの関数 h により出力 x_t を定める

という格好です。s_t や g や h が具体的にどんなものかはそれぞれの手法により違います。

するどい読者は、$x_1, x_2, x_3, \ldots$ がどこかでループしてしまうことに気づいたかもしれません。コンピュータ上で表現できる内部状態 s_t は有限通りしかありませんから、$s_1, s_2, s_3, \ldots$ と進めていけばどこかで以前と同じものが出てしまうはずで、するとそこから先の展開もまた同じになる運命です。とはいえ、ループの周期が十分長ければ実用上は問題ありません。

初期値 s_1 は**種**（seed）と呼ばれる値を与えることにより設定されます。サイコロをちょっとふって種さえでたらめに決めてやれば、あとは長い「でたらめっぽい数列」が自動的に生成される。それはサイコロを長くふり続けるよりもずっと手間が少なくて済むからうれしいでしょう、というわけです。もう少しきちんと言うと、運しだいでゆらぐ確率変数を種に設定すれば、そこから生成される数列も運しだいでゆらぐ確率変数列になります。こうやってできる確率変数列（もしくはその実現値）を本書では疑似乱数列と呼びます。

疑似乱数列を用いたプログラムでは、同じ種を与えてやれば同じ動作がくり返されます。これはデバッグや他者による検証の際にはありがたい特性です。一方、時刻やプロセス番号などから種を作ってやれば、実行のたびに異なる結果が得られます。ゲームなどではこうしておかないと不本意でしょう。

近年は擬似乱数列の生成法として**メルセンヌツイスター**（Mersenne Twister）が人気です[*1]。メルセンヌツイスターの売りは、

- 計算が速い
- 周期 p が長い（$p = 2^{19937} - 1$）
- 引き続く k 個の値を組にしてできるベクトルが、大きな k で均等に分布する（$i = 0, 1, \ldots, p - 1$ に対する $(x_i, x_{i+1}, \ldots, x_{i+622})$ が、$k = 623$ 次元の超立方体内に 32 bit 精度で均等に分布）

という点です。最後の「均等に分布」がなぜ重要かは、昔よく実装されていた乱数ルーチンと比べればよくわかります。昔の多くの環境では、乱数ルーチンを呼ぶと偶数と奇数が交互に出てきました。上の言い方にあわせれば、ベクトル (x_i, x_{i+1}) が 2 次元の正方形上で図 7.1 のようなくせのある分布になってしまったわけです。こういうくせは、もちろんないに越したことはありません。

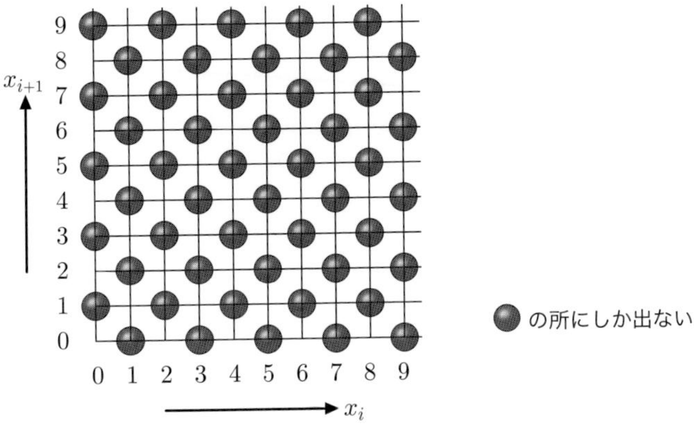

▶ 図 7.1　奇数と偶数が交互に出現

7.1.3　典型的な用途：モンテカルロ法

擬似乱数列のわかりやすい用途のひとつにコンピュータゲームがあります。でも遊びのため以外にも擬似乱数列は大いに活用されています。その典型的な用途がモンテカルロ法です。乱数を使ったシミュレーションをみんなひっくるめてモンテカルロ法と呼ぶ人もいますが、本書ではもう少し限定した意味でこの名前を使います。

例としてまず小学生向けの自由研究ネタを一つ。ダーツを投げて円周率 π を求めるというのを聞いたことがないでしょうか。正方形の板に図 7.2 のような (1/4) 円を描いてでたらめにダーツを何度も投げたら、ささったダーツのうち (1/4) 円に入るものの割合はおおよそ $\pi/4$ になるだろう、という話です。確率の言葉でいうとこうなります。

図 7.2 のような正方形領域上に一様分布する、i.i.d. なベクトル値確率変数 $\boldsymbol{X}_1, \ldots, \boldsymbol{X}_n$ があっ

---

*1 `http://www.math.sci.hiroshima-u.ac.jp/~m-mat/MT/mt.html` で C 言語による実装が公開されています。あなたの使っている言語やライブラリにもメルセンヌツイスターが組み込まれているかもしれません。もちろん、さらに良い擬似乱数アルゴリズムを求めての研究はメルセンヌツイスター以後も続いています。

たとせよ。このとき

$$Y_i \equiv \begin{cases} 1 & (\|\boldsymbol{X}_i\| \le 1 \text{ の場合}) \\ 0 & (\text{他}) \end{cases}$$

とおけば、期待値 $\mathrm{E}[Y_i]$ はアミがけの面積 $\pi/4$ に一致するはず ($i = 1, \ldots, n$)。したがって、$R_n \equiv (Y_1 + \cdots + Y_n)/n$ は $n \to \infty$ の極限で $\pi/4$ に収束するはず (→ 3.5 節 (p.101)「大数の法則」)。

R_n は確率変数であり、$\pi/4$ のまわりで運しだいでゆらぎます。でも n を大きくしさえすれば、ゆらぎをいくらでも小さくできる、という仕掛けです。コンピュータ上でこれをシミュレートするには、実際にダーツを投げるかわりに擬似乱数列を使うことが考えられます。

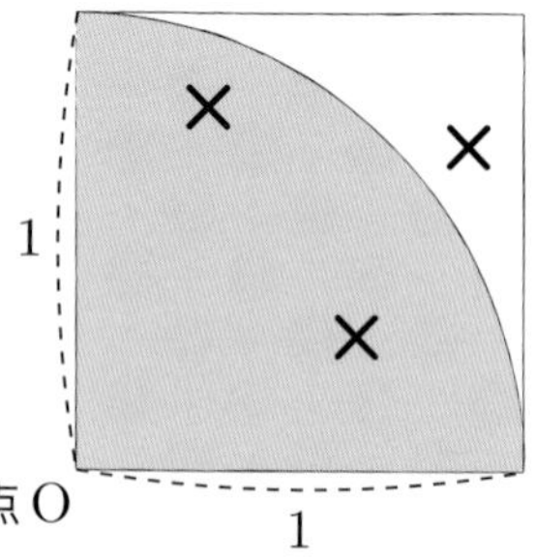

▶図 7.2 ダーツを投げて π を求める

こんなふうに、i.i.d. な多数の確率変数（もしくは代用として擬似乱数列）を使い、得られた結果の平均値でもって期待値を推定する方法が、**モンテカルロ（Monte Carlo）法**です。手法の名前はカジノで有名な地名のモンテカルロに由来します。たとえば、コラム「モンティホール問題」(p.25) でやったシミュレーションも、「i 回目の試行が当たりなら $Y_i = 1$、はずれなら $Y_i = 0$」とおき $(Y_1 + \cdots + Y_n)/n$ であたりの確率を推定したモンテカルロ法だと解釈できます。コラム「ケーキ」(p.171) も、i 回目の試行で得た分け前を Y_i として、$(Y_1 + \cdots + Y_n)/n$ で分け前の期待値を推定するモンテカルロ法とも考えられます。さらに、分け前のヒストグラムを描いて眺めたのも、「$0.2 \le Y_i < 0.3$ なら $Z_i = 1$、さもなくば $Z_i = 0$」などとおいて $(Z_1 + \cdots + Z_n)/n$ で「分け前がこの範囲に入る確率」を推定したのだとみなせます。するとこれもモンテカルロ法と呼んでよいでしょう。

モンテカルロ法の強みは適用範囲の広さです。ともかく求めたい量を何かの期待値として表すことさえできれば、あとはその「何か」にあたるものをたくさん生成して平均すればよい。一方、モンテカルロ法の弱みは収束の遅さです。ダーツの例でいうと、精度を 10 倍に（標準偏差 $\sqrt{\mathrm{V}[R_n]}$ を 1/10 に）しようと思ったら、投げる回数 n は $10^2 = 100$ 倍にしないといけないのでした。「えっ」という人は 3.5.2 項 (p.104)「平均値の期待値・平均値の分散」を復習してください。一般に、モンテカルロ法の原理を用いている限り、精度を一桁上げるために 100 倍の手間がかかってしまう宿命からは逃れられません。だから、他にましな手がある場合にはそちらのほうが好まれます。モンテカルロ法の出番は、他の手法では歯がたたないような複雑でたちの悪い問題に直面したときです。

モンテカルロ法で得られた結果の精度は、データの分散を推定することにより見積れます。ダーツの例の記号で説明すると、6.1.7 項 (p.237)「最小分散不偏推定」や 6.1.8 項 (p.238)「最尤推定」でやったように $\mathrm{V}[Y_1](= \mathrm{V}[Y_2] = \cdots = \mathrm{V}[Y_n])$ をデータから推定すれば、$\sqrt{\mathrm{V}[R_n]} = \sqrt{\mathrm{V}[Y_1]/n}$ により R_n の標準偏差の見積りができます。

モンテカルロ法は一種の数値積分法ともみなせます。確率変数 X の確率密度関数を f とすると、指定された関数 g に対する $g(X)$ の期待値は $\mathrm{E}[g(X)] = \int_{-\infty}^{\infty} g(x)f(x)\,dx$ のように積分で表されるのでした（→ 4.5.1 項 (p.156)）。だから、$g(X)$ の期待値を求めることは、右辺の積分の値を求めることと同値。これを逆手にとるのがモンテカルロ法による数値積分です。定積分の値を計算したいとき、それを何かの期待値の格好で表してモンテカルロ法に持ち込むわけです。たとえば $c \equiv \int_a^b h(x)\,dx$ を計算したければ、X が $[a,b]$ 上の一様分布に従うとして $g(x) \equiv (b-a)h(x)$ ととってやると $\mathrm{E}[g(X)] = c$ になります。そこで、$[a,b]$ 上の一様分布に相当する擬似乱数列 $x_1, \ldots, x_n$ を生成し、$(b-a)(h(x_1) + \cdots + h(x_n))/n$ を c の推定値として利用します。もちろん、「ふつうの」数値積分法が使える場面ではこんな効率の悪い方法は使われません。モンテカルロ法に頼るのは、h が滑らかでないたちの悪い関数だったり、計算したいものが次元の高い多重積分だったりという場合です[*2]。そんなふうに問題が難しくなると「ふつうの」数値積分法は急激に性能が悪化します。一方、モンテカルロ法はあいかわらず 100 倍やれば精度が一桁上がる。難しい問題だとこれはむしろ高評価になります[*3]。

7.1.4　関連する話題：暗号論的擬似乱数列・超一様分布列

メルセンヌツイスターをはじめとする擬似乱数列が何でないかをよく知っていただくために、関連する話題を挙げます。

暗号論的擬似乱数列

メルセンヌツイスターなどの擬似乱数列は、（そのままだと）暗号用には使えません。先ほど述べた長周期も均等分布も、予測のしにくさを保証するわけではないからです。そこで、予測の困難性にこだわった**暗号論的擬似乱数列**という概念が考えられました。計算量の概念を持ち込み、予測に必要な計算量を議論することが特色です（参考文献 [18, 41]）。

超一様分布列

擬似乱数列では、前に出た値と全く無関係っぽくでたらめな値を出していくことが望まれます。そうすると、前に出たのと同じ値や近い値もときどきは出てしまうことになります。これは当然。というか、それなりの割合でこうなることがむしろ、本当のでたらめさのあかしです。

これに対し、でたらめさではなく一様性にこだわった**超一様分布列**（**low-discrepancy sequence, 低くい違い列**）というものも研究されています（参考文献 [24]）。図 7.3 で擬似乱数列と比べてみてください。

---

*2　参考文献 [8] の 158 ページでは、モンテカルロ法を「万策つきたときに“縋（すが）る藁”」と表現しています。

*3　ただし精度という言葉の意味が「ふつうの」数値積分の話と違うことはお忘れなく。標準偏差がいくら小さいからといって、運悪く大はずれになってしまう確率はゼロではありません。

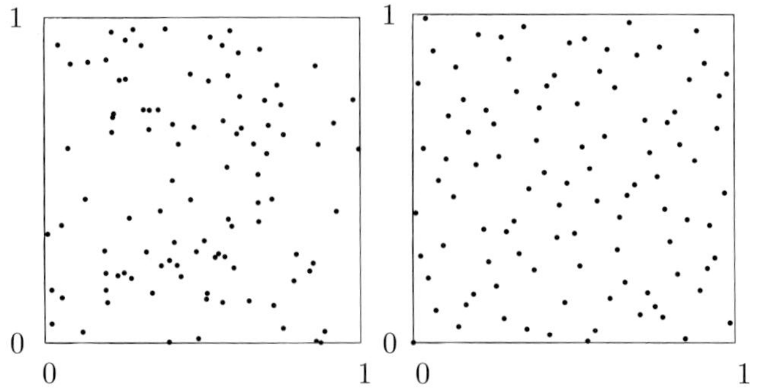

▶図 7.3　擬似乱数列（左）と超一様分布列（右）の比較。左はメルセンヌツイスター、右は基数 2, 3 による Halton 列（参考文献 [24] 参照）。どちらも正方形領域上に 100 個の点を生成しプロットしたもの

超一様分布列はモンテカルロ法の欠点を改善するために使われます。上でも述べたとおり、モンテカルロ法の泣き所は、精度を一桁上げるために 100 倍もの手間がかかってしまうことでした。そこで、擬似乱数列のかわりに超一様分布列を使うことで、ある程度たちの良い場合には収束速度を改善するという手法が開発されています。これは**準モンテカルロ法**と呼ばれる方法の一種です。

? 7.2　一様性にこだわるなら図 7.4 みたいに格子点をとればいいじゃない？

格子点には次のような不満があります。

- 次元が大きくなると点が非常に増えてしまう。たとえば 10 次元なら、各軸を 4 分割するだけで $4^{10} = 1048576 \approx 100$ 万 もの格子が必要。
- 半端な個数で打ち切れない。たとえば 3 次元で 100 個の点をとりたくても、格子点だと $4^3 = 64$ 個か $5^3 = 125$ 個かしか選べません。しかもそれを事前に選ばねばならず、実験しながら様子を見て満足した時点で打ち切るといったことができません。

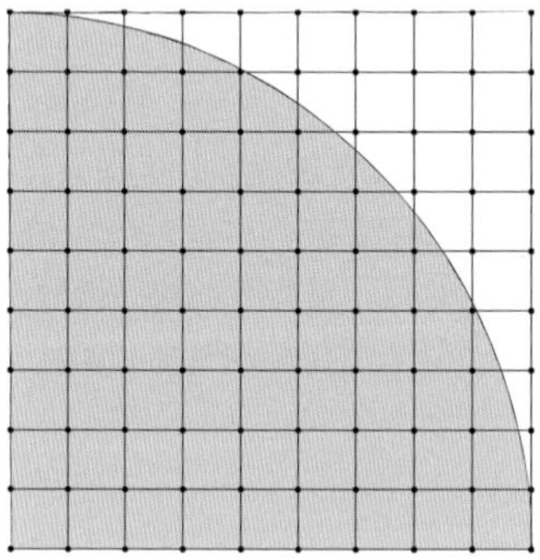

▶図 7.4　格子点

7.2 所望の分布に従う乱数の作り方

冒頭で警告したとおり、擬似乱数列そのものの生成法はプロにまかせるべきです。しかし、目的に応じてそれを加工するところは各自で作る必要もでてくるでしょう。本節ではそこを説明します。具体的には、$[0,1)$ 上の一様分布に従う i.i.d. な確率変数の列 $X_1, X_2, \ldots$ があったとして、それを変換して所望の分布に従う確率変数を作るにはどうすればよいかがテーマです。

? 7.3　$[0,1)$ って何ですか？

図 7.5 のように括弧の微妙な違いで区間の種類を区別します。

- $[a,b] \to$「$a \le x \le b$ な x たち」
- $(a,b) \to$「$a < x < b$ な x たち」
- $[a,b) \to$「$a \le x < b$ な x たち」
- $(a,b] \to$「$a < x \le b$ な x たち」

連続値の一様分布としては $[0,1)$ と $[0,1]$ との違いを気にする必要はありません。ちょうどぴったり 1 が出る確率なんてどちらにせよゼロだからです（→ 4.2.1 項 (p.123)「確率ゼロ」)。本文であえて $[0,1)$ と書いているのは、世の中の擬似乱数列生成ルーチンの仕様にあわせるためです。

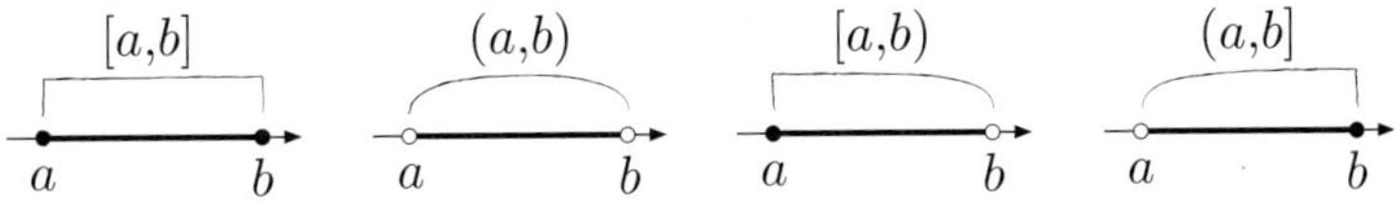

▶ 図 7.5　区間の記法

本項の技法を現実に使うときには、確率変数 $X_1, X_2, \ldots$ を擬似乱数列で代用することになります。$[0,1)$ 上の一様分布に相当する擬似乱数列を得る方法は、各言語やライブラリのマニュアルを参照ください。

また、計算速度にこだわったさらなる工夫については、参考文献 [11, 19, 30] を挙げておきます。

7.2.1　離散値の場合

一様分布

最初の例はコイントスです。表か裏かが等確率で出るような Y を作るにはどうしたらよいか。答は、$[0,1)$ 上の一様分布に従う確率変数 X に対し、$X < 1/2$ なら $Y =$ 表、さもなくば $Y =$ 裏 とおけばよい。

次の例はサイコロです。$1, 2, 3, 4, 5, 6$ が等確率で出るような Y を作るにはどうしたらよいか。答は、$6X$ の小数点以下を切り捨ててから 1 を足せばよい。

? 7.4　整数値の擬似乱数 Z (≥ 0) を使って、「Z が奇数なら表、偶数なら裏」とすればコイントスができるし、「Z を 6 で割った余りに 1 を足す」でサイコロもできますよね？

本来はそうあるべきなのですが……先ほど図 7.1(p.255) で述べたとおり、質の悪いアルゴリズムを使った擬似乱数列だと、下位 bit はランダムになっていないかもしれません。

一般の分布

ここからは、確率が均等でない一般の分布を考えましょう。

最初の例はいかさまコイントスです。確率 p で表、確率 $(1-p)$ で裏となるような Y を作るにはどうしたらよいか。答は図 7.6 のとおり。$[0,1)$ 上の一様分布に従う確率変数 X に対し、$X < p$ なら $Y =$ 表、さもなくば $Y =$ 裏 とおけばよい。

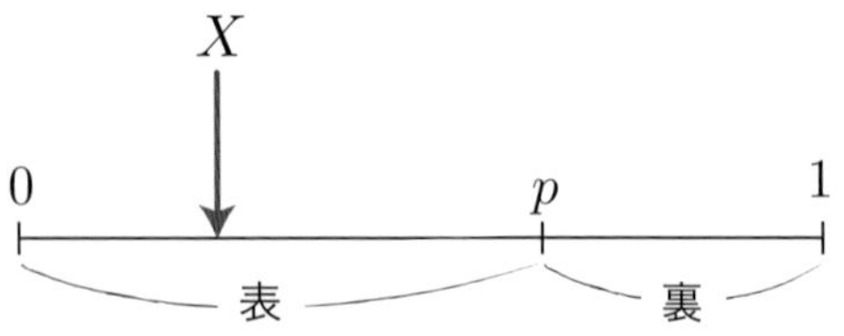

▶図 7.6　確率 p で表、確率 $(1-p)$ で裏が出るコイントス

次の例はいかさまサイコロです。1 から 6 までの目がそれぞれ確率 $p_1, \ldots, p_6$ で出るような Y を作るにはどうしたらよいか ($p_1 + \cdots + p_6 = 1$)。答は図 7.7 のとおり。上と同様の X に対し、

- もし $X < p_1$ なら $Y = 1$
- さもなくば、もし $X < p_1 + p_2$ なら $Y = 2$
- さもなくば、もし $X < p_1 + p_2 + p_3$ なら $Y = 3$
- さもなくば、もし $X < p_1 + p_2 + p_3 + p_4$ なら $Y = 4$
- さもなくば、もし $X < p_1 + p_2 + p_3 + p_4 + p_5$ なら $Y = 5$
- さもなくば、$Y = 6$

ととればよい。

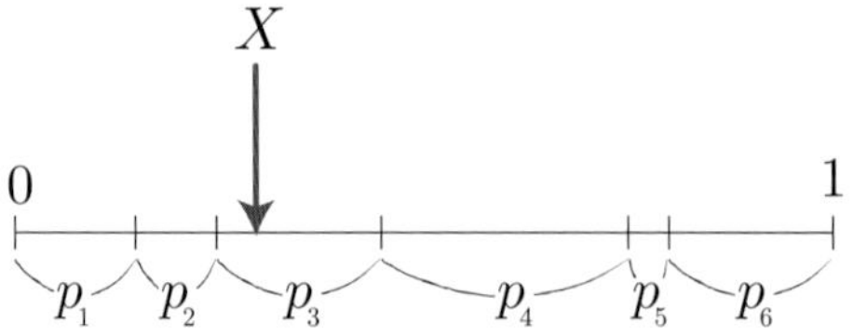

▶図 7.7　確率 p_i で i が出るサイコロ

離散値の分布については、こんな方法で原理的には好きな分布を作ることができます。

7.2.2 連続値の場合

次は連続値のいろいろな分布の作り方です。連続値分布の中でも特に重要な正規分布については 7.2.3 項 (p.263) で扱うことにして、ここではそれ以外をお話します。

一様分布

-10 から 10 までの実数値が出るような一様分布の Y を作るにはどうしたらよいか。$[0,1)$ 上の一様分布に従う確率変数 X に対し、$20X$ は 0 から 20 までの一様分布になりますから、それを使って

$$Y \equiv 20X - 10$$

ととれば所望の分布が作れます。一般に、a から b までの一様分布を作りたければ

$$Y \equiv (b-a)X + a$$

ととればよい。人によっては $Y = (1-X)a + Xb$ と書き直したほうがわかりやすいかもしれません。

累積分布関数を使う方法

では、一様でない連続値の分布を作るにはどうしたらよいでしょうか。まず図 7.8 のような方法があります：X を $[0,1)$ 上の一様分布に従う確率変数だとして、$F(y)$ を望みの分布の累積分布関数（4.3.1 項 (p.126)）とするとき、

$$Y \equiv F^{-1}(X)$$

とおけば Y はお望みの分布に従います。右辺の F^{-1} は、$1/F$ ではなく「F の逆関数」を表します。つまり、「$F(y) = X$ となるような y の値」という意味です。

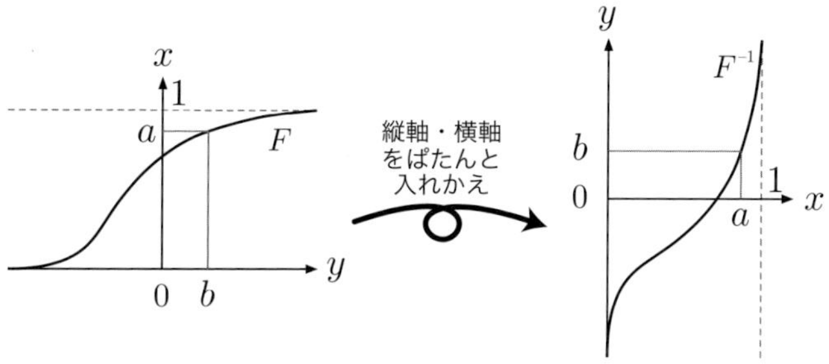

▶ 図 7.8　累積分布関数 F の逆関数 F^{-1}

実際このとき

$$\mathrm{P}(Y \leq b) = \mathrm{P}(X \leq F(b)) = F(b)$$

ですから、Y の分布は確かに望みどおりになっています。累積分布関数の逆関数が式できれいに書ける場合なら、この方法を使うとよいでしょう。

例題 7.1

$[0, 1)$ 上の一様分布に従う確率変数 X に対し、関数 g をうまく作って、$Y \equiv g(X)$ の確率密度関数が

$$f_Y(u) = \begin{cases} \frac{1}{2}\exp\left(-\frac{u}{2}\right) & (u \geq 0 \text{ のとき}) \\ 0 & (\text{他}) \end{cases}$$

となるようにせよ。

答

Y の累積分布関数は

$$F_Y(y) = \int_{-\infty}^{y} f_Y(u)\,du = \int_0^y \frac{1}{2}\exp\left(-\frac{u}{2}\right)\,du = \left[-\exp\left(-\frac{u}{2}\right)\right]_0^y = 1 - \exp\left(-\frac{y}{2}\right) \quad (y \geq 0)$$

である。その逆関数は、$F_Y(y) = x$ を y について解くことにより

$$y = F_Y^{-1}(x) = -2\log(1-x)$$

と求まる。よって $g(x) = -2\log(1-x)$ ととればよい。

なお、答はこれ以外にもありえます。X が一様分布だから、たとえば X の確率分布と $1 - X$ の確率分布とは同じ。すると、$h(X) \equiv -2\log X$ の確率分布も $g(X)$ の確率分布と同じです。(X がぴったり 0 や 1 になる確率はゼロなので、「端」を含むか含まないかは気にしないことにして)　■

確率密度関数を使う方法（素朴版）

累積分布関数（の逆関数）がきれいな式で書けない場合には、確率密度関数にもとづく方法もあります[†]。

出したい分布の確率密度関数を f としましょう。図 7.9 のように f のグラフを描き、この長方形内のどこかへ一様分布でランダムに点を打ちます。もし点がグラフより下ならそれを採用し、横軸の値を Y として出力します。一方、もし点がグラフより上だったら、その点は捨てて新しい点をまたランダムに打ち直します。これを採用されるまでくり返します。a, b, c はグラフより外側にさえなっていればどう設定しても OK です（できるだけグラフぎりぎりに設定するほど、採用確率が高まり効率が良くなります）。

Ruby のコードで書けば次のとおり。各行の # より後はコメントです。

```
# a, b, c, f はここより前で定義されているものとする
begin
  u = (b - a) * rand() + a  # a から b までの一様乱数
  v = c * rand()            # 0 から c までの一様乱数
end until v <= f(u)         # v ≦ f(u) となるまで begin 〜 end を反復
return u                    # u を答えておしまい
```

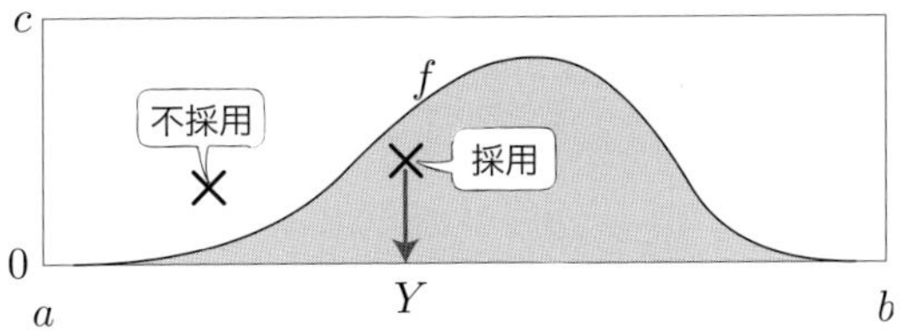

▶図 7.9 長方形内にランダムに点を打つ

こうやって Y を作ると、なるほど f の高いところほど出やすくなりそうです。この方法で実際に所望の分布が得られることは、

$$\mathrm{P}(y_1 \le Y \le y_2) = \mathrm{P}(\text{点が図 7.10 のアミがけ部分に入る} \mid \text{点が図 7.10 のグラフより下に入る})$$
$$= \frac{\text{アミがけ部分の面積}}{\text{グラフの面積}} = \frac{\int_{y_1}^{y_2} f(u)\,du}{1} = \int_{y_1}^{y_2} f(u)\,du$$

という計算によりわかります（確率密度関数のグラフの面積は必ず 1 でした → 図 4.21(p.128)）。この式は、f が Y の確率密度関数であることを意味しています。

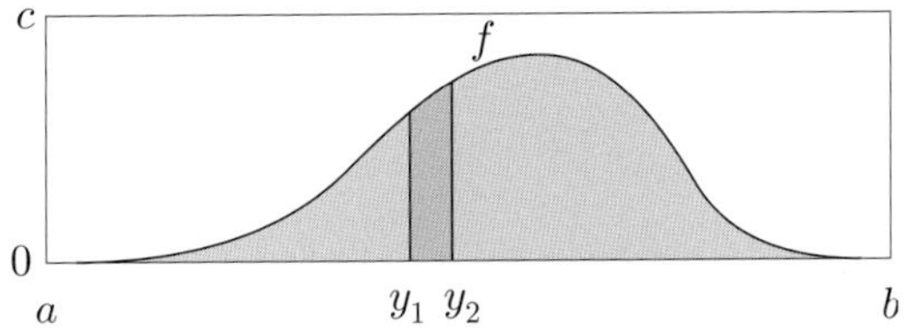

▶図 7.10 $y_1 \le Y \le y_2$ となる確率は……

7.2.3 正規分布に従う乱数の作り方

Box-Muller 変換

一様分布から正規分布を作るうまい方法として次の Box-Muller 変換が知られています。X_1, X_2 をともに $[0,1)$ 上の一様分布に従う i.i.d. な確率変数とするとき、

$$Y_1 \equiv g(X_1, X_2) \equiv \sqrt{-2\log X_1}\cos(2\pi X_2)$$
$$Y_2 \equiv h(X_1, X_2) \equiv \sqrt{-2\log X_1}\sin(2\pi X_2)$$

と定めれば $(Y_1, Y_2)^T$ は 2 次元標準正規分布に従います[*4]。つまり、独立な一様分布乱数を 2 個使って、独立な正規分布乱数が 2 個得られるという格好です。

[*4] 厳密に言えば、X_1 の範囲は $[0,1)$ でなく $(0,1]$ とすべきです。もし $X_1 = 0$ が出たら $\log X_1$ がエラーになってしまうし、$X_1 = 1$ が出ないと $(Y_1, Y_2) = (0,0)$ が抜けてしまうからです。?7.3(p.259) も参照。

例題 7.2

$(Y_1, Y_2)^T$ が 2 次元標準正規分布に従うことを確かめよ。

答

$0 < x_1 \leq 1$ と $0 < x_2 \leq 1$ に対し $y_1 = g(x_1, x_2)$ および $y_2 = h(x_1, x_2)$ とおきましょう。このとき同時確率密度関数どうしの関係は

$$f_{Y_1,Y_2}(y_1, y_2) = \frac{1}{|\partial(y_1, y_2)/\partial(x_1, x_2)|} f_{X_1,X_2}(x_1, x_2)$$

でした（「えっ」という人は図 4.48(p.154) あたりの変数変換を復習)。いまは前提から $f_{X_1,X_2}(x_1, x_2) = 1$ だし、ヤコビアンを計算したら

$$\frac{\partial(y_1, y_2)}{\partial(x_1, x_2)} = \det \begin{pmatrix} \frac{\partial y_1}{\partial x_1} & \frac{\partial y_1}{\partial x_2} \\ \frac{\partial y_2}{\partial x_1} & \frac{\partial y_2}{\partial x_2} \end{pmatrix} = \det \begin{pmatrix} -\frac{1}{x_1\sqrt{-2\log x_1}} \cos(2\pi x_2) & -2\pi\sqrt{-2\log x_1} \sin(2\pi x_2) \\ -\frac{1}{x_1\sqrt{-2\log x_1}} \sin(2\pi x_2) & 2\pi\sqrt{-2\log x_1} \cos(2\pi x_2) \end{pmatrix}$$
$$= -\frac{2\pi}{x_1}\left(\cos^2(2\pi x_2) + \sin^2(2\pi x_2)\right) = -\frac{2\pi}{x_1}$$

となります。したがって、

$$f_{Y_1,Y_2}(y_1, y_2) = \frac{x_1}{2\pi}$$

が得られます。さらに、$y_1^2 + y_2^2 = -2\log x_1$ より $x_1 = \exp(-(y_1^2 + y_2^2)/2)$ と表されるので、これを上式へ代入すると結局

$$f_{Y_1,Y_2}(y_1, y_2) = \frac{1}{2\pi} \exp\left(-\frac{y_1^2 + y_2^2}{2}\right)$$

この右辺はまさに 2 次元標準正規分布の確率密度関数です（5.3.1 項 (p.195)）。例題 5.15(p.213) や例題 7.1(p.262) も参照。■

一様分布の足し算

厳密に正規分布であることにあまりこだわらない場合は、次のような便法も使われてきました。$X_1, \ldots, X_{12}$ を、いずれも $[0, 1)$ 上の一様分布に従う i.i.d. な確率変数とします。このとき、

$$Y \equiv X_1 + \cdots + X_{12} - 6$$

はおおよそ標準正規分布に従います。中心極限定理や、その説明でお見せした図 4.55(p.169) をふり返ってみてください。この方法の魅力は実装の単純さです。難点は、厳密には正規分布でないことと、元になる乱数が 12 個も必要なことです。

例題 7.3

この Y の期待値が 0、分散が 1 であることを確かめよ。

答

$\mathrm{E}[X_1] = \cdots = \mathrm{E}[X_{12}] = 1/2$ だから、$\mathrm{E}[Y] = 12 \cdot (1/2) - 6 = 0$。また、

$$\mathrm{V}[X_1] = \cdots = \mathrm{V}[X_{12}] = \mathrm{E}[X_1^2] - \mathrm{E}[X_1]^2 = \int_0^1 x^2\,dx - \left(\frac{1}{2}\right)^2 = \left[\frac{1}{3}x^3\right]_0^1 - \left(\frac{1}{2}\right)^2 = \frac{1}{3} - \frac{1}{4} = \frac{1}{12}$$

より、$\mathrm{V}[Y] = 12 \cdot (1/12) = 1$。■

例題 7.4

この Y が厳密には正規分布に従わないことを示せ。

答

もし正規分布に従うなら、どんなに大きな数 c に対しても $\mathrm{P}(Y > c)$ は正のはず。しかし実際は、作り方から $\mathrm{P}(Y > 12) = 0$。だから正規分布ではありえない。 ■

多次元正規分布に従う乱数の作り方

標準正規分布 $N(0,1)$ に従う i.i.d. な確率変数 $Z_1, \ldots, Z_n$ を並べたベクトル $\boldsymbol{Z} \equiv (Z_1, \ldots, Z_n)^T$ は、n 次元標準正規分布に従います。これに n 次正則行列 A をかけて n 次元ベクトル $\boldsymbol{\mu}$ を足すと、$\boldsymbol{X} \equiv A\boldsymbol{Z} + \boldsymbol{\mu}$ は $N(\boldsymbol{\mu}, AA^T)$ に従うのでした（→ 5.3.4 項 (p.203)「多次元正規分布の性質」）。だから、指定された期待値ベクトル $\boldsymbol{\mu}$ と共分散行列 V を持つ多次元正規分布 $N(\boldsymbol{\mu}, V)$ にしたければ、$V = AA^T$ と書けるような行列 A を求めてやればよいわけです。

例題 5.13(p.201) でやったように固有値・固有ベクトルを計算すればそんな A を求めることができます。でも、上の目的だけなら**コレスキー（Cholesky）分解**という技を使うほうが簡単です。これは、$V = AA^T$ となるようなうまい下三角行列 A を求める方法です。具体的なアルゴリズムは数値計算の教科書を参照。参考文献 [32] の読者は **LU 分解**も思い出してください。要はあれの非負定値対称行列版です。

7.2.4 おまけ：三角形内や球面上の一様分布

重要な話はここまでですが、せっかくなのでもう少しマニアックな話も紹介しておきます。

三角形内の一様分布

たとえば図 7.11 左のような三角形領域内の一様分布がほしくなることもたまにあります。どうすれば作れるでしょうか？

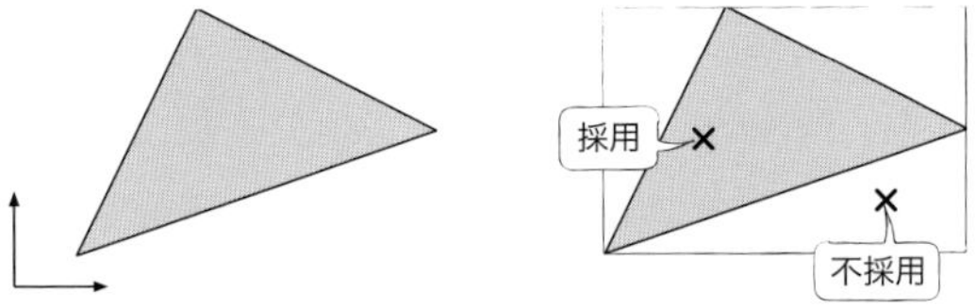

▶ 図 7.11 三角形領域内の一様分布が作りたい

まず思いつくのは、先ほどと同様に「図 7.11 右のような長方形内の一様分布で点を生成してみて、もし三角形の外にあったらやり直す」という方法です。でももっと上手な方法があります。以下、例題形式で順を追って説明します。

例題 7.5

X_1, X_2 をともに $[0,1]$ 上の一様分布に従う i.i.d. な確率変数とするとき、ベクトル (X_1, X_2) はどんな分布になるか？

答

図7.12アのような正方形領域内の一様分布。実際、それぞれの確率密度関数

$$f_{X_1}(x_1) = \begin{cases} 1 & (0 \leq x_1 \leq 1) \\ 0 & (他) \end{cases}, \qquad f_{X_2}(x_2) = \begin{cases} 1 & (0 \leq x_2 \leq 1) \\ 0 & (他) \end{cases}$$

と独立性より、同時確率密度関数は

$$f_{X_1,X_2}(x_1, x_2) = f_{X_1}(x_1) f_{X_2}(x_2) = \begin{cases} 1 & (0 \leq x_1 \leq 1 \text{ かつ } 0 \leq x_2 \leq 1) \\ 0 & (他) \end{cases}$$

となっている（→ 4.4.7項 (p.148)「任意領域の確率・一様分布・変数変換」）。

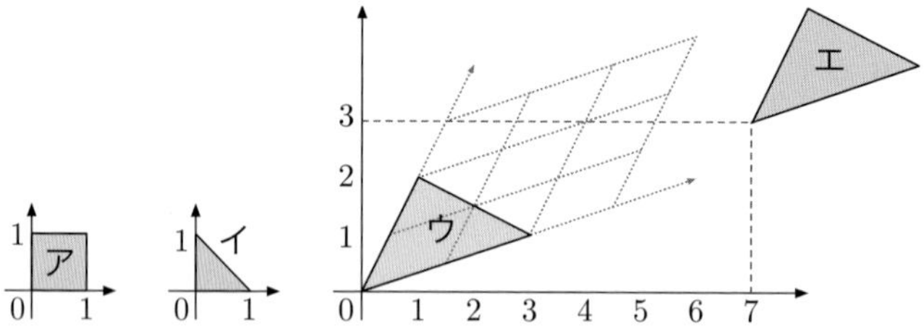

▶図7.12　いろいろな領域内の一様分布

■

例題 7.6

前問に対して、次の (Y_1, Y_2) はどんな分布になるか？

$$(Y_1, Y_2) \equiv (\min(X_1, X_2), |X_1 - X_2|) = \begin{cases} (X_1, X_2 - X_1) & (X_1 \leq X_2 \text{ のとき}) \\ (X_2, X_1 - X_2) & (X_1 > X_2 \text{ のとき}) \end{cases}$$

答

図7.12イのような三角形領域内の一様分布。実際、同時確率密度関数 $f_{Y_1,Y_2}(y_1, y_2)$ は、この三角形内では

$$f_{Y_1,Y_2}(y_1, y_2) = 1 \cdot f_{X_1,X_2}(y_1, y_1 + y_2) + 1 \cdot f_{X_1,X_2}(y_1 + y_2, y_1) = 1 + 1 = 2$$

三角形外では $f_{Y_1,Y_2}(y_1, y_2) = 0$ となっている。「えっ」という人は4.4.7項 (p.148) の変数変換を復習しましょう。ただし図7.13のような2枚重ねになっています。

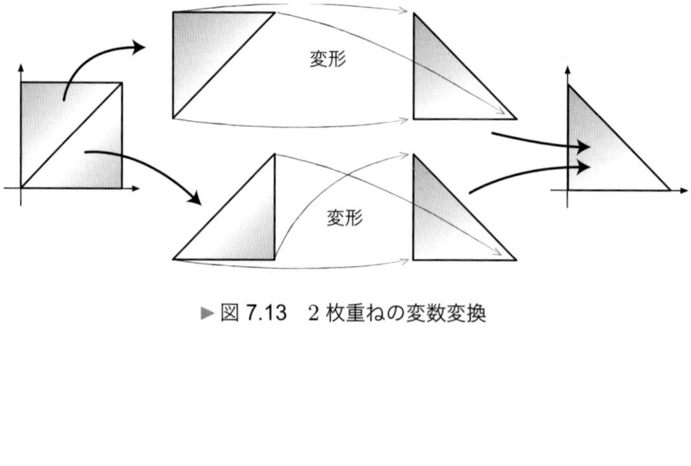

▶図7.13　2枚重ねの変数変換

■

例題 7.7

前問に対して、次の (Z_1, Z_2) はどんな分布になるか？

$$Z_1 = 3Y_1 + Y_2, \qquad Z_2 = Y_1 + 2Y_2$$

答

上式は、$(Y_1, Y_2) = (1, 0)$ を $(Z_1, Z_2) = (3, 1)$ へ、$(0, 1)$ を $(1, 2)$ へと移す線形写像である。したがって答は、図 7.12 ウのような三角形領域内の一様分布になる。理由は 4.4.7 項 (p.148) の変数変換を復習（以後くり返しません）。 ■

例題 7.8

前問に対して、次の (W_1, W_2) はどんな分布になるか？

$$W_1 = Z_1 + 7, \qquad W_2 = Z_2 + 3$$

答

図 7.12 エのような三角形領域内の一様分布。 ■

こういう調子で、任意の三角形領域内の一様分布を作ることができます。ちなみに、上の (Y_1, Y_2) に $Y_3 \equiv 1 - Y_1 - Y_2$ をつけ足したベクトル (Y_1, Y_2, Y_3) は、図 7.14 左の三角形領域上で一様に分布します。つまり、

$$y_1 + y_2 + y_3 = 1, \qquad y_1 \geq 0, \quad y_2 \geq 0, \quad y_3 \geq 0$$

という制限内で「一様に」分布するわけです。これも知っておくとときどき便利。

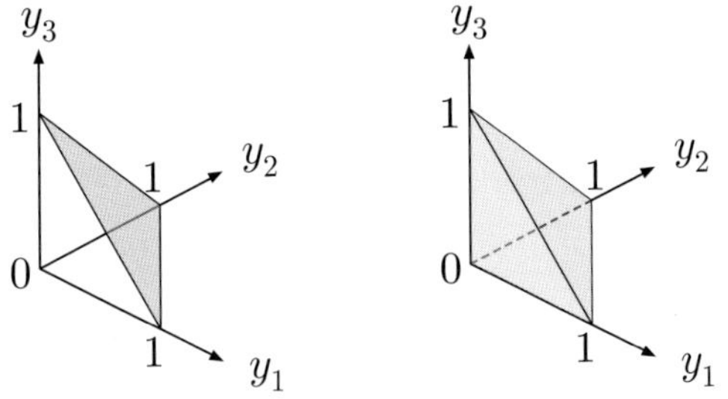

▶ 図 7.14　3 次元空間内の三角形（左）と三角錐（右）

以上の話はもっと高次元へも自然に拡張できます。たとえば、X_1, X_2, X_3 を $[0, 1]$ 上の一様分布に従う i.i.d. な確率変数とするとき、

$$X_{(0)} \equiv 0$$
$$X_{(1)} \equiv (X_1, X_2, X_3 \text{ のうちで 1 番目に小さい値})$$
$$X_{(2)} \equiv (X_1, X_2, X_3 \text{ のうちで 2 番目に小さい値})$$
$$X_{(3)} \equiv (X_1, X_2, X_3 \text{ のうちで 3 番目に小さい値})$$

とおいて

$$Y_1 \equiv X_{(1)} - X_{(0)}, \qquad Y_2 \equiv X_{(2)} - X_{(1)}, \qquad Y_3 \equiv X_{(3)} - X_{(2)}$$

を作れば、ベクトル (Y_1, Y_2, Y_3) は図 7.14 右のような三角錐内の一様分布になります。さらに、

$$\begin{pmatrix} Z_1 \\ Z_2 \\ Z_3 \end{pmatrix} = \begin{pmatrix} \text{ア} & \text{イ} & \text{ウ} \\ \text{カ} & \text{キ} & \text{ク} \\ \text{サ} & \text{シ} & \text{ス} \end{pmatrix} \begin{pmatrix} Y_1 \\ Y_2 \\ Y_3 \end{pmatrix}$$

のように変数変換すると、

$$\begin{pmatrix} 0 \\ 0 \\ 0 \end{pmatrix}, \quad \begin{pmatrix} \text{ア} \\ \text{カ} \\ \text{サ} \end{pmatrix}, \quad \begin{pmatrix} \text{イ} \\ \text{キ} \\ \text{シ} \end{pmatrix}, \quad \begin{pmatrix} \text{ウ} \\ \text{ク} \\ \text{ス} \end{pmatrix}$$

を頂点とする三角錐内の一様分布ができます。「えっ」という人は、この行列がどんな変換を表すのか、参考文献 [32] などを参照してください。また、$X_{(4)} \equiv 1$ とおいて $Y_4 \equiv X_{(4)} - X_{(3)}$ をつけ足した (Y_1, Y_2, Y_3, Y_4) は、「合計が 1 で、どれも ≥ 0」という制限内で「一様に」分布します。

球面上の一様分布

最後におまけで、正規分布の意外な応用を紹介します。

単位球面（原点を中心とする半径 1 の球面）上で一様に分布する乱数がほしくなることがときどきあります。地球儀の上のどこか一点をランダムに選ぶようなイメージです。どうやったらこれが実現できるか、ノーヒントだと結構てこずるのではないでしょうか。下手にやると一様な分布になってくれません。たとえば、単純に緯度と経度をそれぞれ一様分布でランダムに選ぶのでは、北極付近と赤道付近とで同じ面積あたりの選ばれやすさが違ってしまいます。かといって、それが等しくなるような補正をきちんとやろうとすると、めんどうな式が出てしまいます。――実はこんな乱数は、正規分布乱数を使って次のようにすると簡単に生成できます。

Z_1, Z_2, Z_3 を、いずれも標準正規分布に従う i.i.d. な確率変数としましょう。このとき、ベクトル $\boldsymbol{Z} = (Z_1, Z_2, Z_3)^T$ は 3 次元標準正規分布に従います。すると、その長さを 1 に調節した

$$\boldsymbol{W} \equiv \frac{1}{\|\boldsymbol{Z}\|} \boldsymbol{Z}$$

は球面上の一様分布になります。理由は、ベクトル $\boldsymbol{Z}$ の「方向」が一様だからです。多次元標準正規分布の等方性（どの方向も分布の様子が同じ）は 5.3.1 項 (p.195) で指摘しました。なお、$\|\boldsymbol{Z}\|$ が「ぴったりゼロ」になる確率は 0 なので、ゼロ割りの懸念はここでは無視しています。

同様に、$(n+1)$ 次元標準正規分布に従う $\boldsymbol{Z}$ から上のように $\boldsymbol{W}$ を作れば、n 次元球面上の一様分布が得られます。長さが 1 でランダムな方向を向いたベクトルは、こんなふうに生成するのが便利です。

コラム：すごろく

すごろくゲームですが、あなたはプレイヤーではなく胴元です。図 7.15 のように無限に長い一本道のすごろくがあり、どこか好きなマス目にあなたはあらかじめ落とし穴をしかけておきます。プレイヤーが落とし穴に止まったらあなたの勝ち。すべての落とし穴を越えられたらあなたの負け。

▶図 7.15　一本道の無限すごろく（落とし穴つき）

まずは落とし穴が一個の場合、どこにしかけるのがよいでしょうか？　落とし穴の場所を変えてコンピュータシミュレーションをした結果は次のとおりです。

```
$ cd sugoroku↲
$ make long↲
=========== trap = 1
./sugoroku.rb -t=1 10000 | ../count.rb
O: 1620 (16.2%)
X: 8380 (83.8%)
=========== trap = 5
./sugoroku.rb -t=5 10000 | ../count.rb
O: 3138 (31.38%)
X: 6862 (68.62%)
=========== trap = 10
./sugoroku.rb -t=10 10000 | ../count.rb
O: 2930 (29.3%)
X: 7070 (70.7%)
```

ゲームを 1000 回くり返し、あなたが勝った回数を「O」に、負けた回数を「X」に表示しています。一番上は第 1 マスに落とし穴をしかけた場合。次は第 5 マス、最後は第 10 マスの場合です。場所により勝率が違うらしいことが見てとれますね。では最適なのはどこでしょうか。

また、落とし穴が二個だとどうでしょう？

```
$ make tlong↲
=========== trap = 10,20
./sugoroku.rb -t=10,20 10000 | ../count.rb
O: 4845 (48.45%)
X: 5155 (51.55%)
=========== trap = 10,15
./sugoroku.rb -t=10,15 10000 | ../count.rb
O: 4819 (48.19%)
```

```
X: 5181 (51.81%)
=========== trap = 10,11
./sugoroku.rb -t=10,11 10000 | ../count.rb
O: 5298 (52.98%)
X: 4702 (47.02%)
```

一番上は第 10, 20 マスに落とし穴をしかけた場合。次は第 10, 15 マス、最後は第 10, 11 マスです。やはり場所により勝率が違うようですね。では最適なのはどこでしょうか。

この題材は「xe-kdoo(2007-03-23) すごろくで一番止まりやすいマスは？」

```
http://yowaken.dip.jp/tdiary/20070323.html
```

を参考にさせていただきました。

第 **8** 章

いろいろな応用

本章では確率のいろいろな応用をご紹介します。本来はそれぞれ専門書が必要な話題ですから、つまみ食いになってしまうのはご容赦ください。本章の目的は二つあります。

- いろいろな応用を試食して雰囲気を味わう
- ここまでに学んだテクニックが応用場面でどんなふうに使われるか体験する

各節で扱う題材を簡単に説明しておきます。8.1 節 (p.271) はデータ解析の話です。得られたデータのグラフに最もうまくあてはまるような直線を引く方法（最小自乗法）と、高次元データから主要な成分を抽出する方法（主成分分析）をご紹介します。8.2 節 (p.284) は時系列の話です。「時間的に変化していくゆらぐ値」の代表であるランダムウォークや、時系列予測の基本手法の一つであるカルマンフィルタや、確率的に状態が遷移する状況のモデル化であるマルコフ連鎖をとりあげます。8.3 節 (p.305) は情報理論の話です。エントロピーという概念を紹介し、それが情報というもののイメージとよく合うことを見た上で、データ圧縮や通信誤りの理論的限界がエントロピーで定まることを述べます（情報源符号化定理、通信路符号化定理)。

8.1 回帰分析と多変量解析から

応用場面では複数の数値データを組にして扱いたいことが多くあります（参考文献 [32] 冒頭)。そんな場合にはデータの組をまとめてベクトルとして扱うと便利で、線形代数の理論がしばしば力を発揮してくれます。統計の話題でこれに該当する代表例を本節でご紹介しましょう。**回帰分析**と呼ばれる分野からは、最も基礎的な最小自乗法による直線あてはめを、**多変量解析**と呼ばれる分野からは、代表的な手法の一つである主成分分析をとりあげます。

8.1.1 最小自乗法による直線あてはめ

問題設定

あなたはマッドサイエンティストです。長年の研究のかいあって、瞬間移動装置の試作に成功しました。しかしまだ跳躍距離の制御に問題が残っています。跳躍距離は装置の温度設定によって変わってくるようです。そこで温度設定をいろいろ変えて、それぞれの場合の跳躍距離を測り、次のようなデータを得ました。

設定した温度	測定された跳躍距離
190.0	4.2
191.4	5.0
192.9	6.2
⋮	⋮

小学生なら図 8.1 みたいな**折線グラフ**を描くことでしょう。これは、得られたデータそのものを見やすく提示するという記述統計の立場です。しかし、大学生以降の理系ではこんな折線グラフを描いただけで満足してはいけません。それは推測統計の立場が求められるからです。つまり、データそのものに興味があるわけではなく、それが生成される背後の法則が知りたいのです（→ 6.1.1 項 (p.227)「記述統計と推測統計」）。

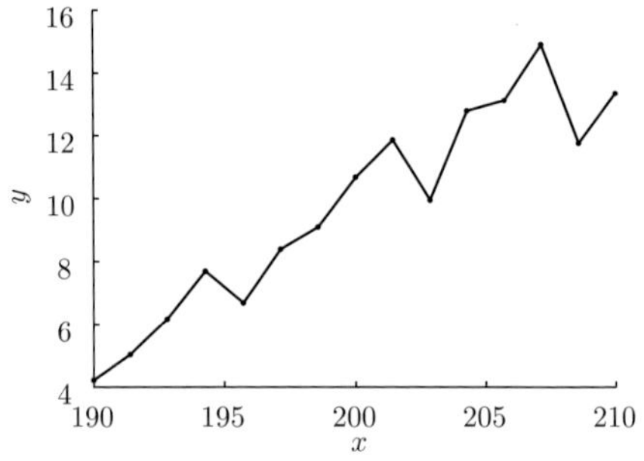

▶図 8.1　折線グラフ

推測統計の立場ではたとえばこんな枠組を想定します。

> もし誤差が全くない理想的な状況なら、同じ温度を設定したらいつも同じ跳躍距離が得られるはずだ。つまり何か関数 g があって、x という温度を設定したら $g(x)$ という跳躍距離になるはずだ。我々はこの関数 g が知りたい。しかし残念なことに g を直接知ることはできない。なぜなら実験には誤差がつきものだから。測定される跳躍距離は、誤差 W が加わった $Y = g(x) + W$ という値になってしまう。W はランダムにゆらぐため、測定値 Y もランダムにゆらぐ。そんな測定値 Y を見てなんとか g を推測したい。

この立場からすると、誤差を含む測定値を忠実に結ぶのは得策ではありません。ではどうすればいいでしょうか？

話がはっきりするよう、問題をもっと具体的に定式化します。簡単のため g は 1 次式ということにして、$g(x) \equiv ax + b$ とおきます。a, b は未知の定数です。実験を n 回行ったとして、i 回目の実験での温度設定を x_i、測定される跳躍距離を $Y_i \equiv g(x_i) + W_i$ とおきましょう。誤差 W_i は正規分布 $\mathrm{N}(0, \sigma^2)$ に従う確率変数だとします。さらに、$W_1, \ldots, W_n$ は i.i.d. だと仮定します。設定値 $x_1, \ldots, x_n$ と、それぞれで実際に測定された跳躍距離 $\check{y}_1, \ldots, \check{y}_n$ とを見て、a, b を当ててください。

記号の使いわけにもよく注意しましょう。$\check{y}_i$ と書いたら 0.89 のようなただの数（ゆらぐ値がたまたま具体的なこの値になった）を表しています。一方、Y_i と書いたら確率変数（ランダムにゆらぐ値）を表します[*1]。各 Y_i の分布は、「正解 $f(x_i) = ax_i + b$ のまわりで標準偏差 σ だけゆらぐ」という正規分布 $\mathrm{N}(ax_i + b, \sigma^2)$ になっています。

[*1] 混乱してしまうようなら神様視点に立ち戻ってください。神様視点では、各世界 ω における観測値を指定する関数 $Y_i(\omega)$ を確率変数と呼ぶのでした。一方、$\check{y}_i$ はただの数です。

解き方

さて、ちょっと技巧的ですが、行列とベクトルを使って

$$\boldsymbol{Y} = C\boldsymbol{a}+\boldsymbol{W}, \qquad \boldsymbol{Y} \equiv \begin{pmatrix} Y_1 \\ \vdots \\ Y_n \end{pmatrix}, \quad C \equiv \begin{pmatrix} x_1 & 1 \\ \vdots & \vdots \\ x_n & 1 \end{pmatrix}, \quad \boldsymbol{a} \equiv \begin{pmatrix} a \\ b \end{pmatrix}, \quad \boldsymbol{W} \equiv \begin{pmatrix} W_1 \\ \vdots \\ W_n \end{pmatrix} \sim \mathrm{N}(\boldsymbol{o}, \sigma^2 I)$$

というまとめ書きができることを確かめてください。C は既知の行列、$\boldsymbol{a}$ は未知の（だけどゆらがないただの）ベクトルです。すると、ベクトル $\boldsymbol{Y}$ は n 次元正規分布 $\mathrm{N}(C\boldsymbol{a}, \sigma^2 I)$ に従うことがわかります。その確率密度関数は

$$f_{\boldsymbol{Y}}(\boldsymbol{y}) = \square \exp\left(-\frac{1}{2\sigma^2}\|\boldsymbol{y} - C\boldsymbol{a}\|^2\right) \qquad \square \text{は興味のない定数}\ (>0)$$

という格好です。未知パラメータ $\boldsymbol{a}$ しだいで分布が違ってくることをはっきり表すために、この $f_{\boldsymbol{Y}}(\boldsymbol{y})$ のことをくどく $f_{\boldsymbol{Y}}(\boldsymbol{y}; \boldsymbol{a})$ とも書きます。$\boldsymbol{a}$ に応じて定まる「$\boldsymbol{Y}$ の確率密度」という意味です（あくまでも $\boldsymbol{Y}$ の確率密度であって、$\boldsymbol{a}$ の確率密度ではありません）。

話を戻します。$\boldsymbol{Y}$ の値として $\check{\boldsymbol{y}} \equiv (\check{y}_1, \ldots, \check{y}_n)^T$ が観測されたよ、というデータにもとづいて $\boldsymbol{a}$ を推定することが我々の目標でした。ここでは最尤推定を採用することにします。つまり、いま得られたような $\check{\boldsymbol{y}}$ が出る確率密度 $f_{\boldsymbol{Y}}(\check{\boldsymbol{y}}; \boldsymbol{a})$ を求めて、それが最大となる $\boldsymbol{a}$ を答えることにします（6.1.8項 (p.238)）。$f_{\boldsymbol{Y}}(\check{\boldsymbol{y}}; \boldsymbol{a})$ を最大化するには exp の中を最大化すればよい。そのためには結局 $\|\check{\boldsymbol{y}} - C\boldsymbol{a}\|^2$ を最小化すればよい[*2]。というわけで、解くべき問題は

行列 C とベクトル $\check{\boldsymbol{y}}$ が与えられたとき、$\|\check{\boldsymbol{y}} - C\boldsymbol{a}\|^2$ が最小となるベクトル $\boldsymbol{a}$ を答えよ

に化けました。

そうなれば後はもう確率や統計ではなく線形代数や解析学の問題です。成分に書き戻してみると

$$\sum_{i=1}^{n} \bigl(\check{y}_i - (ax_i + b)\bigr)^2 \quad \text{が最小となる}\ a, b\ \text{を求めよ} \tag{8.1}$$

という問題になります。上式を $h(a, b)$ とおけば、h を最小化する a, b は

$$\frac{\partial h}{\partial a} = 0 \quad \text{かつ} \quad \frac{\partial h}{\partial b} = 0$$

という条件から求められます（偏微分とその記号 ∂ については 4 章脚注*12(p.154)）[*3]。具体的に偏微分を計算すると、

$$-2\sum_{i=1}^{n} \bigl(\check{y}_i - (ax_i + b)\bigr)x_i = 0 \quad \text{かつ} \quad -2\sum_{i=1}^{n} \bigl(\check{y}_i - (ax_i + b)\bigr) = 0$$

---

*2 この式 $\|\check{\boldsymbol{y}} - C\boldsymbol{a}\|^2$ には σ^2 が入っていませんから、答（最ももっともらしい $\boldsymbol{a}$）は σ^2 の値とは無関係に求まります。前提として σ^2 が既知なのか未知なのか明言しなかったのは、これを先読みしていたからでした。

*3 うるさく言うと、この条件で求まるのはあくまで候補にすぎません。それが本当に最小化をはたしているかは別途確認が必要です。本問の場合は、h が滑らかだし、他に候補者がいないし、(a, b) を無限のかなたへふっとばせば h はひどい値になることが見え見えだし、ということが最小性の根拠となります。

すなわち

$$\left(\sum_{i=1}^{n} x_i^2\right) a + \left(\sum_{i=1}^{n} x_i\right) b = \left(\sum_{i=1}^{n} \check{y}_i x_i\right) \quad \text{かつ} \quad \left(\sum_{i=1}^{n} x_i\right) a + nb = \left(\sum_{i=1}^{n} \check{y}_i\right)$$

ちょっとごちゃごちゃしていますが、要は □ a + □ b = □ という式が 2 本ある連立 1 次方程式です (□はすべて既知の値)。この方程式には**正規方程式**という名前がついています。 正規方程式を解けば a, b が求まり、推定直線 $y = ax + b$ を図 8.2 のように引くことができます。なお、正規方程式は、行列でまとめて

$$C^T C\boldsymbol{a} = C^T \check{\boldsymbol{y}}$$

と表すこともできます (成分で書き下せば確かめられます)。

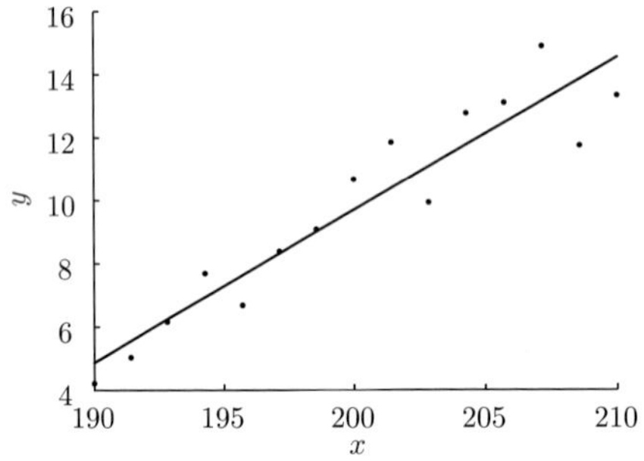

▶図 8.2　データに直線をあてはめた結果

例題 8.1

次のデータに対し、上のようにして直線 $y = ax + b$ をあてはめよ。

x の設定値	y の観測値
0	2
1	1
2	6

答

上のようにして得られる連立方程式は、

$$\begin{cases} (0^2 + 1^2 + 2^2)a + (0 + 1 + 2)b = (0 \cdot 2 + 1 \cdot 1 + 2 \cdot 6) \\ (0 + 1 + 2)a + 3b = (2 + 1 + 6) \end{cases}, \quad \text{すなわち} \quad \begin{cases} 5a + 3b = 13 \\ 3a + 3b = 9 \end{cases}$$

これを解いて $(a, b) = (2, 1)$。よって、$y = 2x + 1$ という直線があてはめられる (図 8.3)。

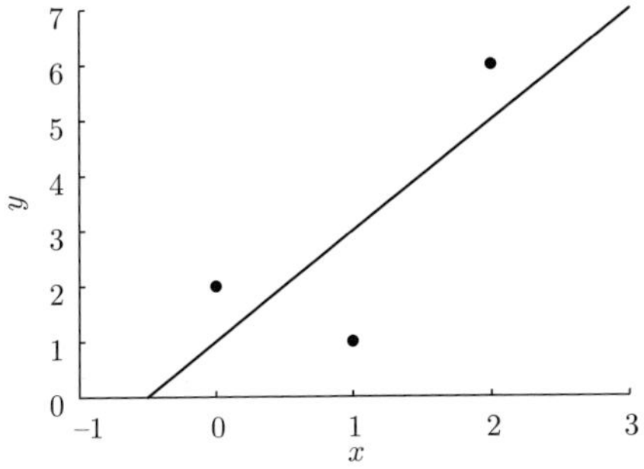

▶図 8.3　直線あてはめ

以上が最小自乗法の基本例です。実は C がもっと一般の $n \times m$ 行列であっても本項と同じような話をすることができます。そこからの展開に興味がある方は、参考文献 [25] に進むとよいでしょう。

? 8.1　せっかくベクトルに翻訳したのだから、もっと幾何学的に説明できませんか？

できます。Im や span といった線形代数の概念（参考文献 [32] の 2 章など）をすでに学んだ方は、図 8.4 を見ながら次のような幾何学的イメージにも思いをはせてみてください。

$\boldsymbol{a}$ をいろいろ変えたとき、$C\boldsymbol{a}$ がとり得る値の集合は、平面

$$\mathrm{Im}\, C = \mathrm{span}\{\boldsymbol{x}, \boldsymbol{u}\}, \qquad \boldsymbol{x} \equiv \begin{pmatrix} x_1 \\ \vdots \\ x_n \end{pmatrix}, \quad \boldsymbol{u} \equiv \begin{pmatrix} 1 \\ \vdots \\ 1 \end{pmatrix}$$

だ。だから、$\|\check{\boldsymbol{y}} - C\boldsymbol{a}\|^2$ を最小化したければ、$\mathrm{Im}\, C$ 上の点で $\check{\boldsymbol{y}}$ から一番近いところを探せばよい。一番近いのは、$\check{\boldsymbol{y}}$ から $\mathrm{Im}\, C$ へおろした垂線の足だ。

実際、上で得られた正規方程式はベクトルで

$$\begin{cases} \left(\check{\boldsymbol{y}} - (a\boldsymbol{x} + b\boldsymbol{u})\right) \cdot \boldsymbol{x} = 0 \\ \left(\check{\boldsymbol{y}} - (a\boldsymbol{x} + b\boldsymbol{u})\right) \cdot \boldsymbol{u} = 0 \end{cases} \qquad (\cdot \text{ は内積})$$

と書き直せます。これは $\check{\boldsymbol{y}} - (a\boldsymbol{x} + b\boldsymbol{u})$ が $\boldsymbol{x}$ とも $\boldsymbol{u}$ とも垂直だと言っている式ですから、まさに垂線の足を求めているわけです。

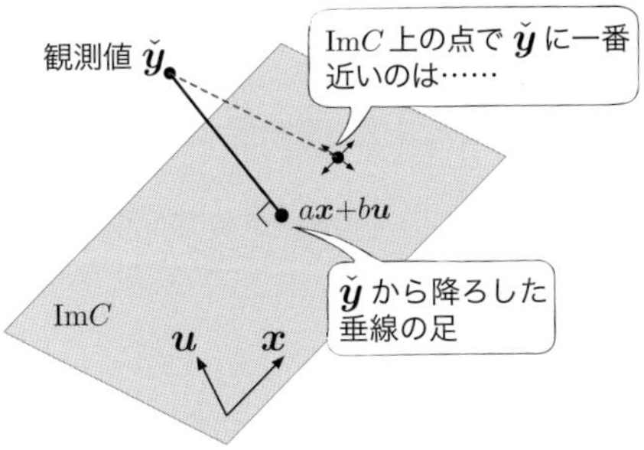

▶図 8.4　最小自乗法の幾何学的解釈

小学生流の折線グラフがなぜだめなのか

図 8.1(p.272) の小学生流の折線グラフは結局なぜだめなのでしょうか。擬似乱数列を用いたシミュレーションの結果を図 8.5 に示しますから、大学生流と小学生流とを見比べてください。(真の関係は $y = x/2 - 90$ と設定しました)

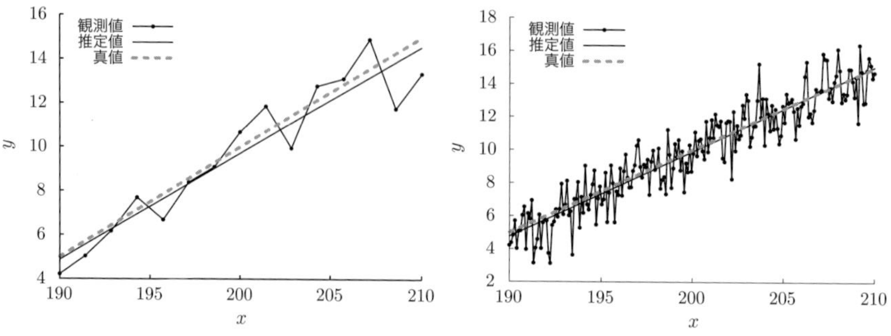

▶図 8.5　観測値（点）に対する、小学生流の折線グラフと大学生流の直線あてはめ。真の関係は点線で示した。（左）15 とおりの x で y を観測。（右）200 とおりの x で y を観測

大学生流の直線あてはめなら、データの個数（サンプルサイズ）が増えるにつれて推定が正確になっていきます[*4]。しかし小学生流の折線グラフだと、どんなにデータを増やしたところで正解との誤差が消えてくれません。これが、小学生流がだめな理由です。?6.4(p.243) も参照。

?8.2　そもそも真の関係がわからないから推定しているわけで、それなのになぜ真の関係が直線だと仮定できるのですか？

大きく二つの状況があります。

一つは、物理法則や過去の経験など、測定データとは別の事前知識により、直線であることや直線と近似できそうなことがわかっている状況です。推定に関しての?6.2(p.232) や 6.1.4 項 (p.234)「問題設定」も参照してください。

もう一つは、真の関係がたとえ曲線だったとしても、曲線をあてはめるよりむしろ直線をあてはめるほうが精度がよい、という状況です。なぜそんなことが起きるのか。鍵は、当てるべきパラメータの個数にあります。直線ならパラメータは係数 a と定数項 b の 2 個だけでした。曲線をあてはめるにはもっと多くのパラメータが必要です。もしデータをそれほど多く持っていないくせに身のほどを越えた個数のパラメータを推定しようとしたら、一般に、推定値のばらつきが大きくなってしまいます。その損が、曲線を直線で近似する損を上回るようなら、あえて直線をあてはめるほうがましです。こちらについては図 3.13(p.100) あたりや?6.4(p.243) も参照してください。

[*4] ちゃんと言うと、推定値の自乗誤差の期待値が小さくなる。何を言っているのかよくわからない場合は 6.1 節 (p.227)「推定論の枠組」を読んでください。

おまけ：チコノフの正則化

応用場面では、正規分布がどうこうなどという前ふりなしで、頭ごなしに自乗誤差 $\|\check{\boldsymbol{y}} - C\boldsymbol{a}\|^2$ を最小化すると宣言して式 (8.1)(p.273) から出発することも多くあります。本書では、そのような頭ごなしではなく、

1. 観測値がどんなふうに生成されるかの前提を確率の言葉でまずはっきり述べる
（誤差は正規分布に従うとしよう）
2. そして、その前提のもとで統計的推定を行う（最尤推定により直線をあてはめよう）

という筋道から自乗誤差の最小化を導き出しました。これは、なぜ自乗誤差を最小化するのかについて一つの理論的解釈を与えたものとみなせます。実はいまの例に限らず、自乗誤差にもとづく方法に対しては、正規分布を使って一つの解釈を与えられる場合が多くあります。参考文献 [32] で少し触れられている**チコノフの正則化**もその例です。

チコノフの正則化は、$\|\check{\boldsymbol{y}} - C\boldsymbol{a}\|^2 + \alpha\|\boldsymbol{a}\|^2$ を最小化する $\boldsymbol{a}$ を答えるような手法です……と参考文献 [32] などでは説明されています（$\alpha > 0$ はユーザが設定する定数。記号は本項にあわせて直しました）。C がたちの悪い行列でも、とんでもない答を避けてそれらしい答を出してくれることが、この手法の売りです。

実は次のような解釈をするとチコノフの正則化が自動的に導かれます。

- $\boldsymbol{A}$ を、m 次元正規分布 $\mathrm{N}(\boldsymbol{o}, \tau^2 I)$ に従うベクトル値確率変数だとする。（ここまでの $\boldsymbol{a}$ にあたるものですが、ここまでと違い「ゆらぐ値」という設定なので大文字にしました）
- 既知の $n \times m$ 行列 C に対して $C\boldsymbol{A}$ を観測するのだが、その際にノイズが加わってしまい、得られる値は $\boldsymbol{Y} \equiv C\boldsymbol{A} + \boldsymbol{W}$ となる。このノイズ $\boldsymbol{W}$ は n 次元正規分布 $\mathrm{N}(\boldsymbol{o}, \sigma^2 I)$ に従い、$\boldsymbol{A}$ とは独立だとする。
- 確率変数 $\boldsymbol{Y}$ の実現値として $\check{\boldsymbol{y}}$ が観測された。
- 次のいずれかにより $\boldsymbol{A}$ を推定せよ。
    - 方針ア：条件つき確率密度 $f_{\boldsymbol{A}|\boldsymbol{Y}}(\boldsymbol{a}|\check{\boldsymbol{y}})$ が最大となる $\boldsymbol{a}$ をもって、$\boldsymbol{A}$ の推定値とする。
    - 方針イ：条件つき期待値 $\mathrm{E}[\boldsymbol{A}|\boldsymbol{Y} = \check{\boldsymbol{y}}]$ をもって、$\boldsymbol{A}$ の推定値とする。

  （ただし分散 σ^2, τ^2 は既知だという前提で）

つまり、先ほどの最小自乗法のような最尤推定ではなく Bayes 推定を適用するというわけです。$\boldsymbol{A}$ の事前分布を $\mathrm{N}(\boldsymbol{o}, \tau^2 I)$ と設定しているのは、$\boldsymbol{A}$ の成分に極端な値はまあないだろうという「常識」を反映したものとみなせます。こんなふうに事前知識を推定にとり入れ、それにより非常識な答を避けることが、Bayes 推定の利点でした（6.1.9 項(p.240)）。

上の方針にしたがって計算したら、答はチコノフの正則化で $\alpha = \sigma^2/\tau^2$ とおいた結果に一致します。

8.1.2　主成分分析（PCA）

位置づけ

2 次元や 3 次元でなく 100 次元といった高次元のベクトルデータを扱いたい場面がしばしばあります。たとえば $16 \times 16 = 256$ ピクセルのグレースケール画像があったら、そのピクセル値を一列に並べたものは 256 次元のベクトルデータとなります。つまり、一枚の画像は、256 次元空間内のどこか一点を指すベクトルに翻訳されます。500 枚の画像を持ってくれば、空間内に 500 個の点がばらまかれた状況になります。

こういう高次元データが全方向に均等に分布することはあまりありません。多くの場合は、図 8.6 のように特定の方向にだけ広くばらついて、残りの大部分の方向にはほとんど広がりがない、という格好になっています。そんなときに「特定の方向」を抽出して他の成分は捨ててしまおうというのが**主成分分析**（principal component analysis; **PCA**）です。主成分分析は、データの次元を小さくして扱いやすくしてから他の高度な手法にかけて分析する、という前処理によく使われます。また、データを 2 次元や 3 次元にまで落としてプロットし、目で眺めて観察する、という可視化のためにも使われます。あるいはもっと積極的に、抽出された「特定の方向」に対してその意味づけや解釈を考えるという使い方も伝統的にしばしばなされてきました。

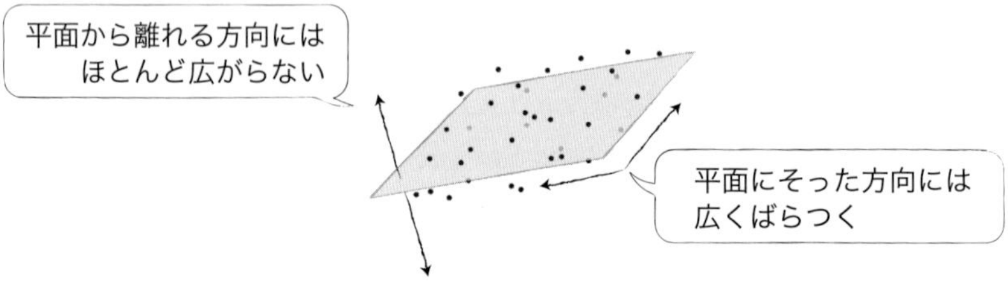

▶ 図 8.6　データがほぼ平面上にのっている

手順

主成分分析の手順は以下のとおりです。

n 本の高次元ベクトルデータ $\boldsymbol{x}_1, \ldots, \boldsymbol{x}_n$ が提示されたとしましょう。ちょっと技巧的ですが、式を短く書くためにはこれを確率変数へ焼き直しておくのが便利です。具体的には、$1, 2, \ldots, n$ が等確率で出るようなルーレットを回して番号 J を決め、$\boldsymbol{X} \equiv \boldsymbol{x}_J$ と定めます。$\boldsymbol{X}$ は要するに、「$\boldsymbol{x}_1, \ldots, \boldsymbol{x}_n$ のどれかが等確率で出る」という確率変数です。ただし、後の式が簡単になるよう、ここでは期待値ベクトル $\mathrm{E}[\boldsymbol{X}] = \boldsymbol{o}$ だと仮定しておきます（一般の場合は後ほど式 (8.3)(p.282) あたりで）。さて、共分散行列 $\mathrm{V}[\boldsymbol{X}]$ は図 8.7 のような高次元の楕円体として図形的にイメージできるのでした（5.4 節 (p.214)「共分散行列を見たら楕円と思え」）。先ほどの話を翻訳すると、「楕円体の主軸のうちまともな長さのものは少なくて、あとの大部分の主軸はごく短い。そんなごく短い主軸の方向はつぶしてしまえ」というわけです。各主軸の「半径」は $\mathrm{V}[\boldsymbol{X}]$ の固有値 $\lambda_1, \lambda_2, \ldots$ の平方根だったこと、主軸の方向は対応する固有ベクトル $\boldsymbol{q}_1, \boldsymbol{q}_2, \ldots$ の方向だったことを思い出してください。固有値は大きい順に並べたことにします。また、固有ベクトルたちは、すべて長さが 1 で互いに直交するようにとれるのでした（? 5.4(p.200)）。そんなふうにとったときの $\boldsymbol{q}_i$ を第 i **主成分ベクトル**と呼びます。2 次元データでの例を図 8.8 に載せておきます。

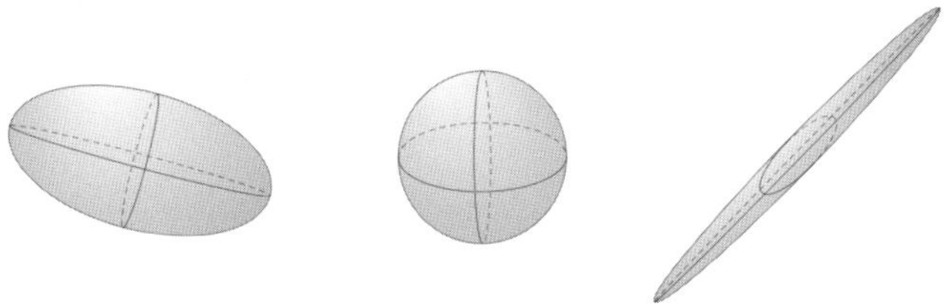

▶図 8.7 いろいろな共分散行列。右の例のように一部の主軸がごく短かったとき、そんな方向をつぶしてしまうのが主成分分析です

▶図 8.8 2 次元データに対する主成分分析の例。斜めの直線が第 1 主成分ベクトルの方向

主成分分析では、適当なところまでの $(\lambda_1, \boldsymbol{q}_1), \ldots, (\lambda_k, \boldsymbol{q}_k)$ だけ残し、あとの $(\lambda_{k+1}, \boldsymbol{q}_{k+1})$, $(\lambda_{k+2}, \boldsymbol{q}_{k+2}), \ldots$ は捨ててしまいます。残す個数 k は、あらかじめ決めておく、ある閾値よりも λ_i が小さくなったところで切る、λ_i ががくっと小さくなるところで切る、後述の寄与率を見る、など何らかの方法で決定します。

さて、図 8.9 のように、$\boldsymbol{q}_1, \ldots, \boldsymbol{q}_k$ の張る k 次元超平面 Π を考えてください[*5]。Π からはみ出る方向にはほとんどデータの広がりがありません。それがそもそもの想定でした。ならば、元の高次元データ $\boldsymbol{x}$ のかわりに Π 上の近い点を持ってきても大した違いはないでしょう。というわけで、$\boldsymbol{x}$ を Π へ直交射影することにより次元圧縮を実現します。具体的には……射影された Π 上の点 $\boldsymbol{y}$ は

$$\boldsymbol{y} = z_1\boldsymbol{q}_1 + z_2\boldsymbol{q}_2 + \cdots + z_k\boldsymbol{q}_k$$

という形に書けるので、係数を並べた k 次元ベクトル $\boldsymbol{z} \equiv (z_1, \ldots, z_k)^T$ をもって元の高次元ベクトル $\boldsymbol{x}$ の代用とします。係数 z_i は、$z_i = \boldsymbol{q}_i \cdot \boldsymbol{x} = \boldsymbol{q}_i^T \boldsymbol{x}$ によって求められます。z_i のことを $\boldsymbol{x}$ の第 i **主成分**と呼びます。

[*5] Π はギリシャ文字 π（パイ）の大文字です。

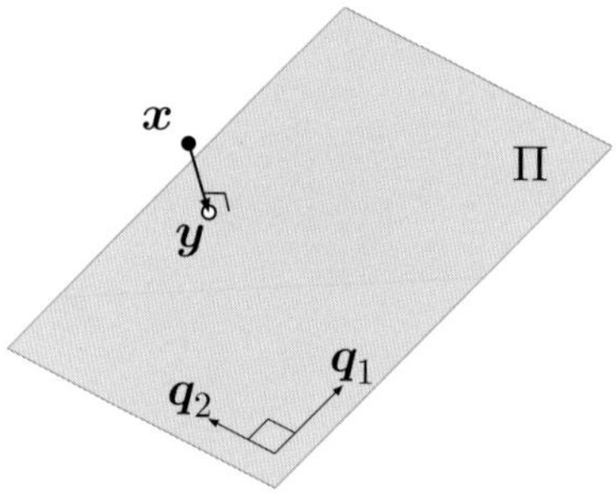

▶図 8.9　高次元データ $\boldsymbol{x}$ を低次元超平面 Π へ射影

例題 8.2

次の 2 次元データの第 1 主成分ベクトルと第 1 主成分を求めよ。

$$\boldsymbol{x}_1 = \begin{pmatrix} 0 \\ 5 \end{pmatrix}, \quad \boldsymbol{x}_2 = \begin{pmatrix} 0 \\ -5 \end{pmatrix}, \quad \boldsymbol{x}_3 = \begin{pmatrix} 4 \\ 3 \end{pmatrix}, \quad \boldsymbol{x}_4 = \begin{pmatrix} -4 \\ -3 \end{pmatrix}$$

答

平均ベクトルが $(\boldsymbol{x}_1 + \boldsymbol{x}_2 + \boldsymbol{x}_3 + \boldsymbol{x}_4)/4 = \boldsymbol{o}$ なので、共分散行列 V は

$$\begin{aligned} V &= \frac{1}{4}(\boldsymbol{x}_1\boldsymbol{x}_1^T + \boldsymbol{x}_2\boldsymbol{x}_2^T + \boldsymbol{x}_3\boldsymbol{x}_3^T + \boldsymbol{x}_4\boldsymbol{x}_4^T) \\ &= \begin{pmatrix} 0 & 0 \\ 0 & 25 \end{pmatrix} + \begin{pmatrix} 0 & 0 \\ 0 & 25 \end{pmatrix} + \begin{pmatrix} 16 & 12 \\ 12 & 9 \end{pmatrix} + \begin{pmatrix} 16 & 12 \\ 12 & 9 \end{pmatrix} = 4\begin{pmatrix} 8 & 6 \\ 6 & 17 \end{pmatrix} \end{aligned}$$

と計算される。V の固有値 λ を求めるには、特性方程式 $\det(\lambda I - V) = 0$ を解けばよいのだった。具体的に計算すると

$$\begin{aligned} \det(\lambda I - V) &= \det\begin{pmatrix} \lambda - 4\cdot 8 & -4\cdot 6 \\ -4\cdot 6 & \lambda - 4\cdot 17 \end{pmatrix} = (\lambda - 4\cdot 8)(\lambda - 4\cdot 17) - (-4\cdot 6)^2 \\ &= \lambda^2 - 100\lambda + 1600 = (\lambda - 80)(\lambda - 20) \end{aligned}$$

より、V の固有値は 80 と 20。大きいほうの固有値 80 に対応する固有ベクトルは、$V\boldsymbol{p} = 80\boldsymbol{p}$ を解いて、たとえば $\boldsymbol{p} = (1,2)^T$。そこから、長さが 1 の固有ベクトル $\boldsymbol{q}$ を作る。

$$\boldsymbol{q} \equiv \frac{1}{\|\boldsymbol{p}\|}\boldsymbol{p} = \frac{1}{\sqrt{\boldsymbol{p}\cdot\boldsymbol{p}}}\boldsymbol{p} = \frac{1}{\sqrt{1^2+2^2}}\begin{pmatrix} 1 \\ 2 \end{pmatrix} = \frac{1}{\sqrt{5}}\begin{pmatrix} 1 \\ 2 \end{pmatrix}$$

これが第 1 主成分ベクトル。また、データ $\boldsymbol{x}_1$ の第 1 主成分は

$$\boldsymbol{q}^T\boldsymbol{x}_1 = \frac{1\cdot 0 + 2\cdot 5}{\sqrt{5}} = \frac{10}{\sqrt{5}} = 2\sqrt{5}$$

同様に、データ $\boldsymbol{x}_2, \boldsymbol{x}_3, \boldsymbol{x}_4$ の第 1 主成分はそれぞれ $\boldsymbol{q}^T\boldsymbol{x}_2 = -2\sqrt{5}$, $\boldsymbol{q}^T\boldsymbol{x}_3 = 2\sqrt{5}$, $\boldsymbol{q}^T\boldsymbol{x}_4 = -2\sqrt{5}$。 ∎

? 8.3　第 i 主成分が $z_i = \boldsymbol{q}_i \cdot \boldsymbol{x}$ で求められるのはなぜ？

$\boldsymbol{q}_1, \ldots, \boldsymbol{q}_k$ についての「長さが 1 で互いに直交」という条件は、

$$\boldsymbol{q}_i \cdot \boldsymbol{q}_j = \begin{cases} 1 & (i = j) \\ 0 & (i \neq j) \end{cases}$$

と言いかえられます（→ 付録 A.6(p.333)「内積と長さ」）。また、$\boldsymbol{x}$ を Π へ直交射影した点が $\boldsymbol{y}$ だということは、$\boldsymbol{x} - \boldsymbol{y}$ が $\boldsymbol{q}_1, \ldots, \boldsymbol{q}_k$ とすべて直交する、すなわち $\boldsymbol{q}_i \cdot (\boldsymbol{x} - \boldsymbol{y}) = 0$ ということです $(i = 1, \ldots, k)$。これを言いかえると、たとえば

$$\boldsymbol{q}_1 \cdot \boldsymbol{x} = \boldsymbol{q}_1 \cdot \boldsymbol{y} = \boldsymbol{q}_1 \cdot (z_1 \boldsymbol{q}_1 + z_2 \boldsymbol{q}_2 + \cdots + z_k \boldsymbol{q}_k) = 1z_1 + 0z_2 + \cdots + 0z_k = z_1$$

残りも同様です。

? 8.4　同じデータに対して二人でそれぞれ第 i 主成分を計算してみたら、答の符号が合わなかったのですが？

第 i 主成分ベクトルの向きを二人が逆にとったのでは？　もしそうならどちらでも正解です。

元のデータ $\boldsymbol{x}$ から圧縮データ $\boldsymbol{z}$ を求める処理は、ベクトルと行列でまとめて

$$\boldsymbol{z} = R^T \boldsymbol{x}, \qquad R \equiv (\boldsymbol{q}_1, \ldots, \boldsymbol{q}_k)$$

と書くこともできます。同じ行列を使って、$\boldsymbol{z}$ と $\boldsymbol{y}$ の関係も

$$\boldsymbol{y} = R\boldsymbol{z}$$

と書けます。あわせれば $\boldsymbol{y} = RR^T \boldsymbol{x}$ です。念のため格好を図示しておきましょう。ベクトルの文字式を扱うときはいつも、こういう実際の格好を想像しながら読むように習慣づけてください。

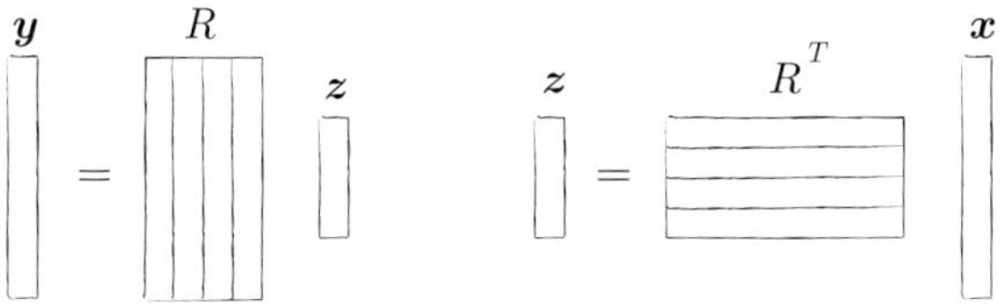

評価

「元のデータ $\boldsymbol{x}$」と「圧縮データ $\boldsymbol{z}$ から再現した $\boldsymbol{y}$」との差 $\boldsymbol{x} - \boldsymbol{y}$ が、捨ててしまった成分に相当します。それは平均的にどれくらいの大きさになるでしょうか。平均を見るために、確率変数 $\boldsymbol{X}$ と $\boldsymbol{Y} \equiv RR^T \boldsymbol{X}$ に対して $\|\boldsymbol{X} - \boldsymbol{Y}\|^2$ の期待値を求めてみると*6、

$$\mathrm{E}\left[\|\boldsymbol{X} - \boldsymbol{Y}\|^2\right] = \lambda_{k+1} + \cdots + \lambda_m \qquad (m \text{ は } \boldsymbol{x} \text{ の次元数}) \tag{8.2}$$

*6 長さそのものの期待値よりも、2 乗の期待値のほうが簡単に計算できます。

が得られます。上式はつまり、捨ててしまった固有値の合計を表しています。
また、がんばって計算すれば

$$\mathrm{E}[\|\boldsymbol{X}\|^2] = \mathrm{Tr}\,\mathrm{V}[\boldsymbol{X}] = \lambda_1 + \cdots + \lambda_k + \lambda_{k+1} + \cdots + \lambda_m$$

がわかります。まとめると図 8.10 のような具合です。以上をふまえて、

$$\frac{\lambda_1 + \cdots + \lambda_k}{\lambda_1 + \cdots + \lambda_k + \lambda_{k+1} + \cdots + \lambda_m}$$

という量に着目しましょう。これは第 k 主成分までの**累積寄与率**と呼ばれます。累積寄与率を見れば、$\boldsymbol{X}$ の変動のうち何%までが $\boldsymbol{Y}$ で再現されるかがわかります。それが満足できる高さになったかどうかを目安に残す個数 k を決めることが、応用現場ではよく行われているようです。

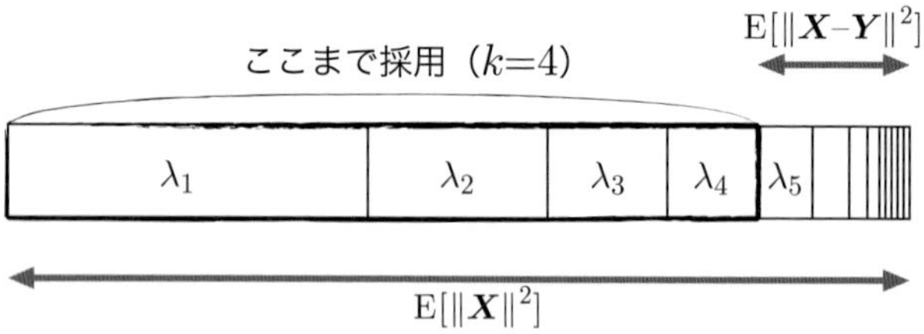

▶図 8.10　「捨ててしまった成分の大きさ」と累積寄与率

平均がゼロでないデータに対する PCA

もし平均がゼロでないデータ $\tilde{\boldsymbol{x}}_1, \ldots, \tilde{\boldsymbol{x}}_n$ が与えられたときは、本文のように確率変数 $\tilde{\boldsymbol{X}} \equiv \tilde{\boldsymbol{x}}_J$ を作ってから $\tilde{\boldsymbol{\mu}} \equiv \mathrm{E}[\tilde{\boldsymbol{X}}]$ を計算し、$\boldsymbol{X} \equiv \tilde{\boldsymbol{X}} - \tilde{\boldsymbol{\mu}}$ とおいてください。そうすれば $\mathrm{E}[\boldsymbol{X}] = \boldsymbol{o}$ が満たされます。もっと具体的に言えば、

$$\boldsymbol{x}_i \equiv \tilde{\boldsymbol{x}}_i - \tilde{\boldsymbol{\mu}} \quad (i = 1, \ldots, n), \qquad \text{ただし } \tilde{\boldsymbol{\mu}} \equiv \frac{1}{n}(\tilde{\boldsymbol{x}}_1 + \cdots + \tilde{\boldsymbol{x}}_n) \tag{8.3}$$

のように平均をさし引いておいて、$\boldsymbol{x}_1, \ldots, \boldsymbol{x}_n$ を主成分分析しなさいということです。
こうして得られた主成分ベクトル $\boldsymbol{q}_1, \ldots, \boldsymbol{q}_n$ をそのまま、元データ $\tilde{\boldsymbol{x}}_1, \ldots, \tilde{\boldsymbol{x}}_n$ の主成分ベクトルと呼びます。この場合、高次元データ $\tilde{\boldsymbol{x}}$ の第 i 主成分は $\boldsymbol{q}_i^T(\tilde{\boldsymbol{x}} - \tilde{\boldsymbol{\mu}})$ と定義されます。

注意点

最後に、PCA を使うときの注意点を挙げます。PCA の精神は、あまり振れていない成分は要らないだろうということでした。しかし、あなたの目的のためにその成分が重要かどうかを、振れ幅で判断してよいのでしょうか？　あまり振れてはいないけど後の解析で重要となる情報を含んだ成分が、もしかするとあるかもしれません。PCA をかけるとそれは捨てられてしまいます。
もう一点。振れ幅の測り方にも注意が必要です。PCA は各軸の単位がそろっていないと意味をなしません。たとえば、身長（メートル）と体重（キログラム）とを並べた 2 次元ベクトルデータに PCA をかけるのはアウトです。なぜなら、単位を変えると結果が変わってしまうからです。図 8.11 を見ればそのことが実感できるでしょう。身長の単位をメートルからセンチメートルに変えるだけで、こんな

ふうに主成分ベクトルがずれてしまいます。単位しだいで違ってしまうようなはかない結論に説得力はありません。もしどうしても単位の違う成分を混ぜて PCA をかけるなら、この軸の「1」とあの軸の「1」との換算は妥当か、妥当と言える根拠はあるか、をしっかり自問してください。1 メートルと 1 キログラムはどちらも「1」だ、なんていう雑な扱いをしてはいけません。

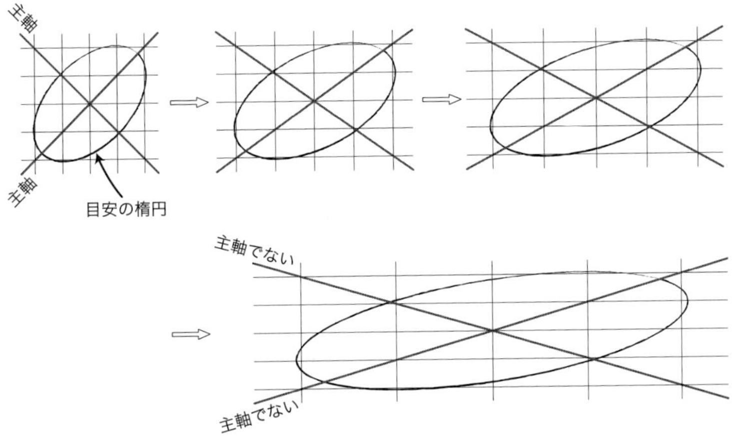

▶図 8.11　座標軸を伸縮すると主軸がずれる（図 5.22(p.209) の再掲）

? 8.5　図 8.2(p.274) と図 8.8(p.279) を見たら、本節の二つの話がごっちゃになってきました。2 次元データでいえば、どちらもデータに合うように直線を引くという話ですよね？

確かにどちらも自乗誤差が最小となる直線を求めるわけですが、図 8.12 のように誤差の測り方が違います。前項は「横軸がこれこれのときの縦軸の値は？」という話だったので、縦軸と横軸とが対等ではありません。一方、本項の話では縦軸も横軸も対等です（実際は縦横だけでなく任意の方向が対等です）。理論派の読者はさらに、前項では推測統計、本項では記述統計の立場をとったことにも気をとめてください（6.1.1 項 (p.227)「記述統計と推測統計」）。

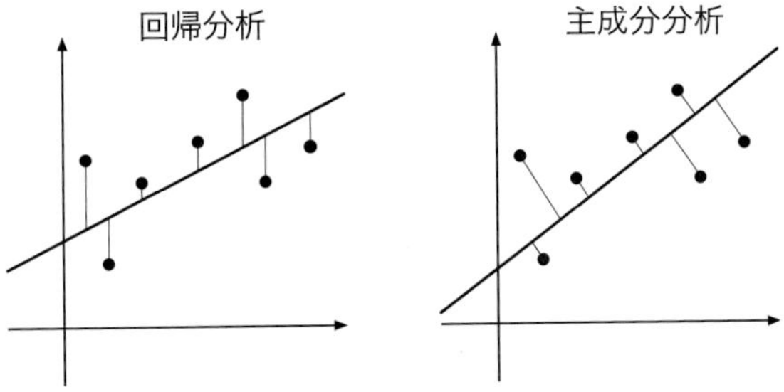

▶図 8.12　「誤差」の測り方の違い

8.2 確率過程から

不規則なゆらぎを伴う（ように見える）時系列がしばしば我々の関心の的となります。株価や為替相場、あるいは音声信号などが代表的な例です。そのような時系列を確率変数の列と解釈したもの（**確率過程**）が本節のテーマです。

いまの一文を図示すれば図 8.13 のようなイメージになります。もしくは、もう少しおだやかに図 8.14 みたいなイメージでもいいでしょう。なにげないようですがこのイメージは意外と大切です。一枚のカードの左から右へ目を走らせているのか、それとも多数のカードを横断して眺めているのかを、しっかり区別する必要があるからです。両者をごっちゃにすると本格的な勉強のときにすぐ話が見えなくなってしまうでしょう[*7]。

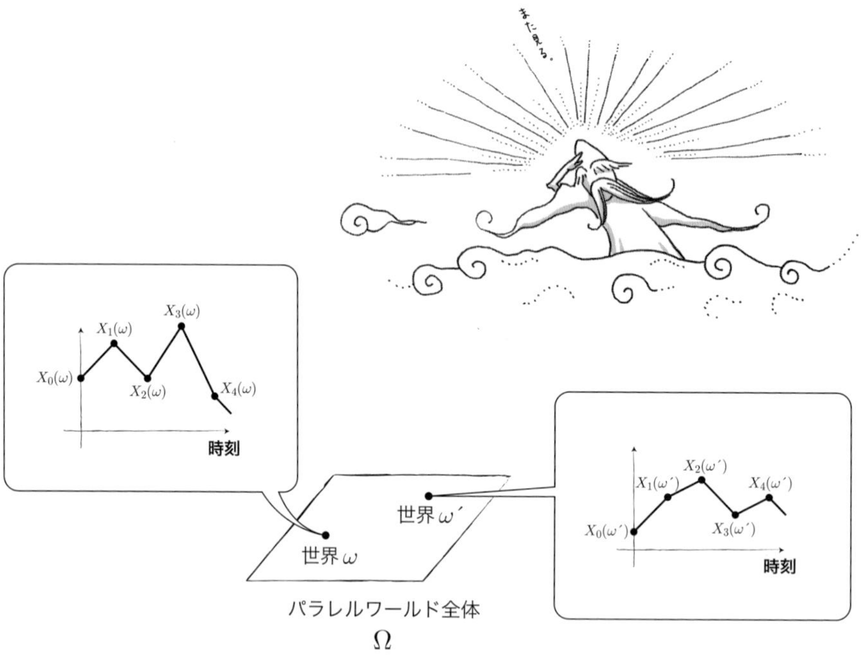

▶図 8.13　神様視点で見た確率過程

*7　3.5.3 項 (p.105)「大数の法則」の図 3.14 も思い出してください。あれも、ぼうっと聞いていると「平均が平均になる。あたりまえじゃないか」と誤解しがちでした。

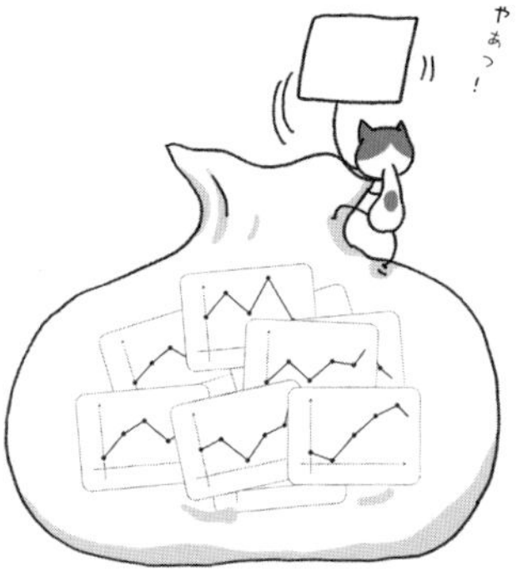

▶図 8.14 いろいろな「波形カード」の入った袋から一枚引く

数学的には単なる列でも人間にとっては時間軸というものは特別です。未来のデータは現時点では入手できないという、過去と未来との著しい違いがあるからです。先ほどのカードぶくろのたとえで言えば図 8.15 のようなイメージです。カードに描いてある波形のうち現在時刻にあたるところまでだけしか見ずに、その先がどうなっていそうかといった議論をしないといけません。そこに難しさとおもしろさがあります。――引いたカードに描いてある波形は、引いた時点でもう決まっています。しかし、いま見えている部分だけからは、どのカードなのか完全には特定できません。その部分までが一致するカードが袋の中には何枚もあるからです。このあたりの事情は、少し違う表現で前にも一度述べました (図 1.5(p.11)「人間は、自分がどの世界に住んでいるのかを知覚できない」)。

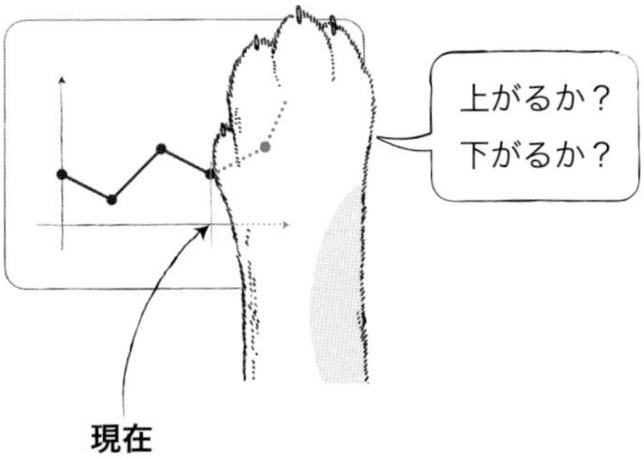

▶図 8.15 取り出したカードの「現在」までの範囲だけ見てその先を当てようとするのが「予測」

残念ながら本書では**時系列解析**のもっとも基本的な部分を紹介することができません。(離散) **フーリエ変換**という道具がでだしから必要になるからです。以下では、あまり準備がいらず、しかもその方面の雰囲気を嗅ぎとってもらえそうな題材を選んでお話します。もし 2.3.4 項(p.47)「3 つ以上の確率変数」をスキップした方は、ちょっと戻って目を通しておいてください。

ちなみに、確率過程を英語で stochastic process と言います。板書などでは **s.pr.** のように略されることもあります。

8.2.1　ランダムウォーク

「コイントスして、表なら左へ一歩、裏なら右へ一歩」を延々くり返すという最も基本的な確率過程が**ランダムウォーク**です。日本語では**酔歩**といいます。左右の確率を変えたり前後左右へ動くようにしたりとバリエーションはいろいろ考えられますが、ここでは単純に 1 次元で左右等確率の設定とします。もう少し形式的に書くと、+1 か −1 かが半々の確率で出る i.i.d. な確率変数たち $Z_1, Z_2, Z_3, \ldots$ を使って

$$X_0 = 0, \qquad X_t = X_{t-1} + Z_t \quad (t = 1, 2, \ldots)$$

と表される X_t のことです。具体的な実現値の例を図 8.16 に示します。

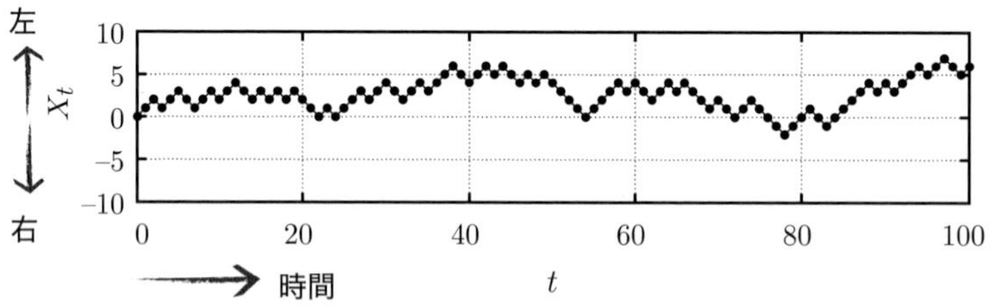

▶図 8.16　ランダムウォーク

ではさっそく例題をやってみましょう。

例題 8.3

コイントスで表なら 1 ドルもらえて、裏なら 1 ドル取られる。この賭けを 20 回くり返したとき、最終的にちょうど 10 ドルもうかる確率を求めよ。つまり、ランダムウォーク X_t において $X_{20} = 10$ となる確率を求めよ。

答

$X_{20} = 10$ となるのは、$Z_1, \ldots, Z_{20}$ の中に +1 が 15 個、−1 が 5 個の場合[*8]。だから、コインを 20 回投げて表が 15 回になる確率を求めればよい。表の回数は 2 項分布 Bn(20, 1/2) に従うのだった (3.2 節 (p.74))。よって答は

$$ {}_{20}C_{15} \left(\frac{1}{2}\right)^{15} \left(1 - \frac{1}{2}\right)^{20-15} = \frac{20!}{15!\,(20-15)!} \cdot \frac{1}{2^{20}} = \frac{969}{65536} \approx 0.0148$$

■

次はひらめき一発であざやかに解ける印象的な問題です。

例題 8.4

例題 8.3 と同様の 20 番勝負をする。「途中では 5 ドル以上もうかっていたのに、最終的には損得なし」となる確率を求めよ。つまり、ランダムウォーク X_t において $\mathrm{P}(\max(X_0, \ldots, X_{20}) \geq 5$ かつ $X_{20} = 0)$ を求めよ。

---

*8　ぱっと思いつかなければ、+1 の個数を h とおいて方程式をたててください。$h \cdot (+1) + (20 - h) \cdot (-1) = 10$ を解いて $h = 15$。

答

$X_0 = 0$ から途中どこかで $X_t = 5$ となり、最終的には $X_{20} = 0$ へ戻るという経路アがあったとしましょう。図 8.17 のように、$X_t = 5$ の高さに鏡を置いてこの経路のしっぽを反転させます。正確に言うと、最後に $X_t = 5$ となった時刻 t が T だとして、

$$Y_t \equiv \begin{cases} X_t & (t \leq T) \\ 10 - X_t & (t > T) \end{cases} \quad \cdots\cdots 5\text{ を中心に反転}$$

を考えます。するとこれは、$Y_0 = 0$ から $Y_{20} = 10$ へ至る経路になります。逆に、0 から 10 へ至る経路イが何か与えられたら、そのしっぽを反転させることにより、0 から 5 を経由して 0 へ戻る経路が得られます。このときアについてもイについても、反転の反転が元に戻ることは明らかでしょう。それは、しっぽの反転が一対一対応であることを意味しています（鏡像原理）[*9]。しかもランダムウォークの定義から、しっぽを反転させてもその経路の出現確率は変わりません。するとあとは、0 から 10 へ至る経路の確率を求めればよいだけ。だから前問で求めた 969/65536 が答になります。

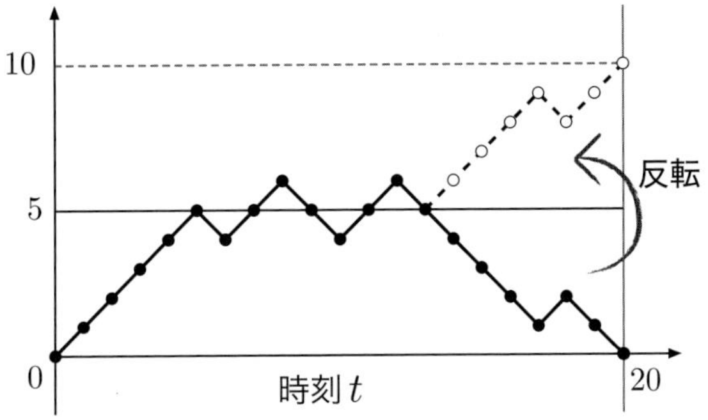

▶ 図 8.17 鏡像原理

■

ついでにその応用問題も。

例題 8.5

また例題 8.3 と同様の賭けをする。ただし今度は、回数を前もって決めず、10 ドルもうけた時点で賭けを打ち切る。20 回目でちょうど打ち切りとなる確率を求めよ。つまり、ランダムウォーク X_t において $\mathrm{P}(t = 20$ にはじめて $X_t = 10$ となる$)$ を求めよ。（ヒントは脚注[*10]）

答

$X_{19}\,(= Z_1 + \cdots + Z_{19})$ と Z_{20} は独立なことに注意して、

$$\mathrm{P}(t = 20\text{ にはじめて }X_t = 10\text{ となる}) = \mathrm{P}(\text{途中 10 以上になることなく }X_{19} = 9\text{ へ至る})\,\mathrm{P}(Z_{20} = +1)$$

もちろん $\mathrm{P}(Z_{20} = +1)$ は 1/2。また、

$$\begin{aligned} &\mathrm{P}(\text{途中 10 以上になることなく }X_{19} = 9\text{ へ至る}) \\ &= \mathrm{P}(X_{19} = 9) - \mathrm{P}(\text{途中どこかで 10 以上になり }X_{19} = 9\text{ へ至る}) \end{aligned}$$

---

*9 参考文献 [1] では頭を反転させていますが、本書では $X_0 = 0$ を保つようしっぽのほうを反転しました。

*10 こうなるためには必ず、$X_{19} = 9$ で最後に $Z_{20} = +1$ が出ないといけない。$\mathrm{P}(X_{19} = 9)$ は求められるはず。あとは、途中で 10 以上になってしまう場合をそこから除外すればよい。

この右辺はどちらももう計算できる。$X_{19} = 9$ となる確率は、コインを 19 回投げて表が 14 回、裏が 5 回となる確率だから、

$$P(X_{19} = 9) = \frac{19!}{14!\,5!} \cdot \frac{1}{2^{19}}$$

また、0 から 10 を経由して 9 へ至る確率は、鏡像原理より 0 から 11 へ至る確率に等しいので、

$$P(\text{途中どこかで 10 以上になり } X_{19} = 9 \text{ へ至る}) = P(X_{19} = 11) = \frac{19!}{15!\,4!} \cdot \frac{1}{2^{19}}$$

以上より答は

$$\left(\frac{19!}{14!\,5!} - \frac{19!}{15!\,4!}\right) \cdot \frac{1}{2^{19}} \cdot \frac{1}{2} = \frac{969}{131072} \approx 0.00739$$

∎

参考文献 [1] には、ランダムウォークに関する計算をあの手この手で遂行する話がもっと載っています。たとえば次のような問題です。

例題 8.6

例題 8.3 と同様の賭けをこんどは n 回行う。勝負中、もうけが正のあいだは気分が良く、もうけが負になると気分が悪い。気分がよい時間の割合はどんな分布になるだろうか。つまり、ランダムウォーク X_t を図 8.18 のようにプロットしたとき、正の辺の本数（を n で割った値）はどんな分布になるだろうか。

答

答は参考文献 [1] I 上の第 III 章を参照。 ∎

例題 8.6 の割合が α より小さくなる確率は、$n \to \infty$ のとき $(2/\pi)\arcsin\sqrt{\alpha}$ へ収束します（**第一逆正弦法則**）[*11]。これは驚くべき結果です。非常に長時間賭けを続けたときに、気分がよい時間の割合が 99.5% 以上などという極端に偏った事態が生じる確率がおおよそどれくらいか、直感で予想してみてください。正解は脚注に[*12]。また、このような賭けでは、損得（もうけの正負）の逆転は驚くほどまれにしか起きないことが知られています。n をどんどん増やしていっても逆転回数は非常にゆっくりとしか増えません。図 8.20 からその雰囲気が感じられるでしょうか。これも詳しくは同書を参照してください。

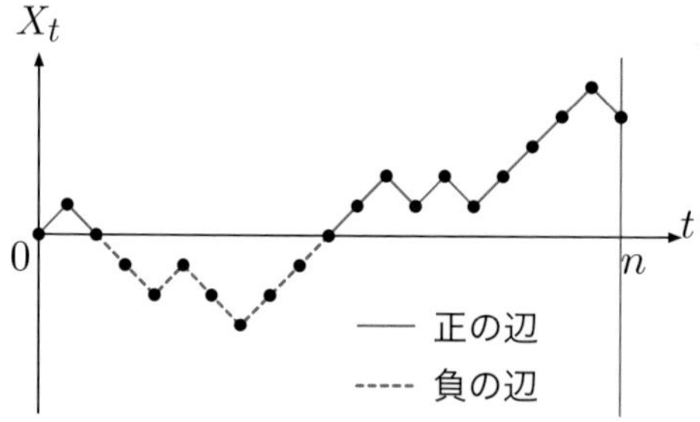

▶ 図 8.18　正の側（上半分）にいる時間の割合は？

[*11] arcsin は sin の逆関数を表します。つまり、$\arcsin x$ とは「$\sin\theta = x$ となるような θ」のことです（$0 \le x \le 1$ に対して $0 \le \theta \le \pi/2$）。

[*12] 図 8.19 に示されているとおり、およそ 0.045。にわかには信じられないかもしれませんが 1/20 近くもあるのです。

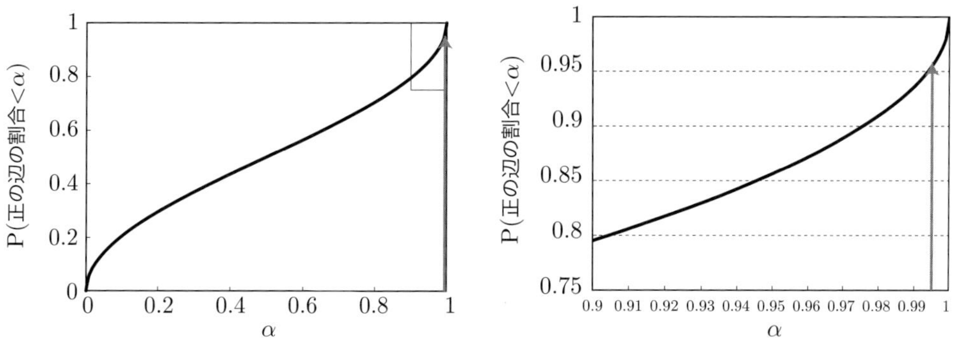

▶ 図 8.19　気分がよい時間の割合が α より小さくなる確率（$n \to \infty$）。右は拡大図

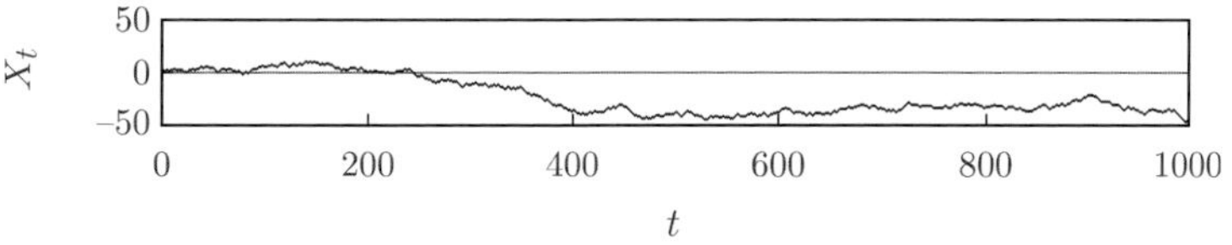

▶ 図 8.20　正負の逆転はなかなか起きない（擬似乱数（7 章 (p.253)）を用いた模擬実験の一例）

? 8.6　ツキには波があるということが理論的にも証明されたわけだな。ツキの推移を感じとって、流れが悪いとみたらそこで勝負を打ち切ることも大切だ。無理して続けても負けが込む可能性が高い。そういうことだろ？

いいえ。そんなことは述べていません。表裏の確率はあくまで半々ですから

$$\mathrm{E}[X_{20}|X_{10} = -6] = -6, \quad \mathrm{E}[X_{20}|X_{10} = 8] = 8, \quad \mathrm{E}[X_{20}|X_{10} = 0] = 0$$

のようになります。ということは……

- A さん：「10 回目時点で 6 ドルも損してしまった。もうやめよう」→ 収支 (-6) ドルで確定
- B さん：「10 回目時点で 6 ドルも損してしまった。でも 20 回目まで続けよう」→ この条件のもとで、最終的な収支の「条件つき期待値」はやはり (-6) ドル

A さんも B さんも、条件つき期待値としては優劣はありません。それでこそ公平な賭けというものでしょう。こういう性質を一般化したものは**マルチンゲール**と呼ばれ、確率過程の理論で大切な役割を果たします。

8.2.2　カルマンフィルタ

前項の話題はどちらかというと理論的な興味がひとまず主眼でした。本項では、現実に直接使われてきた実用的な話題（のごくごく簡単な場合）をご紹介します。

設定

測定には誤差がつきものです。誤差を減らす策としては、同一条件で独立な測定を何度も行うことが考えられます。i.i.d. という前提のもとで、n 回測定して平均すれば標準偏差は $1/\sqrt{n}$ になるのでした（→ 3.5 節 (p.101)「大数の法則」）。これはいわば止まった的を射る話です。しかし実際の応用では動く的

を射たい場面もあります。

時刻 t における的の位置を、実数値の確率変数 X_t で表しましょう。我々は X_t を当てたいのですが、X_t そのものを直接知ることはできません。測定の際に誤差が生じてしまうからです。測定値を Y_t、誤差を Z_t と書くことにすれば、$Y_t = X_t + Z_t$。この Y_t を見て X_t を当てることが目標となります。的は静止してはいないので、前回の位置 X_{t-1} と今回の位置 X_t とは違います。とはいえ、前回と極端にかけ離れた位置へジャンプするようなことはめったにありません。的の移動量を W_t と書くことにすれば、$X_t = X_{t-1} + W_t$。この W_t に極端な値が出る可能性は小さいという想定です。以上の状況を次のように確率モデルとして定式化します。

> $t = 1, 2, \ldots$ に対して
>
> $$X_t = X_{t-1} + W_t$$
> $$Y_t = X_t + Z_t$$
>
> ただし $X_0 \sim \mathrm{N}(0, \sigma_0^2)$, $W_t \sim \mathrm{N}(0, \alpha^2)$, $Z_t \sim \mathrm{N}(0, \beta^2)$ とし、$X_0, W_1, W_2, \ldots, Z_1, Z_2, \ldots$ は独立とする。$\sigma_0^2, \alpha^2, \beta^2$ は（既知の）定数である。$Y_1, \ldots, Y_t$ の値を見て X_t を当てよ。

実行例を図 8.21 に示します。この推定値 μ_t をどうやって求めたのか、いまから説明していきます。

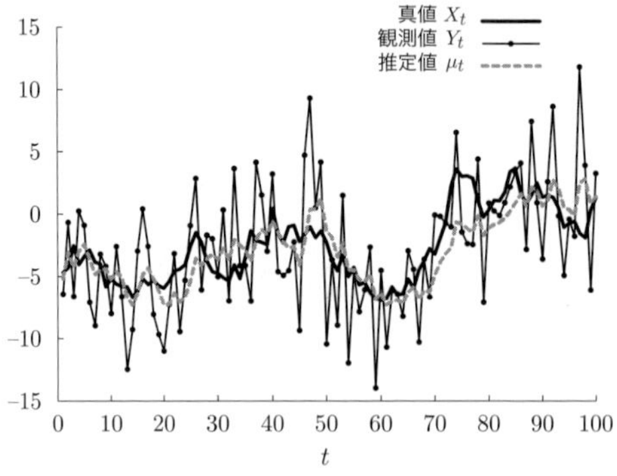

▶図 8.21　カルマンフィルタの実行例（太線が真値、細線が観測値、点線が推定値）。大きなノイズが加わった観測値 Y_t から、ノイズを軽減した推定値 μ_t が得られている

導出

まず $t = 1$ を考えてみましょう。Y_1 を見て X_1 を推定するために、両者の同時分布を求めることが当面の課題です。設定より

$$X_1 = X_0 + W_1, \qquad Y_1 = X_1 + Z_1 = X_0 + W_1 + Z_1$$

ですから、行列を使って

$$\begin{pmatrix} Y_1 \\ X_1 \end{pmatrix} = \begin{pmatrix} 1 & 1 & 1 \\ 0 & 1 & 1 \end{pmatrix} \begin{pmatrix} Z_1 \\ W_1 \\ X_0 \end{pmatrix}$$

とも書けます。右辺に出てきたベクトル $(Z_1, W_1, X_0)^T$ は、前提から 3 次元正規分布 $\mathrm{N}(\boldsymbol{o}, \mathrm{diag}(\beta^2, \alpha^2, \sigma_0^2))$ に従います。ということは、左辺のベクトル $(Y_1, X_1)^T$ も 2 次元正規分布のはず[*13]。これにより、Y_1 が与えられたときの X_1 の条件つき分布も正規分布だとわかります。具体的には、先ほどの行列

$$J \equiv \begin{pmatrix} 1 & 1 & 1 \\ 0 & 1 & 1 \end{pmatrix}$$

を使って

$$\begin{pmatrix} Y_1 \\ X_1 \end{pmatrix} \sim \mathrm{N}(\boldsymbol{o}, V_1)$$

$$V_1 \equiv J \begin{pmatrix} \beta^2 & 0 & 0 \\ 0 & \alpha^2 & 0 \\ 0 & 0 & \sigma_0^2 \end{pmatrix} J^T = \begin{pmatrix} \tau_1^2 + \beta^2 & \tau_1^2 \\ \tau_1^2 & \tau_1^2 \end{pmatrix}$$

$$\tau_1^2 \equiv \mathrm{V}[X_1] = \sigma_0^2 + \alpha^2$$

すると例題 5.14(p.206) より、$Y_1 = y_1$ が与えられたときの X_1 の条件つき分布は $\mathrm{N}(\mu_1, \sigma_1^2)$ だとわかります。期待値と分散は

$$\mu_1 \equiv \mathrm{E}[X_1 | Y_1 = y_1] = \frac{\tau_1^2 y_1}{\tau_1^2 + \beta^2}$$

$$\sigma_1^2 \equiv \mathrm{V}[X_1 | Y_1 = y_1] = \frac{\tau_1^2 \beta^2}{\tau_1^2 + \beta^2}$$

です（条件つき分散の定義は 3.6.4 項 (p.110) を参照）。

ではは $t = 2$ はどうでしょう。今度は

$$\begin{pmatrix} Y_2 \\ X_2 \end{pmatrix} = \begin{pmatrix} 1 & 1 & 1 \\ 0 & 1 & 1 \end{pmatrix} \begin{pmatrix} Z_2 \\ W_2 \\ X_1 \end{pmatrix}$$

に着目します。上で調べたとおり、$Y_1 = y_1$ が与えられたとき X_1 の条件つき分布は $\mathrm{N}(\mu_1, \sigma_1^2)$ でした。そのとき右辺のベクトル $(Z_2, W_2, X_1)^T$ は 3 次元正規分布 $\mathrm{N}((0, 0, \mu_1)^T, \mathrm{diag}(\beta^2, \alpha^2, \sigma_1^2))$ に従うので……とまた考えていってください。$Y_1 = y_1$ と $Y_2 = y_2$ が与えられたときの X_2 の条件つき分布は、$\mathrm{N}(\mu_2, \sigma_2^2)$ だとわかります。期待値と分散は

$$\mu_2 \equiv \mathrm{E}[X_2 | Y_2 = y_2,\, Y_1 = y_1] = \mu_1 + \frac{\tau_2^2 (y_2 - \mu_1)}{\tau_2^2 + \beta^2} = \frac{\tau_2^2 y_2 + \beta^2 \mu_1}{\tau_2^2 + \beta^2}$$

$$\sigma_2^2 = \mathrm{V}[X_2 | Y_2 = y_2,\, Y_1 = y_1] = \frac{\tau_2^2 \beta^2}{\tau_2^2 + \beta^2}$$

$$\tau_2^2 = \mathrm{V}[X_2 | Y_1 = y_1] = \sigma_1^2 + \alpha^2$$

です。期待値 μ_2 の正規分布なのですから、X_2 を当てろと言われたらこの μ_2 を答えるのが賢明です。

あとはもう同様の計算をくり返すだけ。アルゴリズム風に書くと次のようになります。

---

*13 5.3.4 項 (p.203) より $(Y_1, X_1, X_0)^T$ が 3 次元正規分布なので、その「影」$(Y_1, X_1)^T$ も 5.3.5 項 (p.204) のとおり 2 次元正規分布になる。

1. $\sigma_0^2, \alpha^2, \beta^2$ を入力し、$\mu_0 = 0, t = 1$ とセットする。
2. 次の値を計算する。

$$\tau_t^2 \equiv \mathrm{V}[X_t | Y_{t-1} = y_{t-1}, \ldots, Y_1 = y_1] = \sigma_{t-1}^2 + \alpha^2$$

3. Y_t の値 y_t を入力し、次の値を計算する。

$$\mu_t \equiv \mathrm{E}[X_t | Y_t = y_t, Y_{t-1} = y_{t-1}, \ldots, Y_1 = y_1] = \frac{\tau_t^2 y_t + \beta^2 \mu_{t-1}}{\tau_t^2 + \beta^2} \tag{8.4}$$

$$\sigma_t^2 \equiv \mathrm{V}[X_t | Y_t = y_t, Y_{t-1} = y_{t-1}, \ldots, Y_1 = y_1] = \frac{\tau_t^2 \beta^2}{\tau_t^2 + \beta^2}$$

（つまり $1/\sigma_t^2 = 1/\tau_t^2 + 1/\beta^2$）

4. 「X_t の条件つき分布は $\mathrm{N}(\mu_t, \sigma_t^2)$ だ」と出力する。（正確に言えば、「$Y_1 = y_1, Y_2 = y_2, \ldots, Y_t = y_t$ が与えられたときの X_t の条件つき分布」です）
5. t を 1 増やして、2. へ戻る。

これが**カルマンフィルタ**（のごくごく簡単な場合）です。

更新式 (8.4) は、次のように解釈すれば心情的にも自然だと感じられるでしょう——前回までのデータから推定した前回の的の位置が μ_{t-1}（そのあいまいさが σ_{t-1}^2）だった。そこから推測すると、今回の的の位置も μ_{t-1} あたりだろう（ただしあいまいさは的の移動の分だけ増えて $\tau_t^2 = \sigma_{t-1}^2 + \alpha^2$）。一方、今回のデータを見ると今回の的の位置は y_t あたりと思われる（観測時の誤差によるあいまいさは β^2）。だから、τ_t^2 が大きければ現在 y_t を、β^2 が大きければ従前 μ_{t-1} を重視して、両者を荷重平均しよう。

アルゴリズムとして見たときのカルマンフィルタのうれしい点は、過去の記録をどんどん捨ててよいことです。確かに上の手順をよく見ると、今回の更新には今回の観測値 y_t しか使っていません。だから過去の観測値は捨てても結構です。また、$\tau_t^2, \sigma_t^2, \mu_t$ も直前の値しか使っていません。だからプログラムを書く際には単純に上書き更新しても結構です。$t = 100$ まで走らせるとしてもサイズ 100 の配列をとる必要はないのです。

本項の議論で最も肝心なところを数式で振り返っておきます。ただし記号が煩雑なので、

$$f_{X_t, Y_t | Y_{t-1}, \ldots, Y_1}(x_t, y_t | y_{t-1}, \ldots, y_1)$$

などを単に $f(x_t, y_t | y_{t-1}, \ldots, y_1)$ のように略すことにします（→ 1.6 節 (p.18)「現場流の略記法」）。

$$\begin{aligned}
& f(y_t, x_t | y_{t-1}, \ldots, y_1) \\
&= \int_{-\infty}^{\infty} f(y_t, x_t, x_{t-1} | y_{t-1}, \ldots, y_1)\, dx_{t-1} \quad \text{…… あえて周辺分布の格好に書く} \\
&= \int_{-\infty}^{\infty} f(y_t | x_t, x_{t-1}, y_{t-1}, \ldots, y_1) f(x_t | x_{t-1}, y_{t-1}, \ldots, y_1) f(x_{t-1} | y_{t-1}, \ldots, y_1)\, dx_{t-1} \\
&\qquad \text{…… 同時分布を条件つき分布から求める} \\
&= \int_{-\infty}^{\infty} f(y_t | x_t) f(x_t | x_{t-1}) f(x_{t-1} | y_{t-1}, \ldots, y_1)\, dx_{t-1} \\
&\qquad \text{…… } Y_t, X_t \text{ がどう生成されるかの設定より} \\
&= \int_{-\infty}^{\infty} g(y_t; x_t, \beta^2) g(x_t; x_{t-1}, \alpha^2) g(x_{t-1}; \mu_{t-1}, \sigma_{t-1}^2)\, dx_{t-1}
\end{aligned}$$

$$\text{ここで}\ g(x;\mu,\sigma^2) \equiv \frac{1}{\sqrt{2\pi\sigma^2}}\exp\left(-\frac{(x-\mu)^2}{2\sigma^2}\right) \qquad \cdots\cdots\ \mathrm{N}(\mu,\sigma^2)\ \text{の確率密度関数}$$

式を追うことができたでしょうか。上の式変形には、2.3.4 項(p.47)「3 つ以上の確率変数」の連続値版（密度版）をがんがん使いました。

その先

本書ではカルマンフィルタを、特に簡単な状況に限って紹介しました。この後カルマンフィルタを本気で勉強する方のために、もう少し補足を述べておきます。

カルマンフィルタは、今回の的は本当はどこだったんだろうかという推測だけでなく、次回の的はどこになりそうだろうかという予測にも使われます。上のアルゴリズムをそんなふうに改造するには、2. の直後に次の手順を挿入するだけです。

> 「$Y_1 = y_1, Y_2 = y_2, \ldots, Y_{t-1} = y_{t-1}$ が与えられたときの X_t の条件つき分布は $\mathrm{N}(\mu_{t-1}, \tau_t^2)$ だ」と出力する。

この段階では Y_t をまだ見ていない（だから予測と呼ぶ）ことに注意してください。

カルマンフィルタは多次元にもできます。というかむしろたいていは多次元版が使われます。多次元版の設定はこんな格好です。

$$\boldsymbol{X}_t = A\boldsymbol{X}_{t-1} + \boldsymbol{W}_t$$
$$\boldsymbol{Y}_t = C\boldsymbol{X}_t + \boldsymbol{Z}_t$$

$\boldsymbol{X}_t, \boldsymbol{Y}_t, \boldsymbol{W}_t, \boldsymbol{Z}_t$ はゆらぐ縦ベクトル、A, C はゆらがない定行列です。A は状態 $\boldsymbol{X}_t$ の推移の傾向を表し、C は観測値 $\boldsymbol{Y}_t$ としてどんな量が得られるのかを表します。

本文の説明では、的の位置が急には変わらないという想定でした。現実には、的の速度が急には変わらないという想定のほうが妥当な場合も多いでしょう。そういう「車は急に止まれない」のような状況にもカルマンフィルタは適用できます。位置と速度を並べた縦ベクトルが $\boldsymbol{X}_t$ だと設定すればよいのです[*14]。

カルマンフィルタは、自乗誤差を最小化するという観点で説明するほうが実はふつうです。自乗誤差にもとづく方法に対し、正規分布を使って一つの解釈を与えられる場合が多くあることは、8.1.1 項(p.271)「最小自乗法による直線あてはめ」でも述べました。これもその一例です。

実際の応用現場では、必ずしも想定どおりでない状況へカルマンフィルタを当てはめてみることも多いようです。そんな場合、$\alpha^2, \beta^2, \sigma_0^2$ は、よさそうな結果が出るまで試行錯誤して決めたりもします。

[*14] このテクニックについては参考文献 [32] の 1.2.10「いろいろな関係を行列で表す（2）」などを参照。

8.2.3 マルコフ連鎖

8.2.1 項(p.286)のランダムウォークの場合、

$$\mathrm{P}(X_{t+1} = x_{t+1} | X_t = x_t, X_{t-1} = x_{t-1}, \ldots, X_0 = x_0) = \mathrm{P}(X_{t+1} = x_{t+1} | X_t = x_t)$$

が成り立ちました。つまり、明日の状態（の条件つき分布）は今日の状態だけから定まり、過去の履歴（どこからどんな経路をたどって今日の状態にたどりついたか）には無関係でした。また、8.2.2 項(p.289)のカルマンフィルタにおける的の位置も、

$$f_{X_{t+1}|X_t, X_{t-1}, \ldots, X_0}(x_{t+1} | x_t, x_{t-1}, \ldots, x_0) = f_{X_{t+1}|X_t}(x_{t+1} | x_t)$$

という設定でした。こちらも、どこから来たかに関係なく「いまどこにいるか」だけから「明日どこにいがちか」が決まっていました。このような確率過程を**マルコフ過程**（Markov process）と総称します。その中でも特に、X_t のとり得る値が有限とおり（または可算無限とおり → 付録 A.3.2(p.320)）なものを**マルコフ連鎖**（Markov chain）と呼びます。

確率的に状態が遷移する状況を扱うためにマルコフ連鎖は広く使われてきました。また、Google の **PageRank** に活用されたことで、このごろは数理系でない方にもマルコフ連鎖が知られるようになりました。

定義

$X_0, X_1, X_2, \ldots$ を確率変数の列とし、各 X_t は $1, 2, \ldots, n$ のどれかの値をとるとします。時間 t がたつにしたがって n 種類の状態を渡り歩くというイメージです（$1, \ldots, n$ のかわりに $0, \ldots, m$ としてみたり、ア, ..., オ のような状態名を使うこともあります）。

先ほども述べたとおり、

$$\mathrm{P}(X_{t+1} = x_{t+1} | X_t = x_t, X_{t-1} = x_{t-1}, \ldots, X_0 = x_0) = \mathrm{P}(X_{t+1} = x_{t+1} | X_t = x_t) \tag{8.5}$$

が必ず成り立つとき、この確率変数列を（離散時間有限状態）マルコフ連鎖と呼びます。連続時間や無限状態のマルコフ連鎖も考えることはできますが、ひとまずは離散時間・有限状態に専念しましょう。本書では、その中でも**時間的に一様**なマルコフ連鎖だけを扱います。これは、**推移確率** $\mathrm{P}(X_{t+1} = i | X_t = j)$ が時刻 t によらずある一定値となっているもののことです（$i, j = 1, \ldots, n$）[*15]。この「一定値」を $p_{i \leftarrow j}$ と表すことにします。特に断らない限り、マルコフ連鎖と言ったら離散時間で有限状態で時間的に一様という前提にします。

たとえば 5 つのウェブページが図 8.22 の矢印のようにリンクしていたとしましょう。「ページ内のリンクを一つ全くランダムに選んでクリックする」という動作をくり返していくときの推移確率 $p_{i \leftarrow j}$ は、同図左の分数のようになります[*16]。あるいは、リンクによってクリックのしやすさに差があるなら、同図右のように不均一な設定も考えられます。

[*15] 推移確率のことを**転移確率**や**遷移確率**と呼ぶ人もいます。

[*16] 一度クリックしたことがあるかどうかには関係なく、ランダムにリンクを選ぶという想定です。こんなふうに過去の履歴を一切忘れてしまい、現在の状態だけしか気にしないことが、マルコフ連鎖の特徴です。

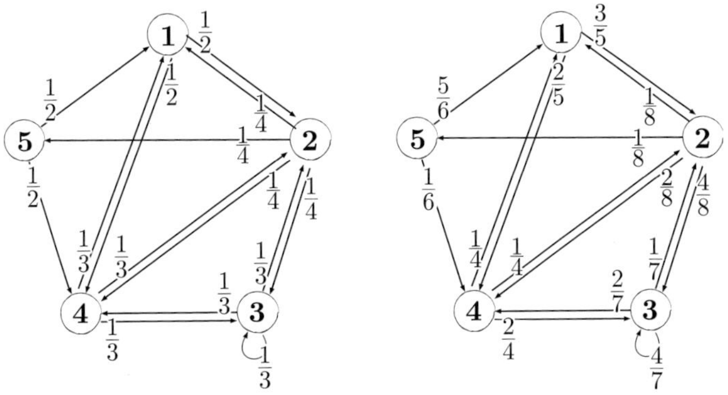

▶図 8.22 推移確率の例。j から i への矢印の根元付近に添えられた値が $p_{i \leftarrow j}$ を表す。左は各選択肢の確率が均一な例。右は不均一な例

なお、厳密にはマルコフ連鎖になっていない場合でも、応用ではひとまず近似としてマルコフ連鎖と扱ってみる場合もあります。

推移確率行列

推移確率 $p_{i \leftarrow j} = \mathrm{P}(X_{t+1} = i | X_t = j)$ を並べてできる正方行列

$$P \equiv \begin{pmatrix} p_{1\leftarrow 1} & \cdots & p_{1\leftarrow n} \\ \vdots & & \vdots \\ p_{n\leftarrow 1} & \cdots & p_{n\leftarrow n} \end{pmatrix}$$

を**推移確率行列**と呼びます[*17]。たとえば図 8.22（右）の推移確率行列は次のとおり。

$$\begin{pmatrix} 0 & 1/8 & 0 & 1/4 & 5/6 \\ 3/5 & 0 & 1/7 & 1/4 & 0 \\ 0 & 4/8 & 4/7 & 2/4 & 0 \\ 2/5 & 2/8 & 2/7 & 0 & 1/6 \\ 0 & 1/8 & 0 & 0 & 0 \end{pmatrix}$$

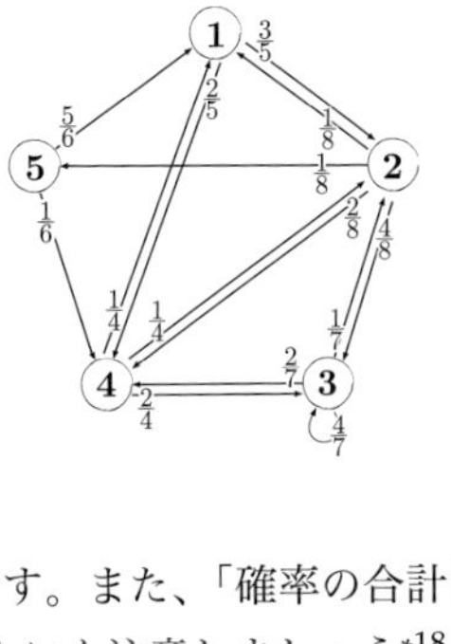

確率なんだから、推移確率行列の成分はすべて ≥ 0 です。また、「確率の合計は 1」に対応して、各列の合計（縦に足していった合計）がどれも 1 となることにも注意しましょう[*18]。

さて、X_t の分布とは $\mathrm{P}(X_t = 1), \ldots, \mathrm{P}(X_t = n)$ の一覧表のことでした。それらの値を縦に並べると、縦ベクトル

*17 短く**推移行列**と呼んだり、あるいは**遷移行列**と呼ぶなど、いくつか流儀があります。

*18 各行の合計（横に足していった合計）は 1 とは限りません。「えっ」という人は 2.1 節 (p.27)「各県の土地利用」を復習。

$$\boldsymbol{u}_t \equiv \begin{pmatrix} \mathrm{P}(X_t = 1) \\ \vdots \\ \mathrm{P}(X_t = n) \end{pmatrix}$$

ができます。ここで注目してほしいのが、

$$\boldsymbol{u}_{t+1} = P\boldsymbol{u}_t$$

という関係です。$n = 3$ くらいで右辺を計算してみてください。

$$\begin{aligned} P\boldsymbol{u}_t &= \begin{pmatrix} p_{1\leftarrow 1} & p_{1\leftarrow 2} & p_{1\leftarrow 3} \\ p_{2\leftarrow 1} & p_{2\leftarrow 2} & p_{2\leftarrow 3} \\ p_{3\leftarrow 1} & p_{3\leftarrow 2} & p_{3\leftarrow 3} \end{pmatrix} \begin{pmatrix} \mathrm{P}(X_t = 1) \\ \mathrm{P}(X_t = 2) \\ \mathrm{P}(X_t = 3) \end{pmatrix} \\ &= \begin{pmatrix} p_{1\leftarrow 1}\,\mathrm{P}(X_t = 1) + p_{1\leftarrow 2}\,\mathrm{P}(X_t = 2) + p_{1\leftarrow 3}\,\mathrm{P}(X_t = 3) \\ p_{2\leftarrow 1}\,\mathrm{P}(X_t = 1) + p_{2\leftarrow 2}\,\mathrm{P}(X_t = 2) + p_{2\leftarrow 3}\,\mathrm{P}(X_t = 3) \\ p_{3\leftarrow 1}\,\mathrm{P}(X_t = 1) + p_{3\leftarrow 2}\,\mathrm{P}(X_t = 2) + p_{3\leftarrow 3}\,\mathrm{P}(X_t = 3) \end{pmatrix} = \begin{pmatrix} \mathrm{P}(X_{t+1} = 1) \\ \mathrm{P}(X_{t+1} = 2) \\ \mathrm{P}(X_{t+1} = 3) \end{pmatrix} \end{aligned}$$

が確かめられるはずです。

マルコフ連鎖のあらゆる分布は、初期分布と推移確率行列で決まります。実際、同時確率が

$$\begin{aligned} &\mathrm{P}(X_2 = x_2, X_1 = x_1, X_0 = x_0) \\ &= \mathrm{P}(X_2 = x_2 | X_1 = x_1, X_0 = x_0)\,\mathrm{P}(X_1 = x_1 | X_0 = x_0)\,\mathrm{P}(X_0 = x_0) \\ &= p_{x_2\leftarrow x_1} p_{x_1\leftarrow x_0}\,\mathrm{P}(X_0 = x_0) \\ &\mathrm{P}(X_3 = x_3, X_2 = x_2, X_1 = x_1, X_0 = x_0) \\ &= \cdots\cdots\text{中略}\cdots\cdots \\ &= p_{x_3\leftarrow x_2} p_{x_2\leftarrow x_1} p_{x_1\leftarrow x_0}\,\mathrm{P}(X_0 = x_0) \end{aligned}$$

のように初期分布と推移確率行列で決まるのですから、同時分布から求められる周辺分布や条件つき分布もすべてこれらで決まります[*19]。

特に、先ほどの結果をくり返し適用すれば、$\boldsymbol{u}_3 = P\boldsymbol{u}_2 = PP\boldsymbol{u}_1 = PPP\boldsymbol{u}_0$ のような調子で一般に

$$\boldsymbol{u}_t = P^t \boldsymbol{u}_0$$

が言えます。また、たとえば $X_t = 2$ の条件のもとで、X_{t+1} の条件つき分布は

$$\begin{pmatrix} \mathrm{P}(X_{t+1} = 1 | X_t = 2) \\ \mathrm{P}(X_{t+1} = 2 | X_t = 2) \\ \mathrm{P}(X_{t+1} = 3 | X_t = 2) \end{pmatrix} = P \begin{pmatrix} 0 \\ 1 \\ 0 \end{pmatrix}$$

と表されます（$n = 3$ の例）。なぜならそれは、

$$\mathrm{P}(X_0 = 1) = 0, \quad \mathrm{P}(X_0 = 2) = 1, \quad \mathrm{P}(X_0 = 3) = 0$$

という初期分布から 1 ステップ経過した X_1 の分布と同じことのはずだからです。同様の理屈により、X_{t+k} の条件つき分布が

*19　「えっ」という人は 2.3.4 項 (p.47)「3 つ以上の確率変数」を復習。なお、「無限個の確率変数」の厳密な扱いについては、本書では深入りしません。

$$\begin{pmatrix} \mathrm{P}(X_{t+k}=1|X_t=2) \\ \mathrm{P}(X_{t+k}=2|X_t=2) \\ \mathrm{P}(X_{t+k}=3|X_t=2) \end{pmatrix} = P^k \begin{pmatrix} 0 \\ 1 \\ 0 \end{pmatrix}$$

となることも言えます。

定常分布

時刻 t を進めるにつれて一般には分布 $\boldsymbol{u}_t$ は変化していきます。しかし特別な初期分布からはじめると分布が変化しません。そんな初期分布を**定常分布**と呼びます[*20]。要するに、$P\boldsymbol{u}_0 = \boldsymbol{u}_0$ となるような $\boldsymbol{u}_0$ のことです。$P\boldsymbol{u}_0 = \boldsymbol{u}_0$ なら確かに、P を何回かけようが $\boldsymbol{u}_t = P^t\boldsymbol{u}_0 = \boldsymbol{u}_0$ なので、どれだけ時間がたっても $\boldsymbol{u}_t = \boldsymbol{u}_0$。すなわち分布は変化しません。

定常分布については、図 8.23 のようなイメージを持つとよいでしょう：3 つの町ア、イ、ウに計 10 万人がいます。その人たちは次のようなルールで町を移り歩きます。

- アにいる人のうち 1/2 が、次の日にはイへ移る
- イにいる人のうち 1/3 が、次の日にはウへ移る
- ウにいる人のうち 1/5 が、次の日にはアへ移る

だから一般には、各町の人数は日によって変わります。しかしうまく調整すると、人数が全く変化しないようにすることが可能です。実際、アが 2 万人、イが 3 万人、ウが 5 万人と設定すれば、毎日の出入りがちょうどつりあって、人数は変わりません。マルコフ連鎖で言えば、

$$\mathrm{P}(ア) = 0.2, \quad \mathrm{P}(イ) = 0.3, \quad \mathrm{P}(ウ) = 0.5 \qquad (\mathrm{P}(ア) + \mathrm{P}(イ) + \mathrm{P}(ウ) = 1)$$

が定常分布だというわけです（人数のイメージだと割り切れなくて困るような例もありますが、そんなときは小麦粉 1kg なり水 1 リットルなりで適当にイメージしてください）。

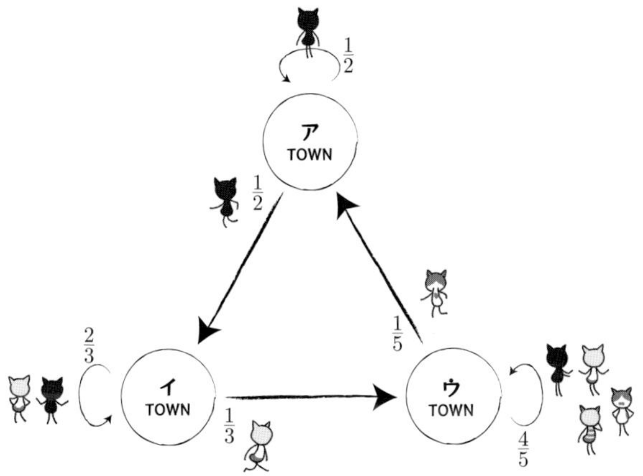

▶図 8.23　定常分布のイメージ。出入りがつりあって、人数は毎日一定

[*20] **不変分布**や**平衡分布**とも呼ばれます。

実はどんな推移確率行列 P にも必ず定常分布が存在することが知られています。

例題 8.7

推移確率が次図のように与えられたときの定常分布を求めよ。

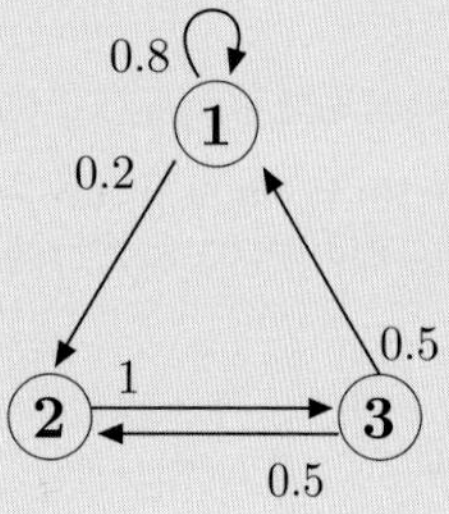

答

定常分布を $\boldsymbol{r}_0 = (a, b, c)^T$ とおきましょう。推移確率行列は

$$P = \begin{pmatrix} 0.8 & 0 & 0.5 \\ 0.2 & 0 & 0.5 \\ 0 & 1 & 0 \end{pmatrix}$$

なので、$P\boldsymbol{r}_0 = \boldsymbol{r}_0$ を書き下せば

$$0.8a + 0.5c = a, \quad 0.2a + 0.5c = b, \quad b = c$$

という連立方程式が得られます。……が、よく見るとこの 3 本の方程式は独立ではありません。第 1 式と第 2 式を辺々足せば $a + c = a + b$ ですから、第 3 式と実質同じになってしまいます。これでは条件が足りないので、解が定まりません（ぴんとこない方は参考文献 [32] の第 2 章をごらんください）。何か見落としていないでしょうか。……実はもう一つ、$\boldsymbol{r}_0$ の満たすべき条件がありました。確率なんだから合計は 1 のはず：

$$a + b + c = 1$$

以上を連立して解けば $\boldsymbol{r}_0 = (5/9, 2/9, 2/9)^T$ という答が得られます[*21]。 ∎

極限分布

多くの推移確率行列 P では、どんな初期分布 $\boldsymbol{u}_0$ からスタートしても時間 t がたつにつれ結局同じ定常分布へと $\boldsymbol{u}_t$ が収束していきます。そんなとき収束先 $\boldsymbol{u}$ を**極限分布**と呼びます。先ほどの図 8.23 の定常分布 $(1/2, 1/3, 1/5)^T$ は、実は極限分布です。

極限分布が $\boldsymbol{u} \equiv (u_1, \ldots, u_n)^T$ だったら、各状態 i にいる時間の割合は u_i に収束することが知られています。ちゃんと言うと、

$$\lim_{t\to\infty} \frac{X_1, \ldots, X_t \text{ のうち、値が } i \text{ であるものの個数}}{t} = u_i \qquad (i = 1, \ldots, n)$$

が確率 1 で成り立ちます。両辺が見ているものの違いに注意（図 8.13(p.284)）。右辺の u_i は、時刻 t

[*21] $b = c$ を他の式へ代入して、$0.8a + 0.5c = a$ かつ $a + 2c = 1$。前者から $a = 2.5c$ なので、後者は要するに $4.5c = 1$。よって $c = 1/4.5 = 2/9$。すると b も $2/9$。あとは $a + b + c = 1$ から $a = 5/9$。

を一旦止めてパラレルワールドを横断的に眺めながら、$X_t(\omega) = i$ となっているような世界 ω すべての面積を測る話です。一方、左辺の「個数/t」は、ひとつの世界 ω に降り立ってその世界での系列 $X_1(\omega), X_2(\omega), \ldots$ を長期間観察し、$X_\tau(\omega) = i$ となった回数（割合）を数える話です。神様の立場でしか観測できない右辺と、人間にも観測可能な左辺とをむすびつけるところにこの式の妙味があります。図 8.14(p.285) のイメージで言えば、「$X_{100} = 7$ となっているカードが袋の中に何枚あるか」と、「この一枚のカードに描かれた $X_1, X_2, \ldots$ の中に 7 が何回あるか」との対比。もしぴんとこなければ、3.5.4 項 (p.106)「大数の法則に関する注意」もふり返ってみてください。

極限分布が存在しない場合も例示しておきましょう。一つめは、到達できないという事情に起因する例です。図 8.24 を見てください。もし最初にカから出発したら、グループ「か」の中だけでさまようしかありません。同様に、もし最初にサから出発したら、グループ「さ」の中だけでさまようしかありません。これでは「どんな初期分布からスタートしても同じ分布へ」なんて不可能です。グループ「か」とグループ「さ」との間を行き来できないことが、その根本的な原因です。また、これは定常分布が複数存在する例にもなっています。実際、

$$\mathrm{P}(カ) = 4/13, \quad \mathrm{P}(キ) = 4/13, \quad \mathrm{P}(ク) = 2/13, \quad \mathrm{P}(ケ) = 3/13 \qquad (他は確率 0)$$

は定常分布だし、

$$\mathrm{P}(サ) = 4/13, \quad \mathrm{P}(シ) = 4/13, \quad \mathrm{P}(ス) = 2/13, \quad \mathrm{P}(セ) = 3/13 \qquad (他は確率 0)$$

も定常分布です。各自確かめてください*22。定常分布はいつまでたってもその分布のままですから、両者が同じ分布に収束するなんてありえません。

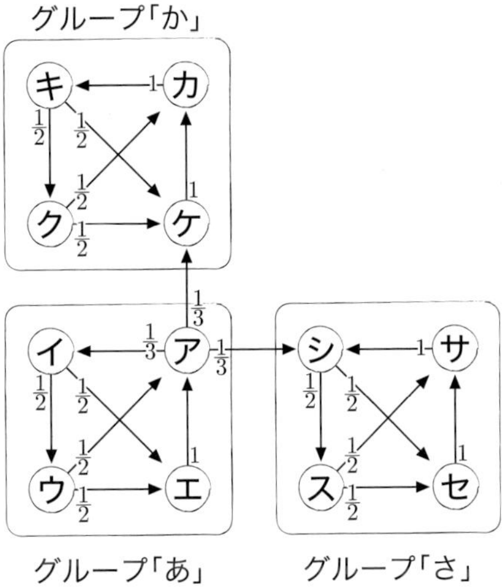

▶図 8.24　極限分布が存在しない例（到達できないという事情に起因）

*22 二つの定常分布 $\boldsymbol{u}, \boldsymbol{u}'$ を混合した $\boldsymbol{u}'' \equiv (1-c)\boldsymbol{u} + c\boldsymbol{u}'$ もまた定常分布になります（c は定数、$0 \le c \le 1$）。だからいまの例では、定常分布が無限に存在します。

二つめは、周期性に起因する例です。図 8.25（左）は、「アイウ」のような 3 文字の文字列に対し、「ランダムに 2 文字選んで入れかえる」という操作をくり返していくときの推移を表しています。$t=0$ に「アイウ」からスタートしたら、

- $t=1$ には下段のどれか
- $t=2$ には上段のどれか
- $t=3$ には下段のどれか
- $t=4$ には上段のどれか
- ……

のようにループし続けますから、分布は収束しません。図 8.25（右）は周期が 3 の例です。$t=0$ に「イ」からスタートしたら、

- $t=1,4,7,\ldots$ には「ア」「ウ」「カ」のどれか
- $t=2,5,8,\ldots$ には「キ」「エ」のどちらか
- $t=3,6,9,\ldots$ には「イ」「オ」のどちらか

のようにループし続けるので、やはり分布は収束しません。

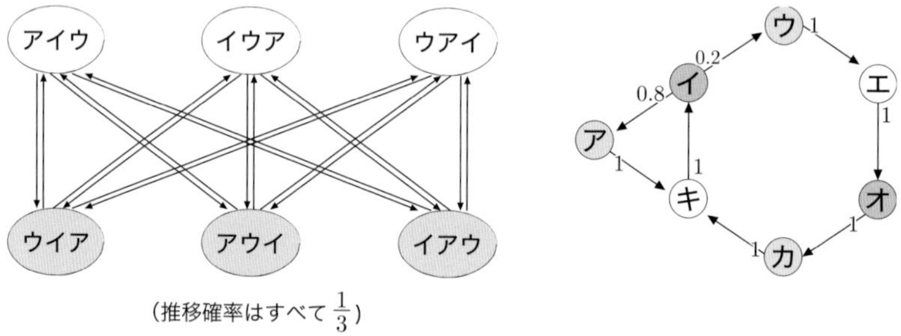

▶図 8.25　極限分布が存在しない例（周期性に起因）

ちなみに、無限状態の場合にはまた別の事情で極限分布が存在しないこともあります。8.2.1 項 (p.286) のランダムウォーク X_t がその例です。ランダムウォークでは、$\lim_{t\to\infty} \mathrm{P}(X_t=c)=0$ がどの c でも成り立ちます（時間がたつにつれて確率分布がどこまでも遠くへ広がり、その分どこまでも薄まっていく）。だからといって、行きつき先を並べた「すべての c で $\mathrm{P}(X=c)=0$」は、そもそも確率分布になっていません。ですので、特定の確率分布へ収束するとは言えません。

吸収確率

マルコフ連鎖の前提（履歴を持たない）のおかげで、一見難しそうな計算がかっこよく解決される場合があります。そんな例をご紹介しましょう。

図 8.26 のような推移確率だと、どこからスタートしてもいずれは「あ」「い」「う」「え」のどれかに囚われそうです。では、「ア」からスタートする場合、最終的に「あ」に囚われる確率はいくらでしょうか？

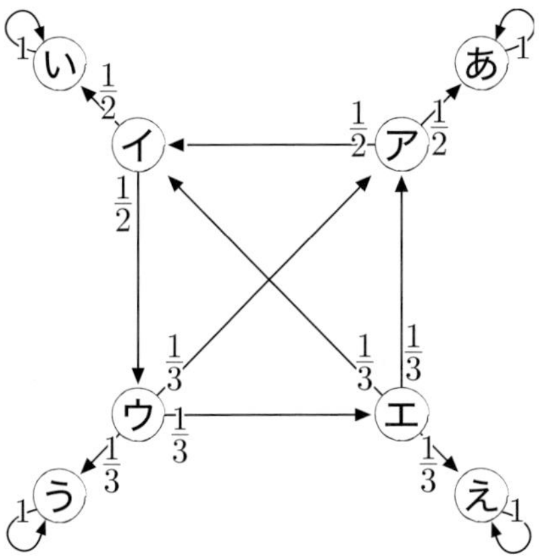

▶図 8.26 「あ」に吸収される確率は？ （数字は推移確率）

「あ」に吸収されるまでの道順はいろいろありえます。「アあ」とか「アイウエアイウエアあ」とか「アイウエイウエイウエイウアあ」とか。そういうのを一本一本確率計算して合計するのは大変。もっと別のうまい計算法があります。

「ア」からスタートした場合に最終的に「あ」へ吸収される確率を、$s_{ア}$ とおきます。同様に「イ」「ウ」「エ」からスタートした場合に「あ」へ吸収される確率を、それぞれ $s_{イ}, s_{ウ}, s_{エ}$ とおきます。そして次のように考えます。

> 「ア」からスタートして最終的に「あ」に吸収されるためには、いきなりすぐ「あ」へ向かうか、一旦「イ」へ進んでから最終的に「あ」に吸収されるかだ。前者の確率は 1/2。後者の確率は
>
> $$P\Bigl(最終的に「あ」へ \Bigm| 一旦「イ」へ\Bigr)\ \mathrm{P}(一旦「イ」へ) = s_{イ} \cdot \frac{1}{2}$$
>
> その合計が $s_{ア}$ だ。
>
> $$s_{ア} = \frac{1}{2} + \frac{1}{2} s_{イ}$$

同様の考察によって、

$$s_{イ} = \frac{1}{2} s_{ウ}, \quad s_{ウ} = \frac{1}{3} s_{ア} + \frac{1}{3} s_{エ}, \quad s_{エ} = \frac{1}{3} s_{ア} + \frac{1}{3} s_{イ}$$

以上の 4 本の等式を 4 個の未知数 $s_{ア}, s_{イ}, s_{ウ}, s_{エ}$ の連立方程式として解けば

$$s_{ア} = \frac{17}{30}, \quad s_{イ} = \frac{4}{30}, \quad s_{ウ} = \frac{8}{30}, \quad s_{エ} = \frac{7}{30}$$

これで答が得られました。「ア」からスタートして最終的に「あ」に囚われる確率は 17/30 です。

初到達時刻

次も似たテクニックで解ける問題です。図 8.27 のようなミニミニすごろくがあります。コインをトスして、表なら 2 歩、裏なら 1 歩、時計まわりにぐるぐる進んでいきます。「ゴ」にぴったり止まったらゴールです。運の悪い人はゴールを飛びこえてしまって何周も回るはめになるかもしれません。「ス」からスタートして、ゴールまでの所要回数（コイントスの回数）の期待値を求めてください。

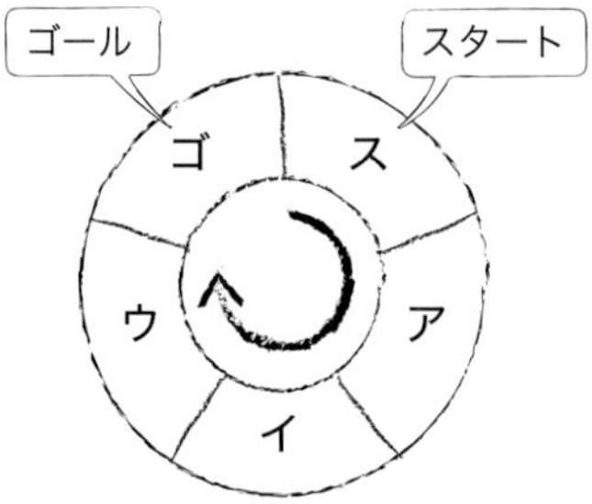

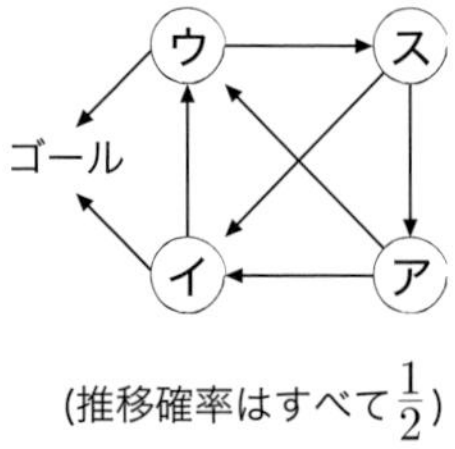

▶図 8.27　ミニミニすごろくと、その推移確率

ゴールまでの経緯はいろいろありえますから、それを全部リストアップして、確率を一本一本計算して……というのは大変。力技は止めてまた連立方程式を狙いましょう。

「ス」からゴールまでの所要回数の期待値を $t_{ス}$、「イ」からゴールまでの所要回数の期待値を $t_{イ}$ のように表します。たとえば「イ」からは、確率 1/2 で直接ゴールできます。そのときの所要回数は 1 回で済みます。また、確率 1/2 で、まず「ウ」へ移ってからどうにかしてゴールへたどりつくことになります。そのときの所要回数は、(「ウ」へ移る 1 回) + (「ウ」からゴールまでの所要回数) です。そんなふうに考えると、

$$t_{イ} = \frac{1}{2} \cdot 1 + \frac{1}{2}(1 + t_{ウ}) = 1 + \frac{1}{2} t_{ウ}$$

同様に、

$$t_{ス} = 1 + \frac{1}{2} t_{ア} + \frac{1}{2} t_{イ}, \quad t_{ア} = 1 + \frac{1}{2} t_{イ} + \frac{1}{2} t_{ウ}, \quad t_{ウ} = 1 + \frac{1}{2} t_{ス}$$

これらを連立して解けば

$$t_{ス} = \frac{46}{11}, \quad t_{ア} = \frac{42}{11}, \quad t_{イ} = \frac{28}{11}, \quad t_{ウ} = \frac{34}{11}$$

よって、スタートからゴールまでの所要回数の期待値は 46/11 回です。

隠れマルコフモデル（HMM）

最後に、マルコフ連鎖の応用を紹介します。

音声認識は、マイクで得られた波形データを見て、話者がどんな言葉をしゃべったのか当てるという技術です。これを非常に単純化した問題を考えます。現実の音声認識とはずいぶん違ってしまいますが、話を短くするためですのでご容赦ください。

話者がしゃべった言葉（正解）を文字列 $X_0, X_1, \ldots$ で表します。各 X_t が文字です。いま仮に、波

形データを見ても母音の区別がつかないとしましょう。つまり、各 X_t に対して次のような Y_t しか得ることができません。

t	0	1	2	3	4	5	6	7	8
X_t	お	い	し	い	さ	か	な	だ	よ
Y_t	ア行	ア行	サ行	ア行	サ行	カ行	ナ行	ダ行	ヤ行

Y_t を見て X_t を当てるにはどうしたらいいでしょうか？

もし話者が全くでたらめな文字列をしゃべったのなら打つ手はありません。「おいしいさかなだよ」なのか「いうさうしきなづゆ」なのか区別のしようがないからです。でも意味のある日本語をしゃべったのなら工夫の余地があります。ここでは、日本語について

- 先頭にはどの文字がどんな確率で来るか
- 「あ」という文字の直後にはどの文字がどんな確率で来るか
- 「い」という文字の直後にはどの文字がどんな確率で来るか
- ……

のような資料が手元にあったとしましょう。それを使って X_t をマルコフ連鎖でモデル化すれば、

$$\mathrm{P}(\text{おいしいさかなだよ} \mid \text{ア行, ア行, サ行, ア行, サ行, カ行, ナ行, ダ行, ヤ行}) \tag{8.6}$$

$$\mathrm{P}(\text{いうさうしきなづゆ} \mid \text{ア行, ア行, サ行, ア行, サ行, カ行, ナ行, ダ行, ヤ行}) \tag{8.7}$$

$$\vdots$$

の確率をそれぞれ求めて、どれが一番ありそうかを答えられるようになります。

このように

- マルコフ連鎖 X_t に興味がある
- でも X_t を直接知ることはできず、X_t についてのヒント Y_t しか観測できない

という枠組を**隠れマルコフモデル**（**hidden Markov model; HMM**）と呼びます。Y_t は X_t から確率的に決まるものでも構いません。たとえば

$$Y_t = \begin{cases} X_t & (\text{確率 } 0.9) \\ \text{全くでたらめな文字} & (\text{確率 } 0.1) \end{cases}$$

などです。カルマンフィルタもこれの連続値版とみなすことができます。

具体的な設定が与えられたら、皆さんはもう (8.6) や (8.7) のような確率を計算して、最も確率の高い文字列を求められるはずです。原理的には。しかし本当にそれを実行しようと思ったら計算量が問題になります。素朴にやったのでは、文字列が長くなると計算量がひどく大きくなってしまうからです。そこで、手順を工夫して計算量を減らすうまいアルゴリズムが開発されています。**Viterbi アルゴリズム**という名前だけ本書では紹介しておきます。これは、**動的計画法**というテクニックを用いて「条件つき確率が最も高い文字列」を求めるアルゴリズムです。関連して、データから推移確率行列を推定する際に使われる **Forward-Backward アルゴリズム**（**Baum-Welch アルゴリズム**）も名前を挙げておき

ます（参考文献 [39]）*23。

8.2.4　確率過程についての補足

ここまではずっと離散時間の確率過程を扱ってきました。つまり、X_t の「t」は整数という設定でした。t を実数にすれば連続時間の確率過程も考えることができます。連続時間のうれしいところは、きれいな結果になりやすいことです。これは「差分と微分」「総和と積分」という対比から類推できるのではないでしょうか。

離散	連続
$(t+1)^3 - t^3 = 3t^2 + 3t + 1$	$\frac{d}{dt}t^3 = 3t^2$
$\sum_{t=0}^{a} t^2 = \frac{a(a+1)(2a+1)}{6}$	$\int_0^a t^2\,dt = \frac{a^3}{3}$

一方、連続時間のうれしくないところは、話が難しくなることです。これもいまの対比から類推できるでしょう。離散なら小学生でもがんばってかけ算足し算をすればとにかく答が求まります。でも連続だと、そもそも微分や積分という概念を定義するのが大変です。また、微分可能性や積分可能性なども本当はきちんと検討しないといけません。そのあたりの厳密な議論は理系大学生でも難儀するレベルです。連続時間の確率過程についても同様で、正確な定義や取扱い方を会得するには本格的な数学の勉強が必要です。**ブラウン運動、伊藤積分、確率微分方程式**のようなキーワードを見たらその手の話だと思ってください。

また、正規分布と線形関数を仮定する古典的手法が時系列解析のすべてではない、ということも知っておいてください。もっと一般の分布や非線形関数を想定した手法も研究・開発されています。古典的手法を試した結果に満足できないときはそれらを調べてみるとよいでしょう。

最後に、いままでの話の根本にかかわる問いかけを指摘しておきます。本節のイントロでは、「不規則なゆらぎを伴う（ように見える）時系列」と書きました。これは本当に不規則なゆらぎなのでしょうか？　これを確率で解釈することは妥当なのでしょうか？　実は別の道を考えている研究者たちもいます。興味を持った方は**カオス**という話題について学んでください（たとえば参考文献 [22]）。

---

*23 **EM アルゴリズム**というテクニックを用いて推移確率行列を推定するのですが、推定手法中のどの範囲を何アルゴリズムと呼ぶかは教科書によって少し違うようです。

8.3 情報理論から

「情報とは何か」という問いはいかにも哲学じみていて結論など出なさそうに思われます。しかし、確率の立場でこれに真正面から取り組み成功をおさめた理論があります。それが本節のテーマ、**情報理論**です。

8.3.1 エントロピー

情報の大きさというものをどうやって測ったらよいでしょうか。ひとつの考え方は、**びっくり度**が情報の大きさだというものです。意外な内容（起きる確率の低い現象）を聞いたらびっくりします。あたりまえの内容（起きる確率の高い現象）を聞いても別にびっくりしません。極端な話、必ず起きるとわかっていることなら聞いても全くびっくりしないし、そもそも聞かなくても同じだから情報はゼロでしょう。そういったびっくりの度合が大きいほど情報が大きいと考えるわけです。

この考え方を数値化するために、確率が低いほど大きな値になるような指標を何か持ってくることにします。そんな指標はいろいろ考えられますが、実は次のように定めるのがきれいです。

$$\text{そのニュースを聞いたときのびっくり度} \equiv \log \frac{1}{\text{確率}}$$

ただし本節では log と書いたら $\log_2$ を表すことにします。たとえば、$2^3 = 8$ だから $\log 8 = 3$、$2^{10} = 1024$ だから $\log 1024 = 10$。次のような log の性質がもしあやしければ復習しておいてください（→付録 A.5.3(p.331)「対数関数」）。

$$\log(xy) = \log x + \log y, \quad \log(x^y) = y \log x, \quad \log \frac{1}{x} = -\log x, \quad \frac{d \log x}{dx} = \frac{\log e}{x}$$
$$\log 1 = 0, \quad \log 2 = 1$$

上のびっくり度の定義がいかによくできているか、例で見ていきましょう。まず基本的な例から。

- 「サイコロをふって 2 が出た」→ びっくり度 $\log 6 \approx 2.6$　　……（ア）
- 「サイコロをふって偶数が出た」→ びっくり度 $\log 2 = 1 <$ ア（アより起きやすいことなので、アほどびっくりしません）　　……（イ）
- 「サイコロをふって 1 以上 6 以下が出た」→ びっくり度 $\log 1 = 0$（必ずそうなるとわかっているので、全くびっくりしません）
- 「サイコロをふって 7 が出た」→ びっくり度 ∞（ありえない）

実はびっくり度は、コンピュータの記憶容量や通信量などで出てくる bit 数という概念とも密接に関連します。その例を次に示します。

- 「コイントスをして表が出た」→ びっくり度 $\log 2 = 1$（1 bit あれば表か裏かの 2 通りが表せる）　　……（ウ）
- 「8 面体サイコロをふったら 7 が出た」→ びっくり度 $\log 8 = 3$（3 bit あれば 8 通りが表せる）
- 「0 から 1023 までの巨大ルーレットを回したら 753 が出た」→ びっくり度 $\log 1024 = 10$（10 bit あれば 0 から 1023 までの整数を表せる）

最後に、複数の現象の組合せでびっくり度がどうなるかを観察します。

- 「サイコロをふったら2が出て、さらにコイントスしたら表が出た」→ びっくり度 $\log(6 \cdot 2) = \log 6 + \log 2 =$ ア ＋ ウ （それぞれのびっくり度の合計）
- 「サイコロをふったら2が出て、その裏を見たら5だった」→ びっくり度 $\log(6 \cdot 1) = \log 6 + \log 1 = \log 6 + 0 =$ ア （表が2なら裏は5にきまっているから、びっくり度は増えない）
- 「サイコロをふって素数が出た」→ びっくり度 $\log 2 = 1$ （要するに 2, 3, 5 のどれかが出た）…… （エ）
- 「サイコロをふったら偶数が出て、しかもそれは素数だった」→ びっくり度 $\log(2 \cdot 3) = \log 2 + \log 3$ (= $\log 6$ = ア)
  - 独立でないことに注意。

$$\mathrm{P}(\text{偶数}, \text{素数}) = \mathrm{P}(\text{偶数})\,\mathrm{P}(\text{素数} \mid \text{偶数}) \neq \mathrm{P}(\text{偶数})\,\mathrm{P}(\text{素数})$$

  - 前半を聞いて「じゃあ素数の可能性は低い」と油断していたところに「素数」と言われたから、後半は普通より大きくびっくりした。だから、単なる「イ ＋ エ」よりもびっくり度が大きくなった。
  - 結局は2が出たということ。だからアと一致するのはごもっとも。

「情報」について我々が何となく持っている感覚とよく合うことが実感できたでしょうか。途中でもほのめかしましたが、本文のように $\log_2$ を使って定義されたびっくり度の単位は **bit** です[*24]。

さて、まともなサイコロならどの目も等確率なので、どれが出たと聞いてもびっくり度は同じです。しかし歪んだサイコロだと話が違います。もし1がやたらと出て6はめったに出ないサイコロだったら、本命の1が出てもあまりびっくりしませんし、大穴の6が出たら激しくびっくりします。「びっくり度」自体が運しだいでゆらぐわけです。では期待値としてはどれくらいびっくりするのか。目 i の確率を p_i とおくと、びっくり度の期待値は

$$H = \sum_{i=1}^{6} p_i \cdot (i\,\text{が出たと聞いたときのびっくり度}) = \sum_{i=1}^{6} p_i \log \frac{1}{p_i}$$

この値を、(その分布の) **エントロピー**もしくは **Shannon 情報量**と呼びます[*25]。Shannon（シャノン）は、情報理論の基礎を築いた創始者の名前です。

例題 8.8

確率 p で表が出て、確率 $1-p$ で裏が出るコインがある（p は定数）。コイントスのエントロピーを求めよ。エントロピーが最大になるのは p がいくつのときか？

[*24] もし他の底 $c > 1$ を使った場合も、次のように値が定数倍になるだけなのでそれほど本質的な違いはありませんが（→ 付録 A.5(p.326)「指数と対数」）。

$$\log_c \frac{1}{\text{確率}} = \frac{\log_2 \frac{1}{\text{確率}}}{\log_2 c} = (\text{定数}) \times (\text{本文のびっくり度})$$

[*25] 情報理論の慣習にしたがって大文字で H と書いていますが、エントロピー H は確定したただの数です。ゆらぐ値（確率変数）ではありません。なお、本節では記法の便宜上 $0 \log(1/0) = 0$ と定めることにします。

答

エントロピー H は定義より

$$H = p \log \frac{1}{p} + (1-p) \log \frac{1}{1-p} = -p \log p - (1-p) \log(1-p)$$

すると $dH/dp = \log(1-p) - \log p$ だから、$dH/dp = 0$ となるのは $p = 1/2$ のとき。$p < 1/2$ では $dH/dp > 0$、$p > 1/2$ では $dH/dp < 0$。よって、H が最大なのは $p = 1/2$ のとき。実際、H をプロットすると図 8.28 のようになります。

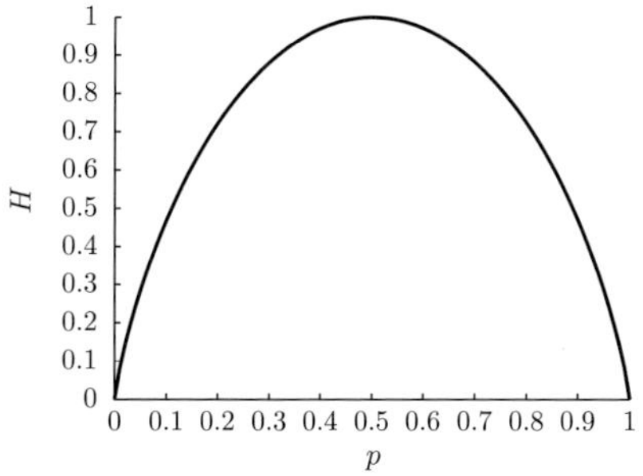

▶図 8.28 コイントスのエントロピー。表裏の確率が半々のときエントロピー（期待びっくり度）が最大

∎

離散値の確率変数 X に対して、X の分布のエントロピーを $\mathrm{H}[X]$ と書き、短く「X のエントロピー」と呼んでしまうことにします。くどく言い直せば、$X = x$ というニュースを聞いたときのびっくり度を

$$h(x) \equiv \log \frac{1}{\mathrm{P}(X = x)}$$

と書くことにして、

$$\mathrm{H}[X] \equiv \mathrm{E}[h(X)] = \sum_x \mathrm{P}(X = x) \log \frac{1}{\mathrm{P}(X = x)}$$

です。ただし先ほどの脚注*25 のとおり、$\mathrm{P}(X = x)$ が 0 のときは $\mathrm{P}(X = x) \log \frac{1}{\mathrm{P}(X=x)} = 0$ と解釈します。

記法がちょっとまぎらわしいのでご注意ください。たとえば確率 0.7 で $X =$ 表、確率 0.3 で $X =$ 裏 だとしたら、

$$h(\text{表}) = \log \frac{1}{\mathrm{P}(X = \text{表})} = \log \frac{1}{0.7}, \quad h(\text{裏}) = \log \frac{1}{\mathrm{P}(X = \text{裏})} = \log \frac{1}{0.3}$$

ですから、$h(X)$ は「確率 0.7 で $\log(1/0.7)$ が出て、確率 0.3 で $\log(1/0.3)$ が出る」という確率変数になります*26。

*26 直接「代入」して $\log(1/\mathrm{P}(X = X))$ などと書いてはいけません。$\mathrm{P}(X = X) = \mathrm{P}(\text{必ず成立}) = 1$ ですから意味が違ってしまいます（付録 B.3 脚注*2(p.340) も同様）。

X のとり得る値が m とおりのとき、

$$0 \leq \mathrm{H}[X] \leq \log m$$

が成り立ちます。$\mathrm{H}[X] = 0$ となるのは X がゆらがない一定値のとき、$\mathrm{H}[X] = \log m$ となるのは一様分布（とり得るどの値 x でも $\mathrm{P}(X = x) = 1/m$）のときです。

> **? 8.7　私の教科書には H[X] でなく H(X) と書いてありますけど？**
>
> そう書く人のほうが多いかもしれませんが、本書では、汎関数であることを明示するためにかぎ括弧を使っています。ゆらぐ値 X に対して $\mathrm{H}[X]$ はゆらがないただの数となることを意識してほしいからです。

8.3.2　二変数のエントロピー

離散値の確率変数 X, Y に対してそのからみ具合を知るために、同時確率 $\mathrm{P}(X = x, Y = y)$ や条件つき確率 $\mathrm{P}(Y = y|X = x)$ という概念を 2 章 (p.27) で導入しました。エントロピーについてもこれらに対応するものが定義されます。$X = x$ かつ $Y = y$ というニュースを聞いたときのびっくり度を

$$h(x, y) \equiv \log \frac{1}{\mathrm{P}(X = x, Y = y)}$$

と書くことにして、その期待値が**同時エントロピー** $\mathrm{H}[X, Y]$ です（**結合エントロピー**とも呼ばれます）。

$$\mathrm{H}[X, Y] \equiv \mathrm{E}[h(X, Y)] = \sum_x \sum_y \mathrm{P}(X = x, Y = y) \log \frac{1}{\mathrm{P}(X = x, Y = y)}$$

また、$X = x$ ということをすでに知っていた場合に $Y = y$ というニュースを聞いたときのびっくり度を

$$h(y|x) \equiv \log \frac{1}{\mathrm{P}(Y = y|X = x)}$$

と書くことにして、その期待値が**条件つきエントロピー** $\mathrm{H}[Y|X]$ です。

$$\mathrm{H}[Y|X] \equiv \mathrm{E}[h(Y|X)] = \sum_x \sum_y \mathrm{P}(X = x, Y = y) \log \frac{1}{\mathrm{P}(Y = y|X = x)}$$

この式の $\mathrm{P}(X = x, Y = y)$ を $\mathrm{P}(Y = y|X = x)$ と覚えまちがえないように。丸暗記するよりも、「期待値を求めるのだ」ということを頭に入れるようおすすめします[*27]。

[*27] いまの式からもわかるとおり、$\mathrm{H}[Y|X]$ はゆらがないただの数です。$\mathrm{E}[Y|X]$ がゆらぐ値（確率変数）だったことと混同しないでください（→ 3.6 節 (p.107)「おまけ：条件つき期待値と最小自乗予測」）。

$\mathrm{P}(X=x, Y=y) = \mathrm{P}(Y=y|X=x)\,\mathrm{P}(X=x)$ という関係に対応して

$$\mathrm{H}[X,Y] = \mathrm{H}[Y|X] + \mathrm{H}[X]$$

が成り立ちます。実際、

$$h(x,y) = \log \frac{1}{\mathrm{P}(X=x, Y=y)} = \log \frac{1}{\mathrm{P}(Y=y|X=x)} + \log \frac{1}{\mathrm{P}(X=x)} = h(y|x) + h(x)$$

より

$$\mathrm{H}[X,Y] = \mathrm{E}[h(X,Y)] = \mathrm{E}[h(Y|X)] + \mathrm{E}[h(X)] = \mathrm{H}[Y|X] + \mathrm{H}[X]$$

です。X, Y の役割を入れかえれば

$$\mathrm{H}[X,Y] = \mathrm{H}[X|Y] + \mathrm{H}[Y]$$

も言えます。

絵を描くと図 8.29 のようになっています。X, Y を両方聞くときの期待びっくり度は、「X を聞くときの期待びっくり度」と「X をすでに聞いた上で Y を聞くときの期待びっくり度」との合計に等しい。そしてまた、「Y を聞くときの期待びっくり度」と「Y をすでに聞いた上で X を聞くときの期待びっくり度」との合計にも等しい。いかにもな結果です。もう一つ、これもいかにもですが、

$$\mathrm{H}[Y|X] \le \mathrm{H}[Y], \qquad \mathrm{H}[X|Y] \le \mathrm{H}[X]$$

という性質を指摘しておきます。「X をすでに聞いた上で Y を聞くときの期待びっくり度」は、「Y をいきなり聞いたときの期待びっくり度」より必ず小さい（か等しい）。個々の $h(y|x)$ は $h(y)$ より大きくなる場合もありますけれど、期待値としては X を聞いておいて損はないわけです（理由は後述）。

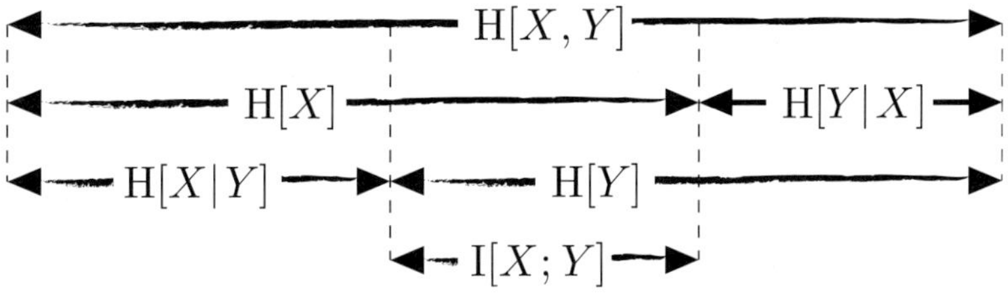

▶図 8.29 同時エントロピー H[○, △]・条件つきエントロピー H[○ | △]・相互情報量 I[○; △] の関係

いきなり Y を聞くのと、X をすでに聞いた上で Y を聞くのとで、期待びっくり度にどれほど差があるか。この差が大きいほど、X は Y についての情報をたくさん含んでいると言ってよいでしょう。そこでこの差を

$$\mathrm{I}[X;Y] \equiv \mathrm{H}[Y] - \mathrm{H}[Y|X]$$

と書き、X と Y の**相互情報量**と呼びます。$\mathrm{I}[X;Y]$ は、X と Y とのかかわりの強さを表す指標だと考

えられます。 前の図 8.29 から $\mathrm{I}[X;Y] = \mathrm{H}[X] - \mathrm{H}[X|Y]$ とも表せることに注目してください。言いかえれば $\mathrm{I}[X;Y] = \mathrm{I}[Y;X]$。$X$ と Y の役割を入れかえても相互情報量は同じになります[*28]。

先ほど述べた $\mathrm{H}[Y|X] \leq \mathrm{H}[Y]$ という性質は、$\mathrm{I}[X;Y] \geq 0$ と言いかえられます。また、$\mathrm{I}[X;Y] = 0$ という条件は、X と Y が独立なことと同値です。うまくできているものですね。これらが成り立つ理由は付録 C.3(p.352)「Kullback-Leibler divergence と大偏差原理」の ?C.2(p.355) で説明します。そこでは相互情報量についてまた別の見方を紹介しています。

最後に、相互情報量 $\mathrm{I}[X;Y]$ と相関係数 $\rho_{X,Y}$（5.1.3 項(p.178)）との違いを確認しておきます。

- $\mathrm{I}[X;Y]$ は、X と Y がどれくらい独立でないかを表します。独立なときは $\mathrm{I}[X;Y] = 0$、独立でないときは $\mathrm{I}[X;Y] > 0$ です。
- $\rho_{X,Y}$ は、一方が大きいと他方も大きい（あるいは逆に小さい）という傾向の度合を表します。X, Y が比例するときに $\rho_{X,Y} = \pm 1$（符号は比例係数の符号に一致）、そうでないときは $-1 < \rho_{X,Y} < +1$ となります。上のような大小の傾向がないときが $\rho_{X,Y} = 0$ です。

独立なら $\rho_{X,Y} = 0$ ですが、逆は言えないことに改めてご注意ください。

$$\mathrm{I}[X;Y] = 0 \quad \Leftrightarrow \quad X, Y \text{ が独立} \quad \Rightarrow \quad \rho_{X,Y} = 0$$

前に挙げた例を図 8.30 に再掲しておきます。

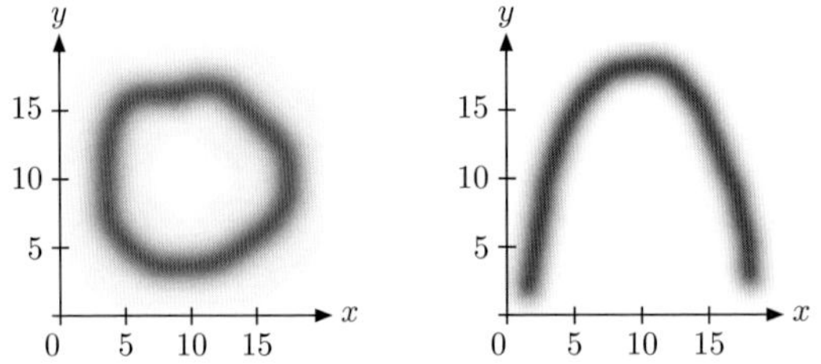

▶図 8.30　相関係数が 0 でも、独立とは限らない（図 5.6(p.183) の再掲）

*28 図をさらによく見れば、$\mathrm{I}[X;Y] = \mathrm{H}[X] + \mathrm{H}[Y] - \mathrm{H}[X,Y]$ とも書けることに気づきます。こう書けば $\mathrm{I}[X;Y] = \mathrm{I}[Y;X]$ は明らかだし、$\mathrm{I}[X;Y]$ が X と Y の情報の重複度合を表すこともよりわかりやすいかもしれません。

8.3.3 情報源符号化

エントロピーという概念のすごさは、我々の直感に合うというだけにとどまりません。次の話はエントロピーが情報というものの本質をとらえている証です。

多くの読者は lha, zip, gzip, bzip2, 7-Zip など各種のファイル圧縮ツールを使ったことがあるでしょう。なぜファイルサイズが小さくなったのに元の内容を復元できるのか、圧縮したものをさらにもう一度圧縮しようとするとどうなるのか、不思議に思いませんでしたか？

端的に言うと、圧縮ができるのは何らかの「偏り」があるからです。たとえば、ほとんどの文が「……しておきましょう。」や「……ですね。」で終わる文章だったら、

- 「しておきましょう。」という 9 キャラクタをすべて「＼し」という 2 キャラクタにおきかえる。
- 「ですね。」という 4 キャラクタをすべて「＼で」という 2 キャラクタにおきかえる。
- ただし、元の文章中にもし「＼」があったら、それは「＼＼」におきかえる。

のような略記をすることによって圧縮が実現できます。あるいは、横スクロールシューティングゲームの地形をそのままビットマップとして記録するよりも、「ここから右 100 ピクセルはずっと壁、その先 225 ピクセルはずっと空間、そしてまた 32 ピクセルはずっと壁」のような数列 $100, 225, 32, \ldots$ を記録するほうがずっと容量を節約できます。これも、あるピクセルが壁ならたいていその先しばらくは壁、空間ならその先しばらくは空間、という偏った傾向があることを利用した方法です。こんなふうに、強い偏りがあればあるほど、それを利用してデータを小さく圧縮することができます。

さてここでエントロピーの性質をふり返ってください。エントロピーという指標も、確率に偏りがあると小さく、確率が均等だと大きくなっていました（例題 8.8(p.307)）。この符合はたまたまではありません。本項では、エントロピーの大小と圧縮率の限界とを結びつける**情報源符号化定理**を紹介します。

文字列圧縮問題

k 種類の文字 $a_1, \ldots, a_k$ からなる、長さ n の文字列 X が与えられるとします。たとえば、X がアルファベットの大文字と空白とで書かれた文章なら $k = 27$、0 と 1 を並べた bit 列なら $k = 2$ と設定します。これを長さ m の bit 列 Y に圧縮したいとしましょう。X のとり得る値は k^n とおり、Y のとり得る値は 2^m とおりです。だから、$k^n \leq 2^m$ のときは何の工夫もいりません。どんな X にどんな Y を対応づけるか、割り当てをただ決めればよいだけです。これは圧縮とは呼べませんから、$k^n > 2^m$ という前提にします。

その前提だと、Y から元の X を完璧に再現することは原理的に不可能です。X は k^n とおりもあるのに Y は 2^m とおりしかないのだから、Y だけ見てすべての X を見分けることはできません*29。したがって必然的に、ときどきは圧縮に失敗する（この文字列は圧縮できません、と答えざるをえない）ことになります。そうすると気になるのは、どれくらい短かく圧縮するとどれくらい失敗してしまうかという関係です。それを今から調べていきます。

ただし、X の 1 文字目 X_1、2 文字目 X_2、……は i.i.d. な確率変数で、各文字 a_j の出やすさ

$$\mathrm{P}(X_i = a_j) \equiv r(a_j), \qquad j = 1, \ldots, k$$

が前もってわかっているとします（i.i.d. なら何文字目でもこの確率は一定だから、$r_i(a_j)$ でなく単に

*29 この理屈は**鳩の巣原理**と呼ばれます。「鳩が u 匹いるのに巣が $v (< u)$ 個しかなければ、どこかが必ず相部屋になる」

$r(a_j)$ と書きました)。また、文字列長 n が非常に大きい状況を想定します。

数値例と情報源符号化定理

様子を探るために数値例を見ましょう。$k = 2,\ r(a_1) = 3/4,\ r(a_2) = 1/4$ という設定で、m と圧縮成功確率との関係を計算したら図 8.31 のようになりました。これは最適な圧縮法を採用したときの結果です。

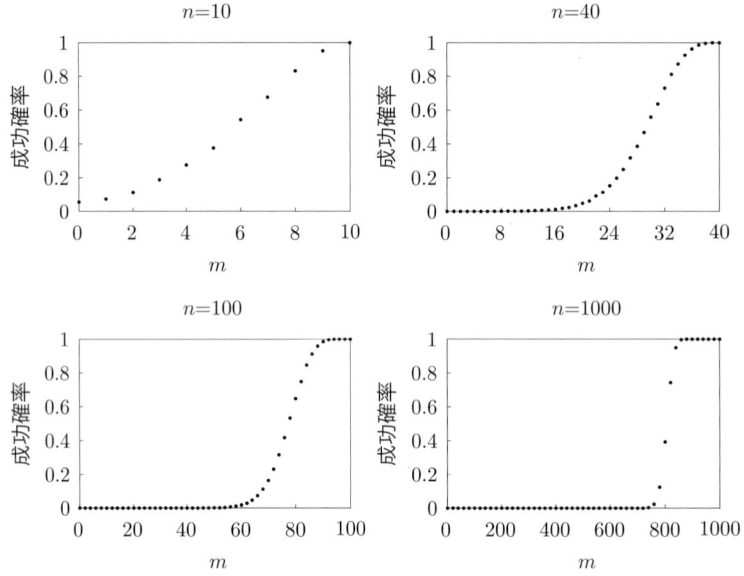

▶ 図 8.31　長さ n の文字列を長さ m の bit 列へ圧縮する場合の圧縮成功確率

n が大きくなるほど明暗が際立ってくることに注目してください。明暗のわかれ目は、どうやら $m \approx 0.8n$ 付近にありそうです。

さて、今の設定における一文字一文字のエントロピーは

$$\mathrm{H}[X_i] = r(a_1)\log\frac{1}{r(a_1)} + r(a_2)\log\frac{1}{r(a_2)} = \frac{3}{4}\log\frac{4}{3} + \frac{1}{4}\log\frac{4}{1} = 2 - \frac{3}{4}\log 3 \approx 0.811$$

実はこの値がまさに上のわかれ目の係数となっているのです。

そんなわけで、

- 圧縮率 $m/n < \mathrm{H}[X_i]$ なら、n が十分大きくなると圧縮成功率はほとんど 1
- 圧縮率 $m/n > \mathrm{H}[X_i]$ なら、n が十分大きくなると圧縮成功率はほとんど 0

という現象が今の数値例からうかがわれます。この例に限らず一般の設定でも同様の結果になることが理論的に示されています（情報源符号化定理）。

8.3.4 通信路符号化

前項はデータを変換してサイズを小さくする話でした。エントロピーが活躍するもう一つの典型的な場面が、**誤り訂正**の話題です。

誤り訂正

ときどきこっそりエラーが生じて内容が書きかわる、という低品質な通信路なり記憶装置なりがあったとしましょう。そんな信頼性の低いものを使って確実にメッセージを伝達したり記録したりするにはどうしたらいいでしょうか。

それには何らかの冗長性を導入するしかありません。たとえば、同じメッセージをいくつもコピーしておいて、読み出すほうはそれらの多数決をとってやるのが一つの手です。もちろんデータサイズはコピーの分だけ増えてしまいます。そのかわり、過半数のコピーに同じエラーが発生するなどというよほど運の悪い場合以外は、正しくメッセージを読み出すことができます。

別の素朴な手として次のようにチェックサムを追加することも考えられます。

メッセージ番号	メッセージ	行チェックサム
1	10110010	0
2	00001001	0
3	10111110	0
4	11111011	1
5	10101011	1
6	11100011	1
7	11111110	1
8	00000000	0
列チェックサム	01001000	

行チェックサムは、その行に 1 が偶数個なら 0、奇数個なら 1 というルールで定められます。列チェックサムは、列について同様のルールを適用したものです。$8 \times 8 = 64$ bit のメッセージに 8 bit の行チェックサムと 8 bit の列チェックサムが追加され、データサイズは $64 + 16 = 80$ bit にふくらみました。その 80 bit 中にエラーがもし一箇所しか起きなければ、チェックサムの食い違いを観察して、エラーを特定し訂正することができます。耐えられるエラーの個数は少ないものの、データサイズのオーバヘッドはくり返しコピー方式よりもずっと小さくなりました。

こういった方式（通信路符号化）は他にもいろいろ考えられますから、実際にはもっと洗練された方式が研究され使われています。その場合いまの例のように「もとのメッセージ＋追加分」という形に限る必要はなく、もとのメッセージ自体を違う bit 列に変換して読み出し側で逆変換することにしても構いません。

符号化方式にはエラーの特性に応じた適不適があります。下手な方式だと所望のエラー耐性を得るために過大なオーバヘッドが必要になります。ではできるだけ良い方式を使うとして、どれくらいオーバヘッドを我慢すれば正確な読み出しが可能になるか。その理論的限界についての議論では相互情報量 $\mathrm{I}[X;Y]$ が活躍します。図 8.29(p.309) のとおり相互情報量はエントロピーを用いて定義されるのでしたから、これもやはりエントロピーの活躍の例だと言えます。

通信路符号化定理

通信路も記憶装置も本質的には同じなので、以下は通信路の言葉で相互情報量の活躍を説明します。送信した文字を確率変数 X、受信した文字を確率変数 Y とするとき、通信路の特性は条件つき分布 $\mathrm{P}(Y=y|X=x)$ によって表されます。たとえば、文字として "0" と "1" を使うなら

$$\begin{cases}\mathrm{P}(Y=\text{“0”}|X=\text{“0”})=0.99\\ \mathrm{P}(Y=\text{“1”}|X=\text{“0”})=0.01\end{cases}\qquad \begin{cases}\mathrm{P}(Y=\text{“0”}|X=\text{“1”})=0.1\\ \mathrm{P}(Y=\text{“1”}|X=\text{“1”})=0.9\end{cases}$$

といった具合です。通信路のユーザは、それを与えられたものとして受け入れるしかありません[*30]。一方、送信文字自体の分布 $\mathrm{P}(X=x)$ は、ユーザ側で調節することができます。こちらはどんな符号化方式をとるかに依存します。X,Y の同時分布は両者のかけ算で $\mathrm{P}(X=x,Y=y)=\mathrm{P}(Y=y|X=x)\,\mathrm{P}(X=x)$ と定まり、同時分布から相互情報量 $\mathrm{I}[X;Y]$ が定まるという格好です。では、分布 $\mathrm{P}(X=x)$ をうまく調節して、送信内容 X と受信内容 Y との相互情報量 $\mathrm{I}[X;Y]$ ができるだけ大きくなるようにしてみましょう。そうして達成される $\mathrm{I}[X;Y]$ の上限 c が、次の意味で**通信路の容量**となります（**通信路符号化定理**）。

- 通信レート $r<c$ なら、（通信路に応じたうまい符号化によって）通信誤りの確率をいくらでも下げられる。
- $r>c$ なら、そんなことはできない。

通信レート r とは、実際の通信 1 文字あたり、もとのメッセージを何 bit 送れるかのことです[*31]。簡単のためもとのメッセージは 0 と 1 からなる bit 列だとしておくと、要するに符号化前後の長さの比が通信レートです。たとえば上のチェックサムなら、もともと 64 bit のメッセージを 80 bit 使って送るので $r=64/80=0.8$ となります。なお、この定理ではメッセージが十分長い状況を想定しています（n 文字使って rn bit のメッセージを送るとし、n が大きいときを考察）。また、メッセージはすでに圧縮済で、メッセージ自身に含まれる冗長性はあらかじめ情報源符号化により取り除かれているとします。

タイトルに情報理論とついている書籍ならおそらく通信路符号化定理も解説されているはずですから、詳しくはそちらを参照ください（たとえば参考文献 [17, 26]）。

[*30] 正確には、伝送文字列中の何文字目でもこの分布で化けること、および各文字の化けかたは独立なことを仮定しています（**定常無記憶通信路**）。

[*31] **伝送レート**や**符号化レート**などとも呼ばれます。

コラム：パターン

初出現までの長さ

0001110101⋯ のように、ランダムに（確率半々で毎回独立に）0 か 1 かを書き連ねていき、指定されたパターンが出るまでの長さを数えます。たとえば指定パターンが 1101 だったら、系列の末尾が「⋯1101」となった時点で打ち切り、そこまでの長さを数えます。パターンによってこの長さの期待値は変わるでしょうか？

指定パターンが 01 の場合と 11 の場合とをそれぞれ 20 回、コンピュータでシミュレーションしてみた結果を示します。

```
$ make↲
=========== pattern 01
./pattern.rb -p=01 20
11111001
1001
111111101
101
11101
01
001
111001
01
101
101
0001
01
1001
10000001
101
001
01
101
01
=========== pattern 11
./pattern.rb -p=11 20
1000100100001011
000011
11
11
101011
11
1011
0100100100100000010011
10101001011
100011
11
0011
00011
11
100000000011
011
1011
11
11
010000100010011
```

よりはっきり結着をつけるために、各パターンについて 1000 回の試行を集計し、初出現までの長さのヒストグラムを描いたらこうなりました。

```
$ make long↲
=========== pattern 01
./pattern.rb -p=01 1000 | ./length.rb | ../histogram.rb -w=2 -u=10
   12<= |  2 (0.2%)
   10<= | * 18 (1.8%)
    8<= | **** 46 (4.6%)
    6<= | *********** 116 (11.6%)
    4<= | ****************************** 308 (30.8%)
    2<= | *************************************************** 510 (51.0%)
total 1000 data (median 3, mean 3.95, std dev 1.98884)
=========== pattern 11
./pattern.rb -p=11 1000 | ./length.rb | ../histogram.rb -w=2 -u=10
   38<= |  1 (0.1%)
   36<= |  1 (0.1%)
   34<= |  0 (0.0%)
   32<= |  0 (0.0%)
   30<= |  2 (0.2%)
   28<= |  2 (0.2%)
   26<= |  0 (0.0%)
   24<= |  4 (0.4%)
   22<= |  4 (0.4%)
   20<= |  8 (0.8%)
   18<= | * 15 (1.5%)
   16<= | * 15 (1.5%)
   14<= | ** 29 (2.9%)
   12<= | *** 37 (3.7%)
   10<= | ******* 71 (7.1%)
    8<= | ********* 94 (9.4%)
    6<= | ************** 146 (14.6%)
    4<= | ******************** 206 (20.6%)
    2<= | ************************************ 365 (36.5%)
total 1000 data (median 5, mean 6.164, std dev 4.81613)
```

パターン 11 のほうが出現までに長くかかりがちですが、理由を説明できますか？

出現回数

こんどは、指定されたパターンが一定の長さまでに何回出てきたかを数えます。たとえば、パターン01とパターン11について、長さ20までに何回出現したか数える実験を5試行ずつやってみました。

```
$ make count↵
=========== pattern 01
./pattern.rb -v -p=01 -c=20 5
11110111101000101110
4
11110011111110011111
2
10010110101010010000
6
10001100001011111100
3
10001101110101101101
6
=========== pattern 11
./pattern.rb -v -p=11 -c=20 5
00001011000011101010
3
00010110111100010000
4
01100100111111010111
8
11110001111101100001
8
11001100001001011001
3
```

はっきり結着をつけるために、各パターンについて、長さ100までの出現回数を1000試行にわたって数えた結果をヒストグラムで示します。

```
$ make clong↵
=========== pattern 01
./pattern.rb -p=01 -c=100 1000 | ../histogram.rb -w=2 -u=10
   32<= |  4 (0.4%)
   30<= | ** 29 (2.9%)
   28<= | ********** 102 (10.2%)
   26<= | *********************** 232 (23.2%)
   24<= | ****************************** 305 (30.5%)
   22<= | ******************** 208 (20.8%)
   20<= | ********** 102 (10.2%)
   18<= | * 18 (1.8%)
total 1000 data (median 25, mean 24.654, std dev 2.5823)
=========== pattern 11
./pattern.rb -p=11 -c=100 1000 | ../histogram.rb -w=2 -u=10
   44<= |  2 (0.2%)
   42<= |  0 (0.0%)
   40<= |  1 (0.1%)
   38<= |  9 (0.9%)
   36<= | * 15 (1.5%)
   34<= | *** 32 (3.2%)
   32<= | ***** 52 (5.2%)
   30<= | ********** 103 (10.3%)
   28<= | ********** 101 (10.1%)
   26<= | ************* 132 (13.2%)
   24<= | ************* 132 (13.2%)
```

```
    22<= | ************ 123 (12.3%)
    20<= | ************ 127 (12.7%)
    18<= | ******** 84 (8.4%)
    16<= | **** 43 (4.3%)
    14<= | ** 28 (2.8%)
    12<= | * 10 (1.0%)
    10<= |  5 (0.5%)
     8<= |  1 (0.1%)
total 1000 data (median 25, mean 24.805, std dev 5.55022)
```

この出現回数の平均はパターン 01 でもパターン 11 でもほぼ同じになりました。前項の結果と一見矛盾するようですがどう説明しますか？

この題材は、参考文献 [34] の第 14 章「パターン」、および、「コインで遊ぶ」

http://blog.beetama.com/blog-entry-618.html

を参考にさせていただきました。

付録 A

本書で使う数学の基礎事項

A.1 ギリシャ文字

小文字	大文字	読み	小文字	大文字	読み
α	A	アルファ	ν	N	ニュー
β	B	ベータ	ξ	Ξ	グザイ(クシー)
γ	Γ	ガンマ	o	O	オミクロン
δ	Δ	デルタ	π	Π	パイ
ϵ (ε)	E	イプシロン	ρ	P	ロー
ζ	Z	ツェータ(ゼータ)	σ	Σ	シグマ
η	H	イータ	τ	T	タウ
θ (ϑ)	Θ	シータ	υ	Υ	ウプシロン
ι	I	イオタ	ϕ (φ)	Φ	ファイ
κ	K	カッパ	χ	X	カイ
λ	Λ	ラムダ	ψ	Ψ	プサイ
μ	M	ミュー	ω	Ω	オメガ

A.2 数

A.2.1 自然数・整数

$0, 1, 2, 3, \ldots$（本によっては $1, 2, 3, \ldots$）を**自然数**、$\ldots, -2, -1, 0, 1, 2, \ldots$ を**整数**と呼びます。

素数とは、1 と自分自身以外の自然数では割り切れないような（2 以上の）自然数のことです。具体的には $2, 3, 5, 7, 11, 13, 17, 19, 23, \ldots$ です。

A.2.2 有理数・実数

5/7 のように「整数/整数」という分数で表せる数を**有理数**、$3.14159265\ldots$ のように無限小数で表せる数を**実数**と呼びます。整数は有理数の一種だし、有理数は実数の一種です（$-5 = -5/1$ や $3/4 = 0.75000\ldots$ や $2/3 = 0.666\ldots$ など）。

実数 x の**絶対値** $|x|$ とは、符号を取り除いた値のことです。たとえば $|-5| = 5$、$|7.2| = 7.2$ となります。つまり、

$$|x| = \begin{cases} x & (x \geq 0) \\ -x & (x < 0) \end{cases}$$

実数 $x_1, \ldots, x_n$ に対して、その**最小値**を $\min(x_1, \ldots, x_n)$、**最大値**を $\max(x_1, \ldots, x_n)$ で表します。たとえば $\min(5, 2, 6, 4, 3) = 2$、$\max(5, 2, 6, 4, 3) = 6$ です。特に引数が 2 個だと

$$\min(x,y)=\begin{cases}x & (x\le y)\\ y & (x>y)\end{cases},\qquad \max(x,y)=\begin{cases}x & (x\ge y)\\ y & (x<y)\end{cases}$$

本によっては最小値 $\min(x,y)$ を $x\wedge y$、最大値 $\max(x,y)$ を $x\vee y$ で表す場合もあります（$\vee$ や $\wedge$ という記号は別の意味に使われることも多いのですが）。

A.2.3　複素数

$\mathrm{i}^2=\mathrm{i}\cdot\mathrm{i}=-1$ なる**虚数単位** i を使って

$$z=\alpha+\mathrm{i}\beta \qquad (\alpha,\beta \text{ は実数}) \tag{A.1}$$

と表される数を**複素数**と呼びます。実数 α も複素数の一種です（$\alpha+\mathrm{i}0$ と解釈）。

複素数の**絶対値**は $|z|=\sqrt{\alpha^2+\beta^2}$ と定義されます。

A.3　集合

A.3.1　集合の記法

集合を表すには、$\{2,4,6,8,10\}$ のように要素を直接列挙する書き方の他に、

$$\{2n\,|\,n \text{ は 1 以上 5 以下の整数}\}$$

のような書き方（**内包的記法**）もあります。縦棒の左が要素の格好を、右がそれに付随する条件を表します。縦棒を「……の集合、ただし……」と読めば意味がわかると思います[*1]。

x が集合 A の要素であることを $x\in A$ と表します。こんなふうに集合は大文字で書くのが慣習です。大文字だからといって確率変数と混同しないように。$A\subset B$ とは、集合 A の要素がすべて集合 B にも属すという意味です。つまり、「$x\in A$ なら $x\in B$」が任意の x について成り立つということ。$A\subset B$ と書いたときに $A=B$ も許すかどうかは人により流儀が異なります。本書では同じものどうしでも $A\subset A$ だとしています。一方、「$=$ も許す場合は $\subseteq$、許さない場合は $\subset$」と書き分ける人もいます。

空集合 $\{\ \}$ のことを $\emptyset$ と書きます（本によっては ϕ）。また、集合 A,B に対して、その両方に属す要素の集合を**共通部分** $A\cap B$、少なくとも一方（両方でもよい）に属す要素の集合を**和集合** $A\cup B$ と表します。

$$A\cap B=\{x\,|\,x\in A \text{ かつ } x\in B\},\quad A\cup B=\{x\,|\,x\in A \text{ または } x\in B\}$$

A.3.2　無限集合の大小

本書を読むためには、集合については前項くらいの予備知識で十分でしょう。ここからは興味のある方だけで結構です。

自然数の集合 $\mathbf{N}=\{0,1,2,\ldots\}$ と一対一で対応がつけられる集合を**可算**集合と呼びます。可算無限集合や**可付番**集合と呼ぶこともあります。たとえば整数の集合 $\mathbf{Z}=\{\ldots,-2,-1,0,1,2,\ldots\}$ は可算集合です。こんなふうに一対一対応がつけられるからです。

[*1] 本によっては縦棒でなくセミコロンを使って $\{2n;\ n \text{ は 1 以上 5 以下の整数}\}$ のように書いている場合もあります。

$\mathbf{N}$	0	1	2	3	4	5	6	$\cdots$
$\mathbf{Z}$	0		1		2		3	$\cdots$
		-1		-2		-3		$\cdots$

また、有理数の集合 $\mathbf{Q}$ も実は可算集合です。慣れてきたら、「○○の集合は可算集合だ」と言うかわりに短かく「○○は可算個だ」などと言うこともあります。「**高々可算個**」と言ったら「有限個か、または可算個」の意味です。

実数の集合 $\mathbf{R}$ は可算集合でないことが知られています。無限集合どうしにも大小があって、$\mathbf{R}$ のほうが $\mathbf{N}$ より本質的に大きいのです。$\mathbf{R}$ のかわりに「0 以上 1 以下のすべての実数の集合」や「正方形領域内のすべての点の集合」でも同様です。キーワードは**濃度**や**対角線論法**。興味のある方には参考文献 [21] をおすすめします。

A.3.3 本気の数学に向けて

本気の数学だと、いろいろなことが集合という概念を使って記述されるので、集合についての基礎事項をもっと固めておかないといけません。たとえば、以下はそれぞれ正しいでしょうか？ 答は脚注に[*2]。

1. $\{1, 2, 3\} = \{3, 2, 1\}$ か？
2. $\{1, 2, 3\} = \{1, 2, 2, 3\}$ か？
3. $1 \in \{1, 2, 3\}$ か？
4. $1 \subset \{1, 2, 3\}$ か？
5. $\{1, 3\} \in \{1, 2, 3\}$ か？
6. $\{1, 3\} \subset \{1, 2, 3\}$ か？
7. $\{1\} \in \{1, 2, 3\}$ か？
8. $\{1\} \subset \{1, 2, 3\}$ か？
9. $2 \in \{1, \{2, 3\}\}$ か？
10. $2 \subset \{1, \{2, 3\}\}$ か？
11. $\{2\} \in \{1, \{2, 3\}\}$ か？
12. $\{2\} \subset \{1, \{2, 3\}\}$ か？
13. $\{2, 3\} \in \{1, \{2, 3\}\}$ か？
14. $\{2, 3\} \subset \{1, \{2, 3\}\}$ か？
15. $\{1, 3\} \in \{1, \{2, 3\}\}$ か？
16. $\{1, 3\} \subset \{1, \{2, 3\}\}$ か？
17. $\emptyset \in \{1, 2, 3\}$ か？
18. $\emptyset \subset \{1, 2, 3\}$ か？
19. $\emptyset = \{\emptyset\}$ か？
20. $\emptyset \in \{\emptyset\}$ か？
21. $\emptyset \subset \{\emptyset\}$ か？

[*2] 正しいのは 1, 2, 3, 6, 8, 13, 18, 20, 21

A.4 総和 $\sum$

A.4.1 定義と基本性質

$a_1 + a_2 + \cdots + a_9 + a_{10}$ のことを短く

$$\sum_{i=1}^{10} a_i$$

のように表します。また、文章中では $\sum_{i=1}^{10} a_i$ のようにも表します。注意してほしいのは、

$$\sum_{j=1}^{10} a_j$$

と書いても全く同じ意味だということです。「カウンタ」には、i でも j でも空いている文字なら何を使っても構いません。

目を慣らすためにちょっと練習してみましょう。

$$\sum_{j=3}^{7} f_j(i, j, k)$$

を、$\sum$ を使わず書き下したらどうなりますか？　答は

$$f_3(i, 3, k) + f_4(i, 4, k) + f_5(i, 5, k) + f_6(i, 6, k) + f_7(i, 7, k)$$

です。結果にカウンタ j は現れないことを肝に命じてください。(空いている文字なら) 何をカウンタに使っても同じだったはずですから、結果にカウンタが残ることはありえません。

もう一問、

$$\sum_{i=1}^{10} g(k, l, m)$$

だと？　答は

$$\overbrace{g(k, l, m) + g(k, l, m) + \cdots + g(k, l, m)}^{10\text{ 個}} = 10g(k, l, m)$$

です。$\sum$ の中身 $g(k, l, m)$ がカウンタ i に依存しない (i が変わっても値が変わらない) ので、同じものを足すだけ。だから単純に中身 × 個数となります。$g(k, l, m)$ は定数っぽくない見かけですが、i に応じて変わるかどうかといういまの観点でいえば定数と扱われることに注意しましょう。似たような話で

$$\sum_{i=1}^{10} g(k, l)h(i, j) = g(k, l) \sum_{i=1}^{10} h(i, j)$$

となることもわかるでしょうか？　$\sum$ を使わないで書くとこれは

$$g(k,l)h(1,j) + g(k,l)h(2,j) + \cdots + g(k,l)h(10,j) \\ = g(k,l)\Big(h(1,j) + h(2,j) + \cdots + h(10,j)\Big)$$

のように共通項をくくり出しただけです。カウンタ i に依存しない項 $g(k,l)$ は $\sum_i$ の外へ出せる、というお話でした。

A.4.2 二重和

$\sum$ が二重になっていたときは適宜かっこを補って解釈します。たとえば

$$\sum_{i=1}^{3}\sum_{j=1}^{4} f(i,j)$$

なら、

$$\begin{aligned}\sum_{i=1}^{3}\left(\sum_{j=1}^{4} f(i,j)\right) &= \sum_{i=1}^{3}\Big(f(i,1)+f(i,2)+f(i,3)+f(i,4)\Big) \\ &= \Big(f(1,1)+f(1,2)+f(1,3)+f(1,4)\Big) \\ &\quad + \Big(f(2,1)+f(2,2)+f(2,3)+f(2,4)\Big) \\ &\quad + \Big(f(3,1)+f(3,2)+f(3,3)+f(3,4)\Big)\end{aligned}$$

です。ここでのポイントは、

$$\sum_{i=1}^{3}\sum_{j=1}^{4} f(i,j) = \sum_{j=1}^{4}\sum_{i=1}^{3} f(i,j)$$

のように $\sum$ の順序を入れかえられること。左辺も右辺も要は「次の表の $f(*,*)$ をぜんぶ足せ」という指示ですから結果は同じになります。

	$j=1$	$j=2$	$j=3$	$j=4$
$i=1$	$f(1,1)$	$f(1,2)$	$f(1,3)$	$f(1,4)$
$i=2$	$f(2,1)$	$f(2,2)$	$f(2,3)$	$f(2,4)$
$i=3$	$f(3,1)$	$f(3,2)$	$f(3,3)$	$f(3,4)$

ただしこんなふうに単純に入れかえてよいのは、i の範囲と j の範囲が個別に決まっているときだけ。次のような場合はあてはまりません。

$$\sum_{i=1}^{4}\sum_{j=1}^{i} f(i,j)$$

j の範囲が i に応じて決まっているからです。これを単純に入れかえたりしたら、そもそも意味をなさない式になってしまいます：

$$\sum_{j=1}^{i}\sum_{i=1}^{4} f(i,j) \quad \cdots\cdots \text{まちがった式}$$

$\sum_{j=1}^{i}$ と書いた時点で i を使ってしまいましたから、使用済の文字 i を内側の $\sum$ のカウンタにするのは違法です。だからといって

$$\sum_{j=1}^{4}\sum_{i=1}^{j} f(i,j)$$

のように i, j を機械的に入れかえるのもダメ。これは元の式とは違う結果になります。正解は

$$\sum_{i=1}^{4}\sum_{j=1}^{i} f(i,j) = \sum_{j=1}^{4}\sum_{i=j}^{4} f(i,j)$$

どこが変わったかよく比べましょう。次の表を見ればタネがわかるはずです。左辺も右辺も要は次の表の $f(*,*)$ をぜんぶ足せという指示だから、結果は同じになります。左辺と右辺がそれぞれどんな順番で表の合計を求めているのか確認してください。

	$j=1$	$j=2$	$j=3$	$j=4$
$i=1$	$f(1,1)$			
$i=2$	$f(2,1)$	$f(2,2)$		
$i=3$	$f(3,1)$	$f(3,2)$	$f(3,3)$	
$i=4$	$f(4,1)$	$f(4,2)$	$f(4,3)$	$f(4,4)$

もう一つよくあるまちがいは次のような不注意です。

$$\left(\sum_{i=1}^{5} f(i)\right)^2 = \left(\sum_{i=1}^{5} f(i)\right)\left(\sum_{i=1}^{5} f(i)\right) = \sum_{i=1}^{5}\sum_{i=1}^{5} f(i)f(i) \quad \cdots\cdots \text{まちがった式}$$

これも最初の $\sum_i$ で i という文字を使いましたから、次の $\sum$ では別の空いている文字をカウンタにしないといけません。正しくは

$$\left(\sum_{i=1}^{5} f(i)\right)^2 = \left(\sum_{i=1}^{5} f(i)\right)\left(\sum_{j=1}^{5} f(j)\right) = \sum_{i=1}^{5}\sum_{j=1}^{5} f(i)f(j)$$

A.4.3　範囲の指定

さて、ここまでは総和の範囲を上限と下限で指定しました。その他に、範囲を集合で指定する書き方もあります。$A = \{2,4,6,8,10\}$ に対して

$$\sum_{i \in A} f(i)$$

と書いたら $f(2)+f(4)+f(6)+f(8)+f(10)$ の意味です。この書き方なら、いまみたいなとびとびの値なども柔軟に扱えるし、整数以外にも使えて便利です。また、条件で

$$\sum_{\substack{1 \le i \le 10 \\ i\ \text{は偶数}}} f(i) = f(2)+f(4)+f(6)+f(8)+f(10)$$

のように書くこともあります。同様に

$$\sum_{1 \le i \le 10} f(i) = f(1) + f(2) + \cdots + f(9) + f(10)$$

この場合、厳密には「i は整数」と書くべきなのですが、文脈から明らかなときはこんなふうに略したりします。もっと大胆に、範囲を完全に略して

$$\sum_i f(i)$$

とだけ書かれていることもあります。そんな場合は前後の話から自分で範囲を判断してください。

A.4.4 等比級数

最後に有名な公式を挙げておきましょう。**等比級数**の公式です。$m \le n$ に対し、

$$\sum_{i=m}^{n} r^i = \frac{r^m - r^{n+1}}{1-r} = \frac{(\text{初項}) - (\text{末項の次の項})}{1 - (\text{公比})} \qquad (\text{ただし } r \ne 1 \text{ のとき}) \tag{A.2}$$

よって特に

$$\sum_{i=1}^{\infty} r^i = \frac{r}{1-r} \qquad (\text{ただし } |r| < 1 \text{ のとき}) \tag{A.3}$$

もし $|r| \ge 1$ だったらこの無限和は収束しません。

? A.1 等比級数の公式はどうやって導くのでしたっけ？

(A.2) の左辺を s とでもおき、$s - rs$ を計算してください。練習のためあえていかめしく $\sum$ で書きます。

$$s - rs = \sum_{i=m}^{n} r^i - r\sum_{i=m}^{n} r^i = \sum_{i=m}^{n} r^i - \sum_{i=m}^{n} r^{i+1} = \sum_{i=m}^{n} r^i - \sum_{i=m+1}^{n+1} r^i = r^m - r^{n+1}$$

よって $(1-r)s = r^m - r^{n+1}$ なので、(A.2) が得られます。

さらに、この公式を応用すれば

$$\sum_{i=1}^{\infty} i r^i = \frac{r}{(1-r)^2} \qquad (\text{ただし } |r| < 1 \text{ のとき})$$

も示せます。実際、いまの式の左辺を t とおいて t と rt とを並べると

$$\begin{array}{rclcccccccccc} t &=& 1 \cdot r &+& 2 \cdot r^2 &+& 3 \cdot r^3 &+& 4 \cdot r^4 &+& 5 \cdot r^5 &+& \cdots \\ rt &=& & & 1 \cdot r^2 &+& 2 \cdot r^3 &+& 3 \cdot r^4 &+& 4 \cdot r^5 &+& \cdots \end{array}$$

ですから、辺々引けば

$$t - rt = r + r^2 + r^3 + r^4 + r^5 + \cdots = \frac{r}{1-r}$$

すなわち $(1-r)t = r/(1-r)$ なので、$t = r/(1-r)^2$ がわかります。あるいは、大学生なら、(A.3) の両辺を r で微分してから r をかけるというスマートな示し方もあります。

A.5　指数と対数

指数と対数について手短に気持ちを説明します（数学的に厳密な議論ではありません）。

A.5.1　指数関数

$2^3 = 2 \cdot 2 \cdot 2$ や $7^5 = 7 \cdot 7 \cdot 7 \cdot 7 \cdot 7$ のように、a を b 回かけることを a^b と書き、a の b 乗と呼びます。この定義から

$$a^{b+c} = a^b a^c \qquad \text{(例)}\ 2^{3+4} = \overbrace{\underbrace{2 \cdot 2 \cdot 2}_{3\,個} \cdot \underbrace{2 \cdot 2 \cdot 2 \cdot 2}_{4\,個}}^{(3+4)\,個} = 2^3 2^4 \tag{A.4}$$

$$a^{bc} = \left(a^b\right)^c = \left(a^c\right)^b \qquad \text{(例)}\ 5^{2 \cdot 3} = \overbrace{\underbrace{5 \cdot 5}_{2\,個} \cdot \underbrace{5 \cdot 5}_{2\,個} \cdot \underbrace{5 \cdot 5}_{2\,個}}^{2 \cdot 3\,個} = \left(5^2\right)^3 \tag{A.5}$$

がすぐわかります[*3]。

いまのは「正の整数」乗の説明でした。これを順に拡張していきます。まず次の表を見てください。

$\cdots$	3^{-2}	3^{-1}	3^0	3^1	3^2	3^3	3^4	$\cdots$
$\cdots$	?	?	?	3	9	27	81	$\cdots$

「?」には何を入れるのが自然でしょうか？　右へ進むにつれて 3 倍、3 倍、となっていくのですから、逆に言えば左へ進むと 1/3 倍、1/3 倍という規則です。だからこうするのが自然。

$\cdots$	3^{-2}	3^{-1}	3^0	3^1	3^2	3^3	3^4	$\cdots$
$\cdots$	1/9	1/3	1	3	9	27	81	$\cdots$

これを一般化して、ゼロ乗や負の整数乗は

$$a^0 = 1, \quad a^{-1} = 1/a, \quad a^{-2} = 1/a^2, \quad a^{-3} = 1/a^3, \quad \cdots \qquad (\text{ただし}\ a \neq 0)$$

と定義します。

いまの話は、式 (A.4) が成り立つようにべき乗を拡張した結果だとも解釈できます。$a^3 a^{-2} = a^{3+(-2)}$ のような要請からおのずと $a^{-2} = 1/a^2$ が導かれるからです。もう一方の式 (A.5) に着目すると、こんどは分数乗をどう定義するべきかが見えてきます。$x = 5^{1/2}$ とおいて、(A.5) が分数乗にも成り立つとしたなら、$x^2 = 5^1 = 5$。だから $x = \sqrt{5}$ であるべき。同様に、$y = 5^{1/4}$ なら $y^4 = 5^1 = 5$、すなわち $y = \sqrt[4]{5}$ であるべき[*4]。一般化するとこうなります。

[*3] もう一つ $(ab)^c = a^c b^c$ もすぐわかりますがいまは使いません。なお、かっこをつけずに 5^{2^3} と書いたら、$\left(5^2\right)^3$ ではなく $5^{(2^3)}$ の意味になります。

[*4] $\sqrt[4]{5}$ とは「4 乗したら 5 になるような（正の）実数」のことです。符号についてはこだわりだすと高等な話に行ってしまうので深入りしません（リーマン面が云々）。

$$a^{1/2} = \sqrt{a}, \quad a^{1/3} = \sqrt[3]{a}, \quad a^{1/4} = \sqrt[4]{a}, \quad \cdots \qquad (ただし\ a > 0)$$

さらに、$z = 5^{7/4}$ なら $z^4 = 5^7$、すなわち $z = \sqrt[4]{5^7} = \sqrt[4]{5}^7$ であるべきです。一般化すると、

$$a^{p/q} = \sqrt[q]{a^p} = \sqrt[q]{a}^p \qquad (ただし\ a > 0、p\ は整数、q\ は正整数)$$

分数乗が定義できたということは有限小数乗も定義できたことになります。$5^{3.14} = 5^{314/100}$ のように分数乗に翻訳できるからです。すると $\pi = 3.1415\ldots$ のような無限小数乗については、$5^{3.14}$ と $5^{3.15}$ との間くらいの値を 5^π と定めたくなります。もっと正確には $5^{3.141}$ と $5^{3.142}$ との間。もっともっと正確には $5^{3.1415}$ と $5^{3.1416}$ との間。こんなふうに桁を増やしていった極限として 5^π を定義します。次の数列の極限が 5^π だと思っても結構です。

$$5^3, 5^{3.1}, 5^{3.14}, 5^{3.141}, 5^{3.1415}, \ldots$$

こうしてついに実数乗まで拡張されました。

$y = a^x$ のグラフ（a を底とする**指数関数**）をいろいろな a について描いたのが図 A.1 です。$a > 1$ の場合、x が増えるにつれ a^x は急速に大きくなります。どれほど急速かというと、

$$x \to \infty のとき, \quad \frac{x}{a^x} \to 0, \quad \frac{x^7}{a^x} \to 0, \quad \frac{x^{365.2422}}{a^x} \to 0, \quad などなど \qquad (ただし\ a > 1)$$

どんなに大きな定数 $k > 0$ を持ってきても x^k では a^x の爆発っぷりに勝てません。$0 < a < 1$ の場合は逆に、x が増えるにつれ a^x は急速に 0 へ近づいていきます。

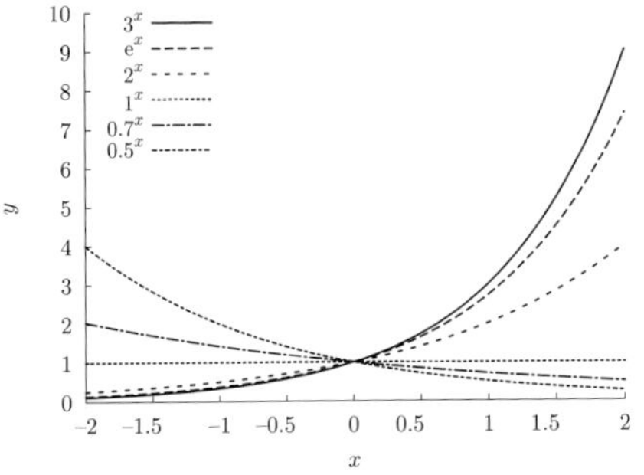

▶図 A.1　いろいろな a に対する $y = a^x$ のグラフ

さて、図 A.1 をもう一度見てください。どれも $x = 0$ のときは $a^x = 1$ ですが、$x = 0$ における傾きは a が増えるにつれて大きくなっています。$x = 0$ における傾きがちょうど 1 になるような a のことを e という記号で表し、e^x のことを $\exp x$ とも書きます[*5]。e の具体的な値は $2.71828\ldots$ です。ここまでの話から

$$\exp(b + c) = (\exp b)(\exp c), \quad \exp(bc) = (\exp b)^c = (\exp c)^b, \quad \exp 0 = 1, \quad \exp'(0) = 1$$

---

*5　単に指数関数（exponential function）と言ったら exp のことを指します。$e^{(なんだかんだ)}$ だと小さくて見づらいので、exp(なんだかんだ) という表記のほうがしばしば好まれます。 e には**ネイピア数**という名前が一応ついていますが、実際にそう呼んでいる人はあまり見かけません。むしろ、**自然対数の底**という本末転倒な呼び名のほうが多いようです。

が成り立ちます（この「$'$」は微分を表します）。すると

$$\exp'(x) = \lim_{h\to 0}\frac{\exp(x+h)-\exp x}{h} = \lim_{h\to 0}\frac{(\exp x)(\exp h)-\exp x}{h}$$
$$= (\exp x)\lim_{h\to 0}\frac{\exp h - \exp 0}{h} = (\exp x)(\exp'(0)) = \exp x$$

つまり、exp という関数は微分しても exp です。

? A.2　e の定義がぴんときません。

ではもう一つ別の話で e を紹介します。半年複利という言葉を聞いたことがあるでしょうか。年 1% の利子でお金を預けたとき、ふつうに計算すると一年後は 1.01 倍になっています。しかし、同じ年 1% でも半年複利だと、半年ごとに 1% の半分（つまり 0.5%）の利子がつくという契約になります。ですから、一年後は $1.005^2 = 1.010025$ 倍。利子につく利子の分だけ半年複利のほうが金額が大きくなります。

では仮に、年 100% というすごい利子のつく銀行があったとしましょう。

- ふつうに計算すると一年後は金額が 2 倍。
- 半年複利なら、半年ごとに 50% の利子だから、一年後には $1.5^2 = 2.25$ 倍。
- 一ヶ月複利なら、一ヶ月ごとに (100/12)% の利子がついて、一年後には $(1+1/12)^{12} \approx 2.613$ 倍。
- 一日複利なら、一日ごとに (100/365)% の利子がついて、一年後には $(1+1/365)^{365} \approx 2.715$ 倍。

複利の期間を短かくするほど利子の利子の……の利子がつくので金額はふくらんでいきます。しかし無限にふくらむわけではありません。期間を 0 に近づけた極限（いわば瞬間複利）で、一年後の金額は実は e 倍となるのです。より一般に、任意の実数 c に対して

$$\left(1+\frac{c}{n}\right)^n \to e^c \qquad (n\to\infty) \tag{A.6}$$

という性質が知られています。

さらに複素数に対しても、exp は次のように定義されます。$z = \alpha + \mathrm{i}\beta$（$\alpha, \beta$ は実数）に対して、

$$\exp z = \exp(\alpha + \mathrm{i}\beta) = (\exp\alpha)(\exp \mathrm{i}\beta), \qquad \exp \mathrm{i}\beta = \cos\beta + \mathrm{i}\sin\beta$$

右側の式が有名な**オイラーの公式**です。なぜこう定義するのが自然なのかは解析学を勉強してください。参考文献 [32] の付録 B では、この定義の自然さを微分方程式で説明しています。

A.5.2　ガウス積分

定数 $a > 0$ に対して次の公式が成り立ちます（**ガウス積分**）。

$$\int_{-\infty}^{\infty}\exp(-ax^2)\,dx = \sqrt{\frac{\pi}{a}} \tag{A.7}$$

これを導出するには多変数の積分を巧妙に使います*6。こういった $\exp(-ax^2)$ を含む積分の計算が、正規分布を議論する際にはしばしば必要です（4.6 節 (p.161)「正規分布と中心極限定理」）。

*6 左辺を I とおき、

$$I^2 = \left(\int_{-\infty}^{\infty}\exp(-ax^2)\,dx\right)\left(\int_{-\infty}^{\infty}\exp(-ay^2)\,dy\right) = \int_{-\infty}^{\infty}\int_{-\infty}^{\infty}\exp\bigl(-a(x^2+y^2)\bigr)\,dy\,dx$$

を極座標に変換して計算する。詳しくは解析学の教科書を参照。

(A.7) の両辺を a で微分することにより、

$$\int_{-\infty}^{\infty} x^2 \exp(-ax^2)\,dx = \frac{1}{2}\sqrt{\frac{\pi}{a^3}}$$

が得られます。さらにその両辺を a で微分すれば

$$\int_{-\infty}^{\infty} x^4 \exp(-ax^2)\,dx = \frac{3}{4}\sqrt{\frac{\pi}{a^5}}$$

も得られます。特に $a = 1/(2\sigma^2)$ のときが正規分布の議論に現れます。

$$\int_{-\infty}^{\infty} \exp\left(-\frac{x^2}{2\sigma^2}\right) dx = \sqrt{2\pi}|\sigma| = \sqrt{2\pi\sigma^2}$$
$$\int_{-\infty}^{\infty} x^2 \exp\left(-\frac{x^2}{2\sigma^2}\right) dx = \sqrt{2\pi}|\sigma|^3 = \sigma^2\sqrt{2\pi\sigma^2}$$
$$\int_{-\infty}^{\infty} x^4 \exp\left(-\frac{x^2}{2\sigma^2}\right) dx = 3\sqrt{2\pi}|\sigma|^5 = 3\sigma^4\sqrt{2\pi\sigma^2}$$

蛇足ですがついでに奇数乗も少しだけ。$\int_0^\infty x\exp(-ax^2)\,dx$ は、$x^2 = u$ とおいて置換積分により計算できます。$du/dx = 2x$ に注意して

$$\int_0^{\infty} x\exp(-ax^2)\,dx = \frac{1}{2}\int_0^{\infty} \exp(-au)\,du = \frac{1}{2}\left[-\frac{1}{a}\exp(-au)\right]_0^{\infty} = \frac{1}{2a}$$

が答。一方、積分範囲が $\int_{-\infty}^{\infty}$ だったら、図 A.2 のように対称性から

$$\int_{-\infty}^{\infty} x\exp(-ax^2)\,dx = 0$$

です[*7]。同様に、この形の奇数乗はすべて 0 です。

$$\int_{-\infty}^{\infty} x^k \exp(-ax^2)\,dx = 0 \qquad (k = 1, 3, 5, \ldots)$$

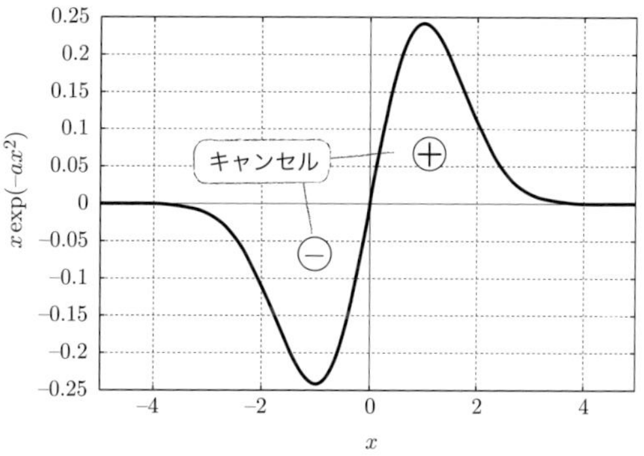

▶ 図 A.2 $x\exp(-ax^2)$ は奇関数なので、積分すると 0

*7 $\int_0^\infty$ の結果から、この積分はちゃんと値が確定します。$\infty - \infty$ の不定形にはなりません。

残念ながら、一般の積分範囲の $\int_\alpha^\beta \exp(-ax^2)\,dx$ はおなじみの関数（$\sqrt{}$ や exp や sin など）でずばっと表すことができません。そこで多くのプログラミング言語には**誤差関数**（error function）というものを数値計算するルーチンが用意されています[*8]。誤差関数 erf は

$$\mathrm{erf}(t) \equiv \frac{2}{\sqrt{\pi}} \int_0^t \exp(-x^2)\,dx$$

と定義され、

$$\mathrm{erf}(-t) = -\,\mathrm{erf}(t), \qquad \lim_{t\to-\infty} \mathrm{erf}(t) = -1, \qquad \lim_{t\to\infty} \mathrm{erf}(t) = 1$$

という性質を持ちます。erf を使えば、たとえば $\int_{-3}^7 \exp(-x^2)\,dx$ は

$$\begin{aligned}\int_{-3}^7 \exp(-x^2)\,dx &= \int_{-3}^0 \exp(-x^2)\,dx + \int_0^7 \exp(-x^2)\,dx \\ &= -\int_0^{-3} \exp(-x^2)\,dx + \int_0^7 \exp(-x^2)\,dx = -\frac{\sqrt{\pi}}{2}\mathrm{erf}(-3) + \frac{\sqrt{\pi}}{2}\mathrm{erf}(7)\end{aligned}$$

により計算できます。あるいは、$\int_{-3}^0 \exp(-x^2)\,dx = \int_0^3 \exp(-x^2)\,dx$ がひとめで見える方は

$$\int_{-3}^7 \exp(-x^2)\,dx = \int_0^3 \exp(-x^2)\,dx + \int_0^7 \exp(-x^2)\,dx = \frac{\sqrt{\pi}}{2}\bigl(\mathrm{erf}(3) + \mathrm{erf}(7)\bigr)$$

と計算しても結構です。

例題 A.1

$\int_5^\infty \exp(-x^2)\,dx$ を erf で表せ。

答

$$\int_5^\infty \exp(-x^2)\,dx = \int_0^\infty \exp(-x^2)\,dx - \int_0^5 \exp(-x^2)\,dx = \frac{\sqrt{\pi}}{2} - \frac{\sqrt{\pi}}{2}\mathrm{erf}(5)$$

■

例題 A.2

$\int_0^6 \exp(-9x^2)\,dx$ を erf で表せ。

答

（$y^2 = 9x^2$ となるように）$y = 3x$ とおいて置換積分すれば、

$$\int_0^6 \exp(-9x^2)\,dx = \frac{1}{3}\int_0^{18} \exp(-y^2)\,dy = \frac{1}{3}\cdot\frac{\sqrt{\pi}}{2}\mathrm{erf}(18)$$

■

[*8] 少し違うものを誤差関数と呼ぶ流儀もあるようなので、念のため定義は確認してください。

A.5.3 対数関数

$y = a^x$ の逆関数を $\log_a$ と書き、a を底とする**対数**（logarithm）と呼びます：

$$y = a^x \quad \Leftrightarrow \quad x = \log_a y \qquad (a > 0,\, a \neq 1,\, y > 0)$$

$\log_a y$ とは「a を何乗したら y になるか」です。$2^3 = 8$ だから $\log_2 8 = 3$、$3^4 = 81$ だから $\log_3 81 = 4$、という具合です。特に $\log_e$ のことは**自然対数**（natural logarithm）と呼び、単に log と書きます[*9]。log のグラフは図 A.3 のようになります。

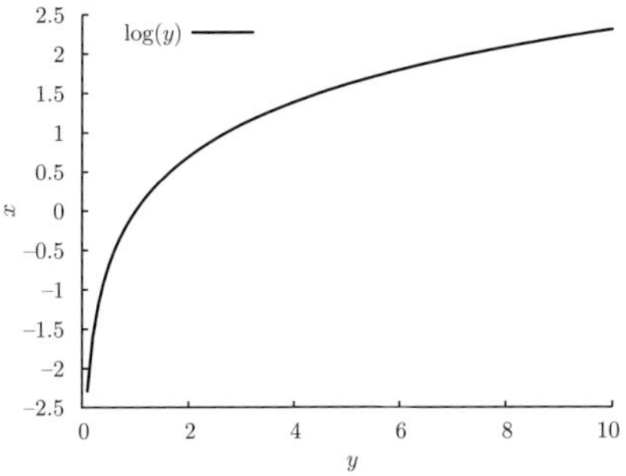

▶図 A.3　$x = \log y$ のグラフ。$y = \exp x$ のグラフの縦軸と横軸とを「ぱたん」と入れかえたもの

log に関しては特に、「log をとる」もしくは「対数をとる」という言い回しがよく使われます。たとえば、$v = f(u)$ という式の両辺の log をとれば $\log v = \log f(u)$ が得られる、といった具合です。

a^x の性質から、$\log_a y$ の対応する性質が次のように導かれます。

$$a^{b+c} = a^b a^c \Rightarrow \log_a u + \log_a v = \log_a (uv) \qquad (a^b = u,\, a^c = v \text{ とおいた})$$

…… a を何乗したら uv（$= a^b a^c$）になるか？　答は $(b + c)$ 乗。

$$a^{bc} = \left(a^b\right)^c \Rightarrow c \log_a u = \log_a (u^c) \qquad (a^b = u \text{ とおいた})$$

…… a を何乗したら u^c（$= (a^b)^c$）になるか？　答は bc 乗。

よって特に

$$-\log_a u = \log_a \frac{1}{u}$$

また、別の見方をすれば

$$a^{bc} = \left(a^b\right)^c \Rightarrow \log_a w = (\log_a u)(\log_u w) \qquad (a^{bc} = w,\, a^b = u \text{ とおいた})$$

…… 左の性質から $\log_u w = c$。よって矢印の右の式は両辺とも bc。

これを変形して底の変換公式が得られます：

$$\log_u w = \frac{\log_a w}{\log_a u}$$

[*9] ln と書く人もいます。ちなみに $\log_{10}$ のことは**常用対数**と呼びます。

最後に、

$$\frac{d}{dx}\exp x = \exp x \quad より \quad \frac{d}{dy}\log y = \frac{1}{y} \qquad (y = \exp x \text{ とおいた}) \tag{A.8}$$

を指摘して本節はおわりにします。「えっ」という人は解析学（逆関数の微分）を復習してください。

? A.3 こんなの考えて何がうれしいの？

上の結果の左辺と右辺を入れかえてもう一度鑑賞してください。

$$\log_a(uv) = \log_a u + \log_a v, \qquad \log_a(u^c) = c\log_a u, \qquad \log_a \frac{1}{u} = -\log_a u$$

こんなふうに log をとることによって「かけ算を足し算に」「べき乗をかけ算に」「割り算を引き算に」と格下げすることができます。計算機が普及する前は、この性質を使った計算尺という道具が科学者や技術者に広く使われていたそうです。

また、非常に大きな値や非常に 0 に近い値でも log をとればそこそこの値に変換されます。これも便利な性質です。

現在でも、

- コンピュータで数値計算するときに、桁あふれや桁落ちを防ぐ
- 紙と鉛筆で文字式を計算するときに、式を扱いやすくする（→ 8.3 節 (p.305)「情報理論から」、付録 C.3(p.352)「Kullback-Leibler divergence と大偏差原理」）
- グラフを描くときに、軸を対数目盛でとることにより、広い範囲の値を見やすく表示したりべき乗の関係をはっきり見せつけたりする

などに上の性質が活用されています。特に確率の応用では log がよく出てきます。たとえば、独立な確率変数たちの同時分布は周辺分布のかけ算になるので、変数がたくさんあると「たくさんの値のかけ算」が現れます。そんな計算では log をとってやるのが一つの定石です。

例題 A.3

2^{100} は（十進法で）何桁か？ なお $\log_{10} 2 = 0.301\ldots$ である。

答

$\log_{10} 2^{100} = 100\log_{10} 2 = 30.1\ldots$ より $10^{30} < 2^{100} < 10^{31}$。よって 2^{100} は 31 桁[*10]。 ∎

例題 A.4

(A.8) を使って次式を導け。

$$\log\left(\left(1+\frac{c}{n}\right)^n\right) \to c \qquad (n \to \infty)$$

[*10] 桁数は次のように数えられます：$10^0 = 1 \le n < 10 = 10^1$ なら n は 1 桁。$10^1 = 10 \le n < 100 = 10^2$ なら n は 2 桁。$10^2 = 100 \le n < 1000 = 10^3$ なら n は 3 桁。

答

$c=0$ の場合については明らかだから、以下 $c \neq 0$ とする。微分の定義と (A.8) とを見比べれば、

$$\lim_{\epsilon \to 0} \frac{\log(y+\epsilon) - \log y}{\epsilon} = \frac{1}{y}$$

特に、$y=1$ のときを考えれば、($\log 1 = 0$ に注意して)

$$\lim_{\epsilon \to 0} \frac{\log(1+\epsilon)}{\epsilon} = 1$$

そこで $c/n = \epsilon$ とおいてやると、

$$\log\left(\left(1+\frac{c}{n}\right)^n\right) = n \log\left(1+\frac{c}{n}\right) = c\frac{\log(1+\epsilon)}{\epsilon} \to c \quad (\epsilon \to 0)$$

がわかる。すなわち、$n \to \infty$ のとき左辺は c に収束する。

以上をふまえれば (A.6) にも合点がいくでしょう[*11]。 ∎

例題 A.5

$d(\log_2 y)/dy$ を求めよ

答

$\log_2 y = (\log y)/(\log 2)$ より $d(\log_2 y)/dy = 1/(y \log 2)$。なお、$\log 2 = (\log_2 2)/(\log_2 e) = 1/(\log_2 e)$ という関係を使えば、$d(\log_2 y)/dy = (\log_2 e)/y$ のように一貫して $\log_2$ で表すこともできます。8.3 節 (p.305)「情報理論から」ではこちらのほうを使いました。 ∎

A.6 内積と長さ

正規直交基底[*12]のもとで、(実数値を成分とする) 縦ベクトル

$$\boldsymbol{x} = \begin{pmatrix} x_1 \\ \vdots \\ x_n \end{pmatrix}, \quad \boldsymbol{y} = \begin{pmatrix} y_1 \\ \vdots \\ y_n \end{pmatrix}$$

の**内積**は

$$\boldsymbol{x} \cdot \boldsymbol{y} = x_1 y_1 + \cdots + x_n y_n$$

です。これは行列のかけ算として $\boldsymbol{x}^T \boldsymbol{y}$ と書くこともできます (本書では $\bigcirc^T$ は転置を表します。T 乗ではありません)。実際に書き下してみれば

$$\boldsymbol{x}^T \boldsymbol{y} = x_1 y_1 + \cdots + x_n y_n$$

がすぐわかるはずです。右辺は $\boldsymbol{x}$ と $\boldsymbol{y}$ を入れかえても変わりませんから、$\boldsymbol{x} \cdot \boldsymbol{y} = \boldsymbol{y} \cdot \boldsymbol{x} = \boldsymbol{x}^T \boldsymbol{y} =$

---

*11 本文ではちゃんと言いませんでしたが、exp も log も連続です ($\lim \exp(\cdots) = \exp(\lim \cdots)$, $\lim \log(\cdots) = \log(\lim \cdots)$)。

*12 各基底ベクトルの長さが 1 で、しかも互いに直交しているような基底。何のことかぴんとこなければ本書ではひとまず気にしなくて結構です。

$\boldsymbol{y}^T\boldsymbol{x}$ となっています。さらに、$\boldsymbol{x}$ と $\boldsymbol{y}$ のなす角を θ とおけば、内積は

$$\boldsymbol{x} \cdot \boldsymbol{y} = \|\boldsymbol{x}\|\|\boldsymbol{y}\| \cos\theta \tag{A.9}$$

とも表せます。$\|\boldsymbol{x}\|$ はベクトル $\boldsymbol{x}$ の長さです。

ベクトル $\boldsymbol{x}$ の長さは具体的には

$$\|\boldsymbol{x}\| = \sqrt{x_1^2 + \cdots + x_n^2}$$

と計算されます。すなわち

$$\|\boldsymbol{x}\|^2 = \boldsymbol{x} \cdot \boldsymbol{x} = \boldsymbol{x}^T\boldsymbol{x} \tag{A.10}$$

です。実は長さ $\|\boldsymbol{x}\|$ そのものよりも「長さの 2 乗」$\|\boldsymbol{x}\|^2$ のほうが数式として扱いやすい傾向があります。上式と $\|\boldsymbol{x}\| = \sqrt{\boldsymbol{x}^T\boldsymbol{x}}$ とを比べればそれは感じられるでしょう。本書でも「長さの 2 乗」があちこちで使われています[*13]。

内積や長さに関して次の不等式が成り立ちます。$\boldsymbol{x}, \boldsymbol{y}$ を同じ次元のベクトルとして、

$$\|\boldsymbol{x}\| \geq 0 \quad (\text{等号成立は } \boldsymbol{x} = \boldsymbol{o})$$

シュワルツの不等式　$|\boldsymbol{x} \cdot \boldsymbol{y}| \leq \|\boldsymbol{x}\|\|\boldsymbol{y}\|$　(等号成立は $\boldsymbol{x}$ と $\boldsymbol{y}$ が同方向のとき)

三角不等式　$\Big|\|\boldsymbol{x}\| - \|\boldsymbol{y}\|\Big| \leq \|\boldsymbol{x} + \boldsymbol{y}\| \leq \|\boldsymbol{x}\| + \|\boldsymbol{y}\|$　(等号成立は $\boldsymbol{x}$ と $\boldsymbol{y}$ が同方向のとき)

最初の不等式は長さ (または内積) の定義から自明。シュワルツの不等式も、(A.9) を認めれば $|\cos\theta| \leq 1$ から当然です[*14]。そして最後の三角不等式も、図 A.4 のとおり図形的には明らかでしょう[*15]。

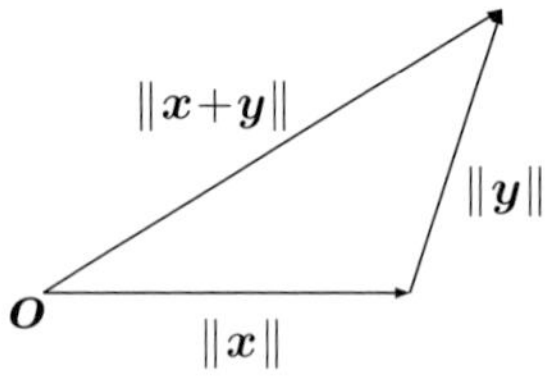

▶図 A.4　三角不等式

シュワルツの不等式は「**コーシーの不等式**」「**コーシー・シュワルツの不等式**」「**シュヴァルツの不等式**」などと書かれることもあります。

---

*13　3.4.2 項 (p.90) の分散、3.4.6 項 (p.98) の自乗誤差、3.6.2 項 (p.108) の最小自乗予測、5.2.6 項 (p.192) の任意方向のばらつき具合、5.3.6 項 (p.211) のカイ自乗分布、6.1.5 項 (p.235) の推定量の期待罰金、8.1.1 項 (p.271) の直線あてはめ、8.1.2 項 (p.278) の主成分分析

*14　角度 θ を経由せず、次のように導出することもできます：どちらも長さが 1 のベクトル $\boldsymbol{u}, \boldsymbol{v}$ に対しては、

$$\|\boldsymbol{u} - \boldsymbol{v}\|^2 = (\boldsymbol{u} - \boldsymbol{v}) \cdot (\boldsymbol{u} - \boldsymbol{v}) = \|\boldsymbol{u}\|^2 + \|\boldsymbol{v}\|^2 - 2\boldsymbol{u} \cdot \boldsymbol{v} = 2 - 2\boldsymbol{u} \cdot \boldsymbol{v}$$

が非負なことから $\boldsymbol{u} \cdot \boldsymbol{v} \leq 1$ が言える (等号成立は $\boldsymbol{u} = \boldsymbol{v}$ のみ)。同様に、$\|\boldsymbol{u} + \boldsymbol{v}\|^2$ を考えれば $-1 \leq \boldsymbol{u} \cdot \boldsymbol{v}$ が言える (等号成立は $\boldsymbol{u} = -\boldsymbol{v}$ のみ)。すると、任意の非負定数 a, b に対して $-ab \leq (a\boldsymbol{u}) \cdot (b\boldsymbol{v}) \leq ab$ であることから、任意の長さのベクトル $\boldsymbol{x}, \boldsymbol{y}$ についても $-\|\boldsymbol{x}\|\|\boldsymbol{y}\| \leq \boldsymbol{x} \cdot \boldsymbol{y} \leq \|\boldsymbol{x}\|\|\boldsymbol{y}\|$ が成り立つ。

*15　各辺を 2 乗してシュワルツの不等式と見比べれば数式でも示せます。

補足：高校生流と大学生流の違い

実は以上の説明では全体に、どちらからどちらが導かれるのかをわざとぼかして書きました。ぼかした理由は、学習段階によってこの「どちらからどちら」がひっくり返ってしまうからです。

- 高校生流：
  長さや角度という概念はすでにあるものとし、それらにもとづいて内積というものを定義する。
- 大学生流：
  内積という概念をまず抽象的に導入し、内積を使って長さや角度というものを定義する。

たとえば、次の重要な同値性も高校生と大学生とで見方が違います。

$$\boldsymbol{x} \cdot \boldsymbol{y} = 0 \quad \Leftrightarrow \quad \boldsymbol{x} \text{ と } \boldsymbol{y} \text{ が直交} \tag{A.11}$$

高校生にとっては、これは内積の持つ性質です。しかし大学生にとっては、これは直交という言葉の**定義**です。だから、「(A.11) が成り立つ理由は？」と大学生に聞いても「そういう決まりだから」というつれない答しか返ってきません（2 章脚注*13(p.61)）。

なぜこんな逆転が起きるのかというと、次のようにお互い相手を受け入れられないためでしょう。

- 大学生から見たら高校生流はあいまいすぎます。長さや角度というものの厳密な定義が与えられていないからです。
- 高校生から見たら大学生流は難しすぎます。内積というものの厳密な定義が非常に抽象的だからです。

なお、(A.10) と (A.11) を認めれば (A.9) は次のように納得できます。$\boldsymbol{y}$ を $\boldsymbol{x}$ に平行な成分 $a\boldsymbol{x}$ と垂直な成分 $\boldsymbol{v}$ とに分けて $\boldsymbol{y} = a\boldsymbol{x} + \boldsymbol{v}$ と書いたとしましょう（a は数、$\boldsymbol{v}$ はベクトル）。このとき

$$\boldsymbol{x} \cdot \boldsymbol{y} = \boldsymbol{x} \cdot (a\boldsymbol{x} + \boldsymbol{v}) = \boldsymbol{x} \cdot (a\boldsymbol{x}) + \boldsymbol{x} \cdot \boldsymbol{v} = a\boldsymbol{x} \cdot \boldsymbol{x} + 0 = a\|\boldsymbol{x}\|^2$$

ですが、図 A.5 より $a\|\boldsymbol{x}\| = \|\boldsymbol{y}\| \cos\theta$ のはず*16。それを上式へ代入すると (A.9) が得られます。

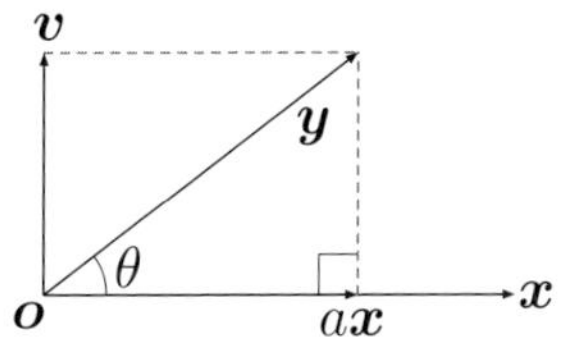

▶ 図 A.5　$\boldsymbol{x} \cdot \boldsymbol{y} = \|\boldsymbol{x}\|\|\boldsymbol{y}\| \cos\theta$ となる理由

*16 $\|a\boldsymbol{x}\|$ でなく $a\|\boldsymbol{x}\|$ と書いているのは、θ が $\pi/2$ ラジアン（90 度）を越えても辻褄があうようにするためです。

付録 **B**

近似式と不等式

B.1 Stirling の公式

Stirling（スターリング）の公式は大きな数の階乗に関する近似式です。n が大きいとき $n!$ はおおよそ $(\sqrt{2\pi n})n^n e^{-n}$ となります。もっと正確に書くと

$$\lim_{n\to\infty} \frac{(\sqrt{2\pi n})n^n e^{-n}}{n!} = 1$$

具体例も示しておきます。

n	$n!$	$(\sqrt{2\pi n})\, n^n e^{-n}$
5	120	118.02
10	3628800	3598695.6
20	（19 桁） 2432902008176640000	2.423×10^{18}
50	（65 桁） 30414093201713378043612608166064768844377641568960512000000000000	3.036×10^{64}

桁数に関して「えっ」と思った人は付録 A.5.3 脚注*10(p.332) を参照。

B.2 Jensen の不等式

任意の a, b と $0 \leq s \leq 1$ に対して

$$g((1-s)a + sb) \leq (1-s)g(a) + sg(b) \tag{B.1}$$

が成り立つ関数 g は、**下に凸**であるといいます。図 B.1 に例を示します。g が二回微分可能なら、「すべての x で $g''(x) \geq 0$」が「下に凸」です。

下に凸な関数 g に対して

$$g\big(\mathrm{E}[X]\big) \leq \mathrm{E}[g(X)] \tag{B.2}$$

が成り立ちます。これを **Jensen（イェンセン）の不等式**と呼びます。Jensen の不等式は、この後挙げるいくつもの有益な不等式のもとになります。

単純な例として、a, b という 2 種類の値がそれぞれ確率 $(1-s), s$ で出るような確率変数 X を考えてみます。このとき

$$g\big(\mathrm{E}[X]\big) = g\big((1-s)a + sb\big), \qquad \mathrm{E}[g(X)] = (1-s)g(a) + sg(b)$$

ですから、図 B.1 のとおり式 (B.2) が成り立ちます。直感的には「図 B.2（左）のようにおもりを設置したら、おもりの重心は曲線の内側にくる」という説明がわかりやすいでしょう。期待値が重心となることは **?** 3.4(p.87) で述べました。あの話を縦方向と横方向とそれぞれに適用したと思ってください。

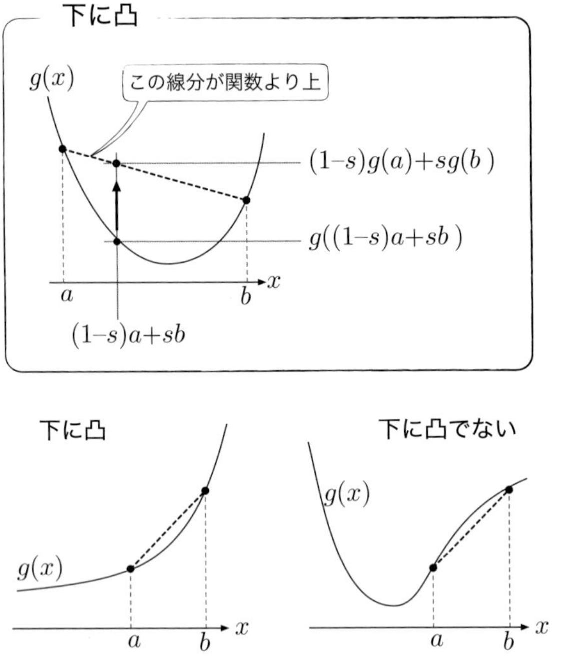

▶図 B.1　下に凸な関数。「単調に下がってから単調に上がる」という意味ではないので注意

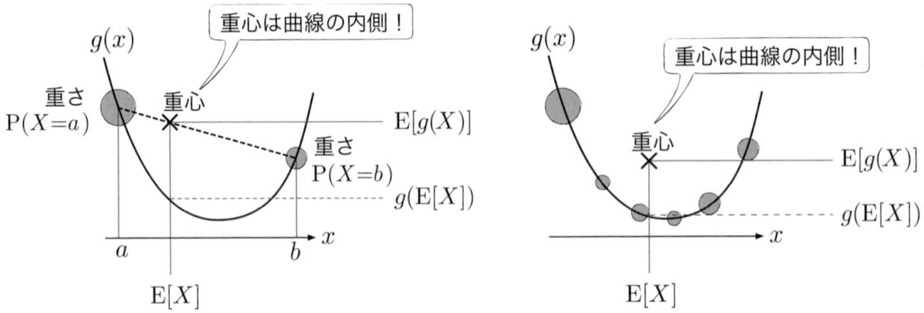

▶図 B.2　確率に応じたおもりを設置すると、おもりの重心は曲線の内側にくる

図 B.2（右）のようにおもりの個数が増えても、やっぱり重心は曲線の内側にくるはずです。そう考えると Jensen の不等式のイメージがつかめるのではないでしょうか。Jensen の不等式を数式で示すには、図 B.3 のように、E[X] における接線 $h(x) = cx + d$ を引くのが早道です。g が下に凸という前提から $h(x) \le g(x)$ のはず。また、h は 1 次関数なので $h(\mathrm{E}[X]) = \mathrm{E}[h(X)]$。これらより

$$g(\mathrm{E}[X]) = h(\mathrm{E}[X]) = \mathrm{E}[h(X)] \le \mathrm{E}[g(X)]$$

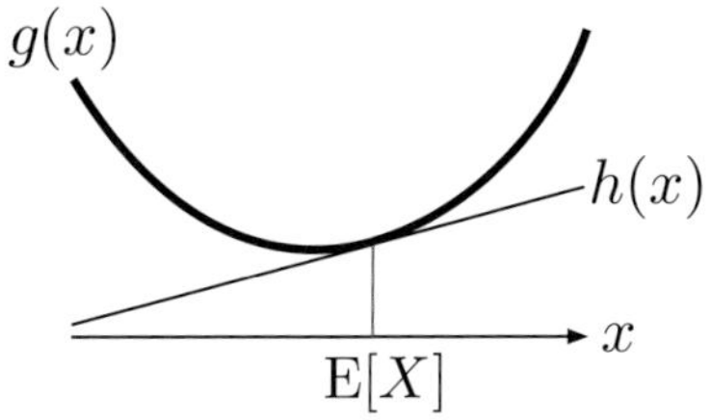

▶図 B.3 曲線は接線より上にある

ところで、冒頭で述べた定義にしたがうと直線 $g(x) = \alpha x + \beta$ も下に凸だということになります。そういう「まっすぐ」じゃなくて本当にでっぱっていることを言いたければ、次のように定義します：g を下に凸な関数としましょう。$a \neq b$ に対して式 (B.1) の等号が成り立つのが $s = 0$ と $s = 1$ に限られる場合、g は**狭義に下に凸**であるといいます。

g が狭義に下に凸なら、

式 (B.2) の等号が成立 $\Leftrightarrow$ X が定数（正確には、「どこかの c で $\mathrm{P}(X = c) = 1$ となる」）

たとえば $\exp \mathrm{E}[X] \leq \mathrm{E}[\exp X]$ がこれにあてはまります。

なお、ここまでの議論の上下をひっくり返せば、上に凸な場合の話ができます。$-g$ が下に凸なとき、g は上に凸であると言います。そのときは

$$g\bigl(\mathrm{E}[X]\bigr) \geq \mathrm{E}[g(X)]$$

が成り立ちます。たとえば $\log \mathrm{E}[X] \geq \mathrm{E}[\log X]$ です（$X > 0$ という前提で）。

B.3 Gibbs の不等式

次の不等式を **Gibbs（ギブス）の不等式**と呼びます。

- 離散版
  X, Y を離散値の確率変数とし、その分布を $\mathrm{P}(X = i) \equiv q(i)$, $\mathrm{P}(Y = i) \equiv p(i)$ とおく。このとき、

$$D(p\|q) \equiv \mathrm{E}\left[\log \frac{p(Y)}{q(Y)}\right] = \sum_i p(i) \log \frac{p(i)}{q(i)} \geq 0$$

  が成り立つ。ただし総和の範囲は「確率が 0 でないところすべて」とする（以後同様）[*1]。等号成立は、すべての i で $q(i) = p(i)$ のとき。つまり X と Y の分布が等しいとき。

- 連続版
  X, Y を実数値の確率変数とし、その確率密度関数が $f_X(u) \equiv q(u)$, $f_Y(u) \equiv p(u)$ だったとする。このとき、

[*1] $p(i) = 0$ のときは $p(i) \log p(i) = 0$ と定めることにします。$p(i) \neq 0$ かつ $q(i) = 0$ のときは、$D(p\|q)$ は定義されません（形式的に $D(p\|q) = \infty$ と解釈することもできますが）。この後の連続版も同様です。

$$D(p\|q) \equiv \mathrm{E}\left[\log\frac{p(Y)}{q(Y)}\right] = \int p(u)\log\frac{p(u)}{q(u)}\,du \geq 0$$

が成り立つ。ただし積分範囲は「確率密度が 0 でないところすべて」とする（以後同様）。等号成立は、X と Y の分布が等しいとき。

この D は **Kullback-Leibler divergence**（**カルバック・ライブラー情報量**）と呼ばれます。分野によっては**相対エントロピー**とも呼ばれます。確率・統計を応用した手法では、分布 p と q がどれくらい違うかを測るために D がしばしば活躍します。その根拠は付録 C.3(p.352)「Kullback-Leibler divergence と大偏差原理」でまた。

Gibbs の不等式は、Jensen の不等式を使ってかっこよく証明されます。ちょっと作為的ですが

$$D(p\|q) = \mathrm{E}\left[-\log\frac{q(Y)}{p(Y)}\right] \tag{B.3}$$

と変形しておいて[*2]、$-\log$ が下に凸なことより

$$\begin{aligned}
(\mathrm{B.3}) &\geq -\log \mathrm{E}\left[\frac{q(Y)}{p(Y)}\right] \\
&= \begin{cases} -\log\sum_i \frac{q(i)}{p(i)}\cdot p(i) = -\log\sum_i q(i) = -\log 1 = 0 & \text{（離散版）} \\ -\log\int \frac{q(u)}{p(u)}\cdot p(u)\,du = -\log\int q(u)\,du = -\log 1 = 0 & \text{（連続版）} \end{cases}
\end{aligned}$$

B.4 Markov の不等式と Chebyshev の不等式

非負の実数値をとる確率変数 X と任意の定数 $c > 0$ に対して、**Markov**（**マルコフ**）**の不等式**

$$\mathrm{P}(X \geq c) \leq \frac{\mathrm{E}[X]}{c} \tag{B.4}$$

が成り立ちます[*3]。「もし $X \geq c$ の確率が s なら、$\mathrm{E}[X]$ は sc よりは大きいはず」だから当然です。「えっ」という人は 3.3 節(p.76) や 4.5.1 項(p.156) の期待値のイメージを思い出してください（積雪 c 以上の地域の面積が s なら、それだけでもう雪の体積は sc 以上）。式できちんと書くと、

$$\begin{aligned}
\mathrm{E}[X] &= \int_0^\infty x f_X(x)\,dx \\
&\geq \int_c^\infty x f_X(x)\,dx \qquad (\because x f_X(x) \geq 0 \text{ だから、積分範囲を狭めたら「損」する一方}) \\
&\geq \int_c^\infty c f_X(x)\,dx \qquad (\because \text{この積分範囲では } x \geq c) \\
&= c\int_c^\infty f_X(x)\,dx = c\,\mathrm{P}(X \geq c)
\end{aligned}$$

---

*2 $\log(1/x) = -\log x$ という log の性質については A.5.3 項(p.331) を参照。なお、$p(Y) = \mathrm{P}(Y = Y)$ などと直接「代入」してはいけません。$\mathrm{P}(Y = Y) = \mathrm{P}(\text{必ず成立}) = 1$ ですから意味が違ってしまいます（8 章脚注*26(p.307) と同様）。

*3 これを Chebyshev（チェビシェフ）の不等式と呼ぶこともあります。

ここでは確率密度関数 f_X で表せる場合について示しましたが、この不等式はもっと一般の場合にも成り立ちます。

以上を応用して次のことも言えます。確率変数 Y の期待値を $\mathrm{E}[Y] = \mu$、分散を $\mathrm{V}[Y] = \sigma^2$ とおきましょう（ただし $\sigma > 0$ とします）。$X \equiv (Y - \mu)^2$ と $c \equiv a^2\sigma^2$ に上の不等式を適用すれば

$$P(|Y - \mu| \geq a\sigma) \leq \frac{1}{a^2} \qquad (\text{任意の } a > 0 \text{ で成立}) \tag{B.5}$$

が得られます。これは **Chebyshev（チェビシェフ）の不等式**と呼ばれ、期待値からかけ離れた値が出る確率の低さを保証した式になっています。たとえば、標準偏差 σ の 3 倍以上も（期待値 μ から）かけ離れた値が出る確率は $1/3^2 = 1/9$ 以下だと保証されます。

? B.1　3σ 以上離れた値が出る確率は 0.3% 以下だと習ったんだけど違うんですか？

? 3.8 (p.101) と同じ勘違いですね。0.3% うんぬんは正規分布を前提とした話です。

B.5 Chernoff 限界

Markov の不等式から、任意の $t > 0$ で

$$\mathrm{P}(X \geq c) = \mathrm{P}(e^{tX} \geq e^{tc}) \leq \frac{\mathrm{E}[e^{tX}]}{e^{tc}}$$

が成り立ちます。上式は t しだいでゆるい不等式にもきつい不等式にもなります。きつい不等式を得るには、右辺が小さくなるような t を持ってくればよい。これがいわゆる **Chernoff（チェルノフ）限界**です。

たとえば 3.2 節 (p.74) の 2 項分布 $\mathrm{Bn}(n, q)$ にこれをあてはめてみましょう（$0 < q < 1$）。確率 q で 1、確率 $(1 - q)$ で 0 となる i.i.d. な確率変数 $Y_1, \ldots, Y_n$ から $X = Y_1 + \cdots + Y_n$ を作れば、X は 2 項分布 $\mathrm{Bn}(n, q)$ に従うのでした。いま $q < p < 1$ に対して $c = np$ ととり上の方法を適用したら、

$$\begin{aligned}\mathrm{P}(X \geq np) &\leq \frac{\mathrm{E}[e^{tX}]}{e^{tnp}} = \frac{\mathrm{E}[e^{tY_1} \cdots e^{tY_n}]}{e^{tnp}} = \frac{\mathrm{E}[e^{tY_1}] \cdots \mathrm{E}[e^{tY_n}]}{e^{tnp}} = \frac{\mathrm{E}[e^{tY_1}]^n}{e^{tnp}} \\ &= \frac{\left(qe^t + (1 - q)\right)^n}{e^{tnp}} = \left(qe^{t(1-p)} + (1 - q)e^{-tp}\right)^n \end{aligned} \tag{B.6}$$

(B.6) をできるだけ小さくするには、

$$e^t = \frac{(1 - q)p}{(1 - p)q}, \qquad \text{すなわち} \quad t = \log \frac{(1 - q)p}{(1 - p)q}$$

と設定すればよい[*4]。p の範囲についての前提からこのとき $t > 0$ も保証されます。また、(B.6) の括弧の中身は

$$qe^{t(1-p)} + (1 - q)e^{-tp}$$

*4　$g(t) = qe^{t(1-p)} + (1 - q)e^{-tp}$ を微分したら $g'(t) = q(1 - p)e^{t(1-p)} - (1 - q)pe^{-tp}$。よって、$g'(t) = 0$ となるのは t を本文のように設定したとき。$g'(t)$ は単調増加なことが式の形からわかるので、このときに $g(t)$ が最小となる。

$$= e^{-tp}\big(qe^t + (1-q)\big) = \left(\frac{(1-p)q}{(1-q)p}\right)^p \left(\frac{(1-q)p}{(1-p)} + (1-q)\right) = \left(\frac{(1-p)q}{(1-q)p}\right)^p \frac{1-q}{1-p}$$

$$= \left(\frac{q}{p}\right)^p \left(\frac{1-q}{1-p}\right)^{1-p} = e^{-d(p\|q)}, \qquad \text{ただし } d(p\|q) \equiv p\log\frac{p}{q} + (1-p)\log\frac{1-p}{1-q} \text{ とおいた}$$

以上より、$X \sim \mathrm{Bn}(n,q)$ に対して

$$\mathrm{P}(X \geq np) \leq e^{-nd(p\|q)}, \qquad \text{ただし } q < p < 1$$

という結論が得られます[*5]。また、コインの表と裏とを逆にした考察から、同じ $X \sim \mathrm{Bn}(n,q)$ に対して

$$\mathrm{P}(X \leq np) \leq e^{-nd(p\|q)}, \qquad \text{ただし } 0 < p < q$$

も言えます。

ところで $d(p\|q)$ が $\mathrm{Bn}(p,1)$ と $\mathrm{Bn}(q,1)$ との Kullback-Leibler divergence であることには気づいたでしょうか（→ 付録 B.3(p.339)）。本節の結果を、付録 C.3(p.352)「Kullback-Leibler divergence と大偏差原理」での大雑把な見積りとも比較してください。

B.6　Minkowski の不等式と Hölder の不等式

X, Y を実数値の確率変数とするとき

$$\mathrm{E}\big[|X+Y|^p\big]^{1/p} \leq \mathrm{E}\big[|X|^p\big]^{1/p} + \mathrm{E}\big[|Y|^p\big]^{1/p}, \qquad \text{ただし } p > 1 \tag{B.7}$$

が成り立ちます。X と Y が（神様視点でいえば $X(\omega)$ と $Y(\omega)$ が）比例していないときには、$\leq$ を $<$ でおきかえても結構です[*6]。以上を **Minkowski（ミンコフスキー）の不等式**と呼びます。

Minkowski の不等式がなぜ言えるのか、簡単な場合について確認しましょう。(X,Y) が、(x_1,y_1) か (x_2,y_2) かという二通りの値をそれぞれ確率 1/2 でとるとします。このとき (B.7) は、

$$\sqrt[p]{\frac{(x_1+y_1)^p + (x_2+y_2)^p}{2}} \leq \sqrt[p]{\frac{x_1^p + x_2^p}{2}} + \sqrt[p]{\frac{y_1^p + y_2^p}{2}}, \qquad \text{ただし } p > 1$$

という意味になります。$\boldsymbol{u} = (u_1,u_2)^T$ に対して $\|\boldsymbol{u}\|_p \equiv \sqrt[p]{|u_1|^p + |u_2|^p}$ という記号を導入し整理すれば、要するに

$$\|\boldsymbol{x}+\boldsymbol{y}\|_p \leq \|\boldsymbol{x}\|_p + \|\boldsymbol{y}\|_p, \qquad \boldsymbol{x} = (x_1,x_2)^T, \quad \boldsymbol{y} = (y_1,y_2)^T \tag{B.8}$$

という不等式です。特に $p = 2$ のときには、これは付録 A.6(p.333)「内積と長さ」で述べた三角不等式です。

(B.8) が成り立つ理由は次のように示されます。いま $\boldsymbol{y}$ を固定し、さらに $\|\boldsymbol{x}\|_p$ も一定値に制限した

---

*5　「表の確率が q のコインを n 回投げてたまたま表の割合が p 以上になる確率」は、n が増えると急速に 0 に近づくわけです。冒頭の工夫のかいあって、鋭い評価が手に入りました。もし Markov の不等式や Chebyshev の不等式を素朴に適用したのでは、もっとゆるい評価しか得られません。

*6　厳密に言うと確率 0 は無視した上で比例しているかどうか。

上で、$\|\boldsymbol{x}+\boldsymbol{y}\|_p$ の最大化を試みたとしましょう。図 B.4 を見ると、$\boldsymbol{x}$ が $\boldsymbol{y}$ と同じ向きのときに $\|\boldsymbol{x}+\boldsymbol{y}\|_p$ が最大となることがわかります（$\|\cdot\|_p$ の等高線がすべて相似でしかも凸なことが効いています）。このときには (B.8) の等号が成立します。最大でも $=$ なのだから一般には $\leq$ のはず。以上で (B.8) が言えました。

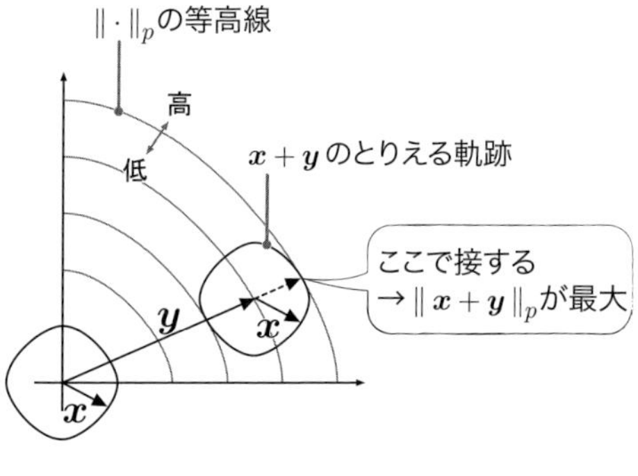

▶図 B.4　Minkowski の不等式が成り立つ理由

似た香りのする不等式をもう一つ紹介します。X, Y を実数値の確率変数とするとき次の **Hölder（ヘルダー）の不等式**が成り立ちます。

$$\mathrm{E}\big[|XY|\big] \leq \mathrm{E}\big[|X|^p\big]^{1/p}\,\mathrm{E}\big[|Y|^q\big]^{1/q}, \qquad \text{ただし } p>1,\ q>1,\ \frac{1}{p}+\frac{1}{q}=1$$

等号が成立する必要十分条件は、$|X|^p$ と $|Y|^q$ が（神様視点でいえば $|X(\omega)|^p$ と $|Y(\omega)|^q$ が）比例していることです[*7]。

さきほどの「簡単な場合」について Hölder の不等式が言えることも確認しておきましょう。どうせすべて絶対値を考えるので、はじめから x_1, x_2, y_1, y_2 はすべて ≥ 0 としておきます。この場合、Hölder の不等式は要するに

$$\boldsymbol{x}\cdot\boldsymbol{y} \leq \|\boldsymbol{x}\|_p\|\boldsymbol{y}\|_q \tag{B.9}$$

です。特に $p=q=2$ のときは、付録 A.6(p.333)「内積と長さ」で述べたシュワルツの不等式です。

では、また $\boldsymbol{y}$ を固定し、$\|\boldsymbol{x}\|_p$ も一定値に制限した上で、$\boldsymbol{x}\cdot\boldsymbol{y}$ の最大化を試みてみます。$\boldsymbol{x}, \boldsymbol{y}$ のなす角を θ とするとき $\boldsymbol{x}\cdot\boldsymbol{y} = \|\boldsymbol{x}\|\|\boldsymbol{y}\|\cos\theta$ でした。それをふまえて図 B.5 を見てください。$\boldsymbol{x}$ のとり得る軌跡は $\|\boldsymbol{x}\|_p$ の等高線です。その法線が $\boldsymbol{y}$ と同方向のとき $\boldsymbol{x}\cdot\boldsymbol{y}$ が最大になります（$\|\boldsymbol{x}\|_p$ の等高線が凸なことが効いています）。一般に、○○の等高線の法線ベクトルは ∇ ○○ で求められるのでした（ベクトル解析で習います）。いまの例だと、

$$\nabla\|\boldsymbol{x}\|_p = \begin{pmatrix} \partial\|\boldsymbol{x}\|_p/\partial x_1 \\ \partial\|\boldsymbol{x}\|_p/\partial x_2 \end{pmatrix} \propto \begin{pmatrix} x_1^{p-1} \\ x_2^{p-1} \end{pmatrix}$$

が法線ベクトルになっています[*8]。したがって、x_i^{p-1} と y_i とが比例するとき $\boldsymbol{x}\cdot\boldsymbol{y}$ が最大となります

[*7] これも厳密に言うと、「確率 0 は無視した上で」比例しているかどうか。

[*8] $\propto$ は比例を表す記号です。ここでは両辺のベクトルの方向が等しいことを意味します。

$(i=1,2)$[*9]。ところで、$1/p+1/q=1$ の両辺に p をかけたら $1+p/q=p$、つまり $p-1=p/q$ です。だから、$\boldsymbol{x}\cdot\boldsymbol{y}$ が最大値をとる条件は「$|x_i|^{p/q}$ と $|y_i|$ とが比例する」とも言いかえられます。それをさらに言いかえれば「$|x_i|^p$ と $|y_i|^q$ とが比例する」。このときには (B.9) の等号が成立します。最大でも $=$ なのだから一般には $\leq$ のはず。以上で (B.9) が言えました。

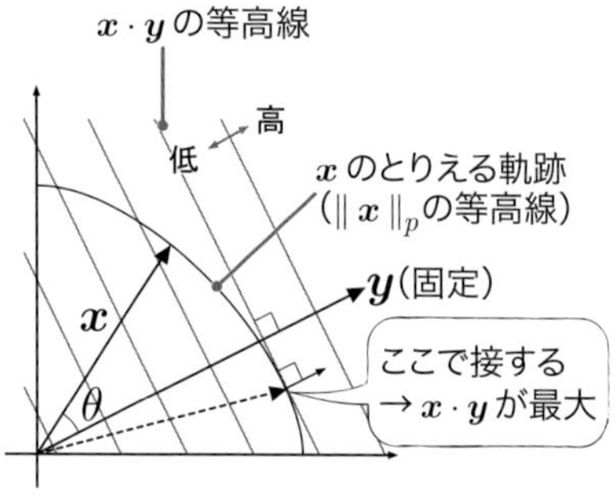

▶図 B.5　Hölder の不等式が成り立つ理由

なお、ふつうの教科書にはもっとかっこいい証明が載っています。こんな筋道です。

- Hölder の不等式に現れる p,q と任意の非負実数 a,b に対して、$ab \leq (a^p/p)+(b^q/q)$ である
- それを使って、$\mathrm{E}\big[|X|^p\big]=\mathrm{E}\big[|Y|^q\big]=1$ の場合に Hölder の不等式を示す
- 一般の X,Y に対しても、$\tilde{X}\equiv X/\,\mathrm{E}\big[|X|^p\big]^{1/p}$, $\tilde{Y}\equiv Y/\,\mathrm{E}\big[|Y|^q\big]^{1/q}$ とおいて上の場合に帰着
- $p>1$ のとき、$\mathrm{E}\big[|X+Y|^p\big]=\mathrm{E}\big[|X+Y|\cdot|X+Y|^{p-1}\big]\leq \mathrm{E}\big[|X|\cdot|X+Y|^{p-1}\big]+\mathrm{E}\big[|Y|\cdot|X+Y|^{p-1}\big]$ に Hölder の不等式を適用して、$\mathrm{E}\big[|X+Y|^p\big]\leq\Big(\mathrm{E}\big[|X|^p\big]^{1/p}+\mathrm{E}\big[|Y|^p\big]^{1/p}\Big)\,\mathrm{E}\big[|X+Y|^{(p-1)q}\big]^{1/q}$。これを使って Minkowski の不等式を導く。$p-1=p/q$ に注意。

B.7　相加平均 $\geq$ 相乗平均 $\geq$ 調和平均

$u_1,u_2,\ldots,u_n$ を非負の実数とするとき

$$\frac{u_1+u_2+\cdots+u_n}{n}\geq\sqrt[n]{u_1u_2\cdots u_n} \tag{B.10}$$

が成り立ちます。この不等式の左辺は $u_1,u_2,\ldots,u_n$ の単なる平均ですが、他の○○平均との区別を明示して**相加平均（算術平均）**とも呼ばれます。一方、右辺は**相乗平均（幾何平均）**と呼ばれます。ですから標語は、

相加平均 $\geq$ 相乗平均

不等式 (B.10) が成り立つことを手早く示すために、ちょっと頭ごなしですが $l_i\equiv\log u_i$ とおいてみてください $(i=1,2,\ldots,n)$。このとき $u_i=\exp l_i$ なので、

$$u_1u_2\cdots u_n=(\exp l_1)(\exp l_2)\cdots(\exp l_n)=\exp(l_1+l_2+\cdots+l_n)$$

*9　大学レベルの解析学を習った方は、いまやったことがラグランジュ未定係数法そのものだと気づいたことでしょう。

という変形ができます。すると (B.10) の右辺は

$$\sqrt[n]{u_1 u_2 \cdots u_n} = (u_1 u_2 \cdots u_n)^{1/n} = \{\exp(l_1 + l_2 + \cdots + l_n)\}^{1/n} = \exp\left(\frac{l_1 + l_2 + \cdots + l_n}{n}\right)$$

となります。これを Jensen の不等式（B.2 節 (p.337)）に持っていくのがミソ。そのためには、「$l_1, l_2, \ldots, l_n$ のどれかがそれぞれ確率 $1/n$ で出るような確率変数 X」を考えればよい。このとき $\mathrm{E}[X] = (l_1 + l_2 + \cdots + l_n)/n$ ですから、上式に代入して

$$\text{(B.10) の右辺} = \exp\left(\mathrm{E}[X]\right)$$

そして Jensen の不等式 $\exp\left(\mathrm{E}[X]\right) \leq \mathrm{E}[\exp X]$ より、

$$\text{(B.10) の右辺} \leq \mathrm{E}[\exp X] = \frac{\exp l_1 + \exp l_2 + \cdots + \exp l_n}{n} = \frac{u_1 + u_2 + \cdots + u_n}{n}$$

以上で「(B.10) の右辺 ≤ (B.10) の左辺」が言えました。つまり (B.10) が証明されました[*10]。

関連する不等式をもう一つ紹介しましょう。$v_1, v_2, \ldots, v_n$ を正の実数とするとき、$1/v_i$ のことを u_i とおいて (B.10) を適用してみると（$i = 1, 2, \ldots, n$）、

$$\frac{1}{n}\left(\frac{1}{v_1} + \frac{1}{v_2} + \cdots + \frac{1}{v_n}\right) \geq \sqrt[n]{\frac{1}{v_1 v_2 \cdots v_n}}$$

が得られます。一般に $a \geq b\,(> 0)$ なら $1/b \geq 1/a$ なことを思い出せば、

$$\sqrt[n]{v_1 v_2 \cdots v_n} \geq \frac{1}{\frac{1}{n}\left(\frac{1}{v_1} + \frac{1}{v_2} + \cdots + \frac{1}{v_n}\right)}$$

とも変形できます。この不等式の左辺は先ほど説明した相乗平均ですね。一方、右辺は $v_1, v_2, \ldots, v_n$ の**調和平均**と呼ばれます。要するに「逆数の平均」の逆数が調和平均です。だから標語は、

相乗平均 ≥ 調和平均

まとめると結局、正の実数 $x_1, x_2, \ldots, x_n$ に対して

$$\frac{x_1 + x_2 + \cdots + x_n}{n} \geq \sqrt[n]{x_1 x_2 \cdots x_n} \geq \frac{1}{\frac{1}{n}\left(\frac{1}{x_1} + \frac{1}{x_2} + \cdots + \frac{1}{x_n}\right)}$$

相加平均 ≥ 相乗平均 ≥ 調和平均

が保証されます。

[*10] 本文の議論には小さな傷があります。どれかの u_i が 0 の場合には $l_i = \log u_i$ が定義されないからです。そんな場合は特別扱いで別途検討する必要があります。よく考えてみると、もし $u_i = 0$ なら (B.10) の右辺は必ず 0 になってしまう。一方、(B.10) の左辺は前提から常に ≥ 0 が保証されている。だからこんな場合もやはり (B.10) は成り立ちます。ここまで確認して正式に証明完了。

別証として、(B.10) の両辺それぞれの等高線（または等位面）をイメージして図解で考えることもできます。たとえば $n = 2$ のとき、横軸を u_1、縦軸を u_2 とするグラフを描けば、左辺の等高線は直線、右辺の等高線は双曲線。すると付録 B.6 (p.342)「Minkowski の不等式と Hölder の不等式」でやったような議論により……。

確率論の補足

C.1 確率変数の収束

確率変数は、名前は変数でも実態は（Ω 上の）関数でした（1.4 節(p.12)）。このため収束にもいろいろな意味での収束があります。それらを順に見ていきましょう。以下、単に確率変数と言ったら「実数を値とする確率変数」を表すことにします。

C.1.1 概収束

確率変数 $X_0, X_1, X_2, \ldots$ と X が

$$\mathrm{P}(\lim_{n\to\infty} X_n = X) = 1$$

を満たすとき、X_n は X に**概収束**すると言います。もう少しかみくだくとこんな話です：

> 図 C.1 のように個々の世界 ω では $X_0(\omega), X_1(\omega), X_2(\omega), \ldots$ という数列が観測される。この数列が $X(\omega)$ という値に収束するかどうかに興味がある（ω を指定してしまえば $X_n(\omega)$ も $X(\omega)$ もゆらがないただの数値であることに注意せよ）。そこで、各世界 ω に調査員を派遣して収束をチェックした。神様はその結果を聞いて ω に色を塗る。収束していた ω は青、収束していなかった ω は赤。
> ……そうやって全パラレルワールド Ω を塗りわけてみたら、青の面積が 1 になったよ（つまり赤の面積は 0 になったよ）。

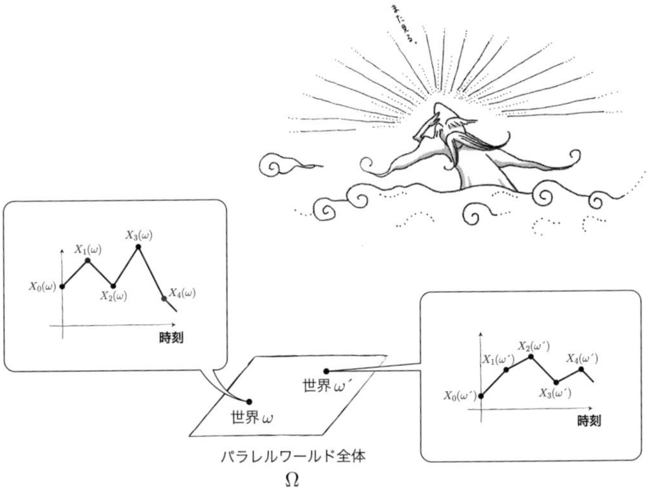

▶図 C.1　確率変数の無限列（図 8.13(p.284) の再掲）

要するに、

$$\lim_{n\to\infty} X_n(\omega) = X(\omega)$$

がほとんどすべての世界 ω で成り立つということです。

概収束の特徴は、個々の世界 ω にしばられた人間でも収束を直接感じられることです。このあと述べる各種の○○収束だとそうはいかず、神様の立場で全パラレルワールドを横断観察してはじめて収束がわかります。だからできることなら概収束を保証してくれたほうが、我々としては実用的でありがたい。

そこで概収束を証明するときの定石を一つ紹介しておきます。見やすいように、$Y_n \equiv X_n - X$ とおいて $Y_0, Y_1, Y_2, \ldots$ が 0 に概収束するかどうか議論します。さて、$Y_0(\omega), Y_1(\omega), Y_2(\omega), \ldots$ が 0 へ収束しないとはどんな状況でしょうか。答は、「ある $\epsilon > 0$ が存在し、どんなに大きな $m > 0$ をとっても、$|Y_m(\omega)|, |Y_{m+1}(\omega)|, \ldots$ の中に ϵ 以上のものが残ってしまう」。言いかえれば、「ある $\epsilon > 0$ が存在し、$|Y_0(\omega)|, |Y_1(\omega)|, |Y_2(\omega)|, \ldots$ が無限回 ϵ 以上になる」。ということは、もしそんな状況だったら $S(\omega) \equiv |Y_0(\omega)| + |Y_1(\omega)| + |Y_2(\omega)| + \ldots$ は無限大に発散してしまうわけです[*1]。以上をまとめると、収束してくれない ω においては $S(\omega)$ が無限大に発散。だから、もし収束しない確率が少しでもある（確率 > 0）ならば、$\mathrm{E}[S]$ は有限値でいられません。というわけで、$\mathrm{E}[S]$ が有限なことをもし示せれば、それでもう概収束が保証されます。

元々の定義どおりに概収束を示そうとすると、各世界 ω にいちいち降り立ってその世界での系列の挙動を追跡しないといけません。これはなかなか難しい。一方、上の定石なら俯瞰的に集計した期待値を観察するだけで済みます。そのおかげでずいぶん証明が楽になります。

ただし途中の脚注でも述べたとおり、いつでもこの定石で証明ができるとは限りません。$\mathrm{E}[S]$ が発散してしまうのに Y_n 自身は概収束するような例もあるからです。

C.1.2　確率収束

確率変数 $X_0, X_1, X_2, \ldots$ と X が、任意の定数 $\epsilon > 0$ に対して

$$\mathrm{P}(|X_n - X| > \epsilon) \to 0 \qquad (n \to \infty)$$

を満たすとき、X_n は X に**確率収束**すると言います。概収束との違いはパラレルワールドたちを横断的に観察するところです：まず X_1 について、$X_1(\omega)$ が $X(\omega) \pm \epsilon$ の範囲から外れてしまっているような世界 ω がどれくらいあるか面積を測定します。次に X_2 についても同様に、指定範囲から外れてしまっている世界たちの面積を測定します。以下 $X_3, X_4, \ldots$ とこんな測定を続けていくと、測定される面積は 0 に収束する。それが確率収束です。

実は、概収束するなら自動的に確率収束も成り立ちます。逆は言えません。確率収束するのに概収束しない例を次のように作れるからです。

Ω を図 C.2 のような正方形領域とします。すると、各世界は座標で $\omega = (u, v)$ と表されます。この Ω 上に以下のような確率変数 X_n を定義しましょう。たとえば $n = 3273$ に対して、

$$X_{3273}(u, v) \equiv \begin{cases} 1 & (u = 0.3273\ldots\text{のとき。「}\ldots\text{」は何でもよい。}) \\ 0 & (\text{他}) \end{cases}$$

[*1] 必要十分条件ではないことに注意。あくまで、$Y_n(\omega)$ が収束しないなら $S(\omega)$ は発散する、と言っただけです。逆の「$S(\omega)$ が発散するなら $Y_n(\omega)$ は収束しない」は言えません。実際たとえば $Y_n(\omega) = 1/n$ なら、$S(\omega)$ が発散するのに $Y_n(\omega)$ は収束します。

つまり、(十進表記での) u の小数点以下の冒頭と n とを見比べて、X_n の値を決めてやるわけです[*2]。すると、この X_n は 0 に確率収束します。実際、

$$\mathrm{P}(X_n \neq 0) = 10^{-(n\ \text{の桁数})}$$

ですから、$n \to \infty$ のときこの確率は 0 へ収束します（図 C.2 内の該当範囲を塗ってみるとわかるはず)。でも概収束はしません。なぜなら、$0.1 \leq u < 1$ の任意の $\omega = (u, v)$ を固定して観察すれば、$X_0(\omega), X_1(\omega), X_2(\omega), \ldots$ は無限回 1 になるからです。たとえば、$u = 0.314159\ldots$ だったら $X_3(\omega), X_{31}(\omega), X_{314}(\omega), \cdots$ がどれも 1 です。

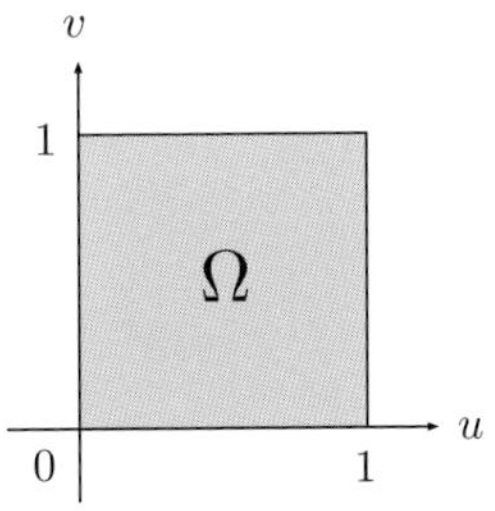

▶図 C.2　パラレルワールド全体の集合

C.1.3　2 次平均収束

確率変数 $X_0, X_1, X_2, \ldots$ と X が

$$\mathrm{E}(|X_n - X|^2) \to 0 \qquad (n \to \infty)$$

を満たすとき、X_n は X に **2 次平均収束**すると言います。2 次平均収束するなら必ず確率収束することが、付録 B.4(p.340) で述べた Markov の不等式からわかります。

C.1.4　法則収束

ここまでは確率変数の意味での収束を定義してきました。本項では確率分布に着目して収束を定義します。

確率変数 $X_0, X_1, X_2, \ldots$ と X の累積分布関数が、どの点 c でも

$$F_{X_n}(c) \to F_X(c) \qquad (n \to \infty)$$

となっている（ただし c が F_X の不連続点の場合は除く）とき、X_n は X に**法則収束**すると言います[*3]。不連続点を除くのは、図 C.3 のような例のためです。これは病的な例外を持ち出してきたわけではありません。連続値の確率変数に対する大数の法則（3.5.3 項(p.105)）ではむしろ典型的な状況でしょう[*4]。

---

*2　$u = 0.3273 = 0.3272999\ldots$ のように二通りに表せる数 u の場合は有限小数 0.3273 のほうで判定することにします。なお、本文の挿絵にあわせてここでは Ω を正方形としていますが、実際には座標 (u, v) のうち u のほうしか使っていませんから、Ω は線分（区間）$[0, 1]$ でも本当は十分です。

*3　「X_n は X に**分布収束**する」と言ったり、「X_n の分布は X の分布に**弱収束**する」と言ったりもします。

*4　何を言っているかぴんとこなければ、4.3.1 項(p.126)「確率密度関数」を読んだ上で図の X_0, X_1, X_2 の確率密度関数を描いてみてください。また、X が結局どんな分布なのかを読みとってください。累積分布関数の定義から、ジャンプする箇所は上が黒丸、下が白丸になるのでした。

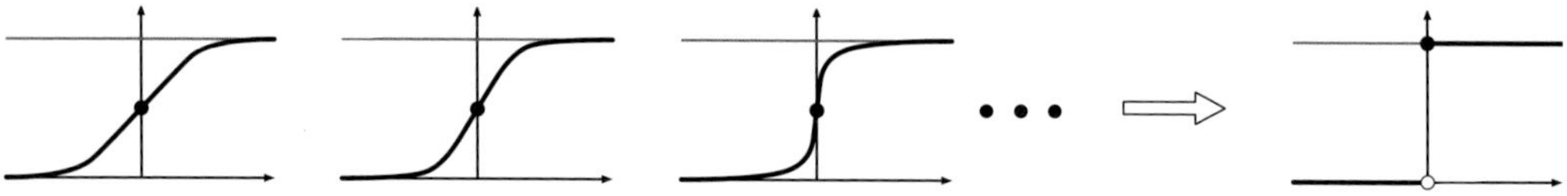

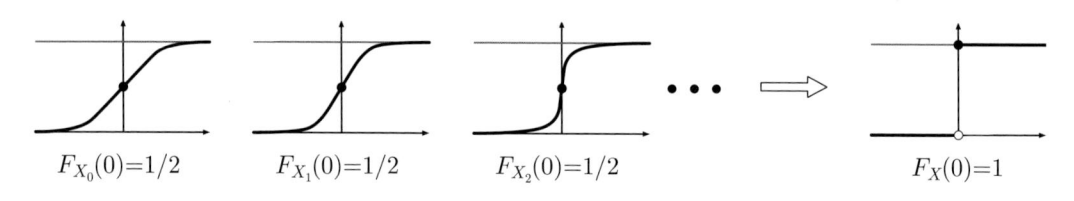

▶図 C.3　F_X の不連続点を除き各点で収束

法則収束に関して次のことが知られています。

- X_n が X に法則収束することは、「任意の有界連続関数 g に対して

$$\mathrm{E}[g(X_n)] \to \mathrm{E}[g(X)] \qquad (n \to \infty)$$

が成り立つ」という条件と同値[*5]。
- 確率収束するなら必ず法則収束する。

なお、X_n が X に法則収束するからといって、個々の世界で $X_0(\omega), X_1(\omega), X_2(\omega), \ldots$ が $X(\omega)$ に近づいていくとは全く限りません。確率変数でなく確率分布のことしか言っていないからです。

○○収束の間の関係（何が成り立てば何が導かれるか）を以下にまとめます。

```
概収束
      ↘
        確率収束　→　法則収束
      ↗
2 次平均収束
```

C.2　特性関数

実数値の確率変数 X に対して、

$$\phi_X(t) \equiv \mathrm{E}[e^{\mathrm{i}tX}]$$

を X の**特性関数**と呼びます[*6]。X の分布が確率密度関数で表される場合には、上式は

$$\phi_X(t) = \int_{-\infty}^{\infty} f_X(x) e^{\mathrm{i}tx}\, dx$$

となります。要するに確率密度関数 f_X の**フーリエ変換**です（符号などの慣習的な違いを除いて）。

特性関数は確率論における便利な道具です。一見手のつけられなそうな問題が特性関数を使うとあざやかに解けてくれたりします。本書で言えば、4.6.3 項 (p.167) の中心極限定理は、もし特性関数を使えばもっとスマートに書くこともできました。特性関数の有用な性質を以下に挙げます。

[*5] 関数 g が有界とは、「$|g(x)| \le a$ が必ず成り立つような定数 a が存在する」という意味です。要はある有限範囲に値がおさまっているということ。

[*6] ϕ はギリシャ文字「ファイ」です。φ という書き方もあります。また、i は虚数単位 $\sqrt{-1}$ です。虚数乗の定義は付録 A.5.1 (p.326)「指数関数」を参照。

複素数値の確率変数は、実部と虚部からなる 2 次元ベクトル値の確率変数のように扱ってもらえば結構です。必要なら 4.4.7 項 (p.148)「任意領域の確率・一様分布・変数変換」を参照ください。ただし複素数には大小は定義されないので、分布を $F_Z(w) = \mathrm{P}(Z \le w)$ のように表すことはできません。

- X, Y が独立のとき $\phi_{X+Y}(t) = \phi_X(t)\phi_Y(t)$
- $X_1, \ldots, X_n$ が i.i.d. のとき $\phi_{X_1+\cdots+X_n}(t) = \bigl(\phi_{X_1}(t)\bigr)^n$
- $\phi_X(0) = 1,\ \phi'_X(0) = \mathrm{i}\,\mathrm{E}[X],\ \phi''_X(0) = -\,\mathrm{E}[X^2]$ （$'$ は微分を表す）
- （反転公式）X の分布が確率密度関数 $f_X(x)$ で表される場合*7、

$$f_X(x) = \frac{1}{2\pi}\int_{-\infty}^{\infty} e^{-\mathrm{i}tx}\phi_X(t)\,dt$$

- 法則収束 ⇔「特性関数が各点収束」。つまり、$X_1, X_2, \ldots$ が X に法則収束することは、すべての実数 t で

$$\phi_{X_n}(t) \to \phi_X(t) \qquad (n \to \infty)$$

  が成り立つことと同値。

少なくとも最初の 3 つの性質は特性関数の定義からぱっと見えるはずです。——X, Y が独立なら、$\mathrm{E}[e^{\mathrm{i}t(X+Y)}] = \mathrm{E}[e^{\mathrm{i}tX}e^{\mathrm{i}tY}]$ の右辺は $\mathrm{E}[e^{\mathrm{i}tX}]\,\mathrm{E}[e^{\mathrm{i}tY}]$ に等しい、といった具合。

特に、2 番目の性質とちょっとした計算（$\mathrm{E}[e^{\mathrm{i}t(X/n)}] = \mathrm{E}[e^{\mathrm{i}(t/n)X}]$）から

- $X_1, \ldots, X_n$ が i.i.d. のとき、$\phi_{(X_1+\cdots+X_n)/n}(t) = \bigl(\phi_{X_1}(t/n)\bigr)^n$

であることを下の例題で使います。

多変数版の特性関数は

$$\phi_{X,Y}(s,t) \equiv \mathrm{E}[e^{\mathrm{i}(sX+tY)}]$$

のように定義されます。次の性質も有用です。

- X, Y が独立のとき $\phi_{X,Y}(s,t) = \phi_X(s)\phi_Y(t)$。実は逆も成立する（**Kac の定理**）。

例題 C.1

$X_1, \ldots, X_n$ が i.i.d. で、どれも確率密度関数は図 C.4 のように $f(x) = 1/\{\pi(1+x^2)\}$ だとする。$Z \equiv (X_1 + \cdots + X_n)/n$ の確率密度関数を求めよ。（特性関数の性質および $\int_{-\infty}^{\infty} \frac{e^{itx}}{1+x^2}\,dx = \pi e^{-|t|}$ を使ってよい）

答

$\phi_{X_1}(t) = e^{-|t|}$ より、$\phi_Z(t) = \bigl(e^{-|t/n|}\bigr)^n = e^{n(-|t/n|)} = e^{-|t|}$。よって Z の確率密度関数も元の f に等しい。

この分布は**コーシー分布**と呼ばれ、裾が重い（つまりたちの悪い）分布として有名です。この分布には期待値が存在しません（→ 3.3.4 項 (p.84)）。上の結果は、コーシー分布に対して大数の法則が成り立たないことを示しています（何個平均しても、ゆらぎは小さくならず元のまま→ 3.5.4 項 (p.106)「大数の法則に関する注意」）。

---

*7 正確には但し書きが必要なのですが省略。詳しくは参考文献 [36] や参考文献 [13] などを参照。

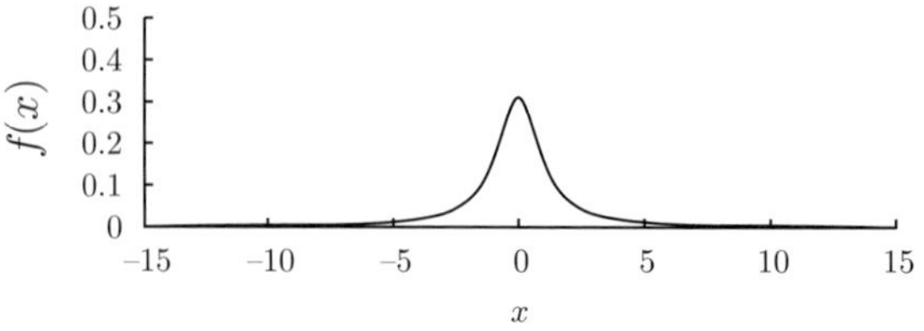

▶図 C.4　コーシー分布の確率密度関数 $f(x)$

■

例題 C.2

確率分布 $\mathrm{P}(W=2^k)=\mathrm{P}(W=-2^k)=1/2^{k+1}$ $(k=1,2,3,\ldots)$ に対して、大数の法則が成り立たないことを示せ。

答

$W_1,\ldots,W_n$ が i.i.d. で W と同じ分布に従うとしよう。$\phi_{W_1}(t)=\sum_{k=1}^{\infty}2^{-k}\cos(2^k t)$ より特性関数 $\phi_{W_1}(t)$ は実数であり、特に

$$\phi_{W_1}(2^{-m}\pi)=\sum_{k=1}^{m-1}2^{-k}\cos(2^{-(m-k)}\pi)+(-2^{-m})+\sum_{k=m+1}^{\infty}2^{-k}=\sum_{k=1}^{m-1}2^{-k}\cos(2^{-(m-k)}\pi)$$

となる $(m=2,3,4,\ldots)$。したがって $0\le\phi_{W_1}(2^{-m}\pi)\le\sum_{k=1}^{m-1}2^{-k}=1-2^{-(m-1)}$。すると、$n=2^m$ ととったとき $0\le\phi_{(W_1+\cdots+W_n)/n}(\pi)\le(1-2/n)^n\to e^{-2}$ $(n\to\infty)$。よって、$(W_1+\cdots+W_n)/n$ は定数には法則収束しない（∵定数 c の特性関数の絶対値は常に $|\phi_c(t)|=|e^{\mathrm{i}ct}|=1$）。ということは確率収束もしない。■

C.3　Kullback-Leibler divergence と大偏差原理

表と裏とが確率 t と $(1-t)$ で出るような歪んだコインを n 回投げたとしましょう $(0<t<1)$。n 回中の表の割合は、t にぴったり一致するとはもちろん限りません。たまたま表が多めに出ることもあるだろうし、少なめに出ることもあるだろうし。そこで「表の割合がたまたまある値 s となってしまう確率」を大雑把に見積ってみると味わい深い結果が得られます。なおサンプルサイズ n は非常に大きいとします。6.2 節 (p.244) の冒頭で挙げたような検定で勝負の回数を増やした場合の話だと思っても結構です。

大数の法則（3.5 節 (p.101)）をふり返ると、$n\to\infty$ の極限で表の割合は t に収束するはずでした。するともちろん、収束先 t とずれた割合 s になる確率はゼロに収束します。そのときに、n が増えるにつれてどんな格好で（どんな速さで）確率が小さくなっていくかがここでの興味です。中心極限定理 (4.6.3 項 (p.167)) との違いをよく意識してください。中心極限定理は、いまの話でいうと t から $c/\sqrt{n}$ くらいのずれが生じる確率を評価したものです（c は何か定数）。いまの話は n によらない一定幅のずれが生じる確率ですから、中心極限定理よりもっと大きな偏差に着目しています。

? C.1 いまの話は中心極限定理で計算できないの？

できません。i 回目のコイントスの結果を

$$X_i \equiv \begin{cases} 1 & (\text{表が出たとき}) \\ 0 & (\text{裏が出たとき}) \end{cases}$$

で表したら、確かに $X_1, \ldots, X_n$ は i.i.d. なので、$W_n \equiv (X_1 + \cdots + X_n - nt)/\sqrt{n}$ の分布は正規分布へと収束します。しかしその正確な意味は、任意の「固定した」c に対して

$$\mathrm{P}(W_n \le c) \to \text{正規分布における云々} \qquad (n \to \infty) \tag{C.1}$$

でした。一方、今の話は $(X_1 + \cdots + X_n)/n = s$ となる確率についてです。これを W_n に翻訳すると、「$W_n = \bigl(s - t\bigr)\sqrt{n}$ となる確率」。右辺を n に応じて動かす格好のため、これがどうなるかは (C.1) からは何とも言えません。

さて、表の枚数は 2 項分布 $\mathrm{Bn}(n, t)$ に従うのでした（3.2 節 (p.74)）。

$$\mathrm{P}(\text{表の割合が } s) = \mathrm{P}(\text{表が } ns\text{回}) = {}_nC_{ns} t^{ns} (1-t)^{n(1-s)}$$

$n \to \infty$ のとき上式はどんな速さで 0 に近づいていくでしょうか。なお、大雑把な見積りということで、ns がきちんと整数になるかは頓着せず大胆に進めていきます。

上式はかけ算とべき乗の式なので、このまま計算するよりもその対数を考えたほうが扱いやすくなります。

$$\log \mathrm{P}(\text{表の割合が } s) = \log {}_nC_{ns} + ns \log t + n(1-s)\log(1-t)$$

ここで付録 B.1(p.337)「Stirling の公式」を使えば、

$$\begin{aligned}
\log {}_nC_{ns} &= \log \frac{n!}{(ns)!(n-ns)!} \\
&= \log(n!) - \log\bigl((ns)!\bigr) - \log\bigl((n-ns)!\bigr) \\
&\approx \Bigl(\log\sqrt{2\pi n} + n\log n - n\Bigr) - \Bigl(\log\sqrt{2\pi ns} + ns\log(ns) - ns\Bigr) \\
&\quad - \Bigl(\log\sqrt{2\pi n(1-s)} + n(1-s)\log(n(1-s)) - n(1-s)\Bigr) \\
&= -n\Bigl(s\log s + (1-s)\log(1-s)\Bigr) + o(n)
\end{aligned}$$

$o(n)$ は「n よりずっと小さい項」を表します[*8]。すると

$$\log \mathrm{P}(\text{表の割合が } s) \approx -n\Bigl(s\log\frac{s}{t} + (1-s)\log\frac{1-s}{1-t}\Bigr) + o(n) = -nD(p\|q) + o(n)$$

$$\text{ただし } p(k) \equiv \begin{cases} s & (k = \text{表}) \\ 1-s & (k = \text{裏}) \end{cases}, \quad q(k) \equiv \begin{cases} t & (k = \text{表}) \\ 1-t & (k = \text{裏}) \end{cases}$$

付録 B.3(p.339)「Gibbs の不等式」で導入した Kullback-Leibler divergence $D(p\|q) \ge 0$ がこんなと

*8 正確には、$n \to \infty$ のとき (その項)$/n \to 0$ となるような項です。

ころに顔を出しました。

いまの問題では、「真の分布が q なのにたまたま p のようなサンプルが出てしまう確率」が、$D(p\|q)$ を使って表されました。実はこの話はより一般の状況へも拡張され、**大偏差原理**と呼ばれます（正確な説明は参考文献 [40] などを参照。付録 B.5(p.341)「Chernoff 限界」とも見比べてください）。

これはなかなか味わい深い結果です。標語的に言えば、$D(p\|q)$ は分布 q と p との見分けやすさを表している。たとえば

- $t = 0.5,\ s = 0.6$ のとき、

$$D(p\|q) = 0.6 \log \frac{0.6}{0.5} + 0.4 \log \frac{0.4}{0.5} \approx 0.020$$

- $t = 0.1,\ s = 0.2$ のとき、

$$D(p\|q) = 0.2 \log \frac{0.2}{0.1} + 0.8 \log \frac{0.8}{0.9} \approx 0.044$$

- $t = 0.9,\ s = 0.8$ のとき、

$$D(p\|q) = 0.8 \log \frac{0.8}{0.9} + 0.2 \log \frac{0.2}{0.1} \approx 0.044$$

もっと極端には

- $t \to 0,\ s = 0.1$ のとき、

$$D(p\|q) \to \infty$$

実際、確率 0.1 を 0.2 と見分けるのは、確率 0.5 を 0.6 と見分けるのよりも簡単です*9。このため、統計学だけでなく情報理論やパターン認識などでも、分布の違いを測る量として $D(p\|q)$ が活躍します。これらのニュアンスから D のことを Kullback-Leibler 距離と呼ぶ人もいます。ただし一般に $D(p\|q) \neq D(q\|p)$ ですから本当の「距離」ではありません*10。非対称性に目をつぶるにしても、D は「距離そのもの」よりも実は「距離の 2 乗」に相当することが知られています。ここでは思わせぶりな図 C.5 だけ載せておきます。この図とそこから広がる理論が気になった方は**情報幾何**について調べてください。情報幾何では確率・統計を曲がった空間での幾何学（**微分幾何**）に翻訳します。

---

*9 ぴんとこなければもっと極端に確率 0 を 0.1 と見分けることを考えてみてください。コインを何度か投げて一度でも表が出たら、「確率 0 ではないようだ」と自信を持って判断できます。しかし確率 0.5 を 0.6 と見分けようとすると、どんなに多くコインを投げても断言はできません。「偶然そんなふうに偏る確率」も 0 ではないからです。この意味で、「0 と 0.1」は「0.5 と 0.6」よりも無限に見分けやすい。

*10 いまの文脈からすると、この非対称性はむしろ自然なことです。「表の確率が 0.1 のコインを 10 回投げて、表の割合がたまたま 0 になる確率 $(= 0.9^{10})$」と「表の確率が 0 のコインを 10 回投げて、表の割合がたまたま 0.1 になる確率 $(= 0)$」とは違いますよね。

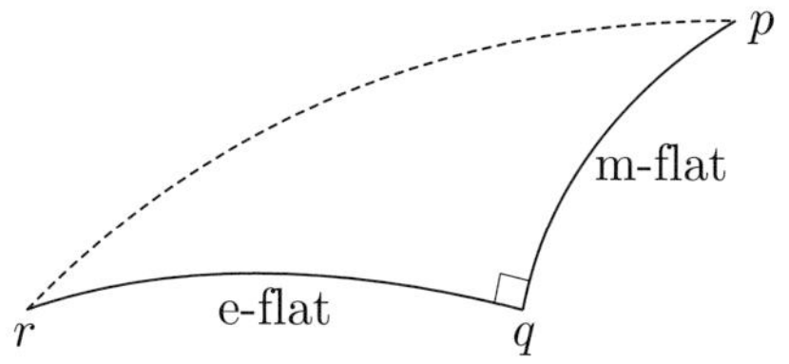

▶図 C.5　**拡張ピタゴラスの定理** $D(p\|q) + D(q\|r) = D(p\|r)$。どんなときにこの等式が成り立つのか（曲がった辺や直角の記号が何を表すか）は本書では説明しません

また、D が変数変換で不変なことも指摘しておきます。離散値では当然なので連続値の場合について。確率変数 X, Y の確率密度関数が $f_X(u) = q(u)$, $f_Y(u) = p(u)$ なら、

$$D(p\|q) = \mathrm{E}\left[\log \frac{p(Y)}{q(Y)}\right]$$

でした。何か関数 g をもってきて $\tilde{X} = g(X)$, $\tilde{Y} = g(Y)$ と（一対一）変換したとき、それぞれの確率密度関数を $f_{\tilde{X}}(\tilde{u}) = \tilde{q}(\tilde{u})$, $f_{\tilde{Y}}(\tilde{u}) = \tilde{p}(\tilde{u})$ とおきます。すると $\tilde{u} = g(u)$ に対して $\tilde{p}(\tilde{u})/\tilde{q}(\tilde{u}) = p(u)/q(u)$ ですから、

$$\mathrm{E}\left[\log \frac{p(Y)}{q(Y)}\right] = \mathrm{E}\left[\log \frac{\tilde{p}(\tilde{Y})}{\tilde{q}(\tilde{Y})}\right]$$

（同じものの期待値なので同じ）。よって確かに $D(p\|q) = D(\tilde{p}\|\tilde{q})$ が言えます。これは D が何か本質的な意味を持つ量であることを伺わせる結果です[*11]。

? C.2　情報理論やパターン認識での活躍って、たとえば？

パターン認識のほうは本書では触れていないので参考文献 [39] などを参照ください。以下、情報理論のほうを回答します。

8.3.3 項 (p.311)「情報源符号化」ではお話できませんでしたが、次のような問題にも $D(p\|q)$ が現れます：対象文字列の分布が本当は p なのにまちがって「分布 q 用の最適な符号化」をあてはめたとしたら、どれくらい性能（符号長の期待値）が悪化するだろうか？

また、図 8.29(p.309) の相互情報量 $\mathrm{I}[X;Y]$ も次のように D で表すことができます。X, Y の同時分布を $\mathrm{P}(X = x, Y = y) \equiv r(x, y)$、周辺分布を $\mathrm{P}(X = x) \equiv p_1(x)$, $\mathrm{P}(Y = y) \equiv p_2(y)$ として、$q(x, y) \equiv p_1(x)p_2(y)$ とおくと、

$$\begin{aligned}
D(r\|q) &= \sum_x \sum_y r(x, y) \log \frac{r(x, y)}{p_1(x)p_2(y)} \\
&= \sum_x \sum_y r(x, y) \log r(x, y) - \sum_x \sum_y r(x, y)\bigl(\log p_1(x) + \log p_2(y)\bigr) \\
&= \mathrm{E}[\log r(X, Y)] - \mathrm{E}[\log p_1(X)] - \mathrm{E}[\log p_2(Y)] \\
&= -H(X, Y) + H(X) + H(Y) = \mathrm{I}[X; Y] \qquad \cdots\cdots \text{図 } 8.29^{(\text{p.309})} \text{ より}
\end{aligned}$$

*11 確率以外の分野では、関数 p, q の相異を測るには $\int_{-\infty}^{\infty} |p(u) - q(u)|^2 \, du$ という自乗誤差を使うのがありがちです。でもこの測り方だと、本文のような「変数変換に対する不変性」は成り立ちません。

つまり相互情報量は、独立な分布とどれくらい違うかを D で測っているとも解釈されます。この事実から次のことがただちにわかります。

- $\mathrm{I}[X;Y] \geq 0$
- $\mathrm{I}[X;Y] = 0$ は「X, Y が独立」と同値

あるいは、$r(y|x) \equiv r(x,y)/p_1(x)$ とおいて

$$\mathrm{I}[X;Y] = \sum_x p_1(x) \left(\sum_y r(y|x) \log \frac{r(y|x)}{p_2(y)} \right)$$

のように変形するのも興味深いでしょう。この式の解釈を各自で試みてください。

参考文献

［1］ W・フェラー（河田龍夫・国沢清典監訳）：確率論とその応用 I・II（各上下巻）, 紀伊国屋書店, 1960–1970.

［2］ 竹内啓：数理統計学, 東洋経済新報社, 1963.

［3］ ダレル・ハフ（高木秀玄 訳）：統計でウソをつく法 —— 数式を使わない統計学入門, ブルーバックス 120, 講談社, 1968.

［4］ 伊理正夫, 韓太舜：ベクトルとテンソル第 I 部ベクトル解析, シリーズ新しい応用の数学 1-I, 教育出版, 1973.

［5］ 伊理正夫, 韓太舜：ベクトルとテンソル第 II 部テンソル解析入門, シリーズ新しい応用の数学 1-II, 教育出版, 1973.

［6］ 小倉久直：物理・工学のための確率過程論, コロナ社, 1978.

［7］ 杉浦光夫：解析入門 (1), 東大出版, 1980.

［8］ 伊理正夫, 藤野和建：数値計算の常識, 共立出版, 1985.

［9］ 小倉久直：続物理・工学のための確率過程論, コロナ社, 1985.

［10］ 高橋武則：統計的推測の基礎, 文化出版局, 1986.

［11］ 伏見正則：乱数, UP 応用数学選書 12, 東京大学出版会, 1989.

［12］ 竹内啓（編）：統計学辞典, 東洋経済新報社, 1989.

［13］ 伊藤清：確率論, 岩波基礎数学選書, 岩波書店, 1991.

［14］ 竹村彰通：現代数理統計学, 創文社, 1991.

［15］ 楠岡成雄：確率と確率過程, 岩波講座 応用数学［基礎 13］, 岩波書店, 1993.

［16］ José M. Bernardo and Adrian F. M. Smith: Bayesian theory, Wiley series in probability and mathematical statistics, John Wiley & Sons, Ltd., 1993.

［17］ 韓太舜・小林欣吾：情報と符号化の数理, 岩波講座 応用数学［対象 11］, 岩波書店, 1994.

［18］ 渡辺治：「一方向関数の基礎理論」, 離散構造とアルゴリズム III（室田一雄 編）, 近代科学社, pp.77–114, 1994.

［19］ 伏見正則：確率的方法とシミュレーション, 岩波講座 応用数学［方法 10］, 岩波書店, 1994.

［20］ 岡田章：ゲーム理論, 有斐閣, 1996.

［21］ 野矢茂樹：無限論の教室, 講談社, 1998.

［22］ 池口徹, 他：カオス時系列解析の基礎と応用, 産業図書, 2000.

［23］ 甘利俊一, 他：多変量解析の展開 —— 隠れた構造と因果を推理する（統計科学のフロンティア 5）, 岩波書店, 2002.

［24］ 汪金芳, 他：計算統計 I —— 確率計算の新しい手法（統計科学のフロンティア 11）, 岩波書店, 2003.

［25］ 金谷健一：これなら分かる応用数学教室 —— 最小二乗法からウェーブレットまで, 共立出版, 2003.

［26］ David MacKay: Information Theory, Inference and Learning Algorithms, Cambridge University Press, 2003.

［27］ Kevin S. Van Horn: "Constructing a logic of plausible inference: a guide to Cox's theorem", International Journal of Approximate Reasoning, 34-1, pp. 3–24, 2003.

［28］ 杉田洋：「複雑な関数の数値積分とランダムサンプリング」, 数学, 第 56 巻, 第 1 号, pp.1–17, 2004.

［29］ 宮川雅巳：統計的因果推論 —— 回帰分析の新しい枠組み（シリーズ・予測と発見の科学）, 朝倉書店, 2004.

［30］ Donald E. Knuth: The Art of Computer Programming (2) 日本語版 Seminumerical algorithms, アスキー, 2004.

［31］ 高橋信：マンガでわかる統計学, オーム社, 2004.

［32］ 平岡和幸, 堀玄：プログラミングのための線形代数, オーム社, 2004.

［33］ 竹内啓, 他：モデル選択 —— 予測・検定・推定の交差点（統計科学のフロンティア 3）, 岩波書店, 2004.

［34］ G. ブロム, L. ホルスト, D. サンデル：確率論へようこそ, シュプリンガーフェアラーク東京, 2005.

［35］ 小谷眞一：測度と確率, 岩波書店, 2005.

［36］ 渡辺澄夫, 村田昇：確率と統計 —— 情報学への架橋, コロナ社, 2005.

［37］ 伊庭幸人, 他：計算統計 II —— マルコフ連鎖モンテカルロ法とその周辺（統計科学のフロンティア 12）, 岩波書店, 2005.

［38］ 石谷茂：∀と∃に泣く —— 数学の盲点とその解明, 新装版, 現代数学社, 2006.

［39］ C. M. ビショップ（元田浩 他 訳）：パターン認識と機械学習（上・下）, シュプリンガー・ジャパン株式会社, 2007–2008.

［40］ 千代延大造：「大偏差原理と数理物理学」, 数理科学, No. 546, pp.40–46, 2008.

［41］ 結城浩：新版 暗号技術入門 —— 秘密の国のアリス, ソフトバンク クリエイティブ株式会社, 2008.

［42］ Joel Spolsky（青木靖 訳）: More Joel on Software, 翔泳社, 2009.

索引

ア

イ

ウ

エ

オ

カ

キ

ク

ケ

コ

サ

シ

ス

セ

ソ

タ

チ

ツ

テ

ト

ナ

ニ

ネ

ノ

ハ

ヒ

フ

著者

平岡 和幸（ひらおか かずゆき）

数理工学を専門とし、機械に学習能力を与える手法に興味を持つ。好きな言語は Ruby、愛する言語は Scheme。最近は Common Lisp にも魅かれている。博士（工学）。

堀 玄（ほり げん）

数理工学を専門とし、脳科学、信号処理などの研究に携わる。好きな言語は Ruby, JavaScript, PostScript。最近は統計的言語処理にも興味を持っている。博士（工学）。

イラスト

m UDA

プログラミングのための確率統計

平成 21 年 10 月 23 日　第 1 版第 1 刷発行
平成 26 年 1 月 20 日　第 1 版第 4 刷発行

著　者　平岡和幸・堀玄
企画編集　オーム社 開発局
発行者　竹生修己
発行所　株式会社 オーム社
郵便番号 101-8460
東京都千代田区神田錦町 3-1
電 話 03(3233)0641(代表)
URL http://www.ohmsha.co.jp/

印刷・製本　エヌ・ピー・エス
ISBN978-4-274-06775-4 Printed in Japan